高等学校计算机类专业实践系列教材

# 云计算基础与应用

## YUNJISUAN JICHU YU YINGYONG

主　编　彭　玉　马永波

副主编　张一唯　李乐乐　张　虎

西安电子科技大学出版社

## 内 容 简 介

本书以 VMware ESXi 和 VCSA 为核心平台，设计了六个项目，系统地讲解了虚拟化与云计算系统的核心知识。内容从基础理论知识讲解起步，逐步深入到虚拟化平台的搭建、网络与存储的配置，以及多个虚拟化单机平台的统一管理与高级功能应用，以循序渐进的方式引导读者深入学习，逐步提升其在云计算运维、架构设计及相关领域的专业技能。

本书不仅可作为高等院校计算机类相关专业的教材，也可作为广大计算机爱好者自学的参考书，还可作为相关培训的教材。

**图书在版编目 (CIP) 数据**

云计算基础与应用 / 彭玉，马永波主编 . -- 西安：西安电子科技大学出版社 , 2025. 8. -- ISBN 978-7-5606-7760-6

Ⅰ. TP393.027

中国国家版本馆 CIP 数据核字第 2025T2L831 号

策　　划　秦志峰　刘统军
责任编辑　宁晓蓉
出版发行　西安电子科技大学出版社 ( 西安市太白南路 2 号 )
电　　话　(029) 88202421　88201467　　　邮　　编　710071
网　　址　www.xduph.com　　　　　　　　电子邮箱　xdupfxb001@163.com
经　　销　新华书店
印刷单位　咸阳华盛印务有限责任公司
版　　次　2025 年 8 月第 1 版　　　　2025 年 8 月第 1 次印刷
开　　本　787 毫米 × 1092 毫米　1/16　　印　　张　15.25
字　　数　362 千字
定　　价　47.00 元
ISBN 978-7-5606-7760-6
XDUP 8061001-1
*** 如有印装问题可调换 ***

# 前　言

党的"二十大"报告强调，要全面贯彻党的教育方针，落实立德树人根本任务，培养德智体美劳全面发展的社会主义建设者和接班人。本书作者积极响应这一号召，在专业教学中融入课程思政内容，期望借助这一方式将思想政治教育贯穿教育教学全过程，通过课堂教学引导学生树立正确的世界观、人生观和价值观，增强道路自信、理论自信、制度自信、文化自信，树立科技报国的使命担当，同时系统掌握虚拟化与云计算技术。

虚拟化与云计算技术已经成为现代 IT 基础设施的核心组成部分。虚拟化是云计算的基础技术，云计算是虚拟化技术应用的商业模式。二者相辅相成，共同推动了信息技术的发展和创新。

本书以 VMware ESXi 8.0 和 VCSA(vCenter Server Appliance) 为实践平台，详细讲解了虚拟化环境的构建与管理。ESXi( 以前称为 ESX Server) 是 VMware 的服务器虚拟化平台，ESXi 8.0 是该产品的最新版本，它提供了一系列新功能和改进，以支持更高效的虚拟化环境。VCSA 是一个基于 Linux 的轻量级、预配置的虚拟化管理平台，用于管理 vSphere 环境。VCSA 以更易于部署和管理的形式，提供了 vCenter Server 的所有功能。

本书旨在为初学者提供一个全面、实用且易于理解的学习平台，帮助他们建立坚实的虚拟化和云计算知识体系，并为未来的职业发展奠定基础。全书共包含 6 个项目。项目 1 介绍虚拟化与云计算的基础知识；项目 2 演示如何安装 VMware ESXi 虚拟化平台，并在该平台上安装 Linux 和 Windows 虚拟机；项目 3 讲解如何配置标准虚拟交换机和分布式虚拟交换机；项目 4 涉及安装存储服务器软件，以及配置 iSCSI 和 NFS 存储服务，实现存储与虚拟化平台的对接；项目 5 介绍使用 VCSA 软件统一管理分散的虚拟化平台；项目 6 探讨 VCSA 的高级功能，如批量部署虚拟机和使用 vMotion 迁移虚拟机。全书内容围绕项目实践展开。

本书每个项目安排 8 学时，总计 48 学时。

为确保读者能顺利复现本书中的任务，请按以下要求准备任务实施环境：

(1) VMware 工具使用参考。本书部分任务内容涉及 VMware Workstation Pro 的操作，具体使用方法可参考官方文档《使用 VMware Workstation Pro》。

(2) 任务实施条件准备。

· 教学场地：计算机网络实训一体化工作站 ( 集成理论教学区和实践操作区 )。

· 教学资源：《云计算基础与应用》专业教材。

· 教学设备与工具：机房、各种模拟器安装软件 ( 如 VMware vSphere、VMware Workstation 16/17)。

本书由彭玉和马永波担任主编，张一唯、李乐乐、张虎担任副主编。张一唯负责项目 1 的编写；彭玉负责项目 2 和项目 3 的编写；李乐乐负责项目 4 的编写；马永波负责项目 5 和项目 6 的编写；张虎对书中的所有实验进行了实践验证。

在编写本书的过程中，编者参考借鉴了许多优秀教材和网络资源，在此对相关作者的辛勤劳动表示衷心的感谢。

由于编者水平有限，书中难免存在不足之处，敬请广大读者批评指正。

编　者

2025 年 6 月

# 目　录

# 项目 1

# 虚拟化与云计算概念解析与入门操作

## 任务 1 了解虚拟化与云计算

### 任务目标

1. 了解虚拟化技术的起源和发展。
2. 了解虚拟化技术、云计算的定义和关系。
3. 了解云计算系统的服务类型和部署方式。
4. 掌握在 VMware Workstation 中安装 Windows Server 2016 的方法。

### 任务描述

你所在的企业需要处理大量的数据和应用程序，而传统物理服务器的成本高昂且维护复杂。为此，你决定探索虚拟化和云计算技术，以寻找更高效、经济的解决方案。本任务的目标是在 VMware Workstation 虚拟化软件中安装 Windows Server 2016 系统。

### 知识准备

#### 1. 虚拟化技术的起源

1959 年 6 月，克里斯托弗·斯特雷奇 (Christopher Strachey) 在国际信息处理大会 (International Conference on Information Processing) 上发表了一篇名为《大型高速计算机中的分时技术》(*Time Sharing in Large Fast Computer*) 的学术报告。在这篇报告中，斯特雷奇首次提出了"虚拟化"的基本概念，并详细论述了什么是虚拟化技术。这篇文章被认为是最早的虚拟化技术论述，从此拉开了虚拟化发展的帷幕。

斯特雷奇在报告的开头写道："分时 (Time Sharing) 是指计算机中断正在运行的程序，以执行外围设备所需要的算术与控制操作。长期以来，这一技术一直在有限的范围内使用。本文探讨了将分时的概念应用到大型高速计算机中的可能性。"他讨论了如何将分时的概念融入多道程序设计中，从而实现一个既支持多用户操作 ( 通过 CPU 时间切片 )，又能提升多程序设计效益 (CPU 主动让出 ) 的虚拟化系统。( 在本书中，"Time Sharing"分别译为"时间共享"和"分时"。前者用于描述概念或系统层面的应用，后者用于描述技术的具体操作。)

这篇论文的核心思想是将分时系统应用于大型高速计算机，使得多个用户能够同时使用同一台计算机的资源，从而提高计算资源的利用率和灵活性。这一概念为后来的虚拟化技术奠定了基础，并在云计算和分布式计算中发挥了重要作用。

### 2. 虚拟化技术的定义

虚拟化技术是一种将物理资源 ( 如服务器、存储设备、网络资源等 ) 抽象化，从而创建多个独立虚拟资源的核心技术。它允许多个虚拟机 (Virtul Machines，VM) 在同一台物理服务器上独立运行不同的操作系统和应用程序，每个虚拟机都拥有自己独立的计算环境，且彼此之间互不影响。这种技术能够显著提升资源的利用率、灵活性和可管理性。

### 3. 云计算的定义

美国国家标准与技术研究院 (NIST) 对云计算的定义是：

云计算是一种模型，它支持无处不在的、便捷的、按需的网络访问，以共享可配置的计算资源池 ( 例如网络、服务器、存储、应用程序和服务 )。这些资源可以快速配置和释放，同时将管理成本或与服务提供商的交互降至最低。

### 4. 虚拟化与云计算的关系

虚拟化是云计算实现资源高效管理和动态分配的关键技术基础。云计算是虚拟化技术应用的一种商业模式和服务交付平台。

虚拟化和云计算相辅相成。虚拟化提供了技术手段，使得在单台物理服务器上创建多个独立的虚拟环境成为可能。云计算则利用虚拟化技术实现资源的按需分配、扩展和管理，为用户提供了灵活、可扩展的服务。

### 5. 云计算服务类型

云计算服务类型主要分为三种，通常被称为云计算的三种服务模型，如表 1-1-1 所示。

**表 1-1-1　云计算主要服务类型**

| 服务类型 | 说　明 |
| --- | --- |
| IaaS<br>( 基础设施即服务 ) | IaaS 通过虚拟化技术，将计算服务器、存储空间、网络和操作系统等基础资源作为服务提供。用户可以通过互联网租用这些资源。用户不管理或控制底层的云基础设施，但可以控制操作系统、应用程序的安装和存储的配置。IaaS 具有高度的灵活性和可定制性，适用于需要全面控制其 IT 环境的企业和开发者 |
| PaaS<br>( 平台即服务 ) | PaaS 提供了一个允许用户开发、运行和管理应用程序的平台，无需构建和维护底层硬件和软件基础设施。这种服务通常包括操作系统、编程语言执行环境、数据库和 Web 服务器等。用户可以专注于应用程序的开发和部署，由服务提供商负责底层基础设施的维护和优化 |

**续表**

| 服务类型 | 说　明 |
|---|---|
| SaaS<br>（软件即服务） | SaaS 通过云端直接交付完整的应用程序，用户可以通过浏览器访问这些应用程序。这些应用程序由服务提供商托管，并由他们负责软件的维护、升级和可用性。用户通常通过订阅模式使用这些应用程序，无需购买和安装任何软件。SaaS 适用于需要减少本地软件部署和维护的企业或个人用户 |

除了以上这三种主要的服务模型，还有其他一些服务类型，如表 1-1-2 所示。每种服务类型都针对不同的需求和使用场景，允许用户根据自己的 IT 需求和预算进行选择。

**表 1-1-2　云计算的其他服务类型**

| 服务类型 | 说　明 |
|---|---|
| FaaS<br>（函数即服务） | 也称为"无服务器计算"，用户只需上传代码，由云提供商执行代码，用户无需管理服务器或运行时环境 |
| DaaS<br>（数据存储即服务） | 提供数据存储解决方案，用户可以按需存储和检索数据 |
| CaaS<br>（容器即服务） | 提供容器化应用程序的托管和管理，结合了 IaaS 和 PaaS 的特点 |

### 6. 云计算的部署方式

云计算的部署方式主要分为四种，分别定义了云计算资源是如何被提供和管理的，如表 1-1-3 所示。

**表 1-1-3　云计算的部署方式**

| 部署方式 | 说　明 |
|---|---|
| 公有云 | 在公有云中，云服务由第三方云服务提供商拥有和运营，并通过互联网向公众或大型工业群体提供。服务通常采用按需付费的模式。公有云的优点包括成本较低、易于访问和可扩展性强，但可能存在数据安全和隐私泄露方面的风险。其典型用户包括初创公司、中小企业、大型企业、个人用户等 |
| 私有云 | 私有云是为单一组织构建的云环境，可以由该组织自己运营，或者由第三方托管。私有云提供了更高的控制权、安全性和定制性，但可能需要更高的前期投资和运营成本。私有云适用于对数据安全性和合规性有特殊要求的企业或机构。其典型用户包括金融机构、制造业、能源业、零售和物流业、教育机构等 |
| 混合云 | 混合云结合了公有云和私有云的特点，允许数据和应用程序在两者之间移动。混合云提供了灵活性，使得组织可以根据工作负载的敏感性、性能要求和成本效益来选择最合适的云环境。混合云需要复杂的管理和集成策略，以确保数据和应用程序的无缝迁移和操作 |
| 社区云 | 社区云是由特定用户群体共享的云环境，该用户群体有着共同的业务目标或合规性要求。社区云通常由多个组织共同运营或由第三方托管，目的是共享资源和成本效益。其典型用户包括政府和公共服务机构、研究机构、企业联盟、特定行业等 |

除了以上四种主要的部署方式，还有一些其他的部署方式，如表 1-1-4 所示。

表 1-1-4　云计算的其他部署方式

| 部署方式 | 说　明 |
|---|---|
| 多云 | 多云是指使用多个云服务提供商的云服务，可能是公有云、私有云或两者的组合。多云策略可以提供冗余，避免供应商锁定，并允许利用不同云服务提供商的优势 |
| 边缘云 | 边缘云是一种分布式云计算架构，将数据处理和存储推向网络的边缘，更接近数据源或用户。边缘云可以减少延迟，提高响应速度，适用于需要实时处理的应用场景 |

　　每种部署方式都有其特定的优点和缺点，企业需要根据自己的业务需求、安全要求、成本考虑和 IT 策略来选择最合适的云计算部署方式。

## 任务实施

### 使用 Workstation 创建 Windows Server 2016

使用 Workstation 创建 Windows Server 2016

　　使用 VMware Workstation 创建 Windows Server 2016 的步骤如下 ( 本书配有操作演示视频，扫描右侧二维码即可观看 )：

　　(1) VMware Workstation 软件安装完成后，双击打开软件，单击 "创建新的虚拟机"，如图 1-1-1 所示。

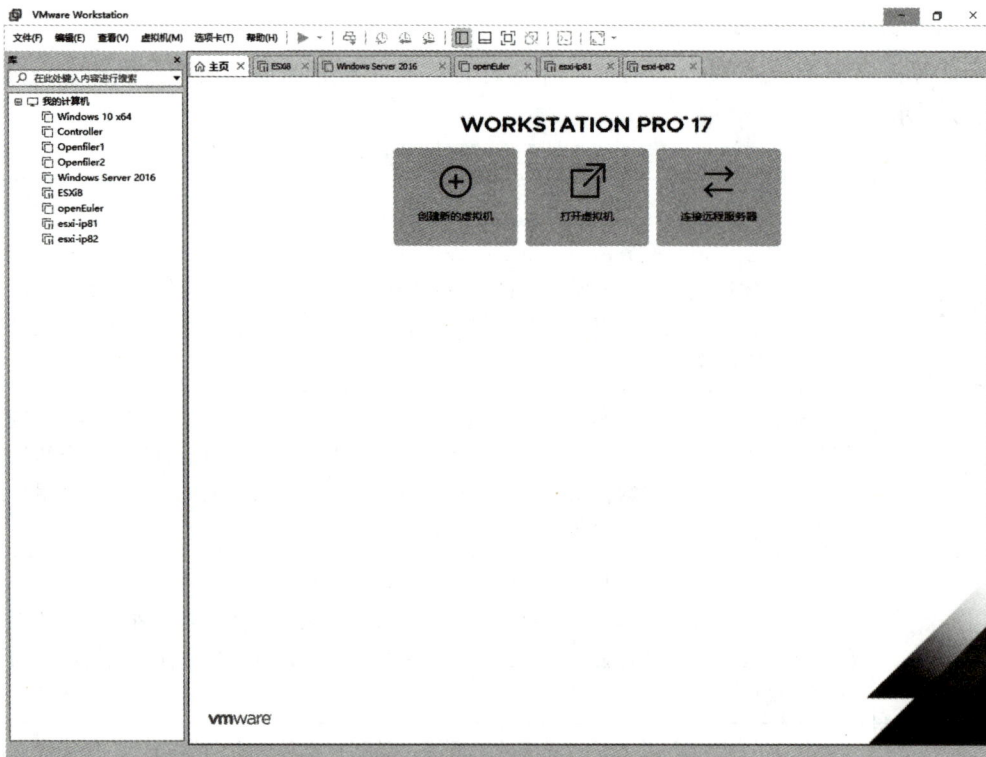

图 1-1-1　VMware Workstation 主界面

　　(2) 在弹出的 "新建虚拟机向导" 对话框中，选择 "自定义 ( 高级 )"，然后单击 "下一步"，如图 1-1-2 所示。

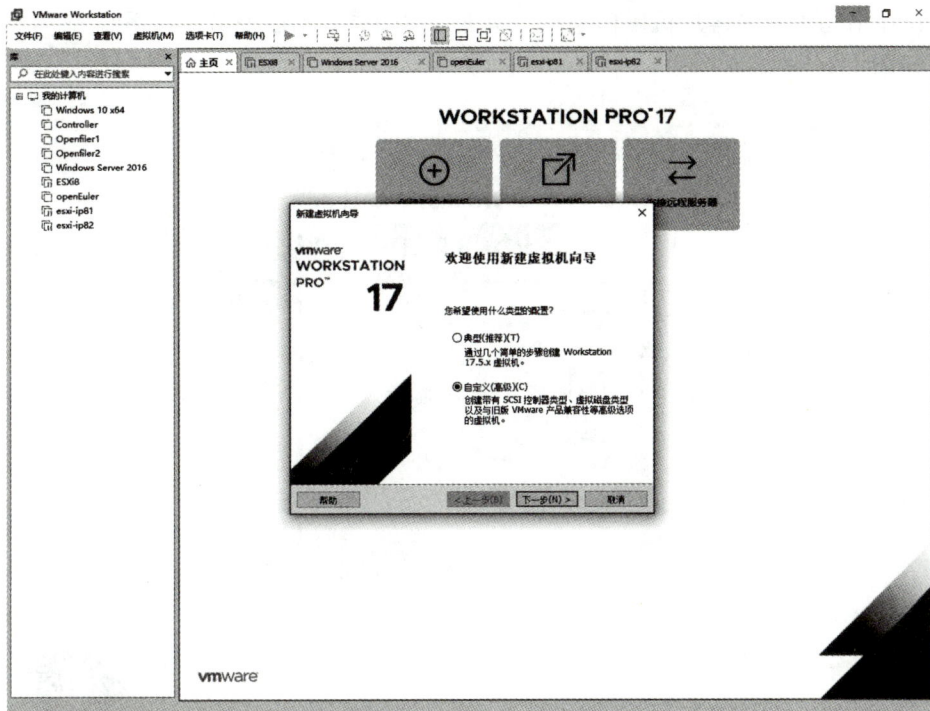

图 1-1-2　新建虚拟机向导

(3) 在弹出的"选择虚拟机硬件兼容性"页面中，虚拟机硬件兼容性保持默认设置，再单击"下一步"，如图 1-1-3 所示。

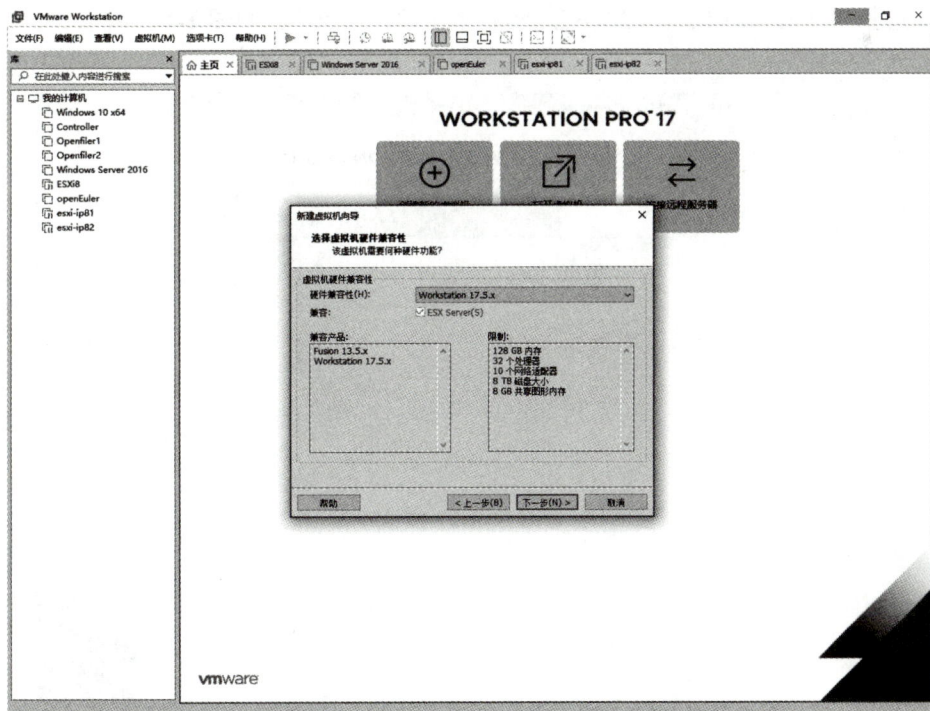

图 1-1-3　选择虚拟机硬件兼容性

(4) 在弹出的"安装客户机操作系统"页面中，选择"稍后安装操作系统"，再单击"下一步"，如图 1-1-4 所示。

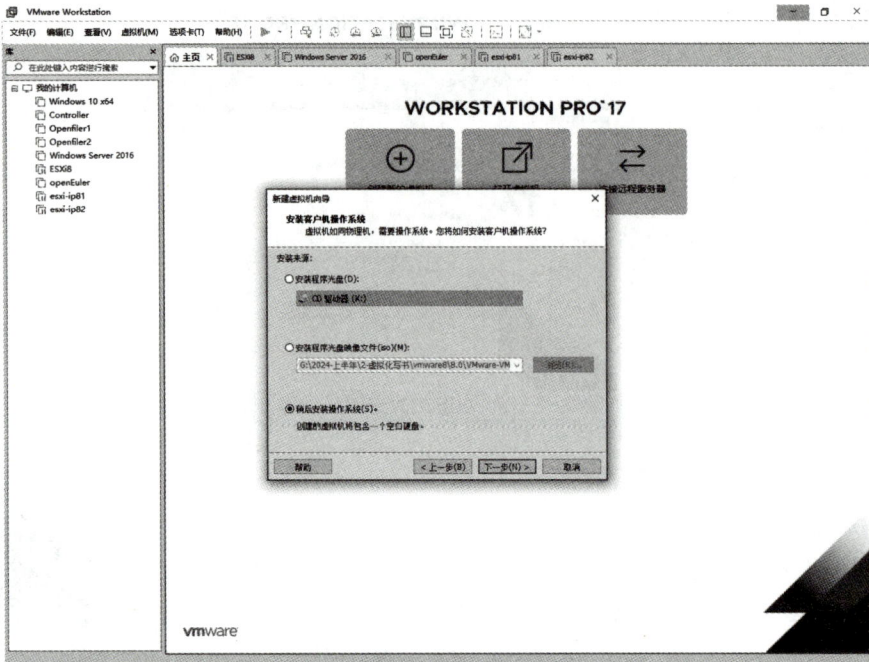

图 1-1-4　安装客户机操作系统

(5) 在弹出的"选择客户机操作系统"页面中，选择"Microsoft Windows"作为对话框，版本选择"Windows Server 2016"，然后单击"下一步"，如图 1-1-5 所示。

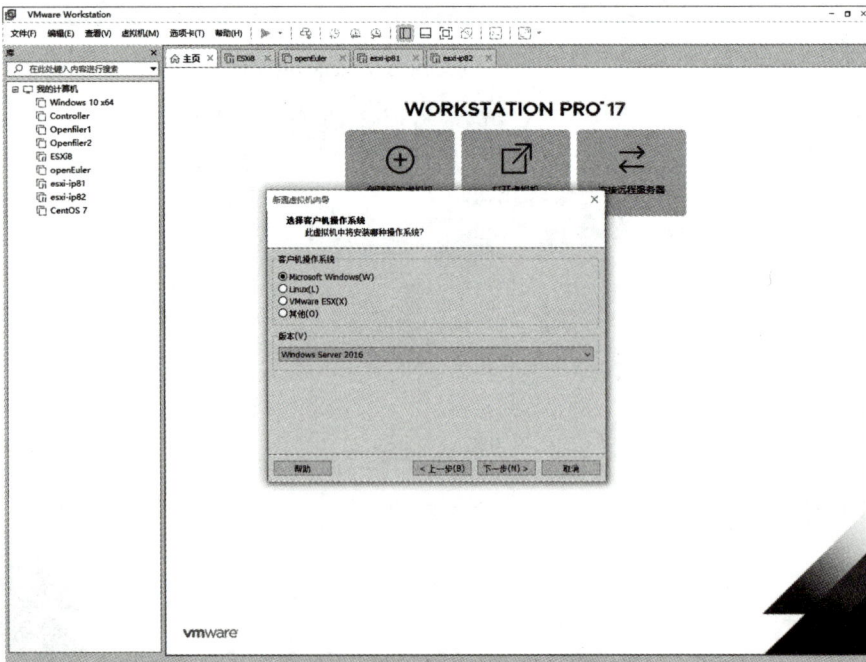

图 1-1-5　选择客户机操作系统

(6) 在弹出的"命名虚拟机"页面中，设置"虚拟机名称"和"位置"，然后单击"下一步"，如图 1-1-6 所示。

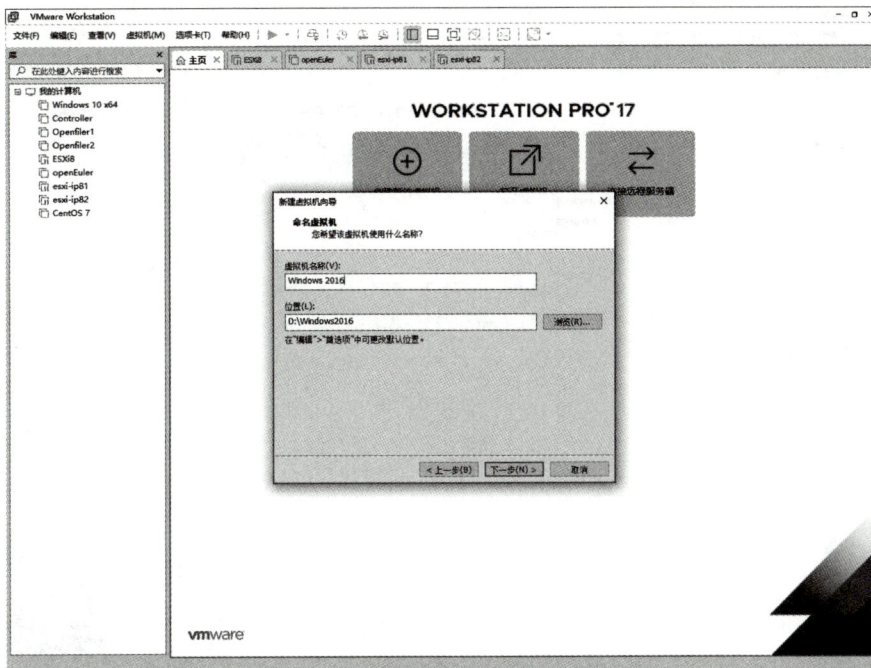

图 1-1-6　命名虚拟机

(7) 在弹出的"固件类型"页面中，固件类型保持默认设置，然后单击"下一步"，如图 1-1-7 所示。

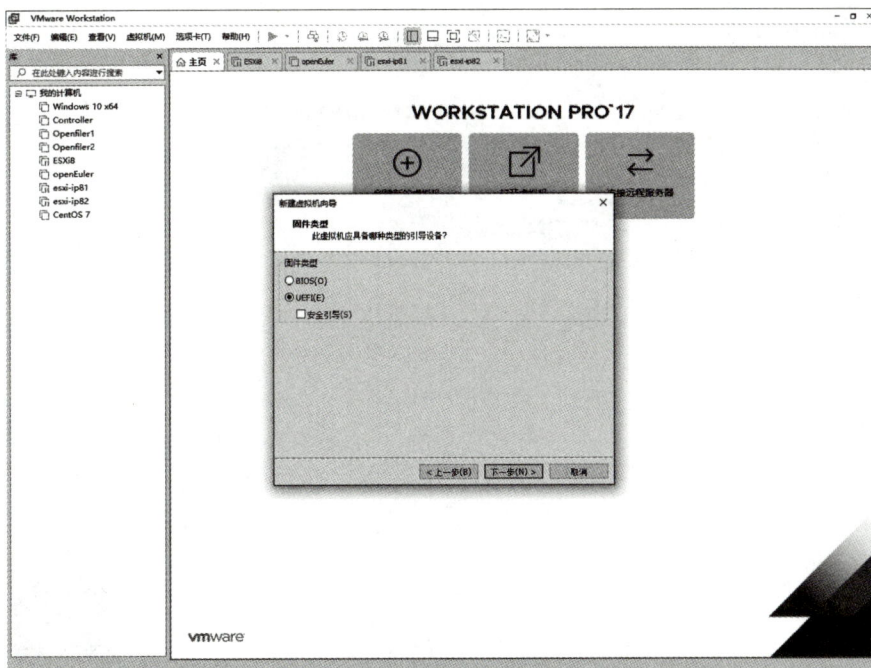

图 1-1-7　选择固件类型

(8) 在弹出的"处理器配置"页面中，根据实际情况配置虚拟机处理器数量，然后单击"下一步"，如图 1-1-8 所示。

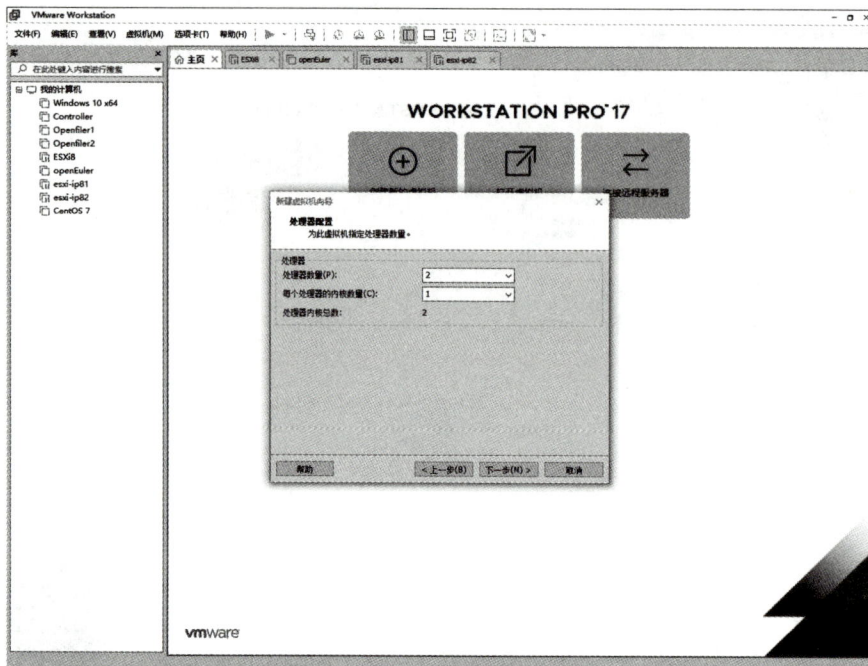

图 1-1-8    处理器配置

(9) 在弹出的"此虚拟机的内存"页面中，根据实际情况配置虚拟机内存，然后单击"下一步"，如图 1-1-9 所示。

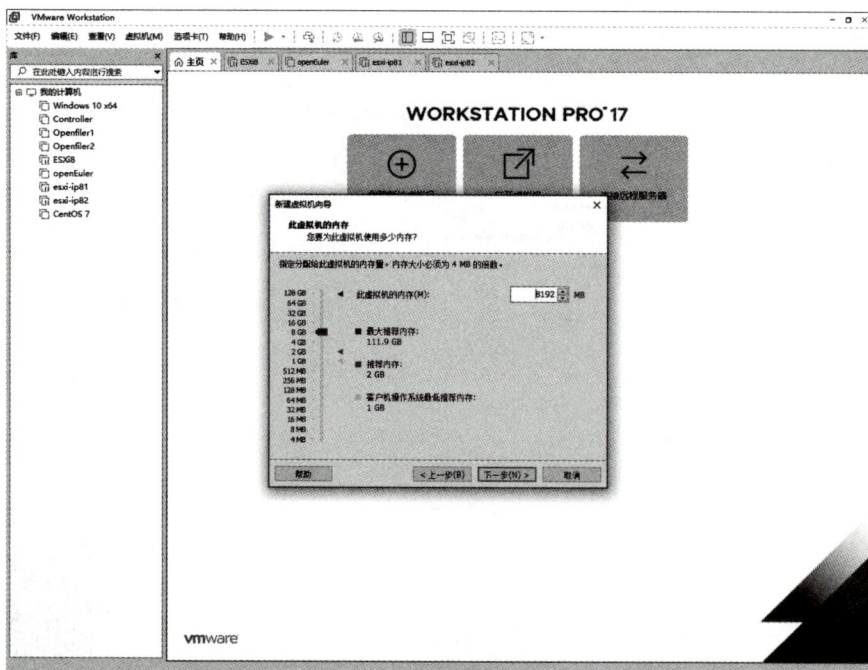

图 1-1-9    虚拟机内存配置

(10) 在弹出的"网络类型"页面中，网络类型保持默认设置，然后单击"下一步"，如图 1-1-10 所示。

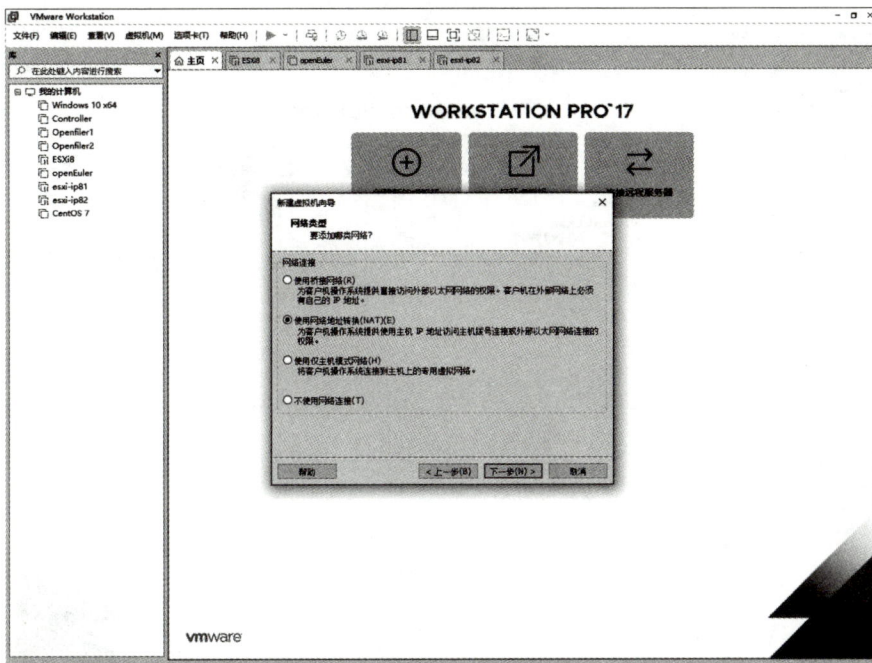

图 1-1-10　配置网络类型

(11) 在弹出的"选择 I/O 控制器类型"页面中，I/O 控制器类型保持默认设置，然后单击"下一步"，如图 1-1-11 所示。

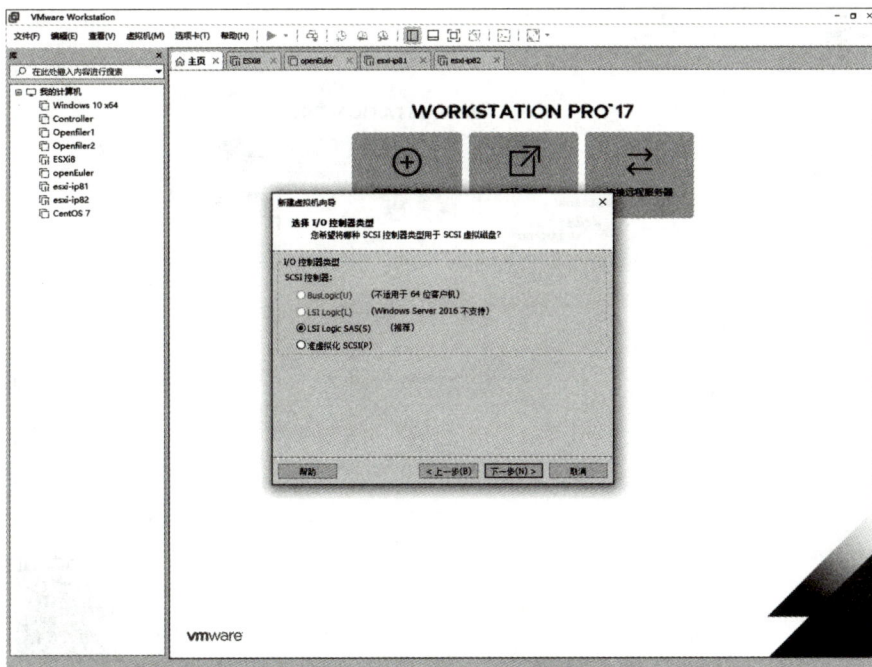

图 1-1-11　选择 I/O 控制器类型

(12) 在弹出的"选择磁盘类型"页面中，磁盘类型保持默认设置，然后单击"下一步"，如图 1-1-12 所示。

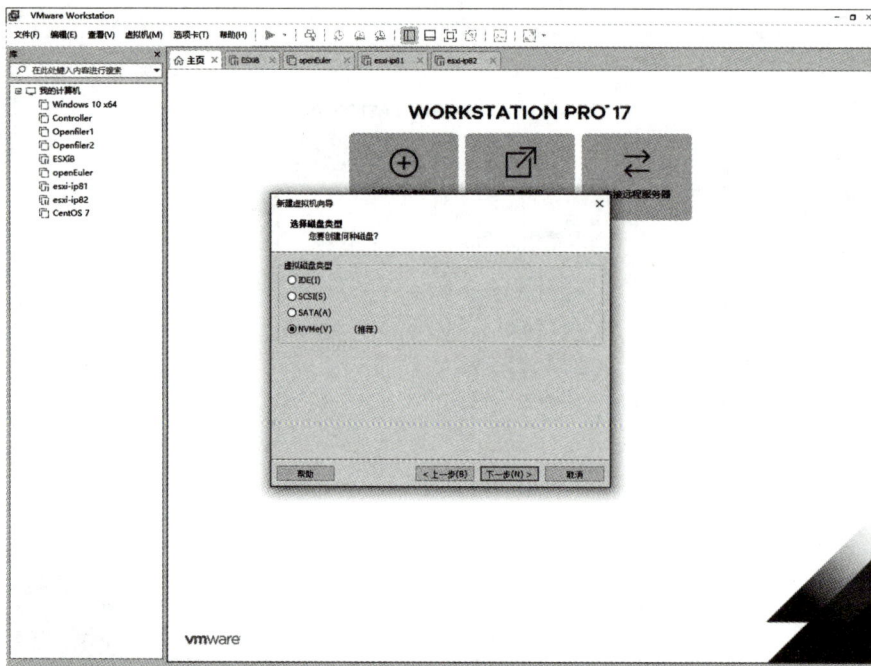

图 1-1-12　选择磁盘类型

(13) 在弹出的"选择磁盘"页面中，保持默认设置"创建新虚拟磁盘"，然后单击"下一步"，如图 1-1-13 所示。

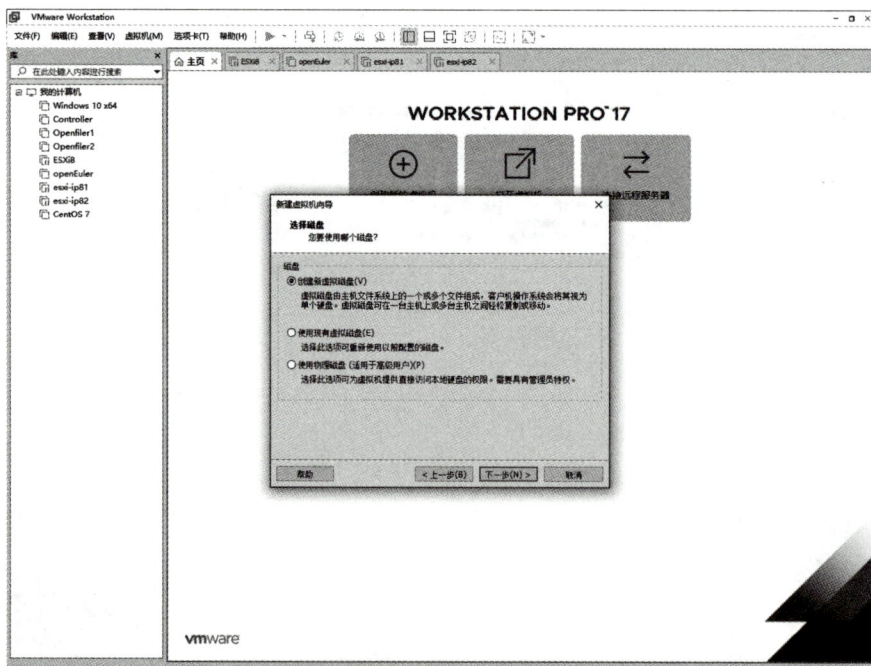

图 1-1-13　选择磁盘

(14) 在弹出的"指定磁盘容量"页面中，根据实际情况配置磁盘大小，然后单击"下一步"，如图 1-1-14 所示。

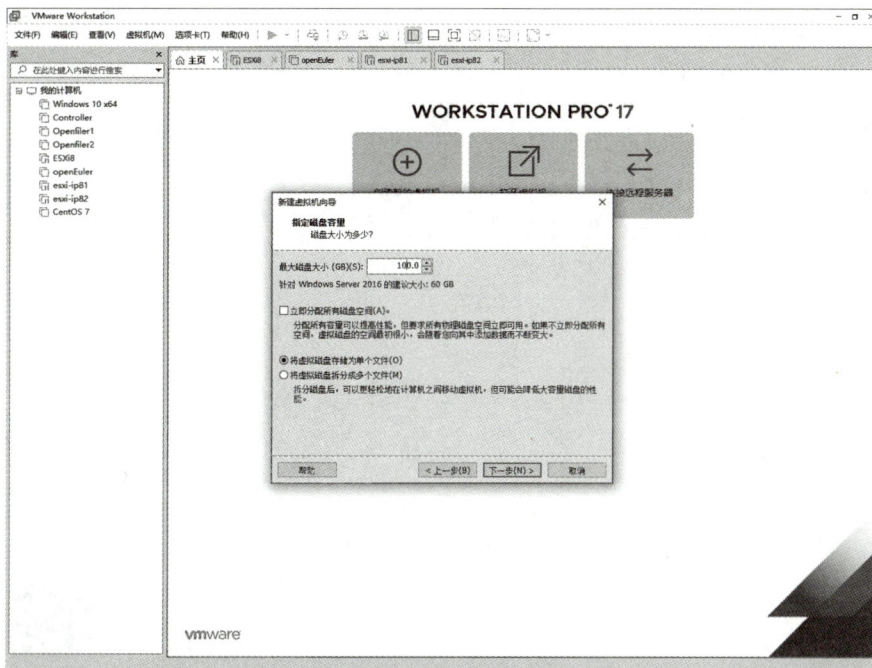

图 1-1-14　指定磁盘容量

(15) 在弹出的"指定磁盘文件"页面中，磁盘文件的存储位置保持默认路径，然后单击"下一步"，如图 1-1-15 所示。

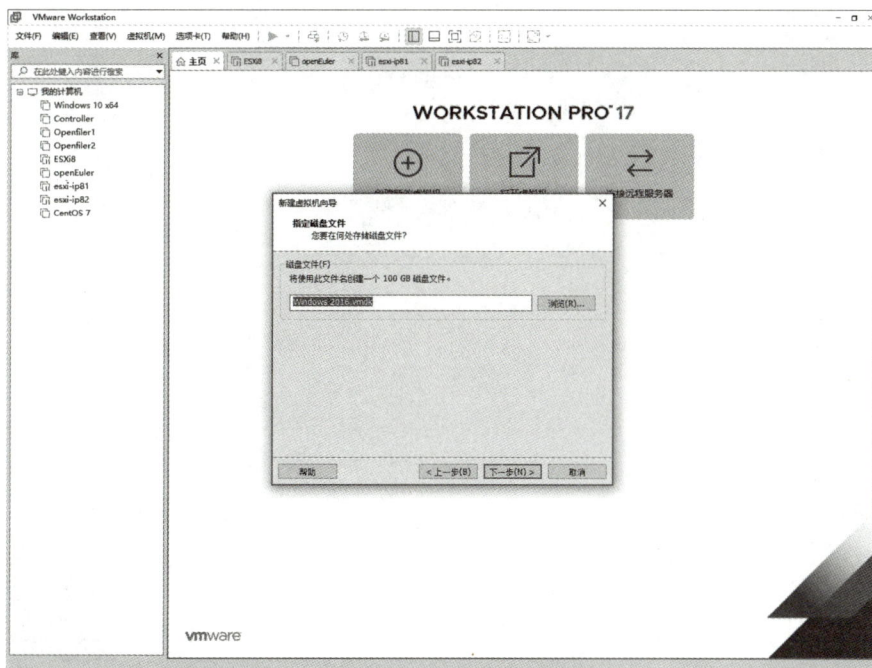

图 1-1-15　指定磁盘文件

(16) 在弹出的"已准备好创建虚拟机"页面中，单击选择"自定义硬件"按钮，如图 1-1-16 所示。

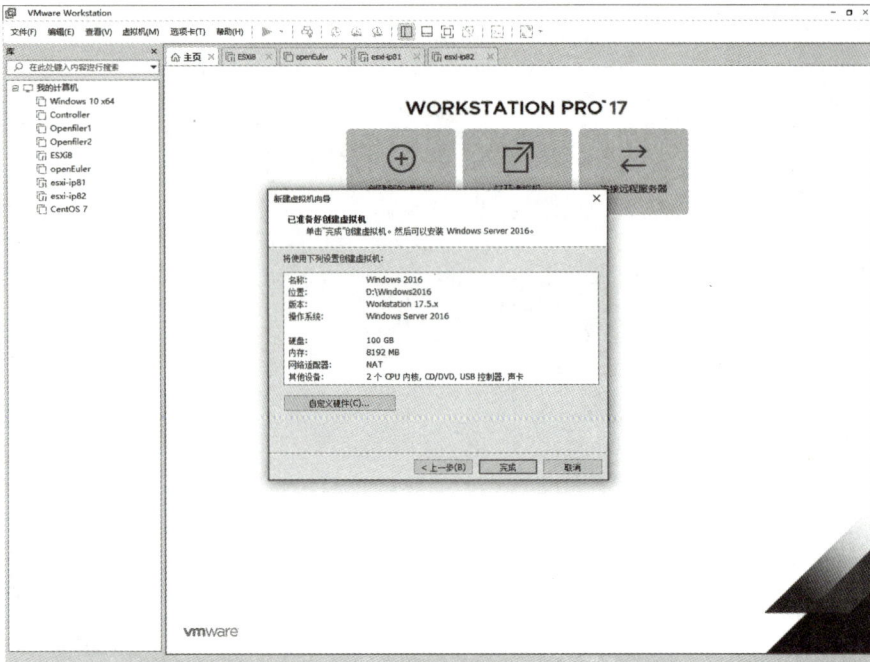

图 1-1-16　已准备好创建虚拟机

(17) 在弹出的"硬件"对话框中，选择"使用 ISO 映像文件"，然后单击"关闭"，如图 1-1-17 所示。

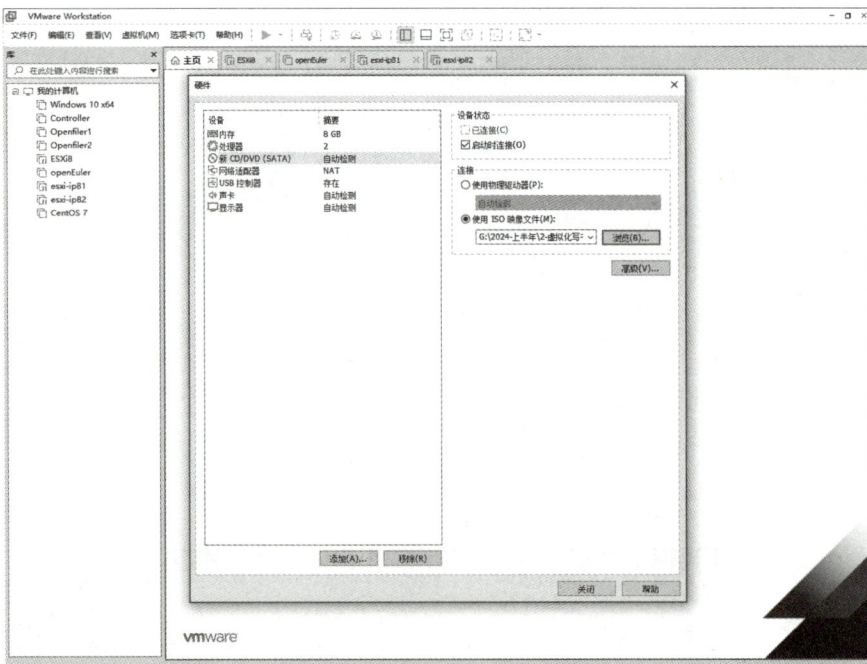

图 1-1-17　自定义硬件

(18) 在弹出的"Windows 2016"界面中，单击左上角的"开启此虚拟机"，如图 1-1-18 所示。

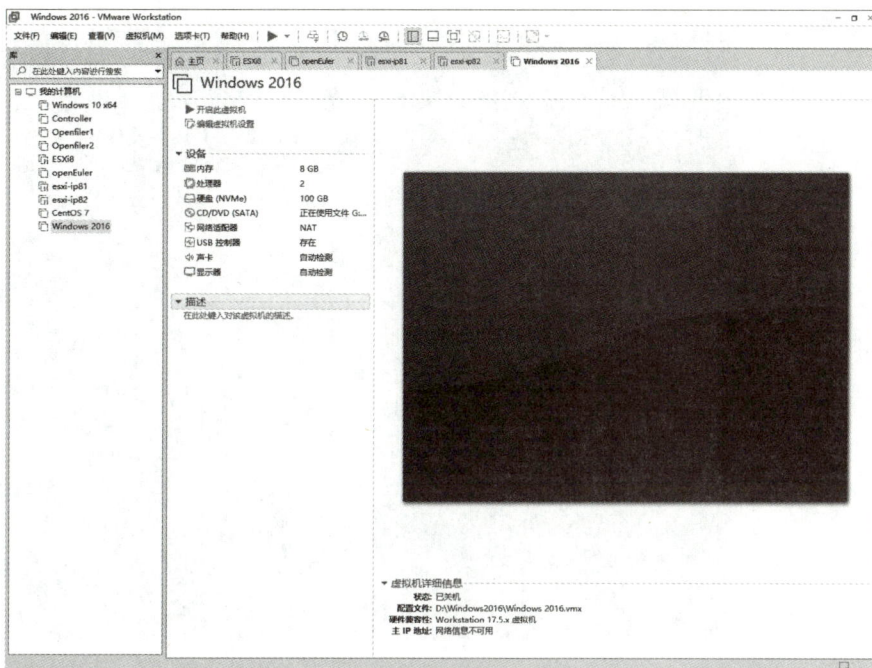

图 1-1-18　开启虚拟机

(19) 在弹出的"Windows 安装程序"对话框中，输入要安装的语言和其他选项，然后单击"下一步"，如图 1-1-19 所示。

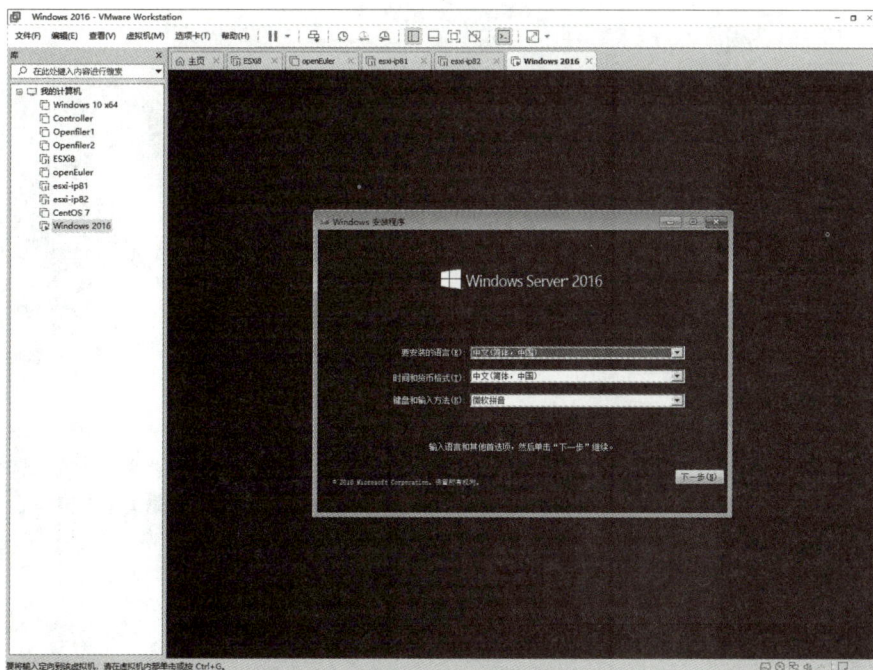

图 1-1-19　输入语言和其他选项

(20) 在弹出的窗口中，单击"现在安装"，如图 1-1-20 所示。

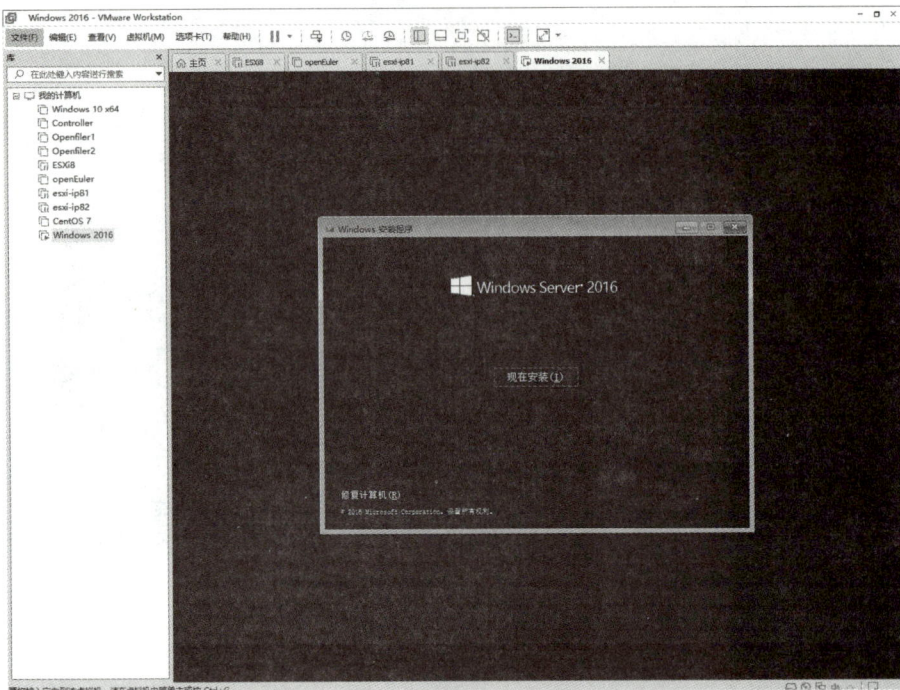

图 1-1-20 现在安装

(21) 在弹出的"激活 Windows"页面中，输入密钥，然后单击"下一步"，如图 1-1-21 所示。

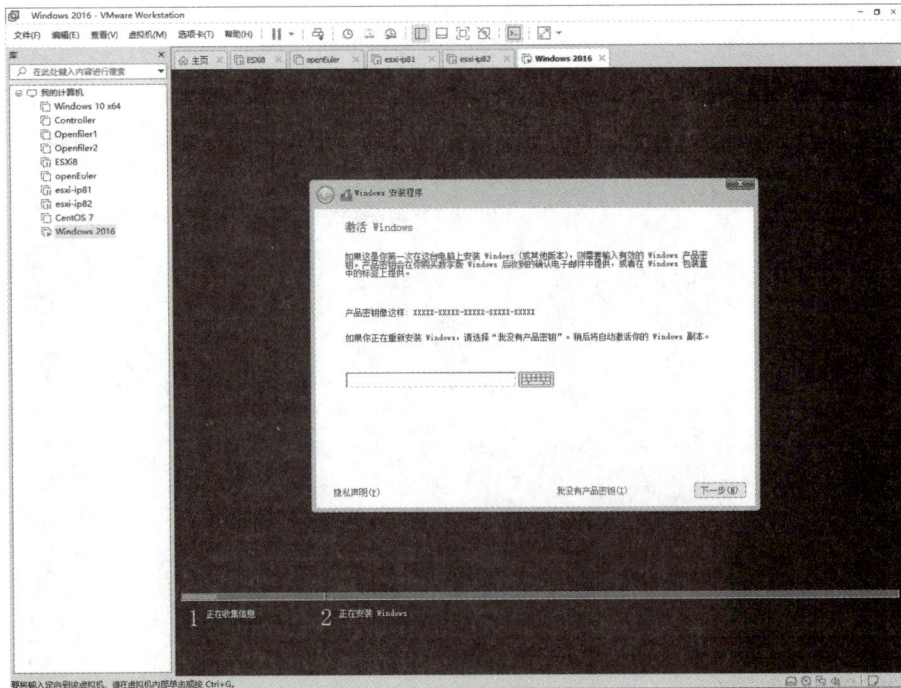

图 1-1-21 激活 Windows

(22) 在弹出的"选择要安装的操作系统"页面中，选择"Windows Server 2016 Standard（桌面体验）"，然后单击"下一步"，如图 1-1-22 所示。

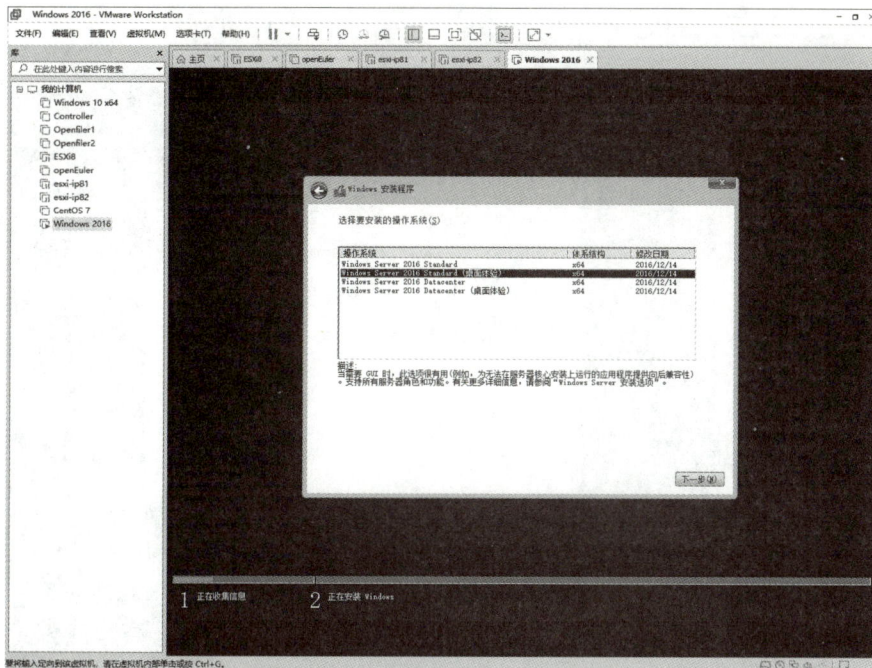

图 1-1-22 选择要安装的操作系统

(23) 在弹出的"适用的声明和许可条款"页面中，勾选"我接受许可条款"，然后单击"下一步"，如图 1-1-23 所示。

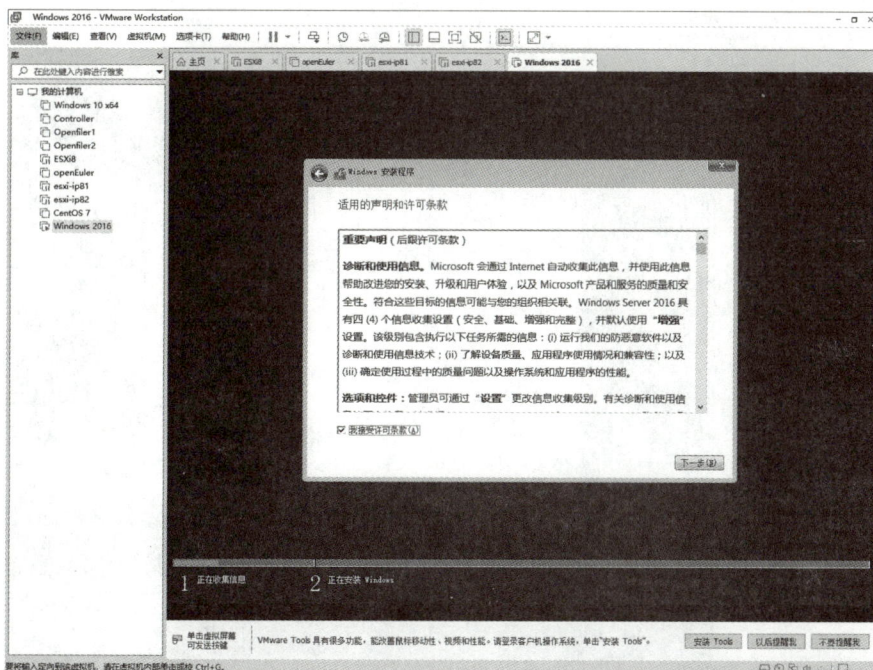

图 1-1-23 适用的声明和许可条款

(24) 在弹出的"你想执行哪种类型的安装"页面中，选择"自定义：仅安装 Windows（高级）"，如图 1-1-24 所示。

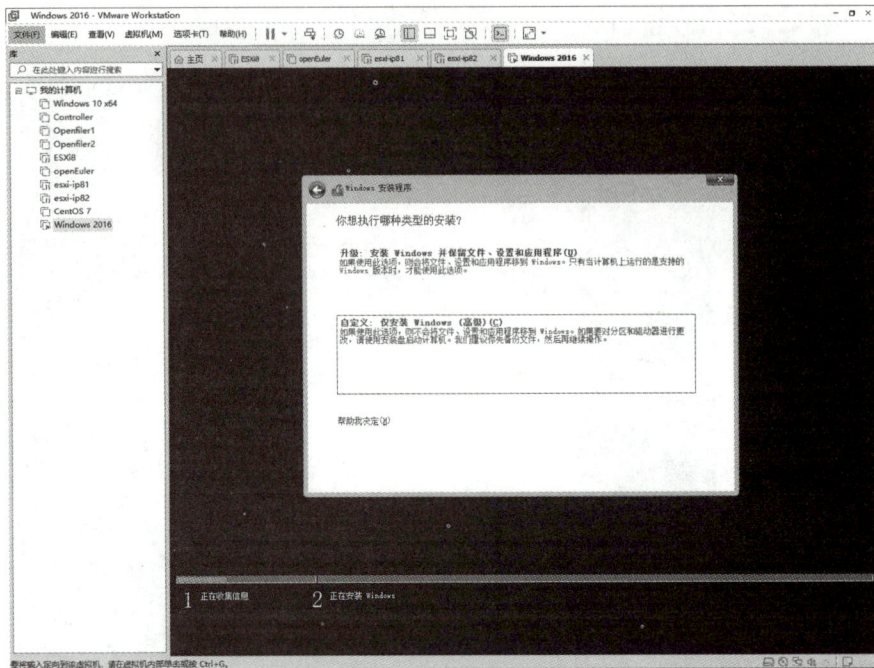

图 1-1-24　选择安装的类型

(25) 在弹出的"你想将 Windows 安装在哪里"页面中，会看到磁盘分区的选项，如果磁盘未分区，可选择默认的驱动器，然后单击"新建"，如图 1-1-25 所示。

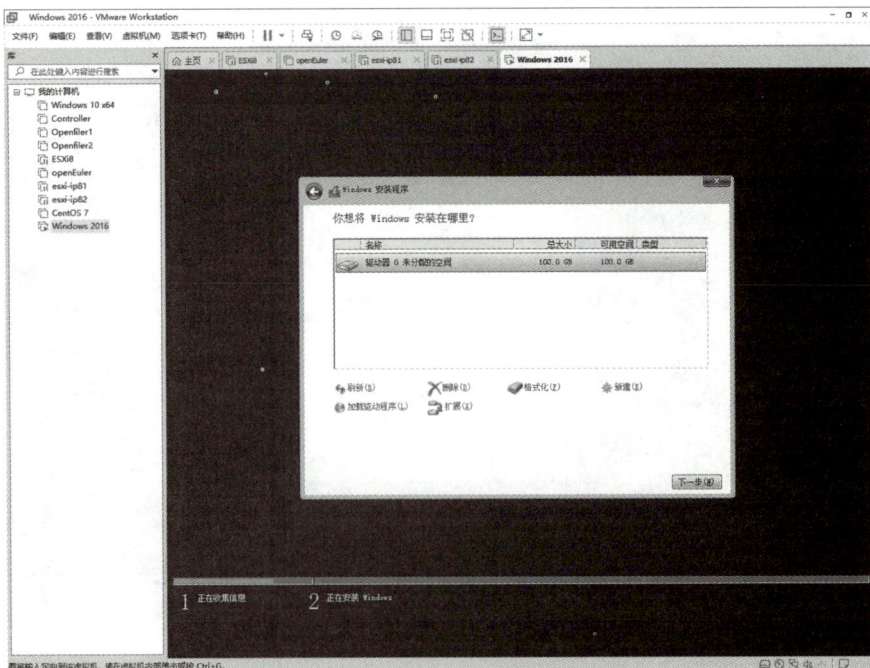

图 1-1-25　为系统文件创建分区 (1)

(26) 在弹出的对话框中输入分区的大小，然后单击"应用"，如图 1-1-26 所示。

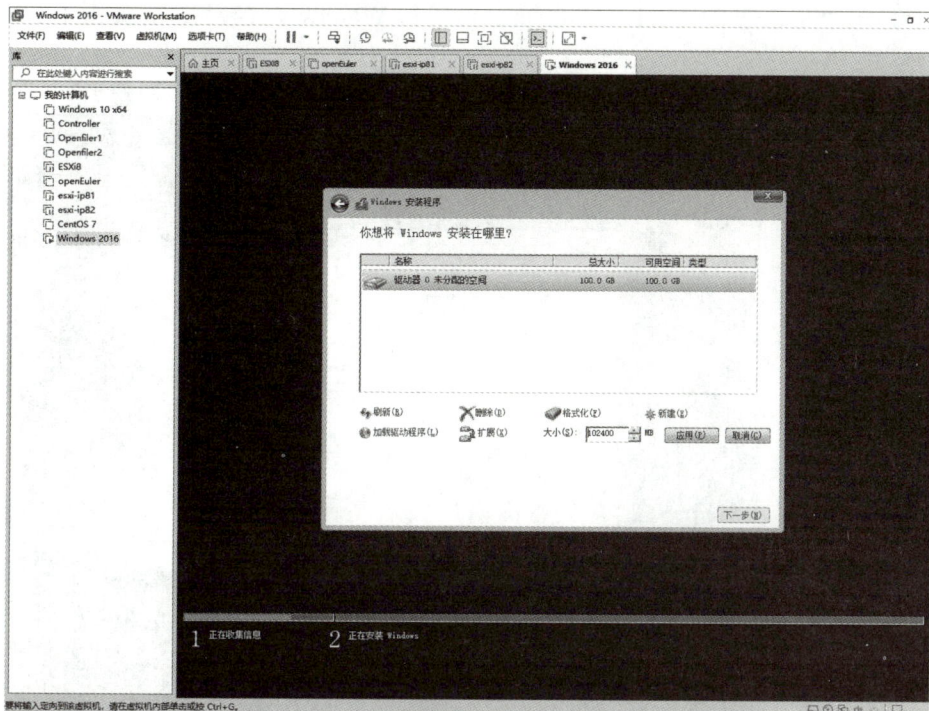

图 1-1-26　为系统文件创建分区 (2)

(27) 在弹出的新对话框中单击"确定"，如图 1-1-27 所示。

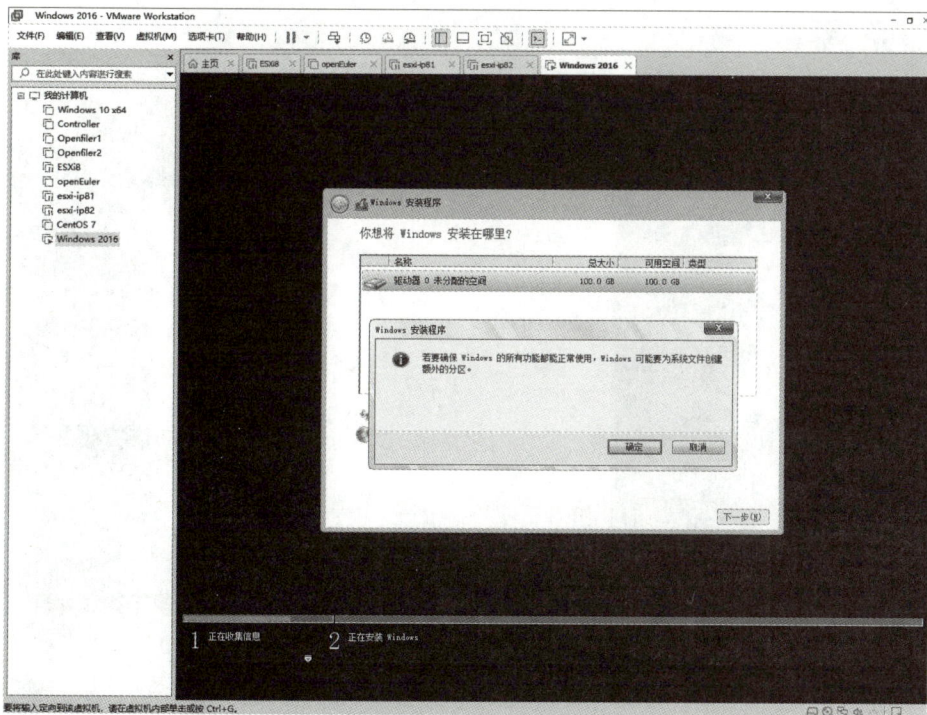

图 1-1-27　为系统文件创建分区 (3)

(28) 在已创建好的分区中，选择"驱动器 0 分区 4"，如图 1-1-28 所示。然后单击"下一步"，会弹出"正在安装 Windows"页面，可等待 Windows 安装完成，如图 1-1-29 所示。

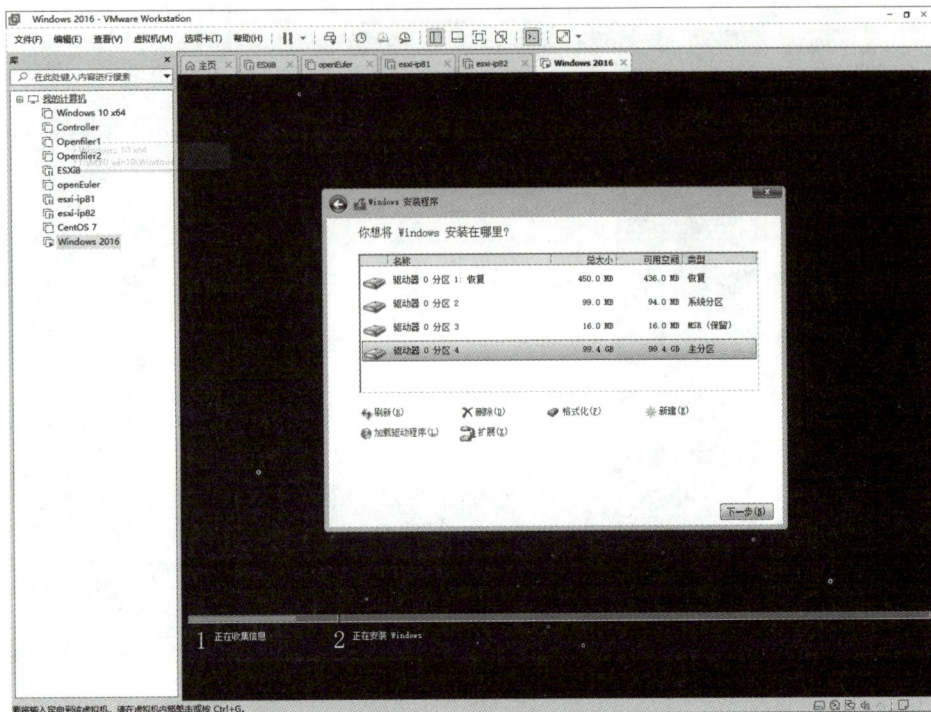

图 1-1-28　创建好的分区

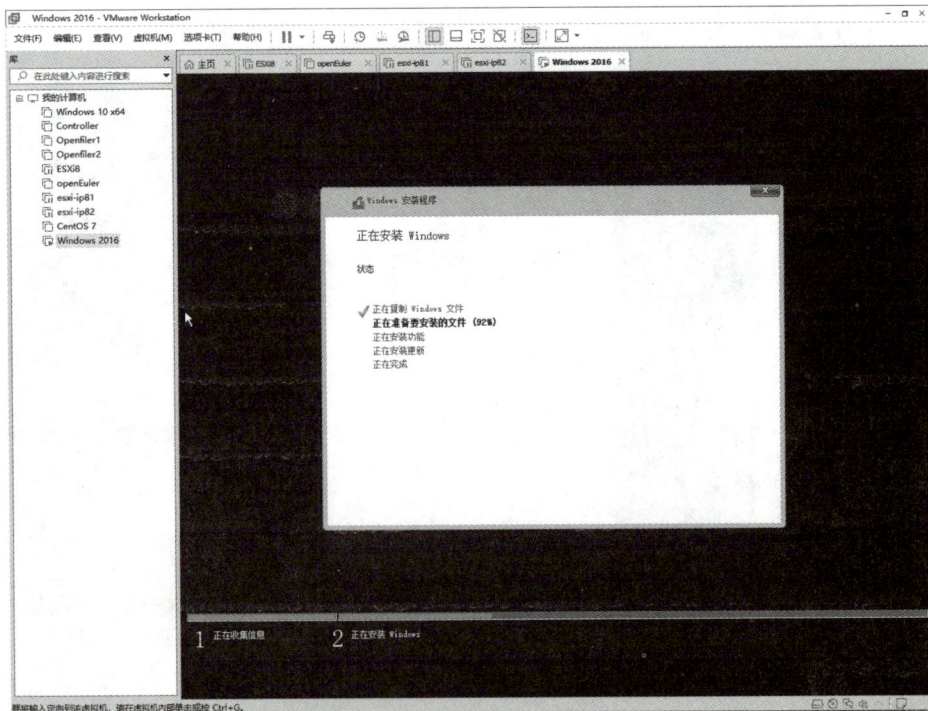

图 1-1-29　正在安装 Windows

(29) 安装完成后，系统会自动重启，然后弹出"自定义设置"页面，设置管理员账户密码，最后单击"完成"，如图 1-1-30 所示。

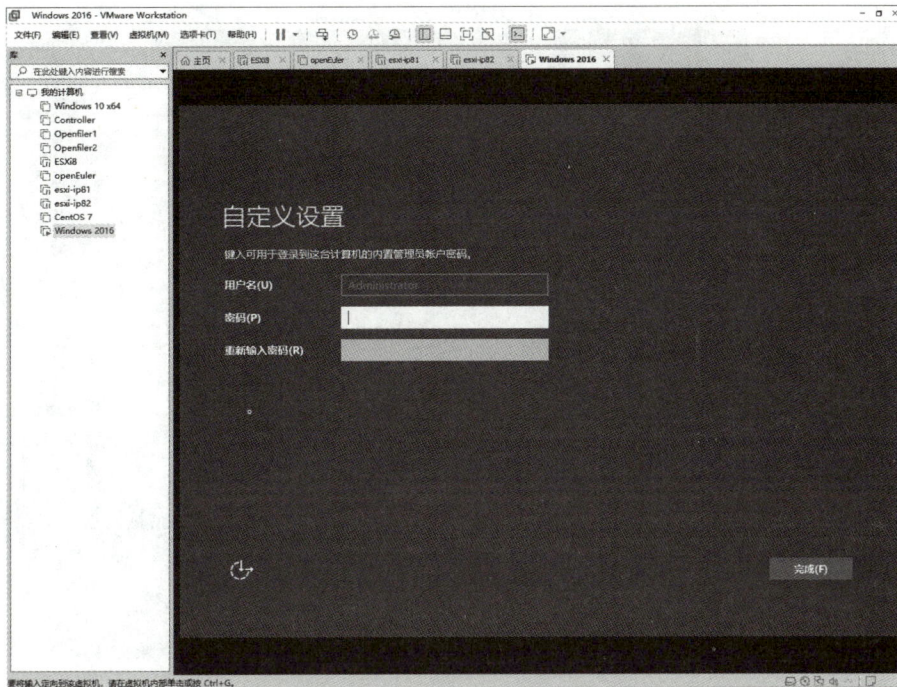

图 1-1-30　设置管理员账户密码

(30) 在弹出的界面中，输入管理员登录密码并按回车键，如图 1-1-31 所示。

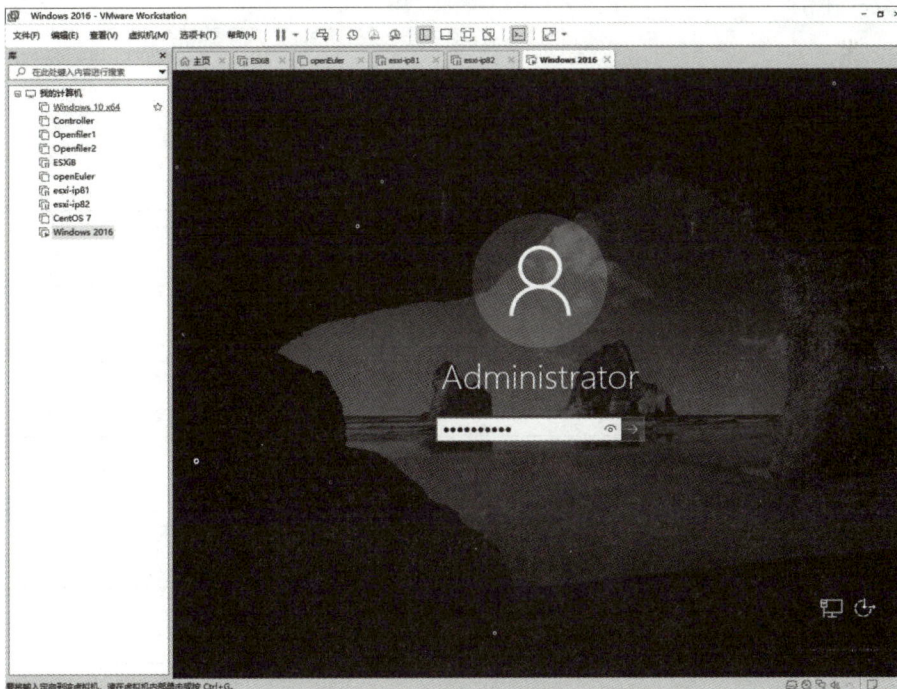

图 1-1-31　输入登录密码

(31) 进入 Windows 2016 系统主界面，软件安装完成，如图 1-1-32 所示。

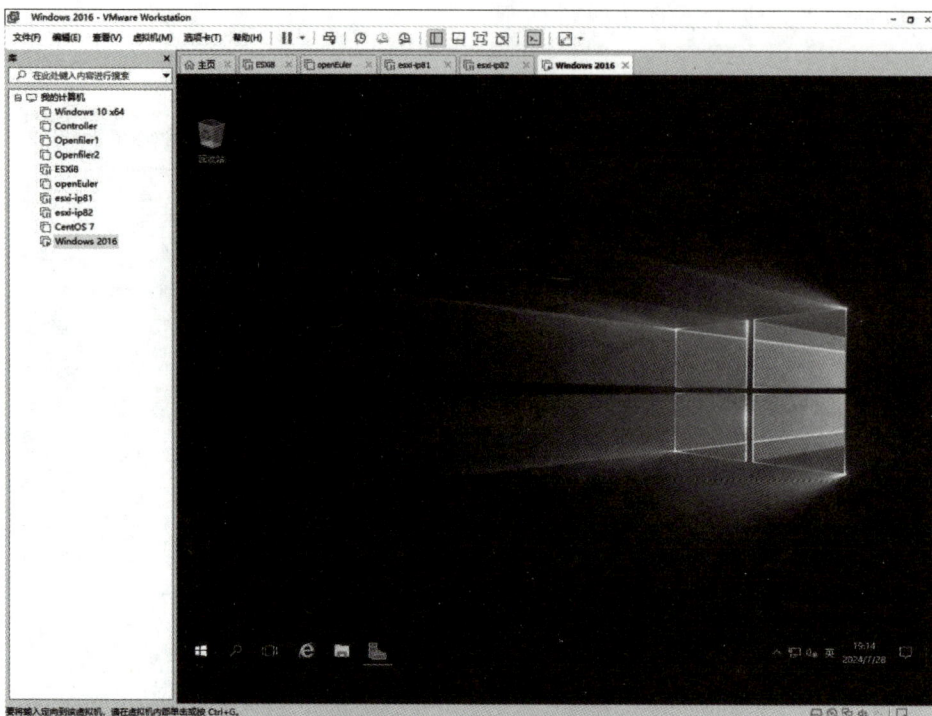

图 1-1-32　系统的主界面

## 总结评价

### 1. 小组汇报任务实施结果

任务实施结果的具体内容如表 1-1-5 所示。

**表 1-1-5　任务实施结果记录表**

| 任务名称 | 了解虚拟化与云计算 | |
|---|---|---|
| 自检基本情况 | | |
| 自检组别 | 第　　　组 | |
| 本组成员 | 组长： | 组员： |
| 检查情况 | | |
| 是否完成 | | |
| 完成时间 | | |

| 工位管理是否符合<br>8S 管理标准 | |
|---|---|
| 任务实施情况 | 正确执行部分：<br><br><br>问题与不足： |
| 超时或未完成的<br>主要原因 | |

| 检查人签字： | 日期： |
|---|---|

## 2. 小组互评

任务实施过程评价的具体内容如表 1-1-6 所示。

### 表 1-1-6　任务实施过程评价表

组别 _____　　组员 _____　　任务名称　**了解虚拟化与云计算**

| 教学环节 | 评分细则及分值 | 得　分 |
|---|---|---|
| 课前预习 | 是否已了解任务内容，材料是否准备妥当。(20 分) | |
| 实施作业 | (1) 掌握虚拟化与云计算的定义。(10 分)<br>(2) 掌握云计算的服务类型和部署模式。(10 分)<br>(3) 掌握在 Workstation 软件上安装 Windows 系统的步骤。(30 分) | 单项得分：<br>(1) _____<br>(2) _____<br>(3) _____ |
| 质量检验 | (1) 操作的规范性、步骤的完整性、过程的连贯性。(10 分)<br>(2) 工作效率较高。(10 分)<br>(3) 8S 理念及工匠精神的体现。(10 分) | 单项得分：<br>(1) _____<br>(2) _____<br>(3) _____ |
| 总分<br>(满分 100 分) | | 评分人签字： |

## 学习拓展

1. 将任务实施结果记录表补充完整。

2. 预习下一个任务内容"了解云计算的关键技术——虚拟化"。

# 任务 2　了解云计算的关键技术——虚拟化

## 任务目标

1. 了解什么是虚拟化和服务器虚拟化。
2. 了解 Hypervisor 和 VMM 的概念以及两者的区别。
3. 掌握 VMware Workstation 的使用并创建 CentOS 7。

## 任务描述

在初步了解虚拟化技术后，你认识到它能够有效提升资源利用率并降低硬件成本。为了进一步验证虚拟化技术的优势，你决定在物理服务器上安装 Linux 系统。本任务的目标是在 VMware Workstation 虚拟化软件中安装一个 CentOS 7 系统，通过实践操作加深对虚拟化技术的理解。

## 知识准备

### 1. 虚拟化和服务器虚拟化

虚拟化是一个广泛的概念，它指的是通过软件技术将计算机资源（包括 CPU、内存、存储器、网络等硬件组件）进行抽象化，从而实现多个虚拟实例（如虚拟机或容器）对底层资源的共享访问。虚拟化可以应用于不同类型的系统和资源，包括服务器、终端设备、存储设备等。从应用的角度划分，虚拟化技术可以分为不同类型，如表 1-2-1 所示。

表 1-2-1　虚拟化技术按应用分类

| 虚拟化类型 | 说　　明 |
| --- | --- |
| 服务器虚拟化 | 在单个物理服务器上运行多个操作系统和应用程序 |
| 存储虚拟化 | 将多个存储设备抽象成一个统一的存储资源池，提高存储管理效率 |
| 网络虚拟化 | 创建虚拟网络环境，允许在物理网络设备上模拟多个独立的网络 |
| 桌面虚拟化 | 用户通过远程访问协议连接到服务器上的虚拟桌面环境 |
| 应用虚拟化 | 应用程序与操作系统分离，可在不同操作系统上运行，无需本地安装 |
| 容器虚拟化 | 使用轻量级容器技术运行和管理应用程序，共享宿主机内核 |
| 平台虚拟化 | 为开发者提供构建、测试和部署应用程序的环境，无需关注底层基础设施 |
| 网络功能虚拟化（NFV） | 将传统网络设备的功能虚拟化，使其能在通用网络硬件基础设施上运行 |
| 软件定义网络（SDN） | 将网络的控制层面集中化，通过网络软件来管理网络流量和资源，从而提高网络服务的敏捷性和可编程能力 |

　　服务器虚拟化是虚拟化技术在服务器领域的具体应用，首先将物理服务器的资源抽象化，然后按需分配给多个虚拟机 (VM)。每个虚拟机不仅具备完整的虚拟硬件环境，还能独立运行操作系统和应用程序，如同部署在独立的物理服务器上。虚拟机实现方式通常有三种，如表 1-2-2 所示。

### 表 1-2-2　虚拟机实现方式

| 实现方式 | 说　　明 |
| --- | --- |
| 全虚拟化 | 这种方式提供了完整的硬件抽象层，虚拟机不需要了解底层硬件的具体细节即可运行。其优势包括：<br>• 虚拟化软件 (Hypervisor) 可实现完全的硬件环境仿真，虚拟机运行在其上就像运行在真实硬件上一样。<br>典型产品包括 VMware ESXi 和 Microsoft Hyper-V |
| 半虚拟化 | 在这种方式下，虚拟机操作系统需要被修改或优化，使其能够识别自己运行在虚拟化环境中。其优势包括：<br>• 操作系统的某些部分被设计为与虚拟化软件直接交互，从而提高性能。<br>• 半虚拟化通常需要对操作系统内核代码进行修改，以支持虚拟化。<br>典型产品包括早期的 Xen 和 Linux KVM( 在某些配置下 ) |
| 硬件辅助虚拟化 | 这种方式指利用 CPU 提供的虚拟化技术 ( 如 Intel VT-x 或 AMD-V)，使虚拟化软件可以直接利用硬件支持来提高虚拟机的性能和安全性。其优势包括：<br>• 虚拟机管理更高效，隔离性更好。<br>• 减轻了虚拟化软件的负担，因为一些任务可以直接由硬件来处理。<br>典型产品包括 Oracle VirtualBox 等 |

### 2. Hypervisor 和 VMM

　　Hypervisor( 虚拟机监控器 ) 本质上是一种软件，它提供了一个位于物理服务器硬件和操作系统之间的抽象层，允许多个操作系统和应用程序在单个物理服务器上同时运行，每个操作系统都在自己的虚拟机 (VM) 中运行。它负责管理虚拟机的资源分配，包括 CPU、内存、存储和网络资源。Hypervisor 与操作系统的关系通常分为两种类型，如表 1-2-3 所示。

### 表 1-2-3　Hypervisor 与操作系统的关系的类型

| 类　　型 | 说　　明 |
| --- | --- |
| 类型 1( 裸机虚拟化或原生虚拟化 ) | 直接安装在服务器硬件上，不依赖任何底层操作系统。它提供了一个非常接近硬件的抽象层，允许虚拟机直接与硬件交互，从而提高虚拟机的性能和稳定性 |
| 类型 2<br>( 托管式虚拟化 ) | 作为宿主操作系统上的一个应用程序运行。它可在宿主操作系统之上创建和管理虚拟机，虚拟机中的操作系统再运行应用程序 |

　　VMM(Virtual Machine Monitor) 和 Hypervisor 实际上是同一个概念的不同术语。在虚拟化技术中，VMM 或 Hypervisor 都是指用来创建和管理虚拟机 (VM) 的软件。它们允许多个操作系统和应用程序在同一个物理服务器上独立运行，每个虚拟机都有自己独立的虚拟硬件环境。

　　简而言之，Hypervisor 和 VMM 是同一个概念的不同称呼，两者均指可实现虚拟化抽象、资源分配、隔离、管理操作等功能的系统软件。

**任务实施**

## 使用 Workstation 创建 CentOS 7 系统

使用 Vmware Workstation 创建 CentOS 7 系统的步骤如下：

(1) VMware Workstation 软件安装完成后，双击打开，在弹出的主界面上单击"创建新的虚拟机"，如图 1-2-1 所示。

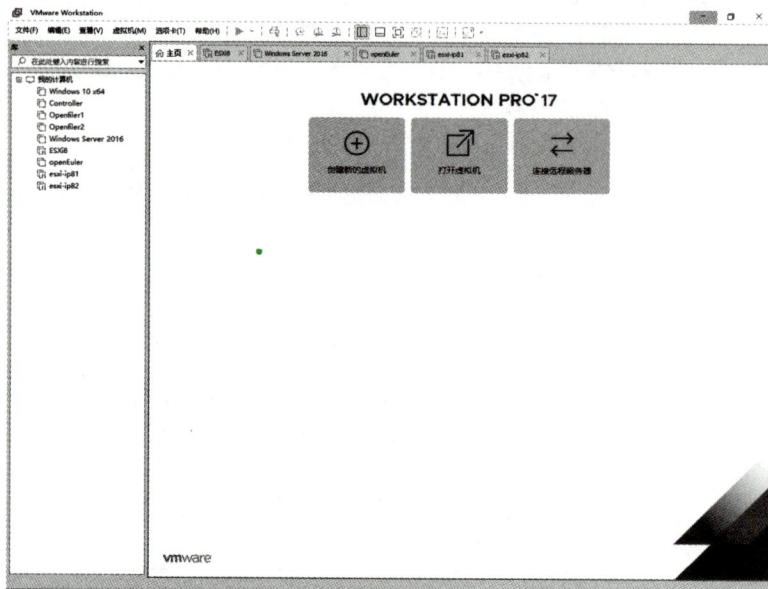

图 1-2-1　VMware Workstation 主界面

(2) 在弹出的欢迎界面中，选择"自定义（高级）"，然后单击"下一步"，如图 1-2-2 所示。

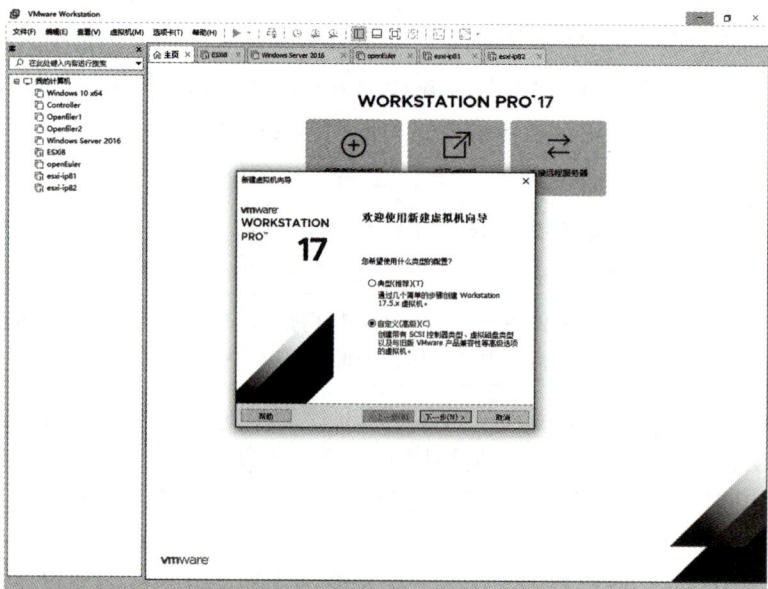

图 1-2-2　新建虚拟机向导

（3）在弹出的"选择虚拟机硬件兼容性"页面中，虚拟机硬件兼容性保持默认设置，然后单击"下一步"，如图 1-2-3 所示。

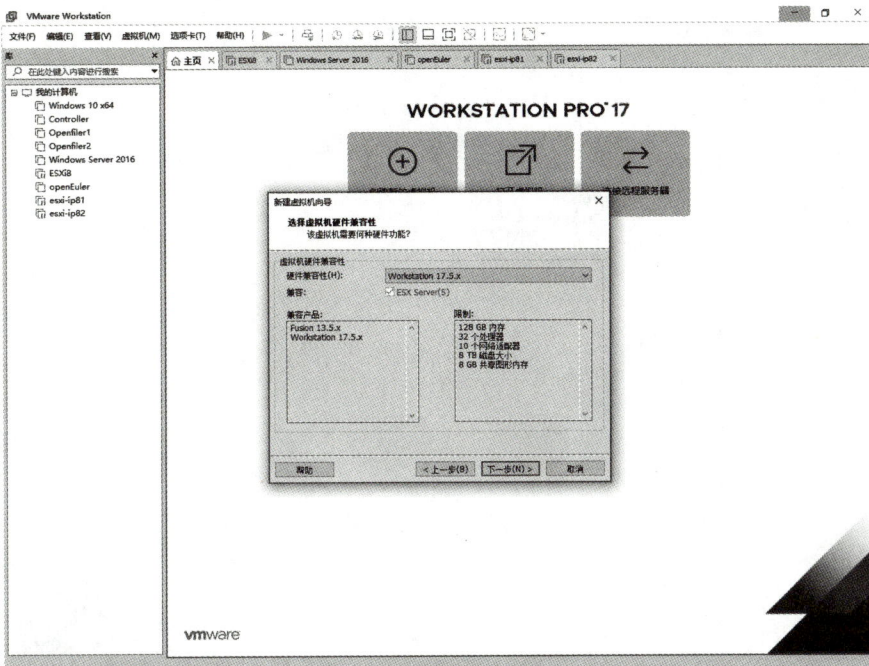

图 1-2-3　选择虚拟机硬件兼容性

（4）在弹出的"安装客户机操作系统"页面中，选择"稍后安装操作系统"，然后单击"下一步"，如图 1-2-4 所示。

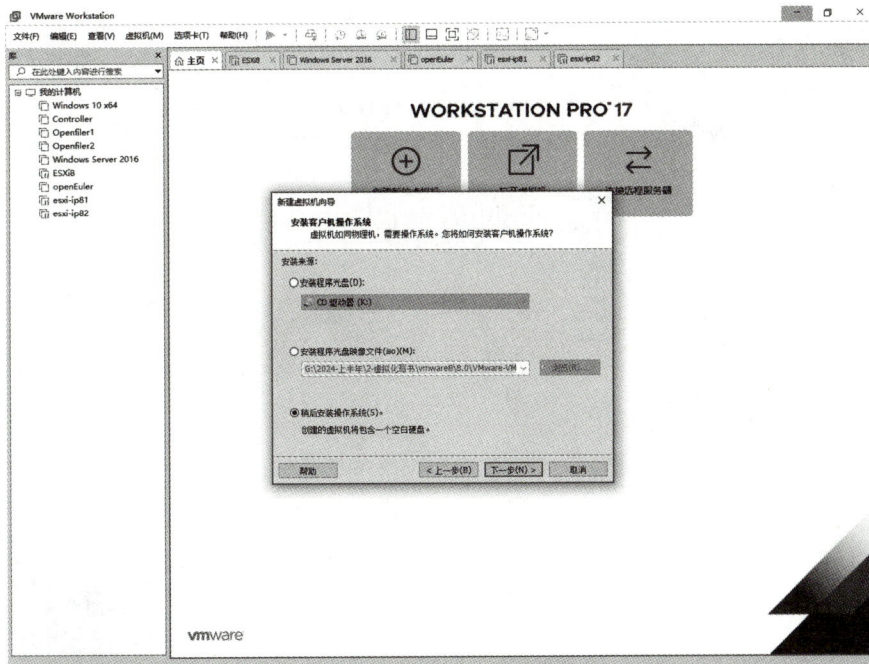

图 1-2-4　安装客户机操作系统

(5) 在弹出的"选择客户机操作系统"页面中，"客户机操作系统"选择"Linux"，"版本"选择"CentOS 7"，然后单击"下一步"，如图 1-2-5 所示。

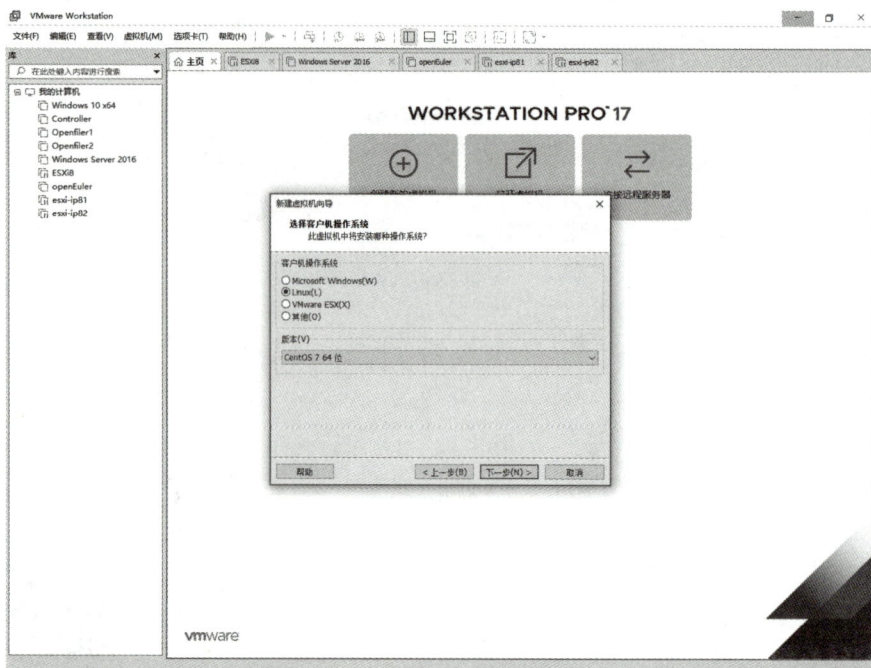

图 1-2-5　选择客户机操作系统

(6) 在弹出的"命名虚拟机"页面中，设置"虚拟机名称"和"位置"，然后单击"下一步"，如图 1-2-6 所示。

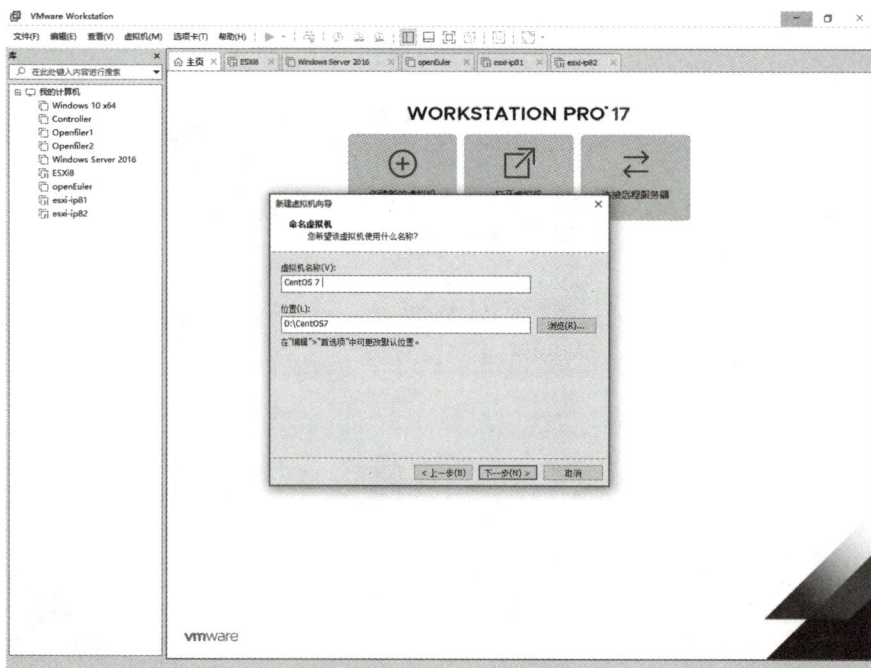

图 1-2-6　命名虚拟机

(7) 在弹出的"处理器配置"页面中，根据实际情况配置虚拟机指定处理器数量，然后单击"下一步"，如图 1-2-7 所示。

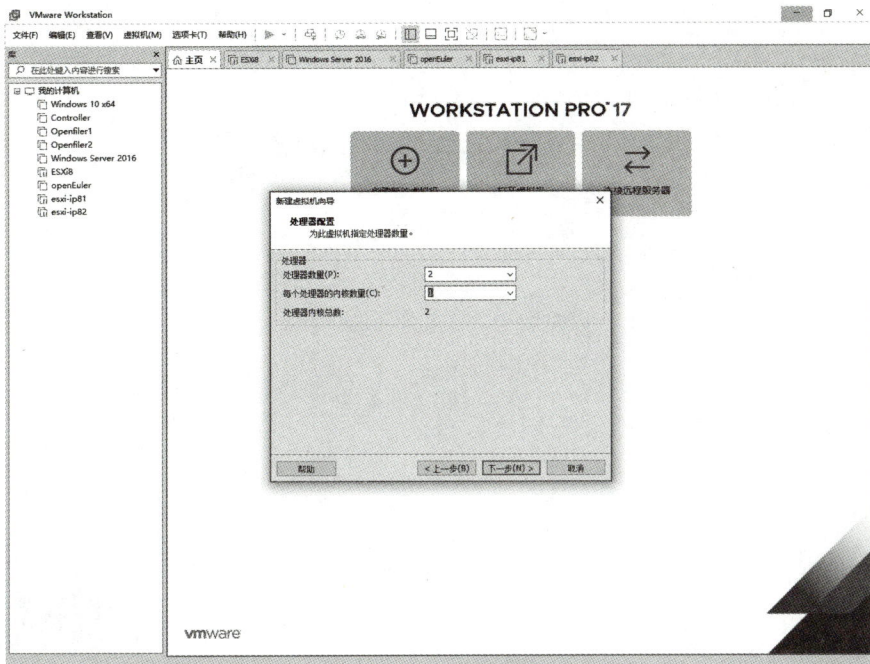

图 1-2-7　处理器配置

(8) 在弹出的"此虚拟机的内存"页面中，根据实际情况配置此虚拟机的内存量，然后单击"下一步"，如图 1-2-8 所示。

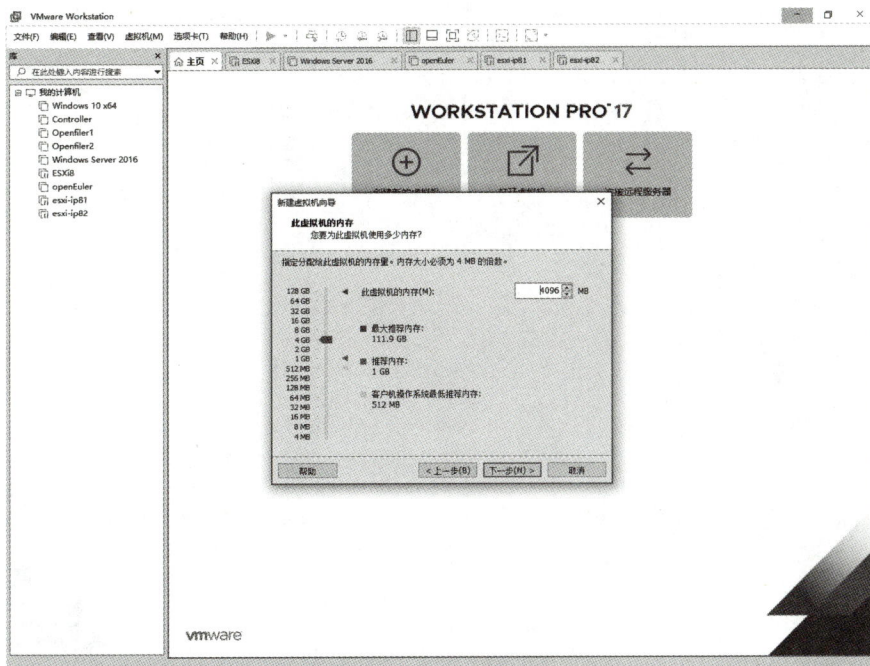

图 1-2-8　虚拟机内存配置

(9) 在弹出的"网络类型"页面中，网络类型保持默认设置，然后单击"下一步"，如图 1-2-9 所示。

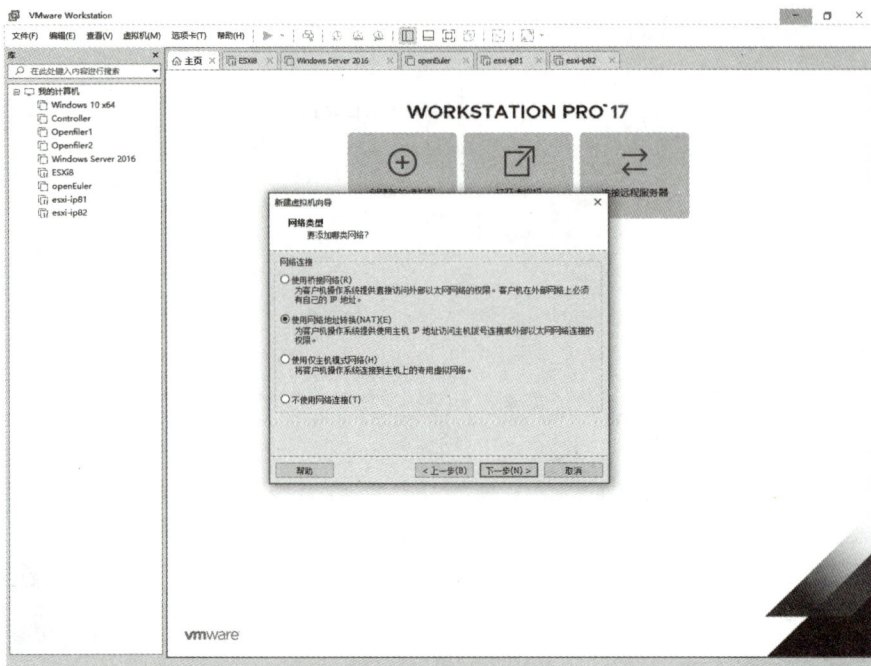

图 1-2-9　配置网络类型

(10) 在弹出的"选择 I/O 控制器类型"页面中，I/O 控制器类型保持默认设置，然后单击"下一步"，如图 1-2-10 所示。

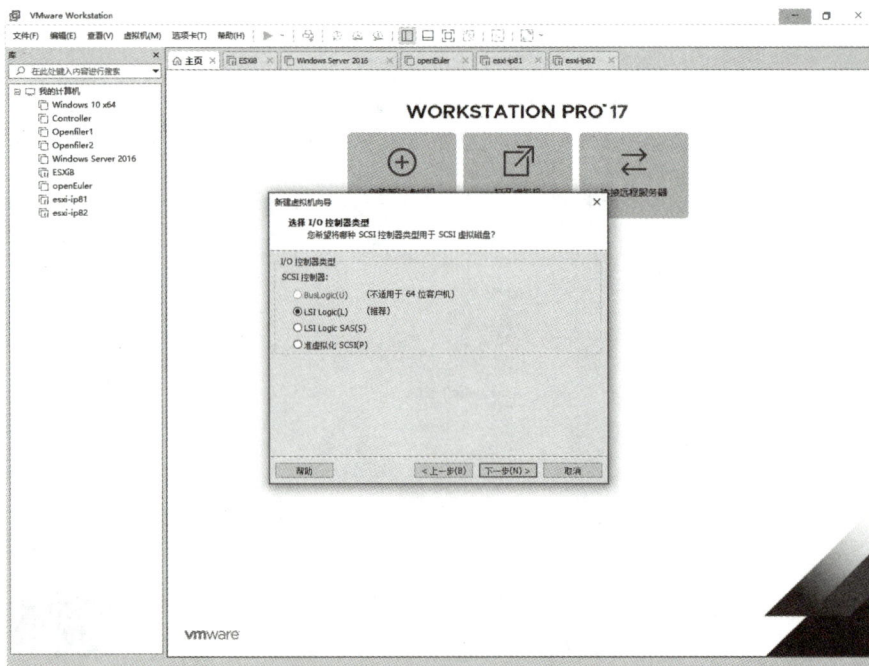

图 1-2-10　选择 I/O 控制器类型

(11) 在弹出的"选择磁盘类型"页面中，磁盘类型保持默认设置，然后单击"下一步"，如图 1-2-11 所示。

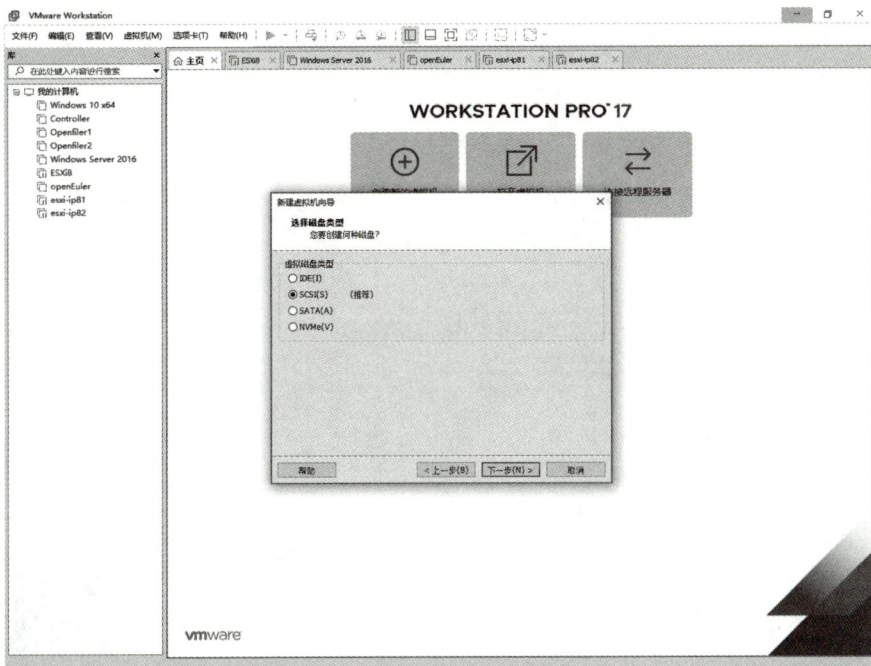

图 1-2-11　选择磁盘类型

(12) 在弹出的"选择磁盘"页面中，保持默认选项"创建新虚拟磁盘"，然后单击"下一步"，如图 1-2-12 所示。

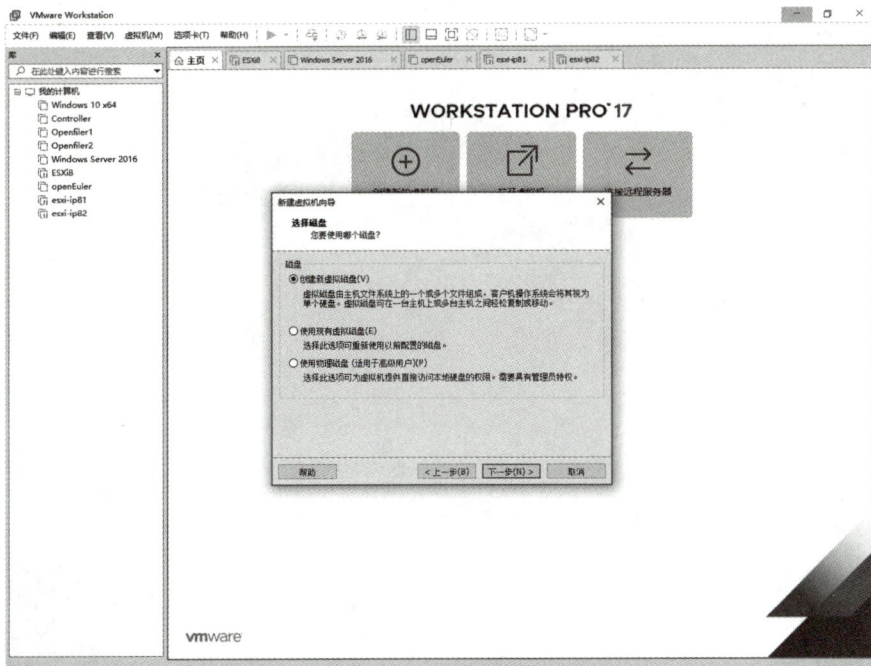

图 1-2-12　选择磁盘

(13) 在弹出的"指定磁盘容量"页面中，根据实际情况配置磁盘大小，然后单击"下一步"，如图 1-2-13 所示。

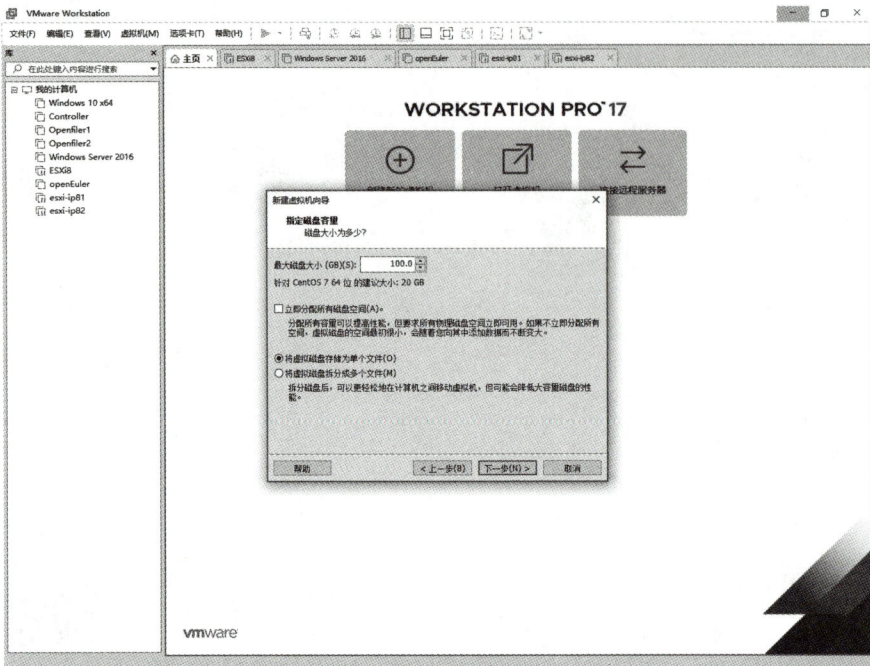

图 1-2-13　指定磁盘容量

(14) 在弹出的"指定磁盘文件"页面中，磁盘文件的存储位置保持默认路径，然后单击"下一步"，如图 1-2-14 所示。

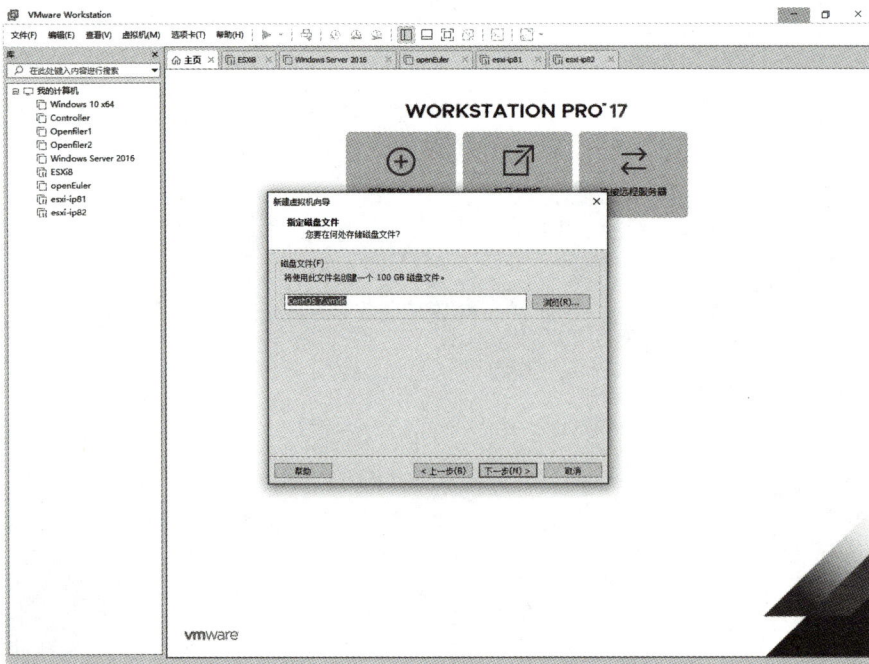

图 1-2-14　指定磁盘文件

(15) 在弹出的"已准备好创建虚拟机"页面中，单击"自定义硬件"按钮，然后单击"下一步"，如图 1-2-15 所示。

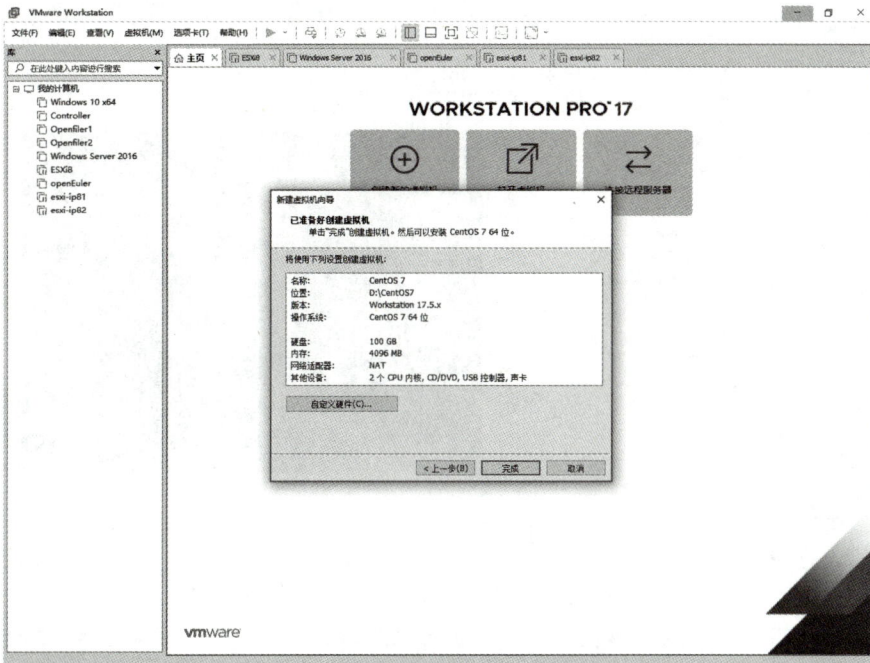

图 1-2-15　已准备好创建虚拟机

(16) 在弹出的"硬件"对话框中，选择"使用 ISO 映像文件"，然后单击"关闭"，如图 1-2-16 所示。

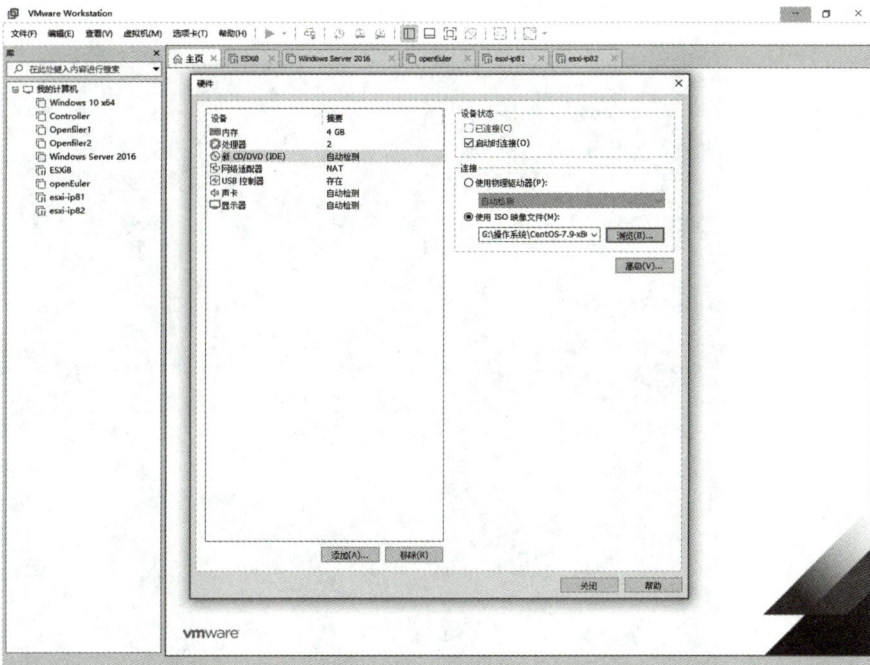

图 1-2-16　自定义硬件

(17) 在 CentOS 7 主界面中，单击左上角的"开启此虚拟机"，如图 1-2-17 所示。

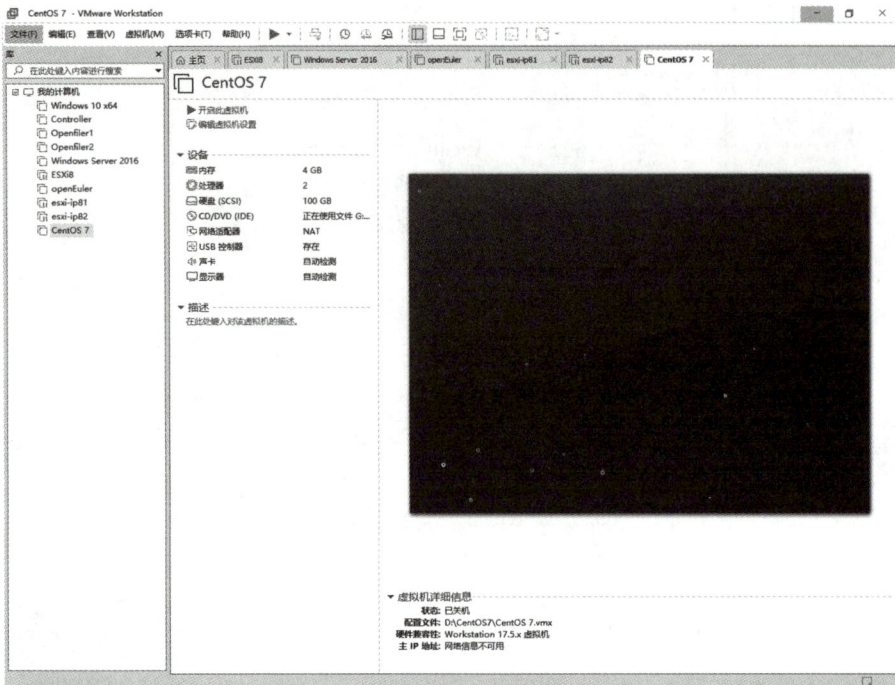

图 1-2-17　开启虚拟机

(18) 弹出图 1-2-18 所示的 CentOS 7 安装主界面，按回车键。弹出如图 1-2-19 所示界面，等待安装完成。

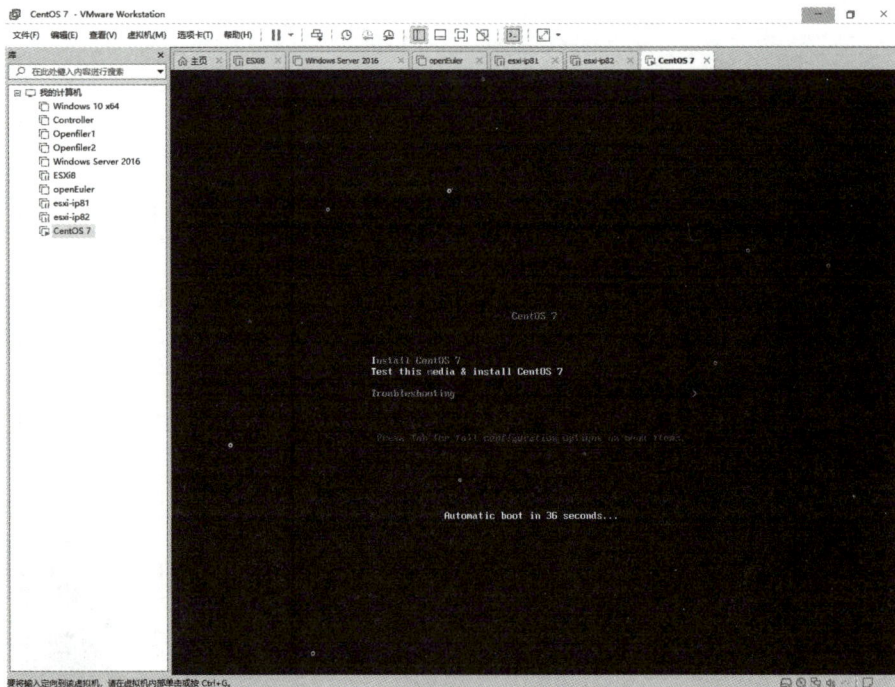

图 1-2-18　CentOS 7 安装主界面

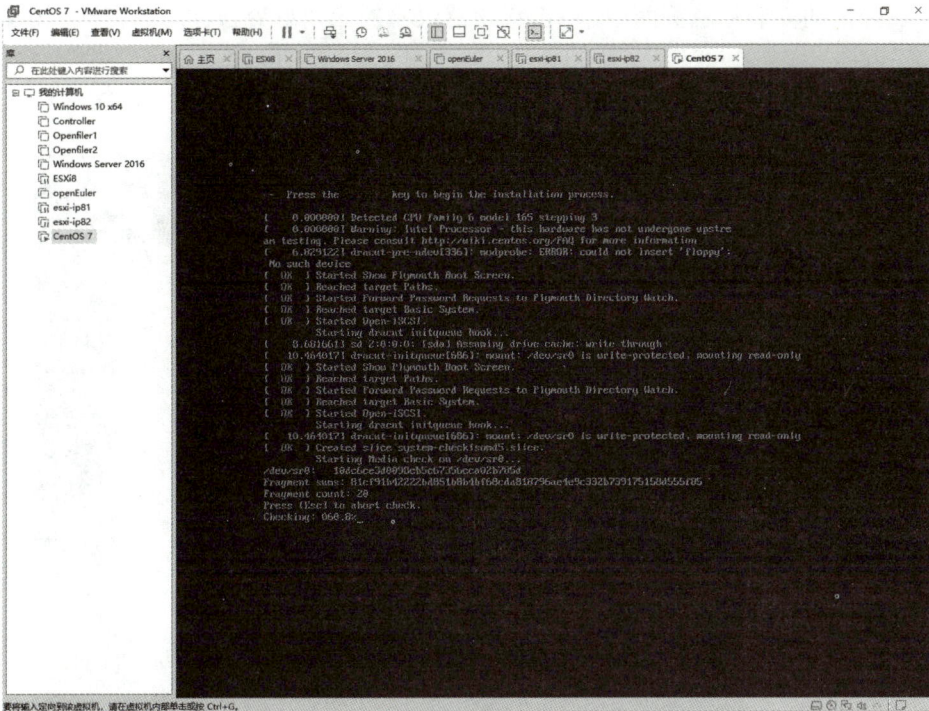

图 1-2-19　CentOS 安装过程

(19) 安装过程中，会弹出选择语言窗口，根据实际需要选择安装期间使用的语言，然后单击"Continue"按钮，如图 1-2-20 所示。

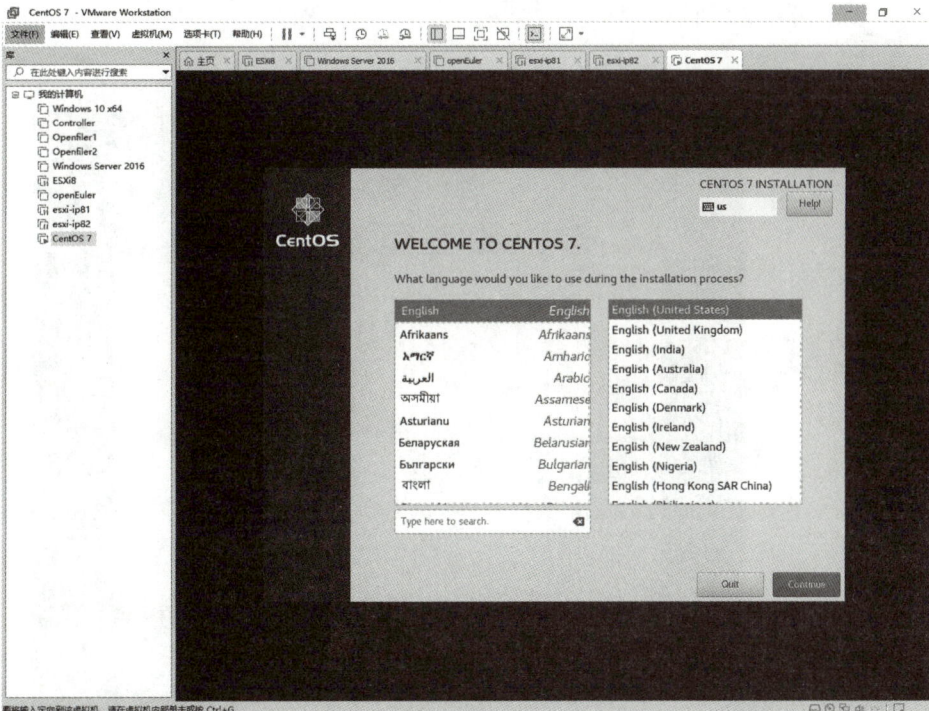

图 1-2-20　选择安装过程语言

(20) 在弹出的安装汇总页面中，单击包含感叹号的三角形警告标志的图标，如图 1-2-21 所示。

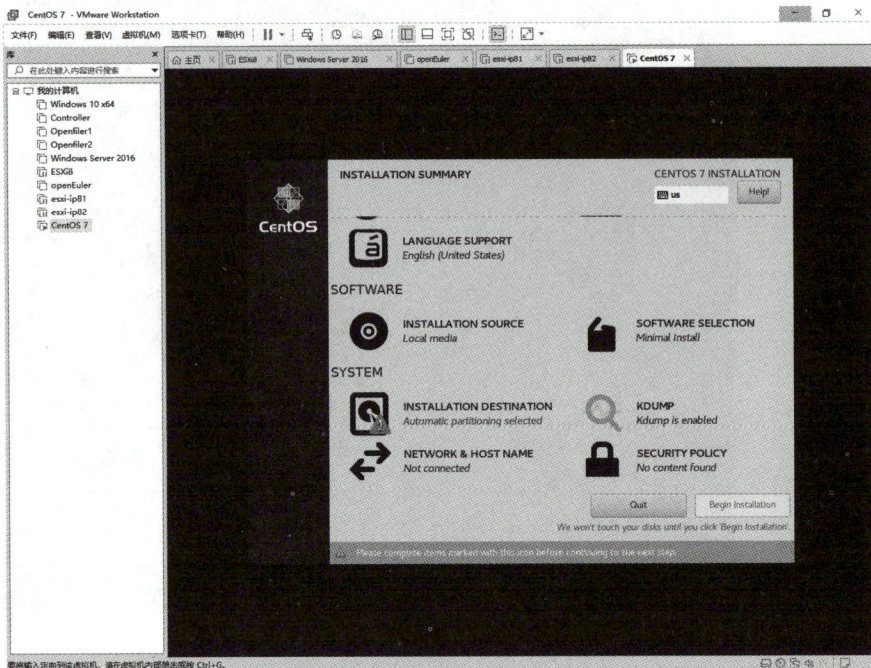

图 1-2-21　安装汇总

(21) 在弹出的安装设备设置对话框中，单击左上角的"Done"按钮即可（也可以自行设置分区），如图 1-2-22 所示。

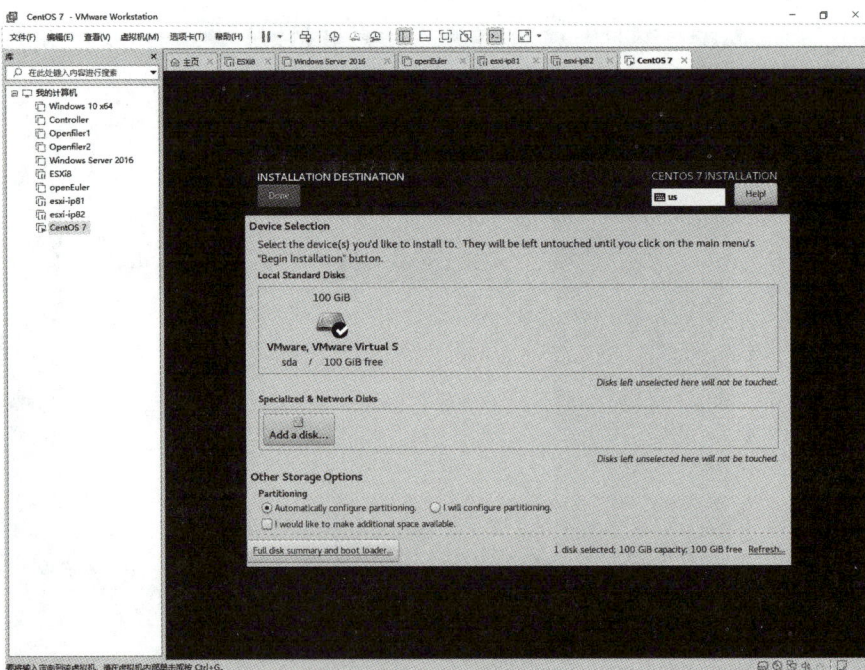

图 1-2-22　设置安装设备

(22) 返回安装汇总页面，单击"Begin Installation"按钮开始安装，如图 1-2-23 所示。

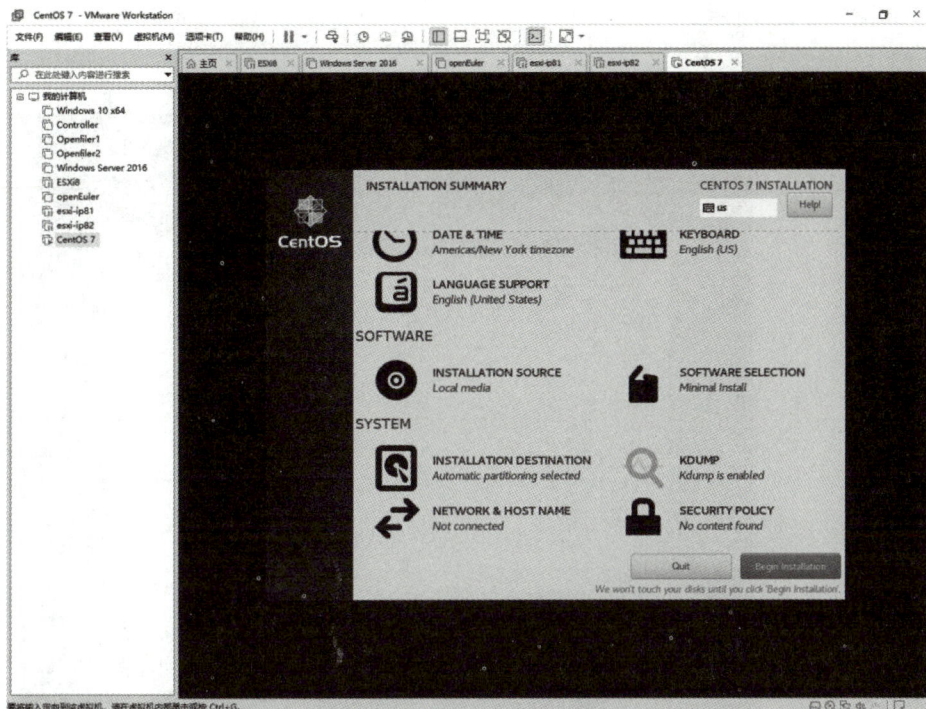

图 1-2-23 　安装汇总

(23) 在安装过程中，单击包含感叹号的三角形警告标志的图标，如图 1-2-24 所示。

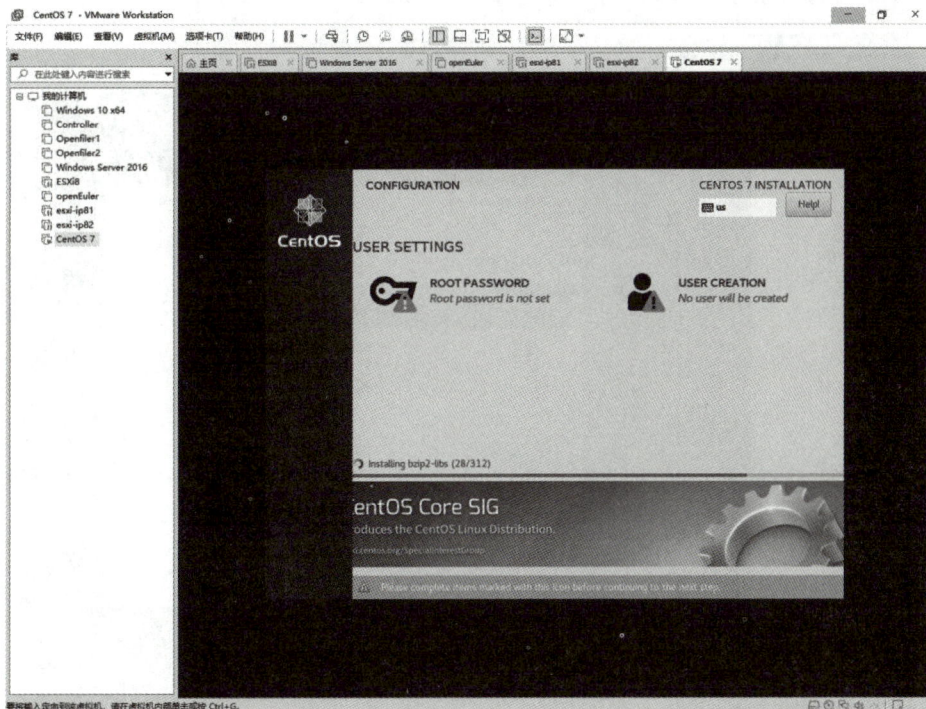

图 1-2-24 　安装过程配置

(24) 在弹出的根密码设置对话框中输入 Root Password，完成根密码设置，然后单击"Done"，如图 1-2-25 所示。

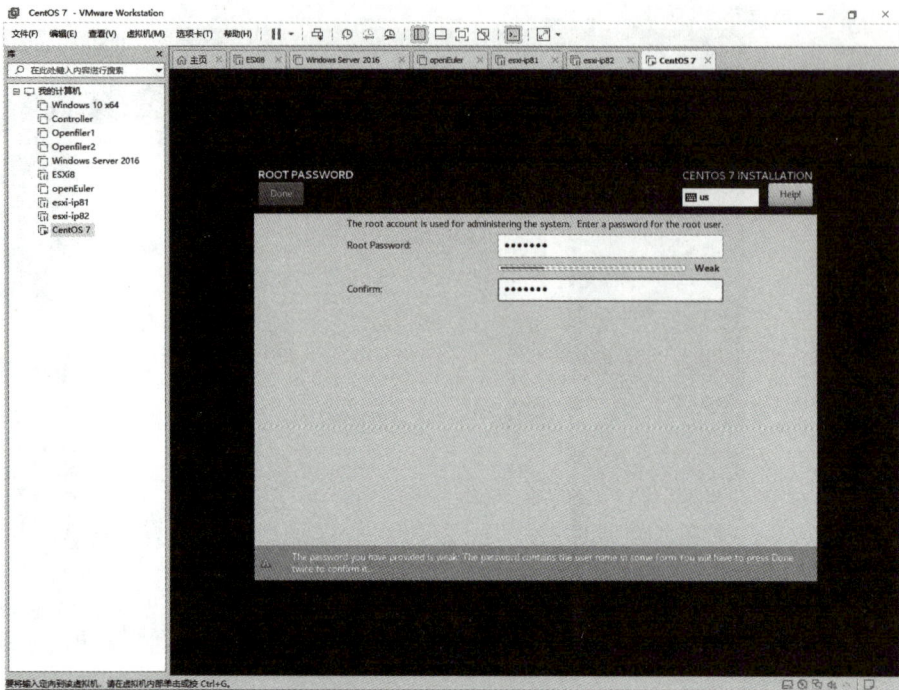

图 1-2-25　设置 root 密码

(25) 弹出如图 1-2-26 所示界面，等待安装完成。

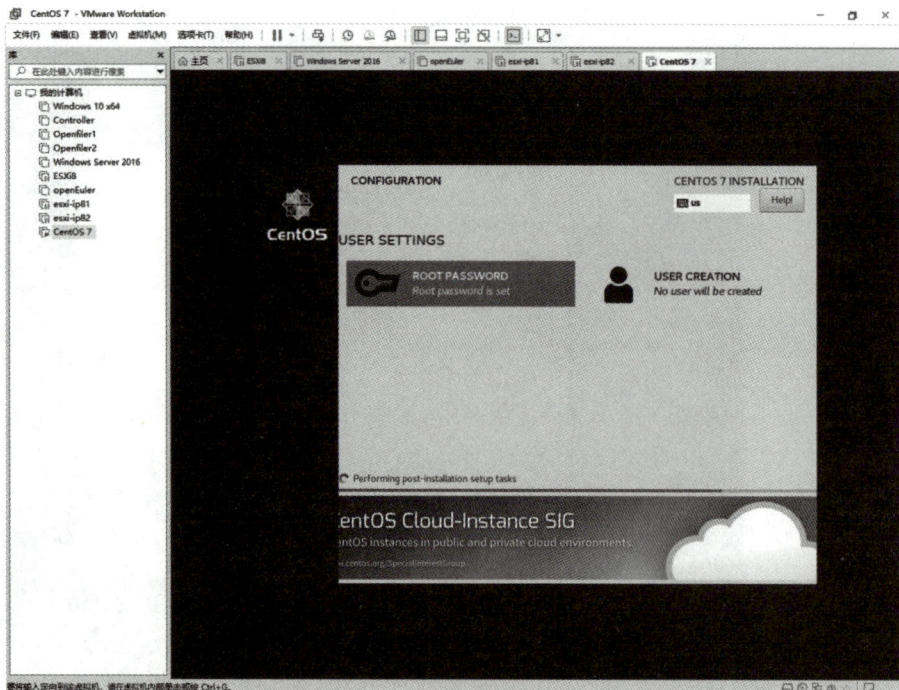

图 1-2-26　ROOT 密码设置完成后的界面

(26) 系统显示提示信息"Complete！"时，单击"Reboot"按钮，如图 1-2-27 所示。

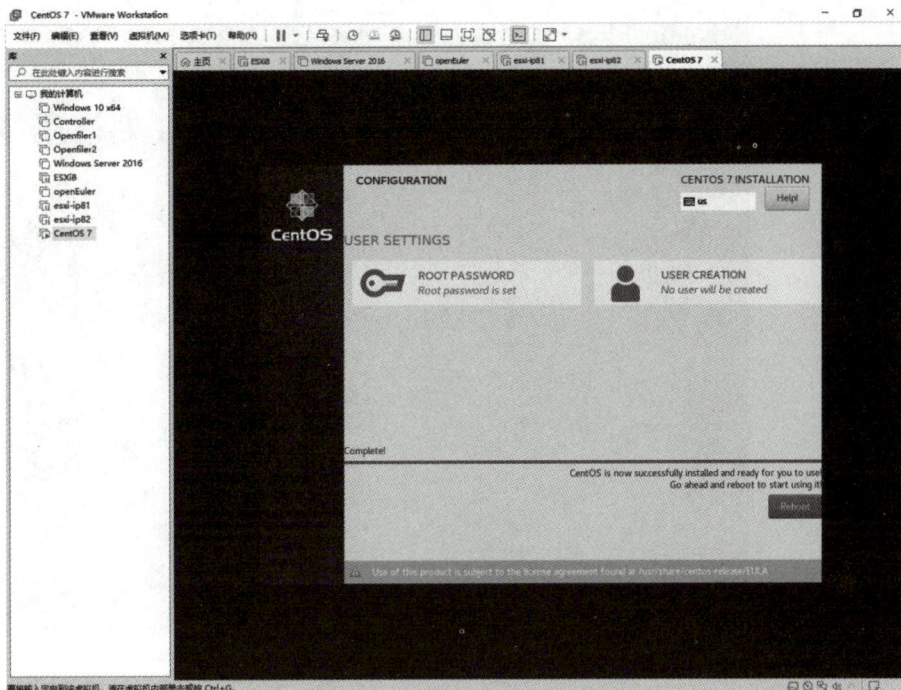

图 1-2-27　系统安装完成

(27) 界面会弹出登录 CentOS 7 系统的信息，然后输入设置的用户名和密码，即进入 Linux 桌面，如图 1-2-28 所示。已登录的 CentOS 7 系统界面如图 1-2-29 所示。

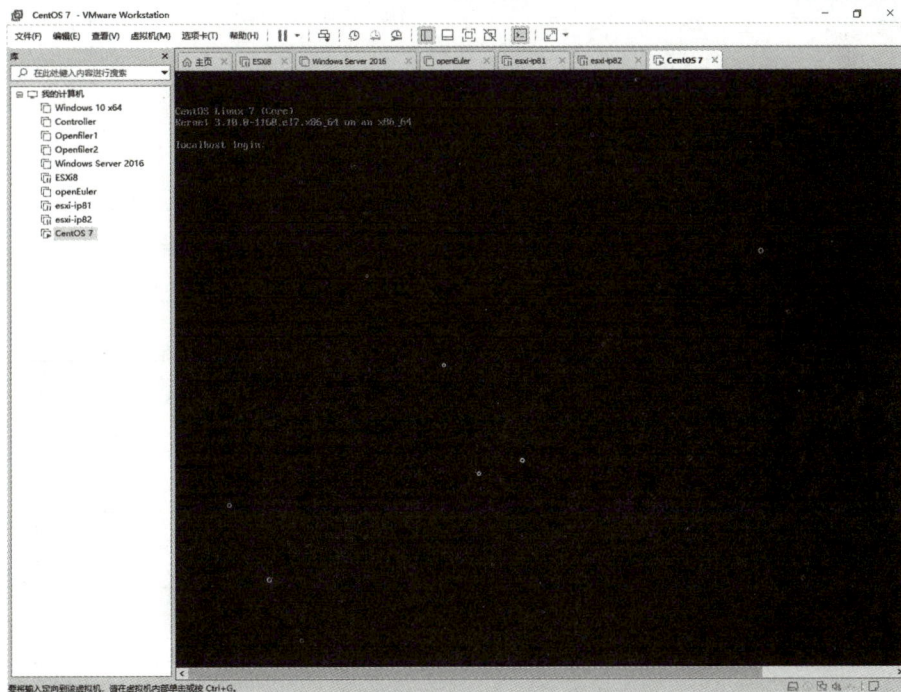

图 1-2-28　登录 CentOS 7 系统

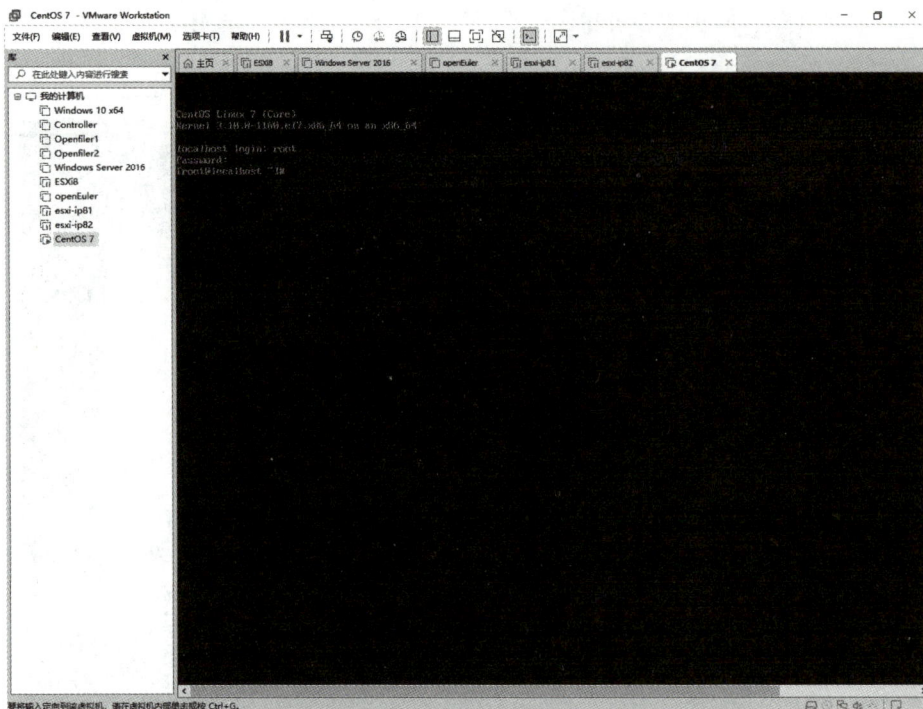

图 1-2-29  已登录的 CentOS7 系统

至此，CentOS 7 系统安装完毕。

## 总结评价

### 1. 小组汇报任务实施结果

任务实施结果的具体内容如表 1-2-4 所示。

表 1-2-4  任务实施结果记录表

| 任务名称 | 了解云计算关键技术——虚拟化 | |
|---|---|---|
| 自检基本情况 | | |
| 自检组别 | 第　　　组 | |
| 本组成员 | 组长： | 组员： |
| 检查情况 | | |
| 是否完成 | | |
| 完成时间 | | |

| 工位管理是否符合<br>8S 管理标准 | |
|---|---|
| 任务实施情况 | 正确执行部分：<br><br><br>问题与不足： |
| 超时或未完成的<br>主要原因 | |
| 检查人签字： | 日期： |

### 2. 小组互评

任务实施过程评价的具体内容如表 1-2-5 所示。

**表 1-2-5　任务实施过程评价表**

组别 _____　组员 _____　任务名称　**了解云计算关键技术——虚拟化**

| 教学环节 | 评分细则及分值 | 得　分 |
|---|---|---|
| 课前预习 | 是否已了解任务内容，材料是否准备妥当。(20 分) | |
| 实施作业 | (1) 掌握虚拟化与云计算的定义。(10 分)<br>(2) 掌握云计算的服务类型和部署模式。(10 分)<br>(3) 掌握在 Workstation 软件上安装 CentOS 7 系统的步骤。<br>(30 分) | 单项得分：<br>(1) _____<br>(2) _____<br>(3) _____ |
| 质量检验 | (1) 操作的规范性、步骤的完整性、过程的连贯性。(10 分)<br>(2) 工作效率较高。(10 分)<br>(3) 8S 理念及工匠精神的体现。(10 分) | 单项得分：<br>(1) _____<br>(2) _____<br>(3) _____ |
| 总分<br>(满分 100 分) | 评分人签字： | |

### 学习拓展

1. 将任务实施结果记录表补充完整。

2. 预习下一个任务内容"安装 VMware ESXi 虚拟化平台"。

# 项目 2

# VMware 虚拟化平台的部署与实施

## 任务 1 安装 VMware ESXi 虚拟化平台

### 任务目标

1. 了解 VMware ESXi 及其主要功能。
2. 掌握如何安装 VMware ESXi 及使用 Web 登录 VMware ESXi。

### 任务描述

VMware ESXi 8.0 是一款功能强大的裸机管理程序，能够直接安装在物理服务器上，也可部署于桌面虚拟化软件之上。它通过直接访问和控制底层硬件资源，实现高效的硬件分区与资源分配，从而有效整合应用程序。本任务的目标是在 VMware Workstation 虚拟化软件环境中安装 VMware ESXi 8 系统，并在安装完成后，通过 Web 浏览器登录进行管理配置。

### 知识准备

VMware ESXi 是 VMware 公司开发的一款超融合基础设施虚拟化平台的核心组件，即常说的虚拟机监视器 (hypervisor)，也称为虚拟机管理程序，用于创建和运行虚拟机 (VM)。它允许多个虚拟机在同一台物理服务器上运行，每个虚拟机都可以运行不同的操作系统和应用程序。VMware ESXi 主要功能如表 2-1-1 所示。

表 2-1-1　VMware ESXi 的主要功能

| 功　能 | 说　明 |
|---|---|
| 虚拟化技术 | 支持虚拟 CPU、虚拟内存、虚拟网络和虚拟存储 |
| 存储管理 | 支持多种存储协议，如 iSCSI、NFS、Fibre Channel 等 |
| 网络管理 | 提供虚拟交换机和网络虚拟化功能 |
| 备份与恢复 | 支持虚拟机的备份和恢复 |
| 高可用性 | 支持故障转移和负载均衡 |
| 资源管理 | 允许管理员分配和监控虚拟机使用的资源 |

VMware ESXi 是许多企业数据中心虚拟化解决方案的核心组件，因其卓越的稳定性、高性能和可扩展性而成为企业的主流选择。

**任务实施**

### VMware ESXi 8.0 系统的安装和登录

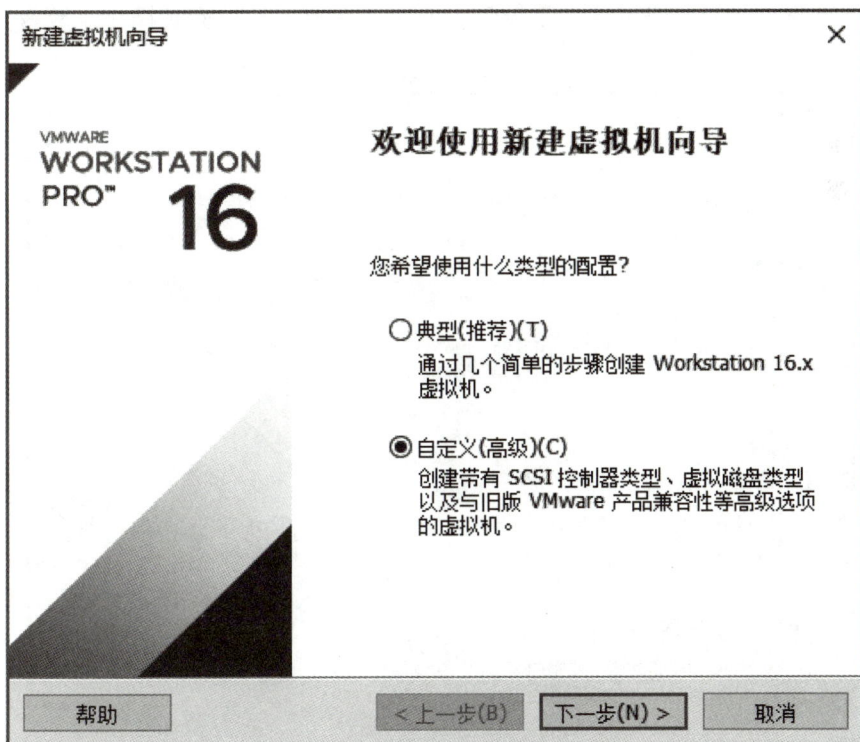

ESXi 8.0 系统
的安装和登录

#### 1. 创建 VMware ESXi 8.0 虚拟机

(1) 双击打开 Vmware Workstation 软件，单击"创建新的虚拟机"，在弹出的"新建虚拟机向导"对话框中，选择"自定义 ( 高级 )"，然后单击"下一步"，如图 2-1-1 所示。

图 2-1-1　新建虚拟机向导

(2) 虚拟机硬件兼容性保持默认设置，然后单击"下一步"，如图 2-1-2 所示。

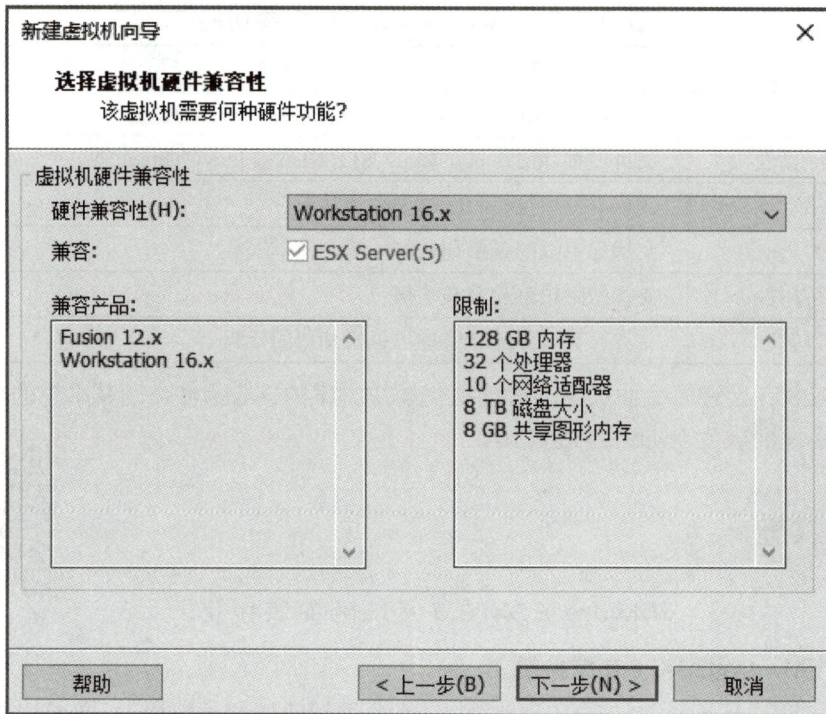

图 2-1-2　虚拟机硬件兼容性

　　(3) 在弹出的"安装客户机操作系统"页面中，选择"稍后安装操作系统"，然后单击"下一步"，如图 2-1-3 所示。

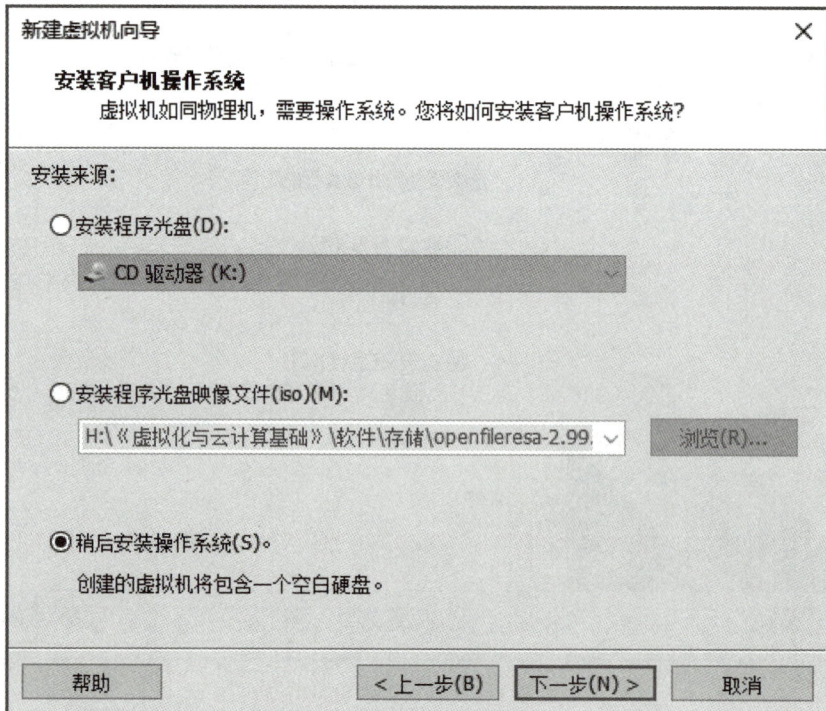

图 2-1-3　安装客户机操作系统

(4) 在弹出的"命名虚拟机"页面中，设置"虚拟机名称"为"Esxi 8.0"，"位置"为"D:\Esxi8.0"，然后单击"下一步"，如图 2-1-4 所示。

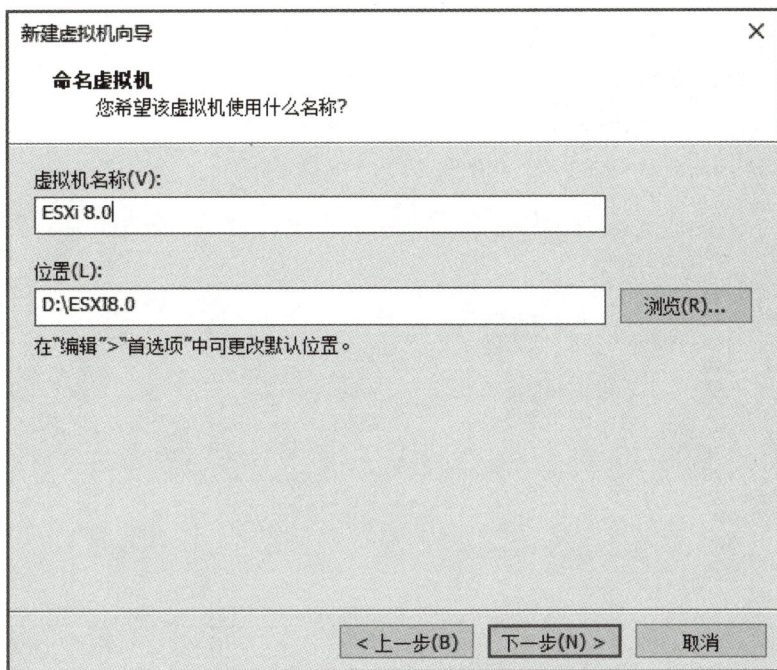

图 2-1-4　命名虚拟机

(5) 在弹出的"处理器配置"页面中，根据实际情况配置虚拟机处理器数量及内核总数，然后单击"下一步"，如图 2-1-5 所示。

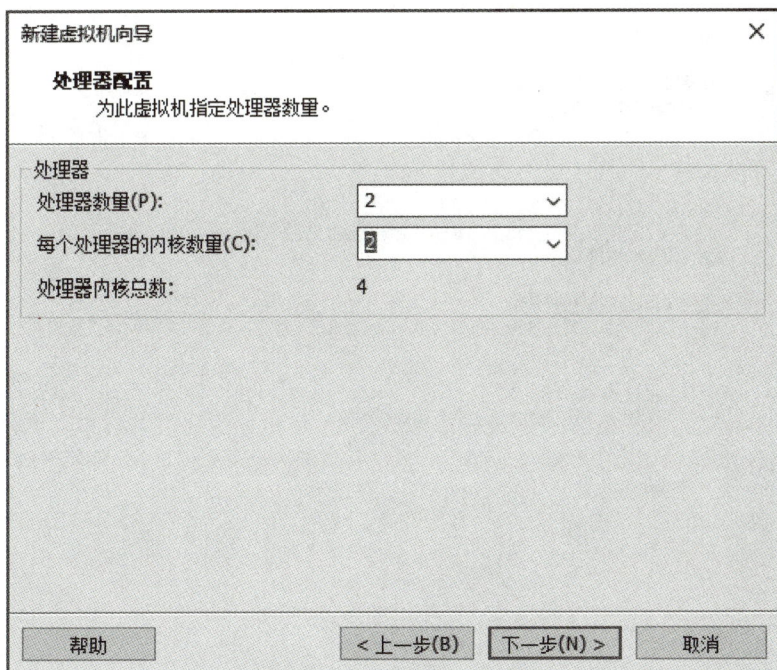

图 2-1-5　处理器配置

(6) 在弹出的"此虚拟机的内存"页面中，根据实际情况配置"此虚拟机的内存"，然后单击"下一步"，如图 2-1-6 所示。

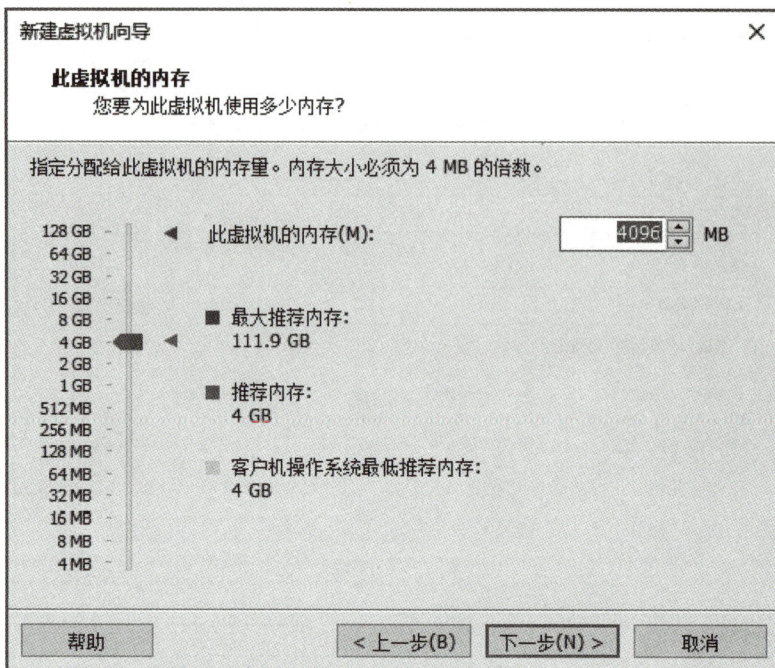

图 2-1-6　虚拟机内存配置

(7) 在弹出的"网络类型"页面中，网络类型保持默认设置即可，然后单击"下一步"，如图 2-1-7 所示。

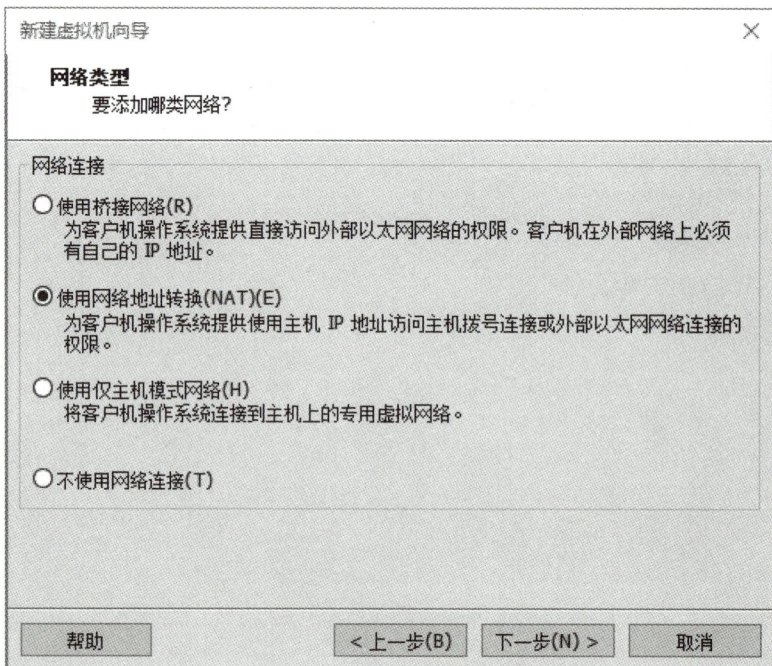

图 2-1-7　配置网络类型

(8) 在弹出的"选择 I/O 控制器类型"页面中，I/O 控制器类型保持默认设置，即"准虚拟化 SCSI"，然后单击"下一步"，如图 2-1-8 所示。

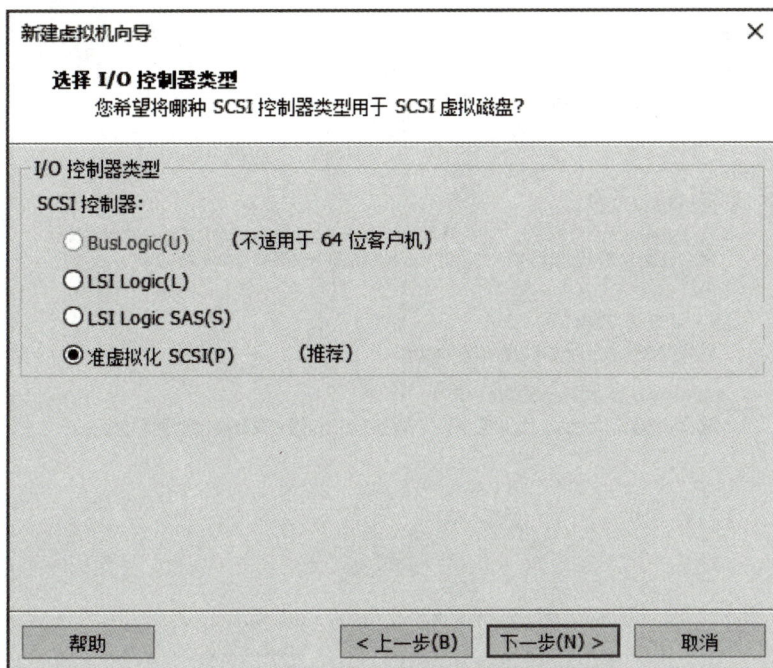

图 2-1-8　选择 I/O 控制器类型

(9) 在弹出的"选择磁盘类型"页面中，磁盘类型保持默认设置，即推荐类型"SCSI"，然后单击"下一步"，如图 2-1-9 所示。

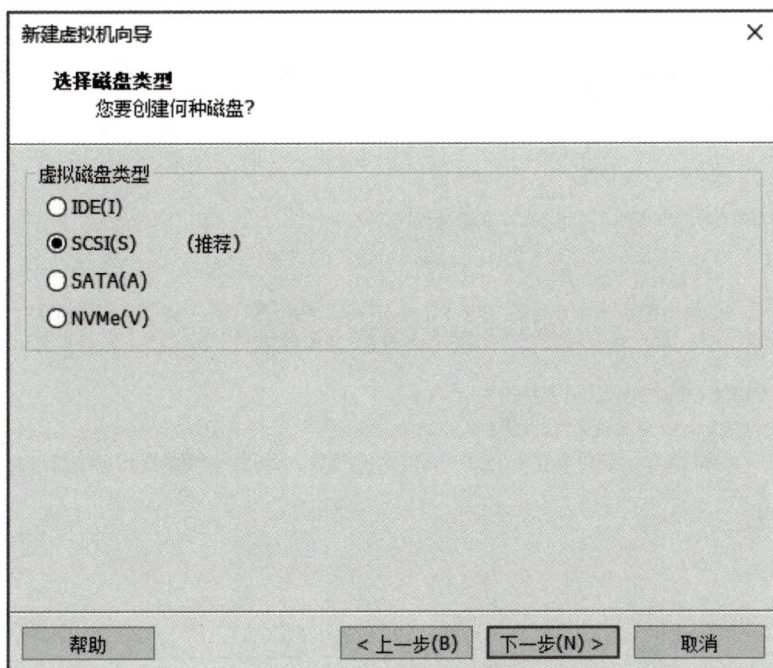

图 2-1-9　选择磁盘类型

(10) 在弹出的"选择磁盘"页面中，保持默认选项"创建新虚拟磁盘"，然后单击"下一步"，如图 2-1-10 所示。

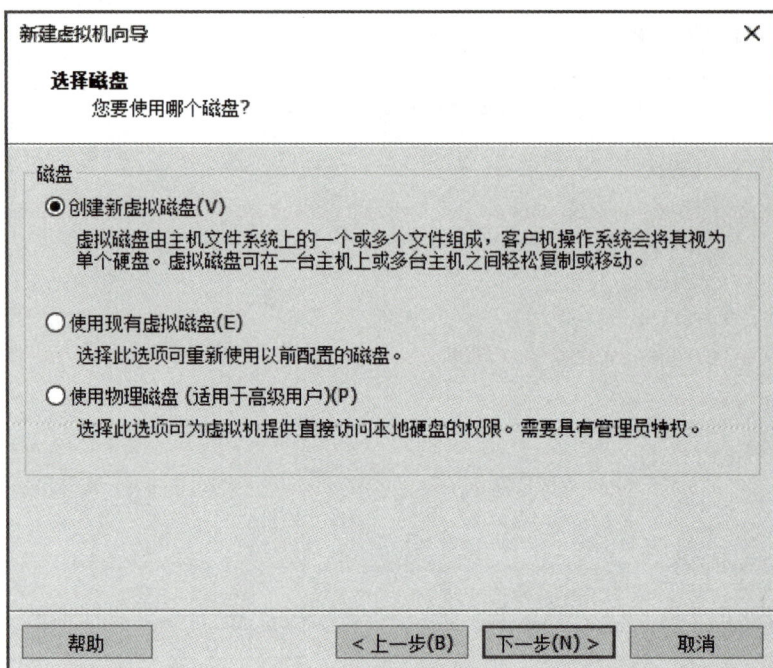

图 2-1-10    选择磁盘

(11) 在弹出的"指定磁盘容量"页面中，根据实际情况配置磁盘大小，选择"将虚拟磁盘存储为单个文件"，然后单击"下一步"，如图 2-1-11 所示。

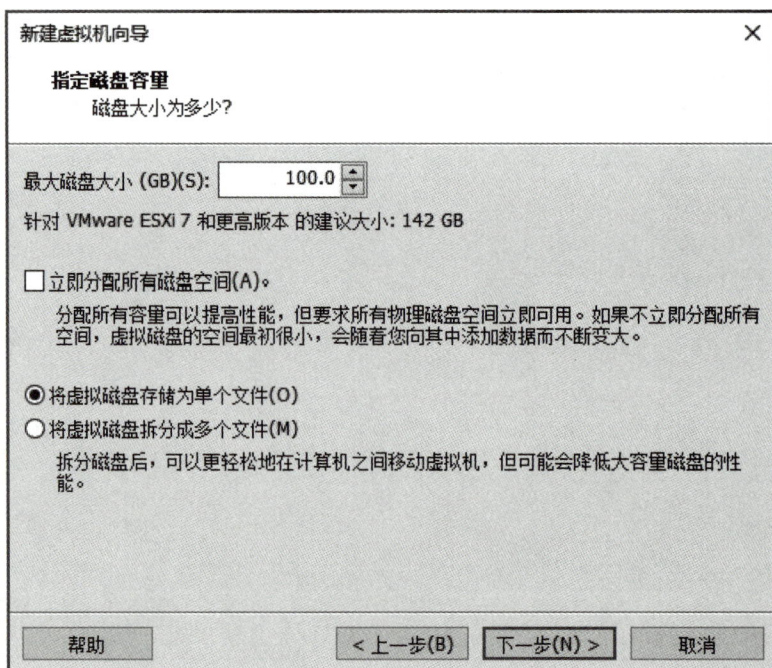

图 2-1-11    指定磁盘容量

(12) 在弹出的"指定磁盘文件"页面中，磁盘文件的存储位置保持默认路径，然后单击"下一步"，如图 2-1-12 所示。

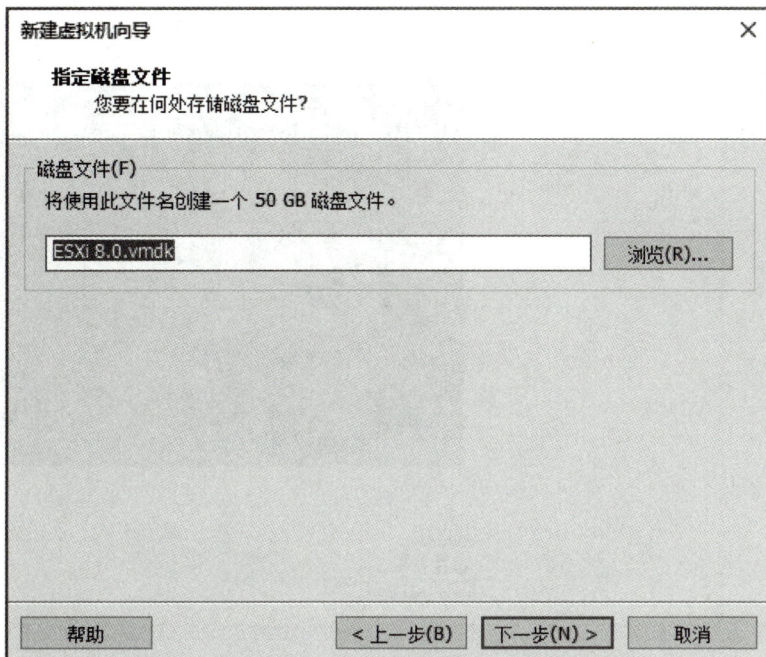

图 2-1-12　指定磁盘文件

(13) 在弹出的"已准备好创建虚拟机"页面中单击"完成"，如图 2-1-13 所示。

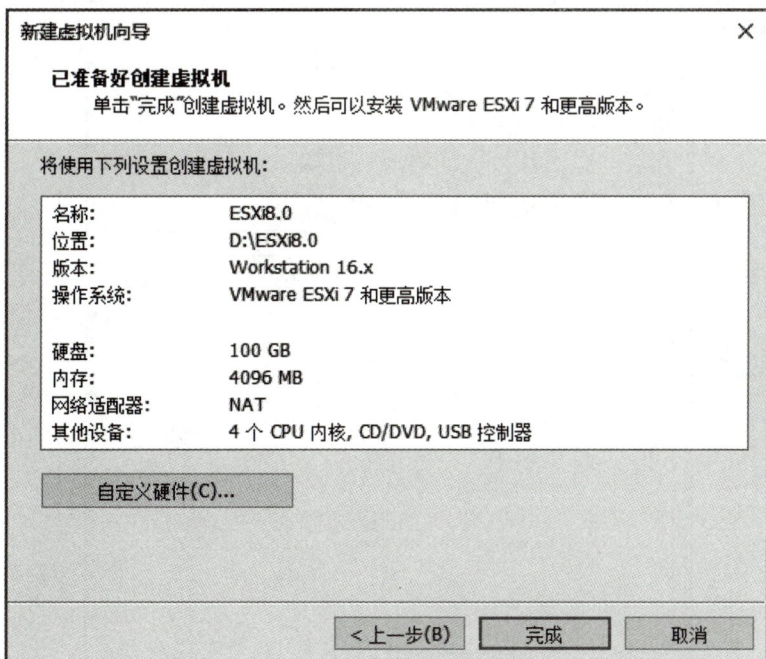

图 2-1-13　已准备好创建虚拟机

(14) 选择创建好的虚拟机，单击右侧的"编辑虚拟机设置"，如图 2-1-14 所示。

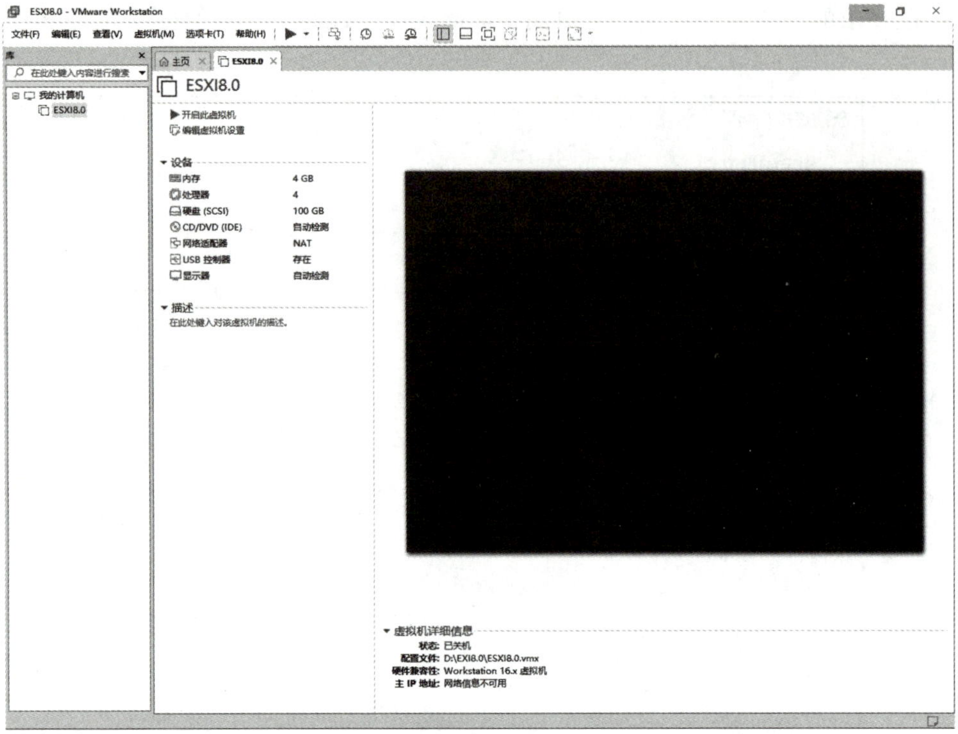

图 2-1-14　创建好的虚拟机

(15) 在弹出的"虚拟机设置"对话框中，单击"CD/DVD(IDE)"，并在右侧区域单击选择"使用 ISO 映像文件"，如图 2-1-15 所示。然后单击"确定"，完成 VMware ESXi 8.0 虚拟机的创建和设置。

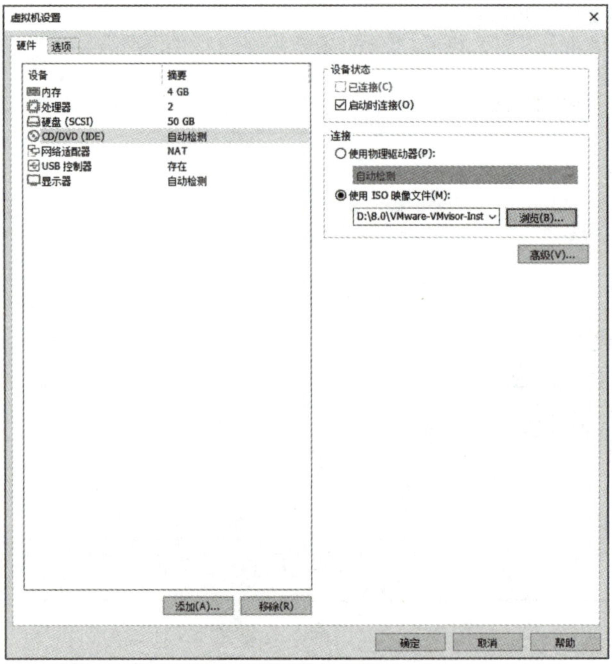

图 2-1-15　设置 CD/DVD 使用 ISO 映像文件

### 2. 安装 VMware ESXi 8.0 系统

(1) 开启 VMware ESXi 8.0 虚拟机，进入 VMware ESXi 8.0 系统安装界面，然后按回车键，如图 2-1-16 所示。

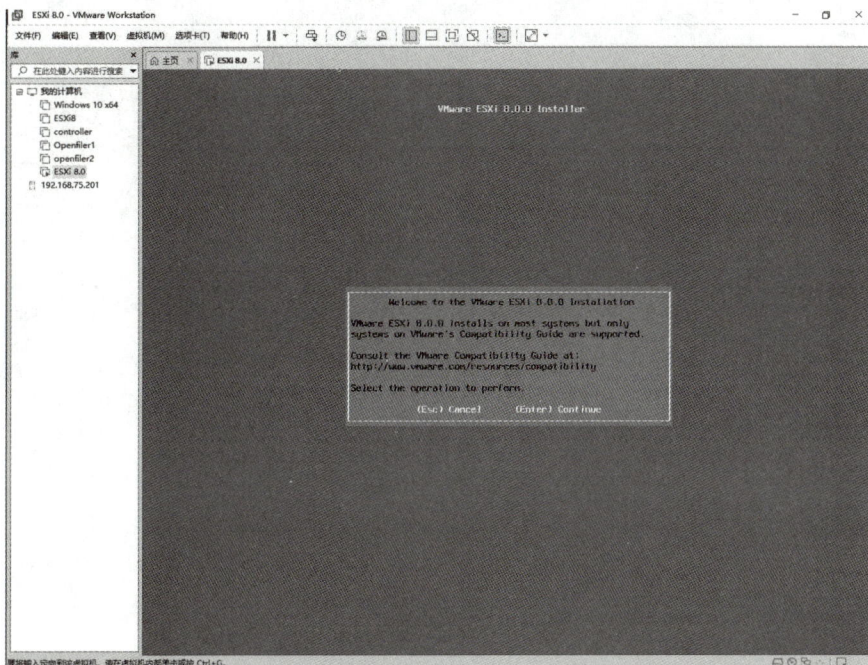

图 2-1-16　VMware ESXi 8.0 系统安装界面

(2) 在弹出的页面中，按 F11 键接受授权协议并继续，如图 2-1-17 所示。

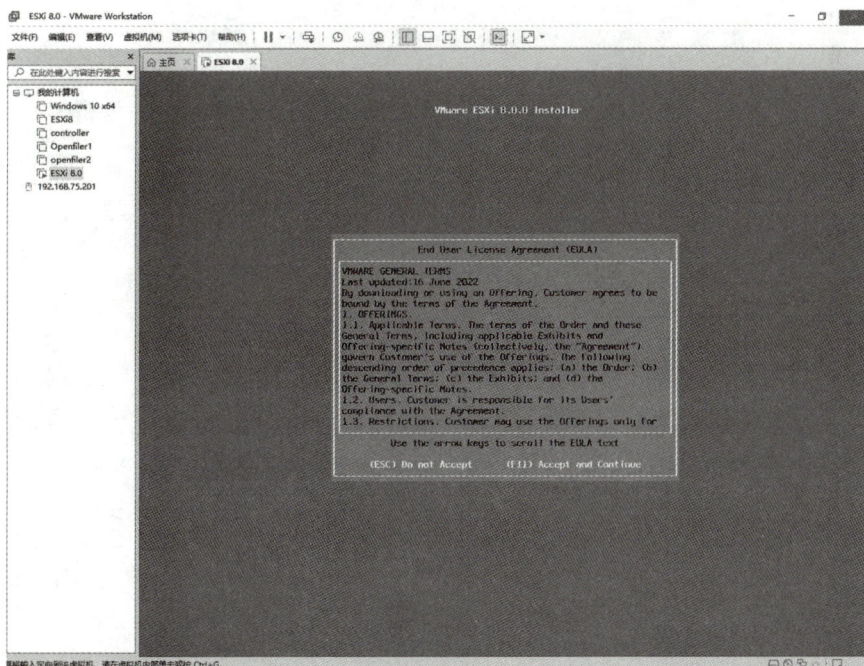

图 2-1-17　接受授权协议

(3) 在弹出的页面中，选择安装的磁盘，保持默认设置，按回车键，如图 2-1-18 所示。

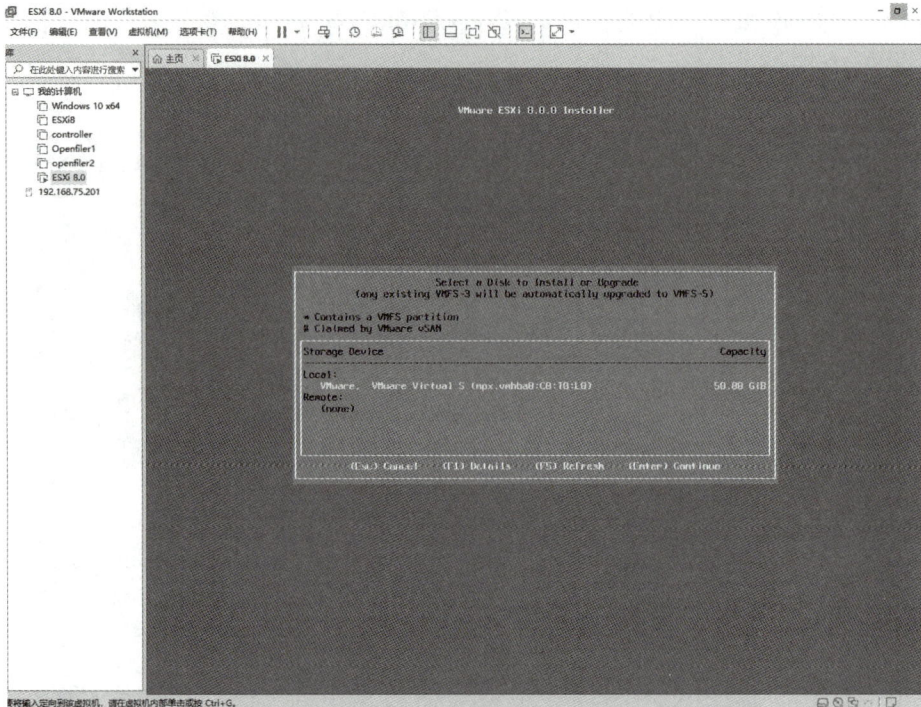

图 2-1-18　选择安装的磁盘

(4) 在弹出的页面中，选择磁盘布局，保持默认设置，按回车键，如图 2-1-19 所示。

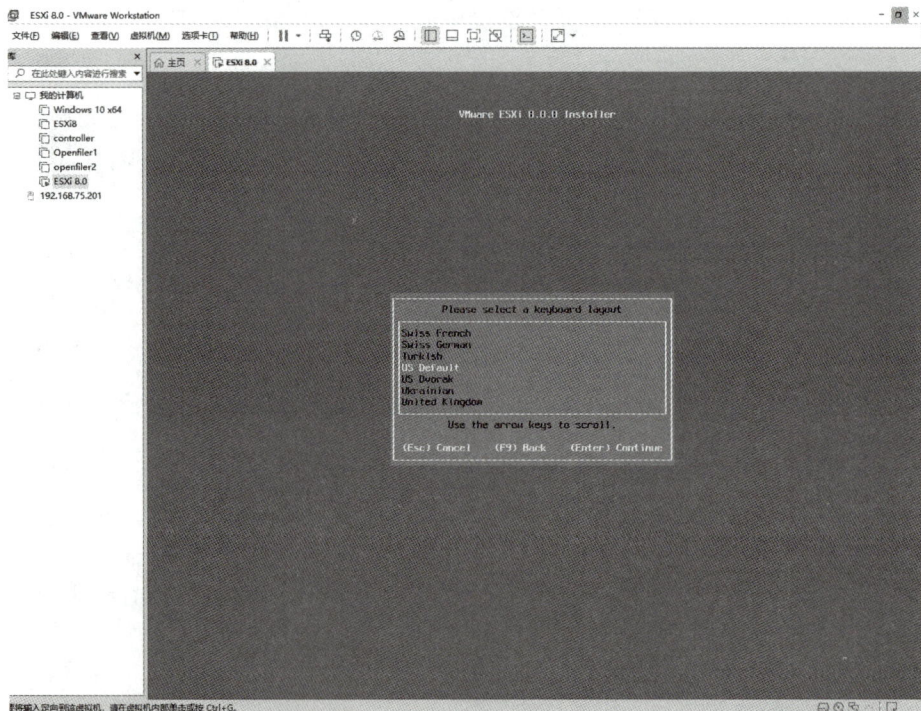

图 2-1-19　选择磁盘布局

(5) 在弹出的页面中，输入至少 7 位长度的 Root 密码 ( 密码类型可为大小写字母、数字、特殊字符 )，按回车键，如图 2-1-20 所示。

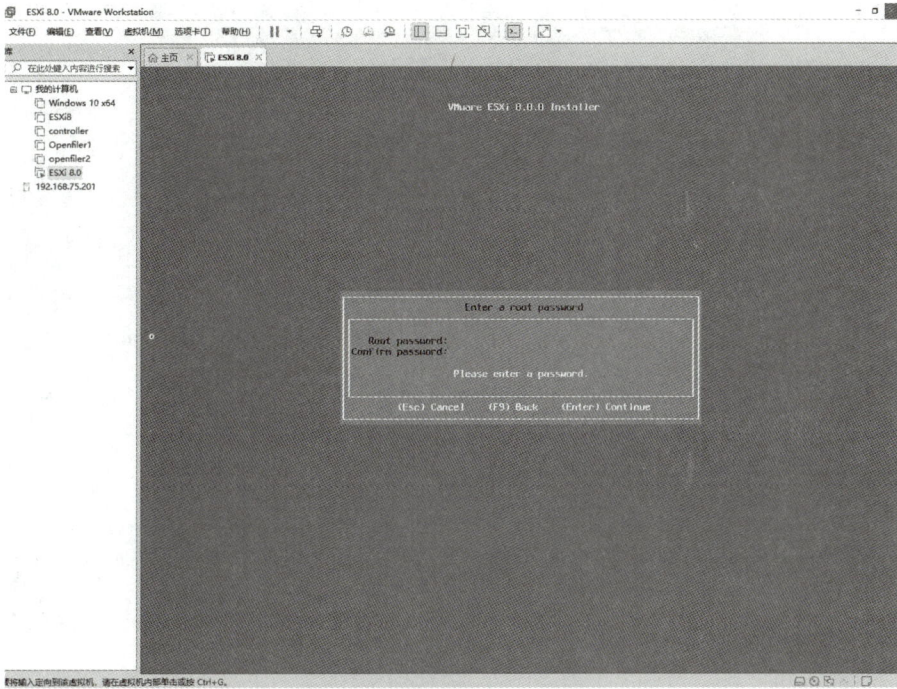

图 2-1-20　输入 Root 密码

(6) 在弹出的页面中，按 F11 键开始安装，如图 2-1-21 所示。

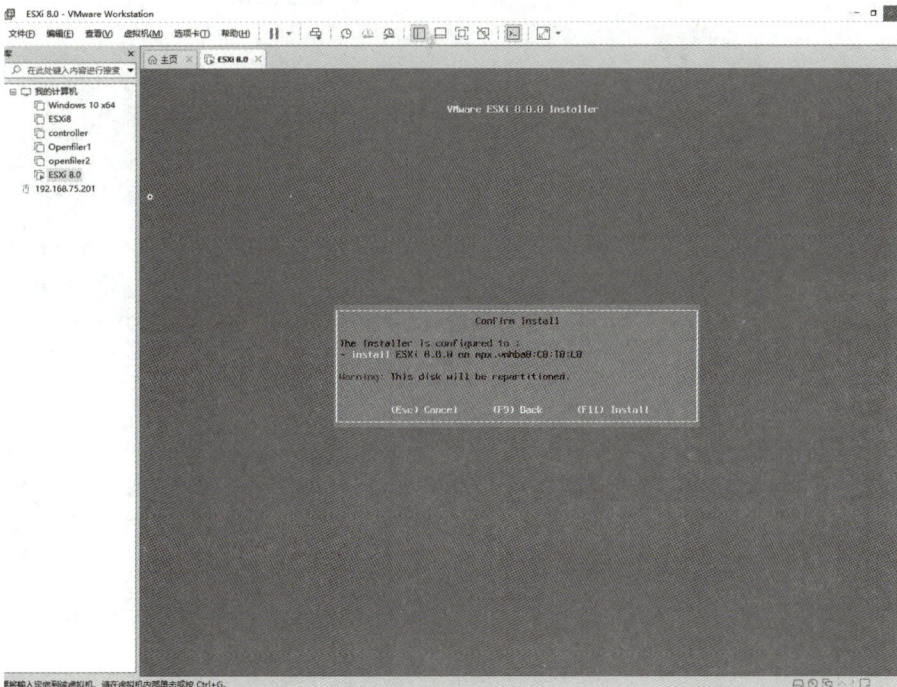

图 2-1-21　确认安装

(7) 当出现如图 2-1-22 所示的提示信息时，表示 ESXi 8.0 系统安装完成。

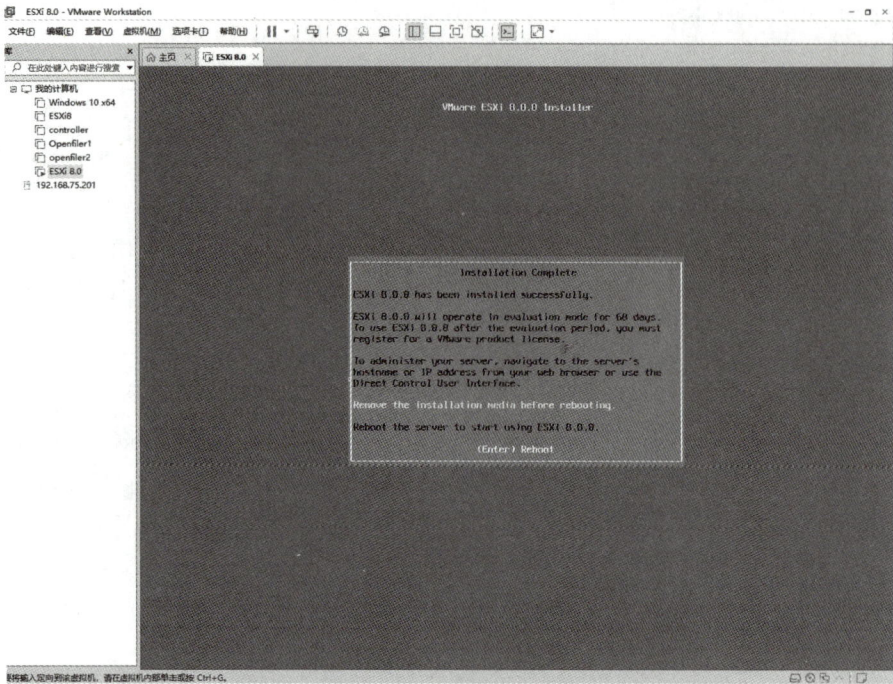

图 2-1-22　安装完成界面

(8) 按回车键重启系统，重启后界面如图 2-1-23 所示。

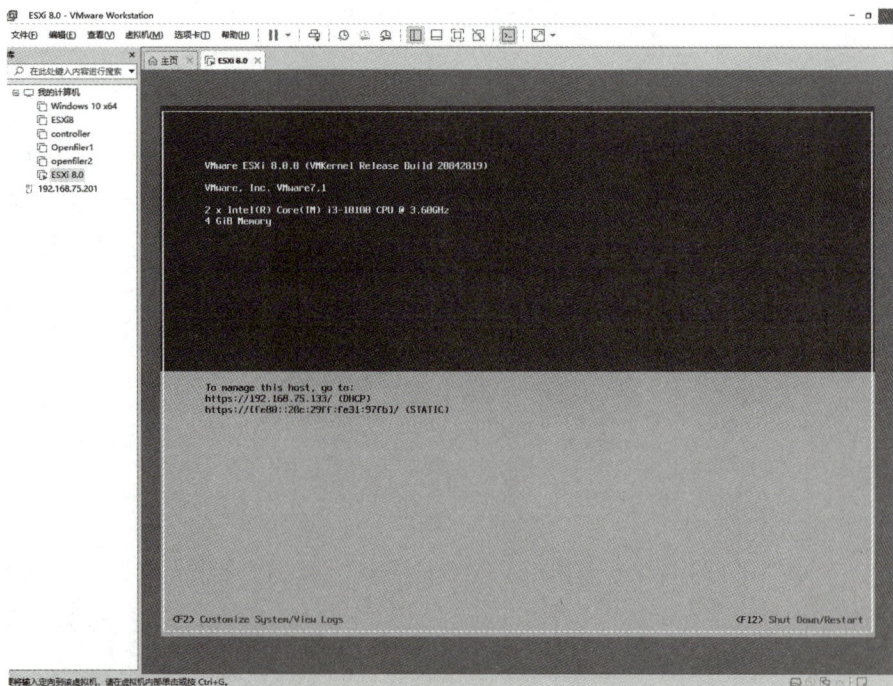

图 2-1-23　系统重新启动后界面

至此，VMware ESXi 8.0 系统安装完毕。

### 3. 登录 VMware ESXi 8.0 系统

使用浏览器登录，地址见安装完成后界面提示，然后输入用户名和密码登录系统，如图 2-1-24 所示。登录后主界面如图 2-1-25 所示。

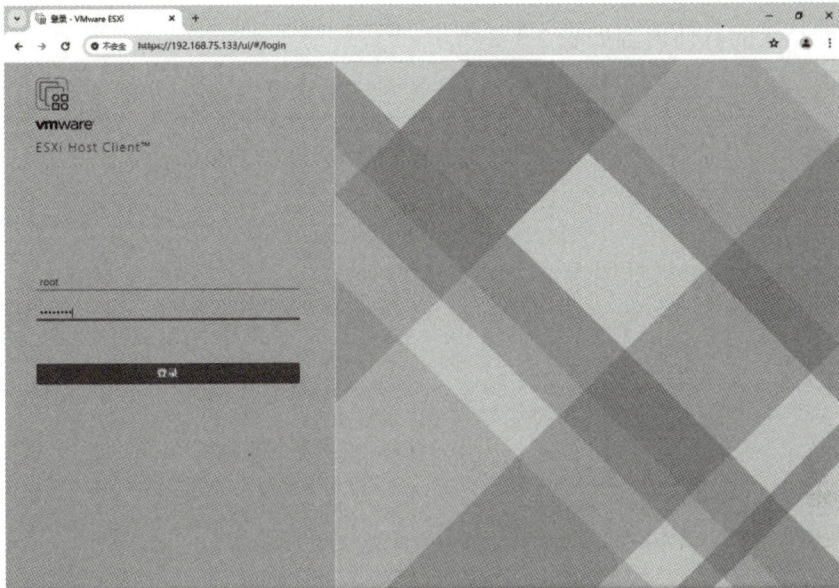

图 2-1-24　ESXi Host Client Web 登录

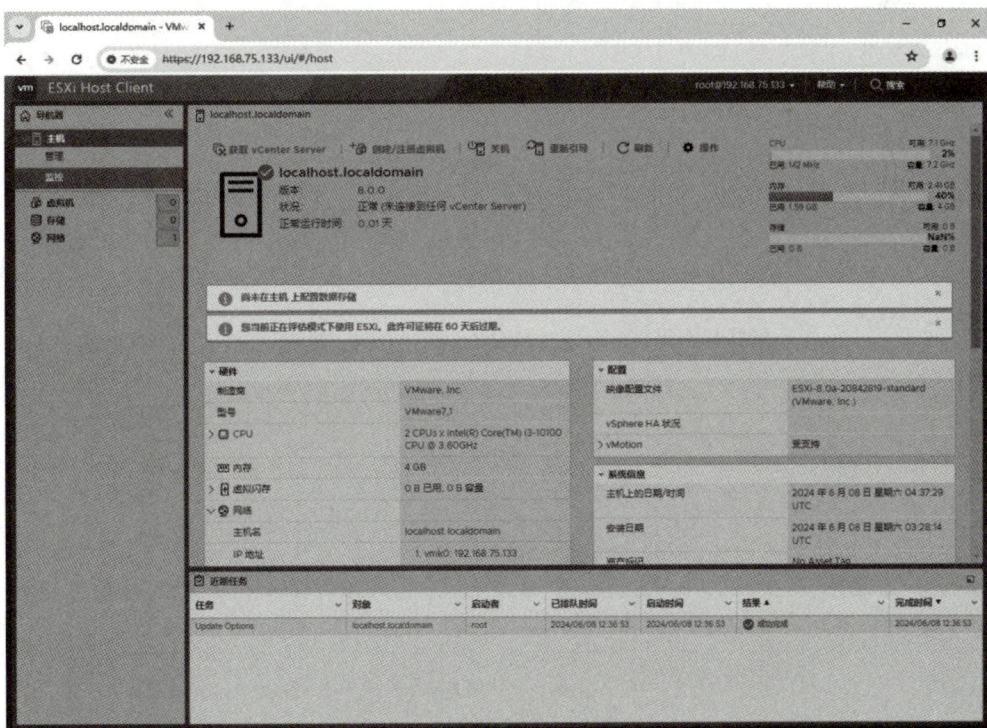

图 2-1-25　登录后主界面

至此，VMware ESXi 8.0 系统登录测试完毕。

## 总结评价

### 1. 小组汇报任务实施结果

任务实施结果的具体内容如表 2-1-2 所示。

表 2-1-2　任务实施结果记录表

| 任务名称 | 安装 VMware ESXi 虚拟化平台 | |
|---|---|---|
| 自检基本情况 | | |
| 自检组别 | 第　　　组 | |
| 本组成员 | 组长：　　　　　　　　　　　　　　组员： | |
| 检查情况 | | |
| 是否完成 | | |
| 完成时间 | | |
| 工位管理是否符合<br>8S 管理标准 | | |
| 任务实施情况 | 正确执行部分：<br><br><br>问题与不足： | |
| 超时或未完成的<br>主要原因 | | |
| 检查人签字： | 日期： | |

### 2. 小组互评

任务实施过程评价具体内容如表 2-1-3 所示。

### 表 2-1-3　任务实施过程评价表

组别 ＿＿＿＿＿＿＿　组员 ＿＿＿＿＿＿＿　任务名称　安装 VMware ESXi 虚拟化平台

| 教学环节 | 评分细则及分值 | 得　分 |
|---|---|---|
| 课前预习 | 是否已了解任务内容，材料是否准备妥当。(20 分 ) | |
| 实施作业 | (1) 掌握 VMware ESXi 的概念。(25 分 )<br>(2) 掌握安装 VMware ESXi 8.0 系统的方法并完成登录。(25 分 ) | 单项得分：<br>(1) ＿＿＿＿<br>(2) ＿＿＿＿<br>(3) ＿＿＿＿ |
| 质量检验 | (1) 操作的规范性、步骤的完整性、过程的连贯性。(10 分 )<br>(2) 工作效率较高。(10 分 )<br>(3) 8S 理念及工匠精神的体现。(10 分 ) | 单项得分：<br>(1) ＿＿＿＿<br>(2) ＿＿＿＿<br>(3) ＿＿＿＿ |
| 总分<br>( 满分 100 分 ) | 评分人签字： | |

## 学习拓展

1. 将任务实施结果记录表补充完整。
2. 预习下一个任务内容"在 VMware ESXi 上安装 Linux 虚拟机"。

# 任务 2　在 VMware ESXi 上安装 Linux 虚拟机

## 任务目标

1. 了解 VMware ESXi 主机客户端。
2. 掌握如何在 VMware ESXi 上安装 Linux 虚拟机。

## 任务描述

在完成 ESXi 8.0 的安装和配置后，接下来的任务是利用其强大的虚拟化功能来创建和管理虚拟机。本任务的目标是使用 VMware Host Client 创建一个虚拟机，并在其上安装 CentOS 7 操作系统，以验证虚拟机的性能和功能。

## 知识准备

VMware Host Client 是基于 HTML5 的客户端，可直接连接和管理独立 ESXi 主机。当

vCenter Server 网管系统不可用时，VMware Host Client 可以作为紧急管理工具使用，它可提供类似本地维护终端的基础运维功能。其主要功能如表 2-2-1 所示。

**表 2-2-1　VMware Host Client 的主要功能**

| 支持功能 | 说　　明 |
| --- | --- |
| 连接虚拟化主机 | 允许管理员通过图形界面连接到运行 VMware ESXi 的虚拟化主机 |
| 管理配置虚拟机 | 提供了一个直观的界面，可以执行启动、停止、重启以及其他虚拟机管理任务。允许管理员修改虚拟机的配置，如分配更多的 CPU 核心、内存或磁盘空间 |
| 网络管理 | 可以配置和管理虚拟网络，包括虚拟交换机和端口组 |
| 存储管理 | 可以管理虚拟机的存储，包括添加和删除虚拟硬盘、配置存储策略等 |

VMware Host Client 还提供了一系列的故障排除工具，帮助管理员快速定位和解决问题。

**任务实施**

### CentOS 系统的安装

CentOS 系统的安装

### 1. 上传 CentOS 系统 ISO 文件到本地存储系统

(1) 登录 ESXi 8.0 系统，单击左侧导航器中的"存储"，然后单击右侧区域"数据存储"选项卡中的"数据存储浏览器"，如图 2-2-1 所示。

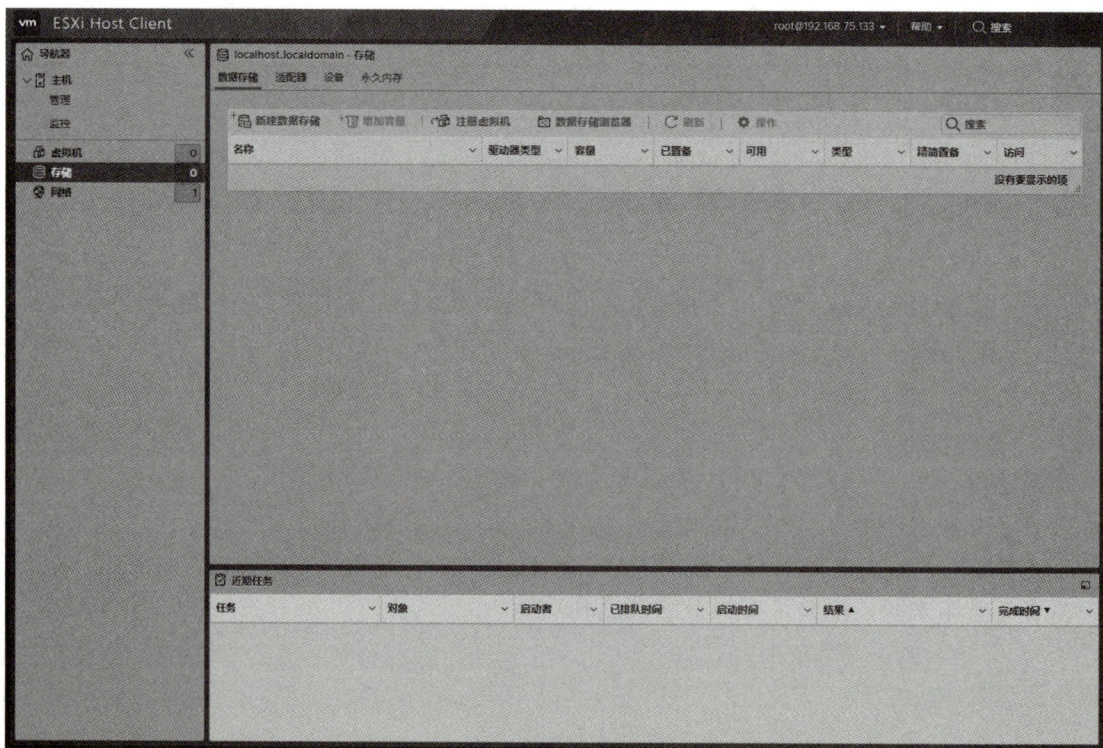

图 2-2-1　存储管理页

(2) 在弹出的"数据存储浏览器"中创建目录 OS，然后单击"上载"上传 CentOS 系统的 ISO 镜像文件，如图 2-2-2 所示。

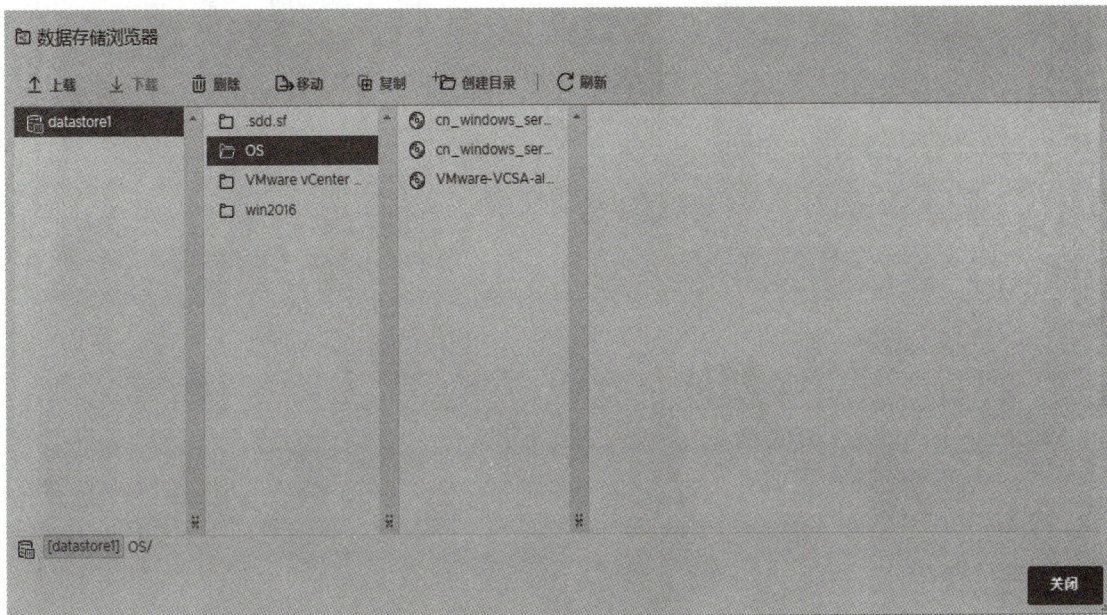

图 2-2-2　数据存储浏览器

(3) ISO 文件上传完毕，如图 2-2-3 所示，然后单击"关闭"。

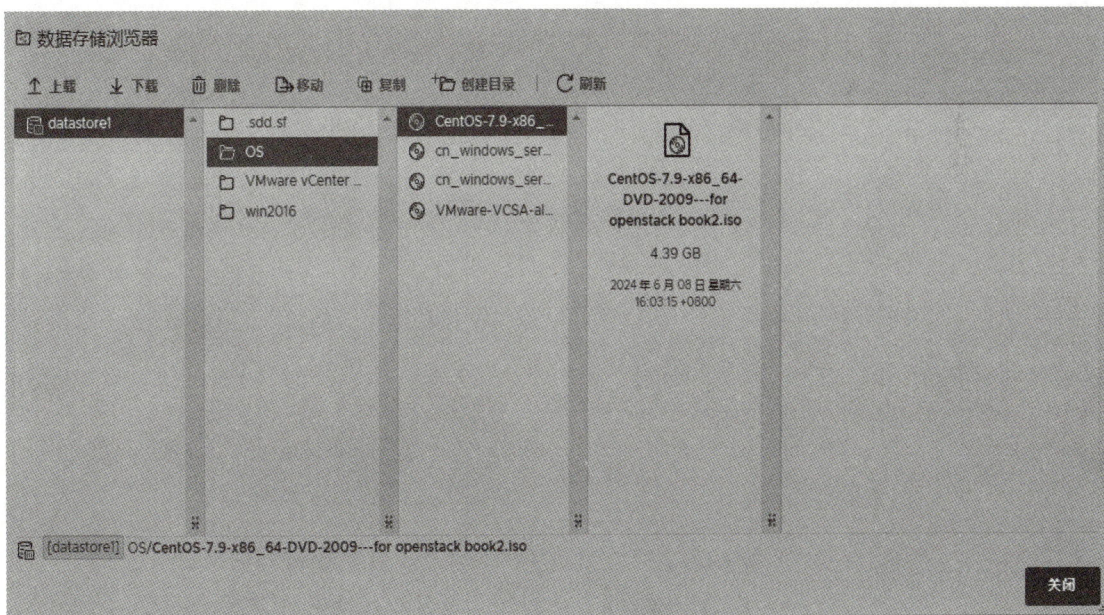

图 2-2-3　上传 CentOS 7 的 ISO 镜像文件

## 2. 创建 CentOS 7 系统实例

(1) 选择左侧导航器中的"虚拟机"，再单击右侧区域左上的"创建/注册虚拟机"，如图 2-2-4 所示。

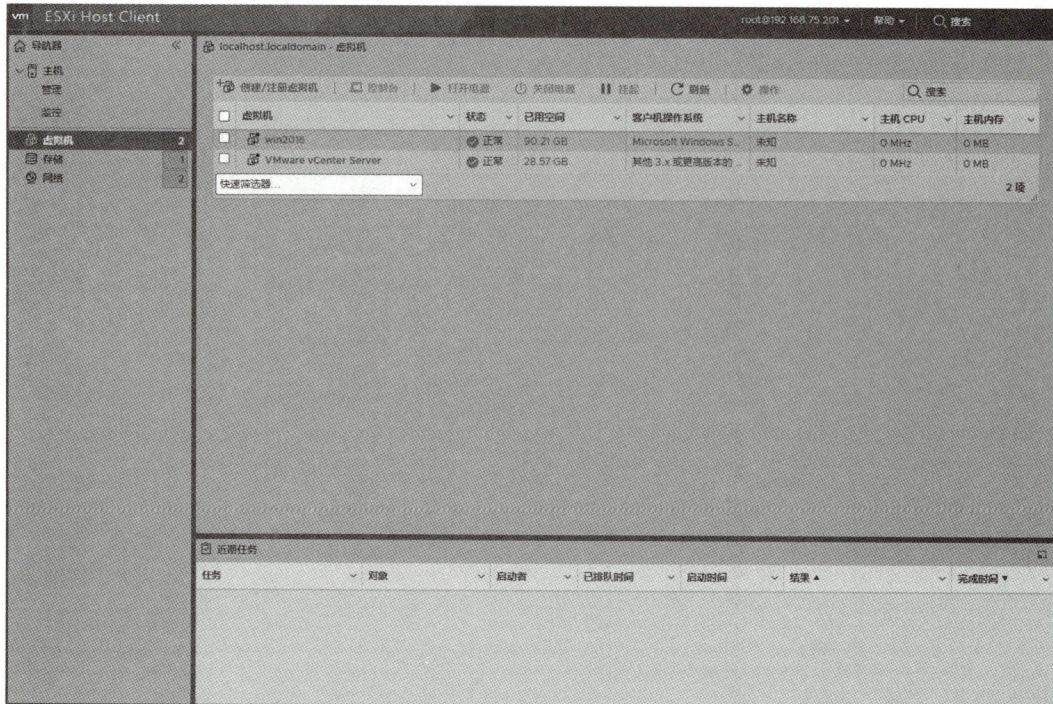

图 2-2-4　虚拟机管理页

(2) 在弹出的"新建虚拟机"对话框中的"选择创建类型"页面中选择"创建新虚拟机"，然后单击"下一页"，如图 2-2-5 所示。

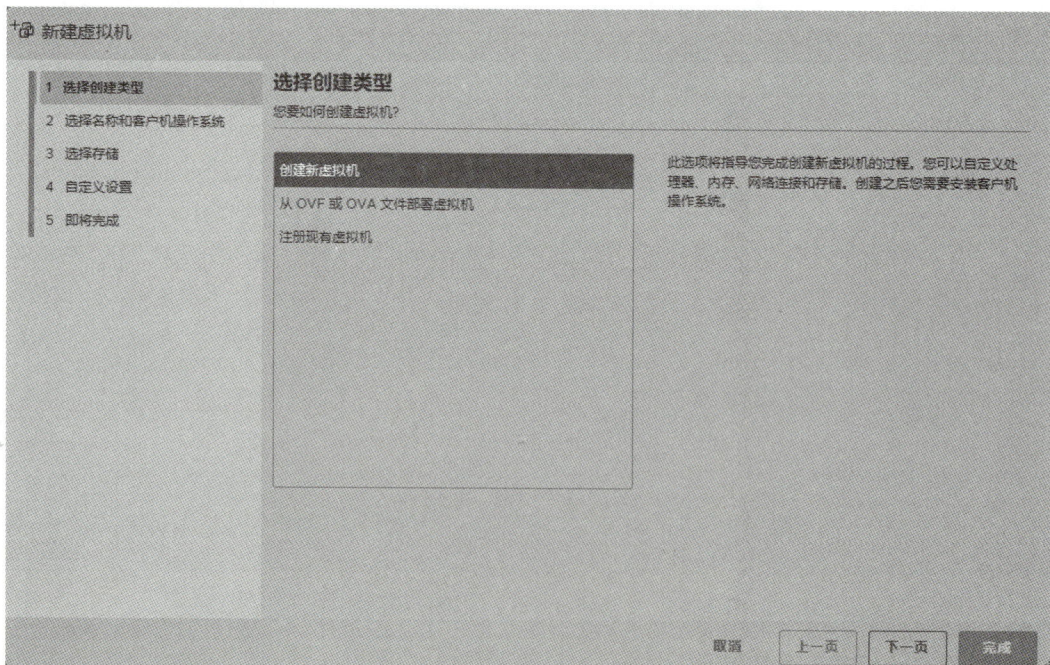

图 2-2-5　创建新虚拟机

(3) 在"选择名称和客户机操作系统"页面中输入虚拟机的名称"CentOS 7"，在下

拉列表选项中选择相应的客户机操作系统系列和版本，然后点击"下一页"，如图 2-2-6
所示。

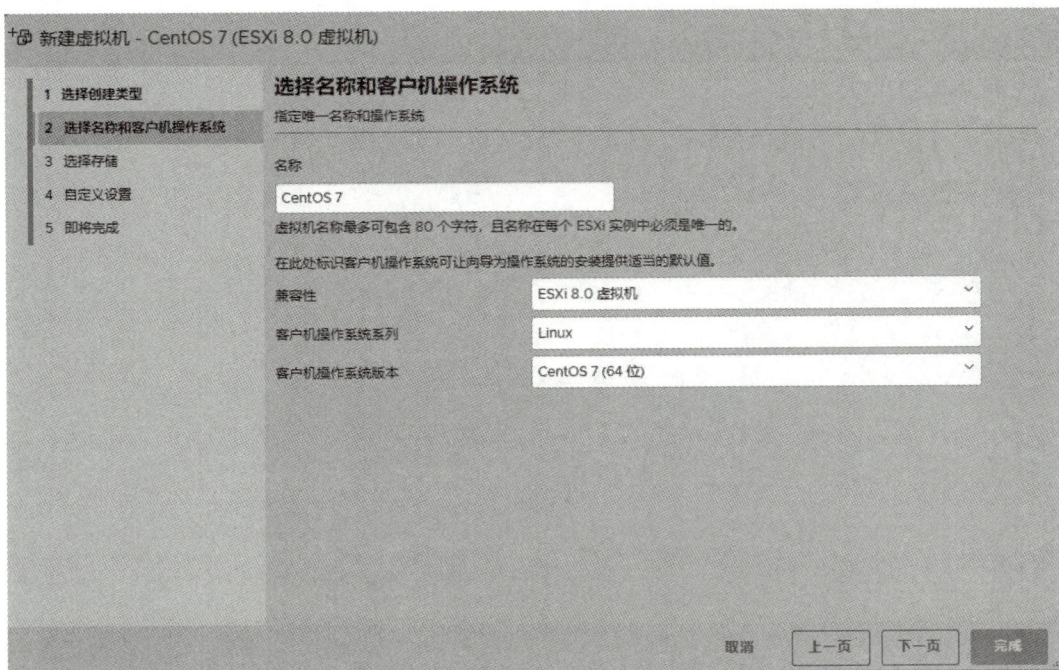

图 2-2-6　选择名称和客户机操作系统

(4) 在"选择存储"页面中将虚拟机存储在 ESXi 主机的内置存储 datastore1 中，然后
单击"下一页"，如图 2-2-7 所示。

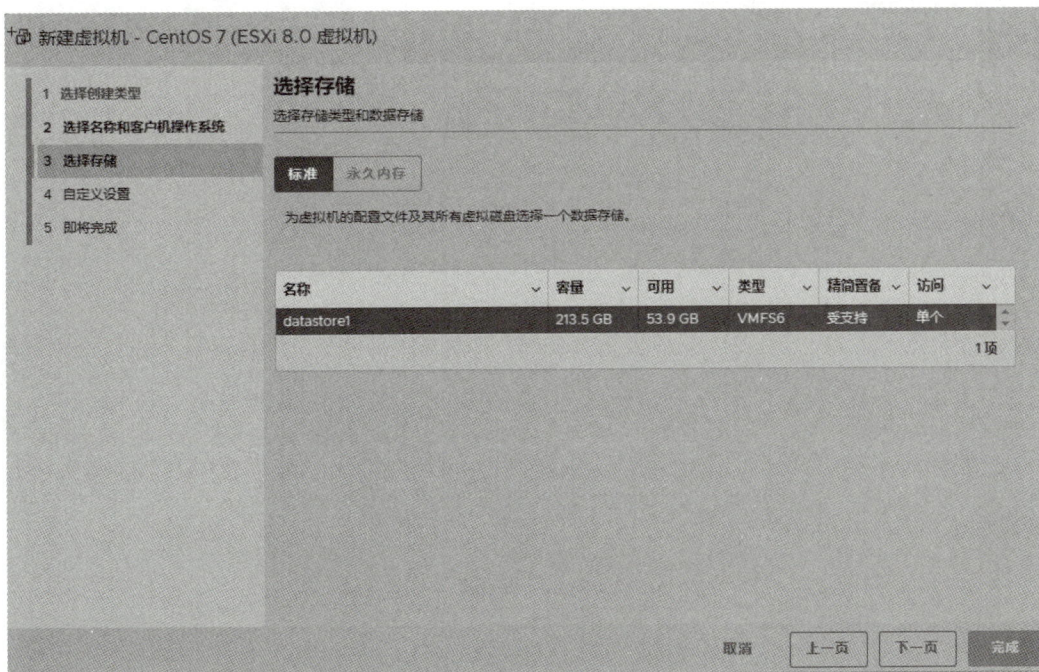

图 2-2-7　选择存储位置

(5) 单击"自定义设置",根据实际情况进行设置。在"CD/DVD 驱动器"项选择刚才上传的 ISO 文件,然后单击"下一页",如图 2-2-8 所示。

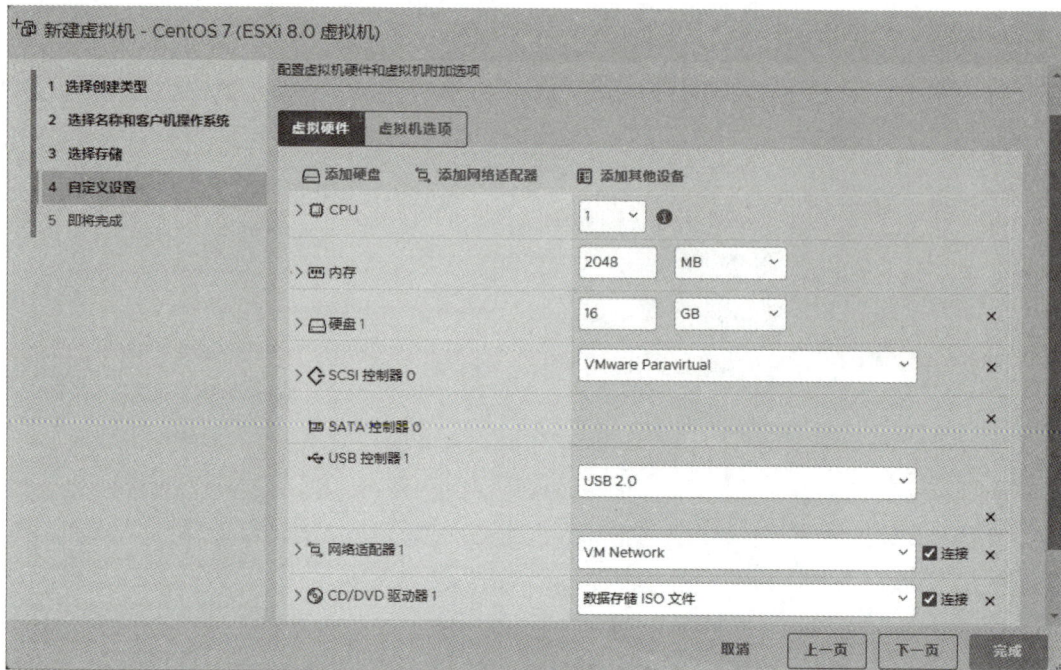

图 2-2-8　自定义设置

(6) 在"即将完成"页面中检查前面的设置,若设置无问题,则单击"完成",如图 2-2-9 所示。

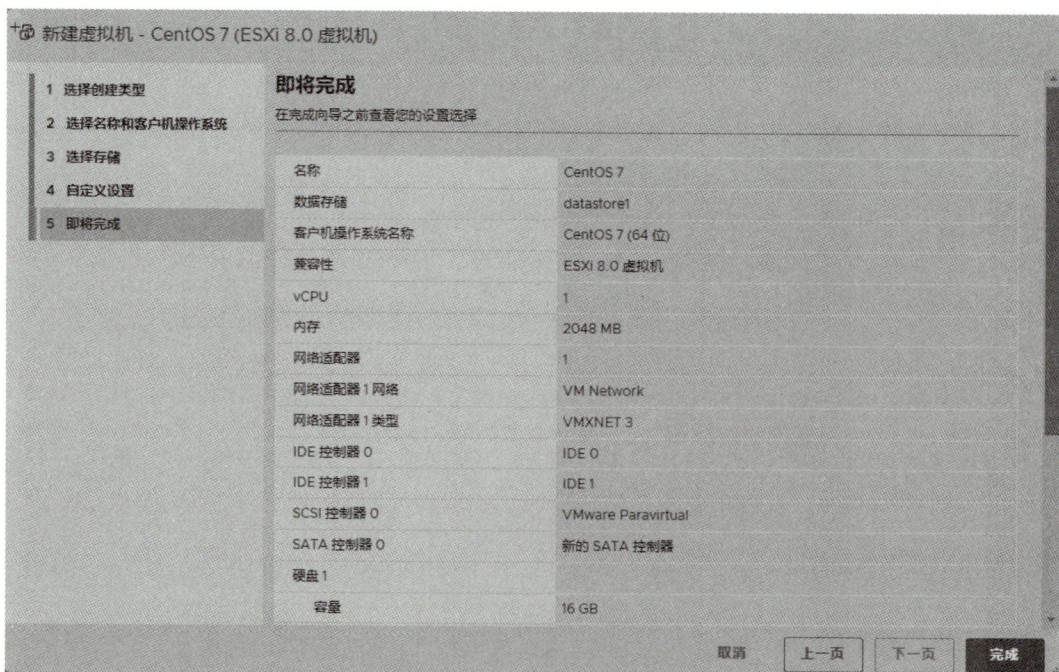

图 2-2-9　设置汇总

(7) 完成新建虚拟机后的存储管理页如图 2-2-10 所示。

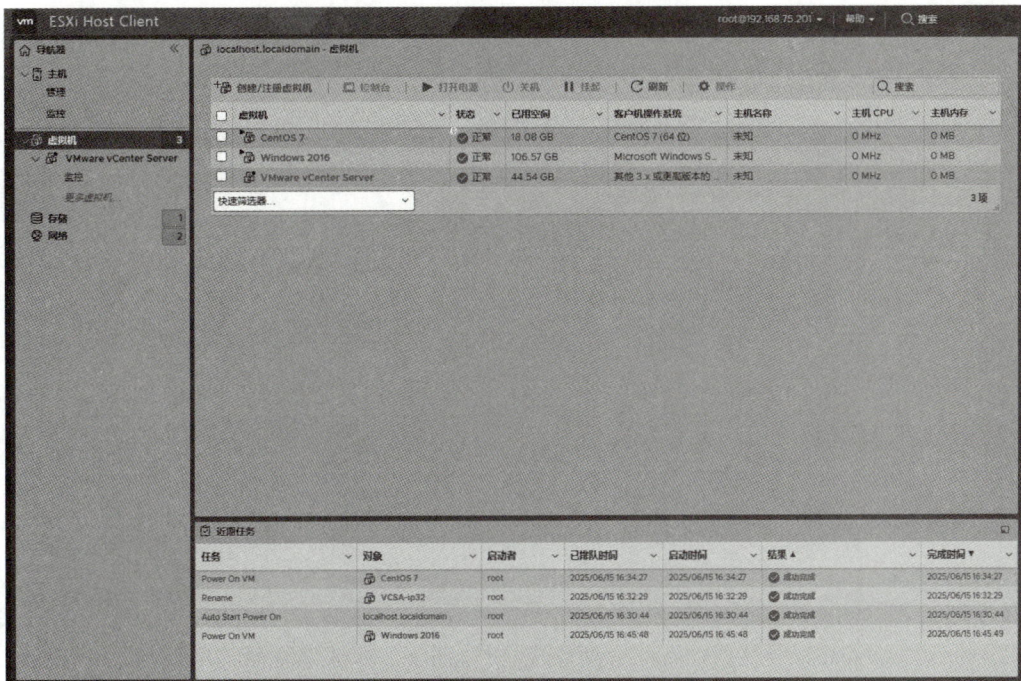

图 2-2-10　完成新建虚拟机后的存储管理页

### 3. 安装 CentOS 7 系统

(1) 单击左侧导航器中的"虚拟机"，在右侧区域勾选"Centos 7"，如图 2-2-11 所示。

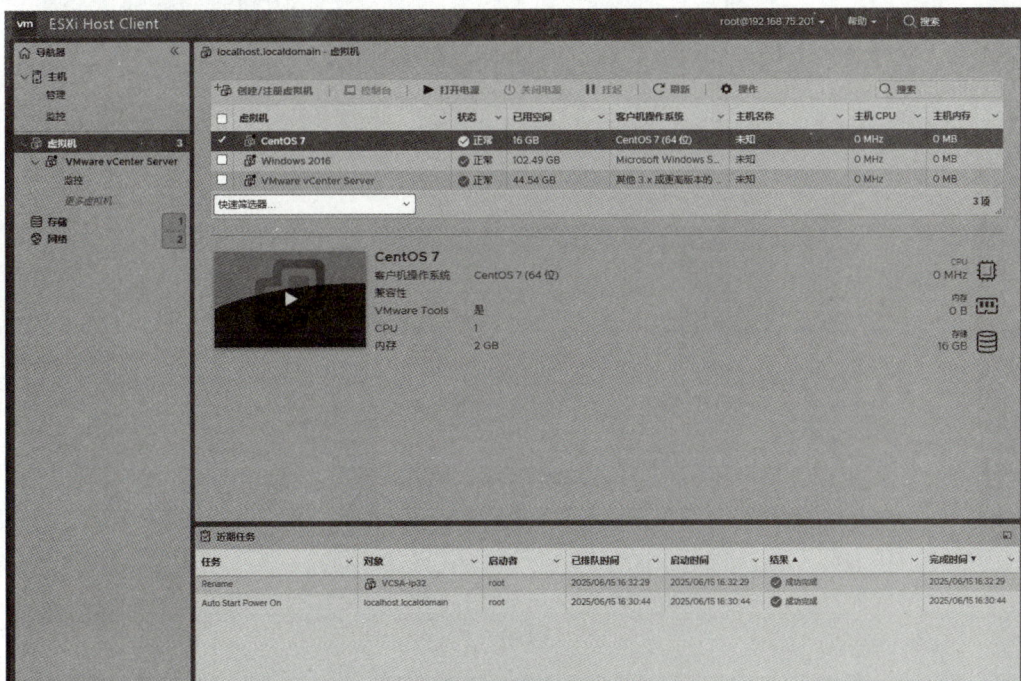

图 2-2-11　虚拟机页

(2) 单击"打开电源",如图 2-2-12 所示。

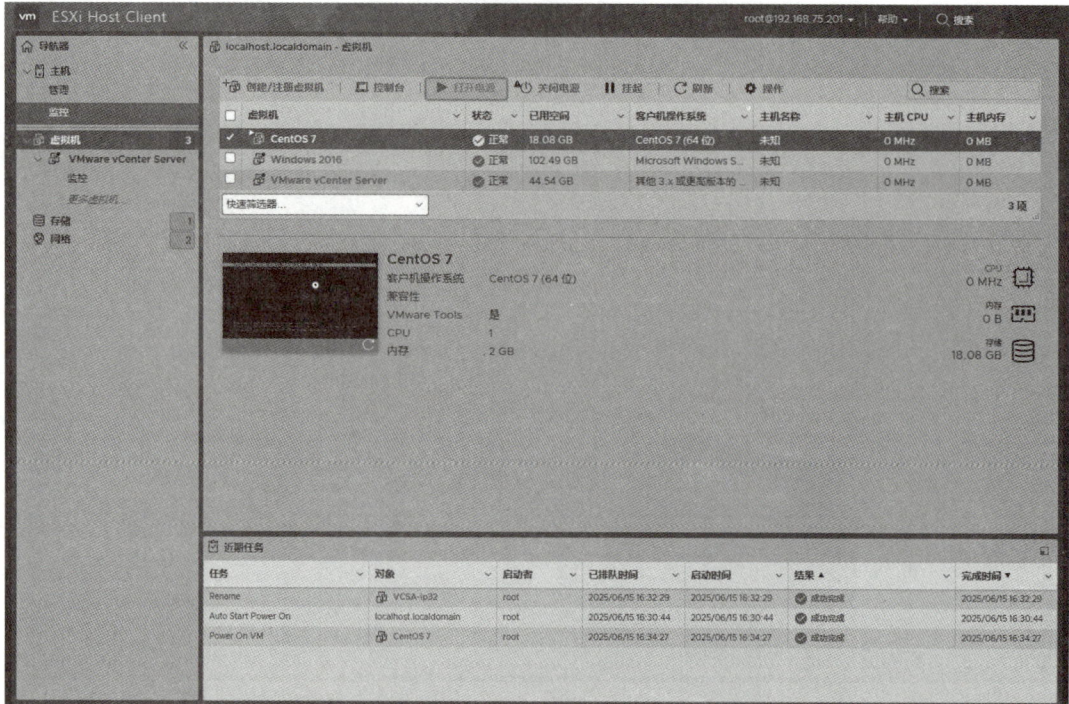

图 2-2-12　打开虚拟机电源

(3) 单击"控制台"下的"启动远程控制台"选项,如图 2-2-13 所示。

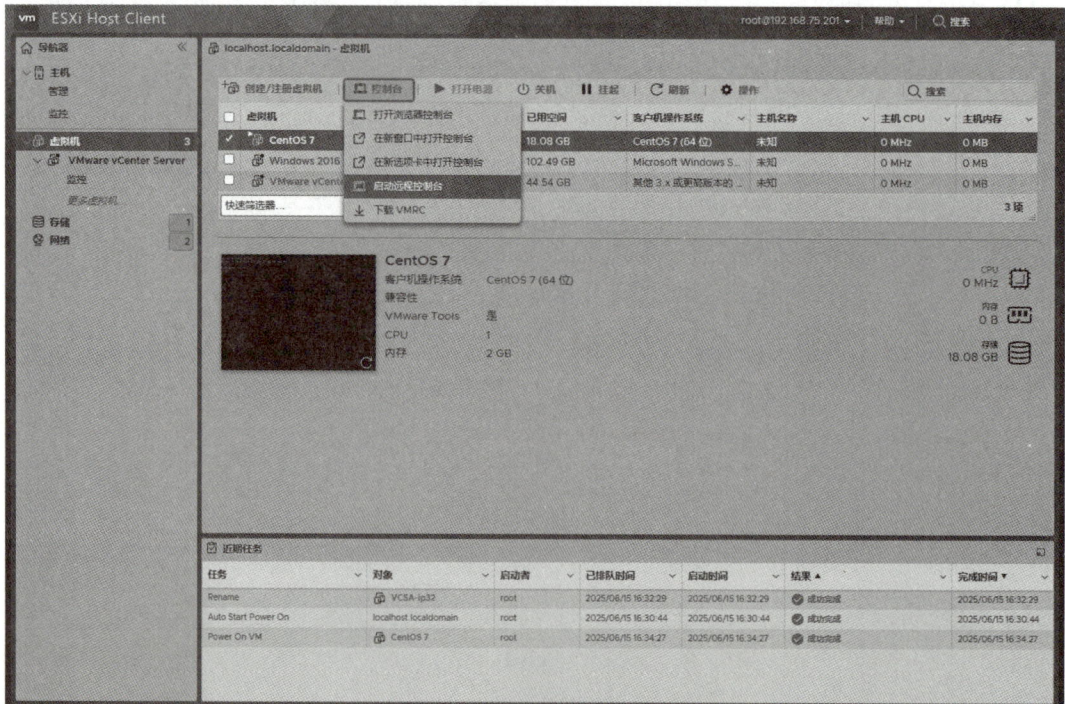

图 2-2-13　启动远程控制台

(4) 启动远程控制台后，出现 CentOS 7 安装主界面，如图 2-2-14 所示。

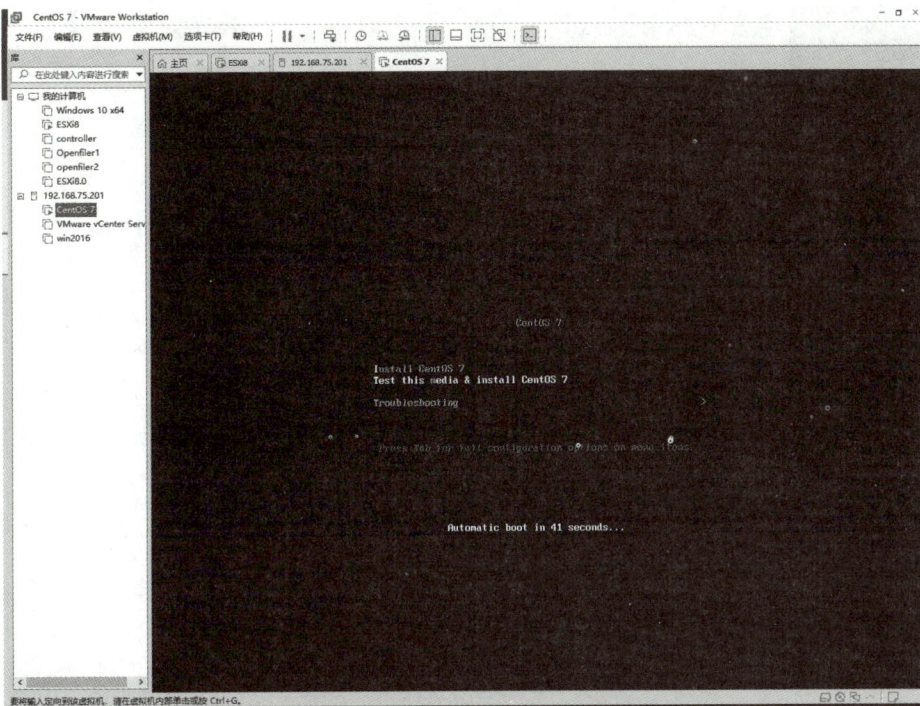

图 2-2-14　CentOS 7 安装主界面

(5) 根据实际需要选择安装期间使用的语言，然后单击 "Continue"，如图 2-2-15 所示。

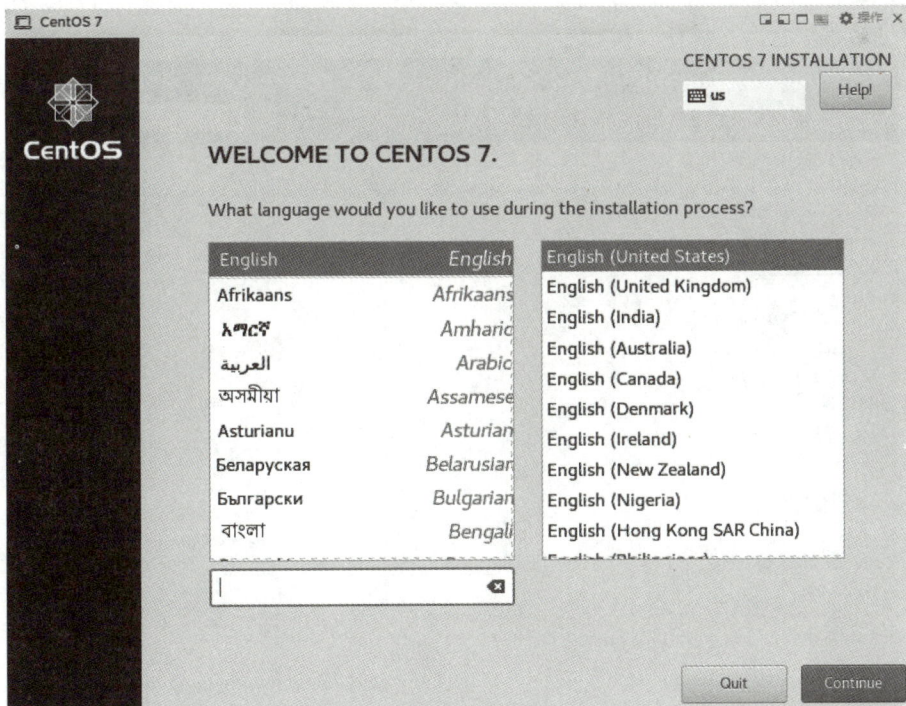

图 2-2-15　选择安装过程语言

(6) 在安装汇总页面单击包含感叹号的三角形警告标志的图标，如图 2-2-16 所示。

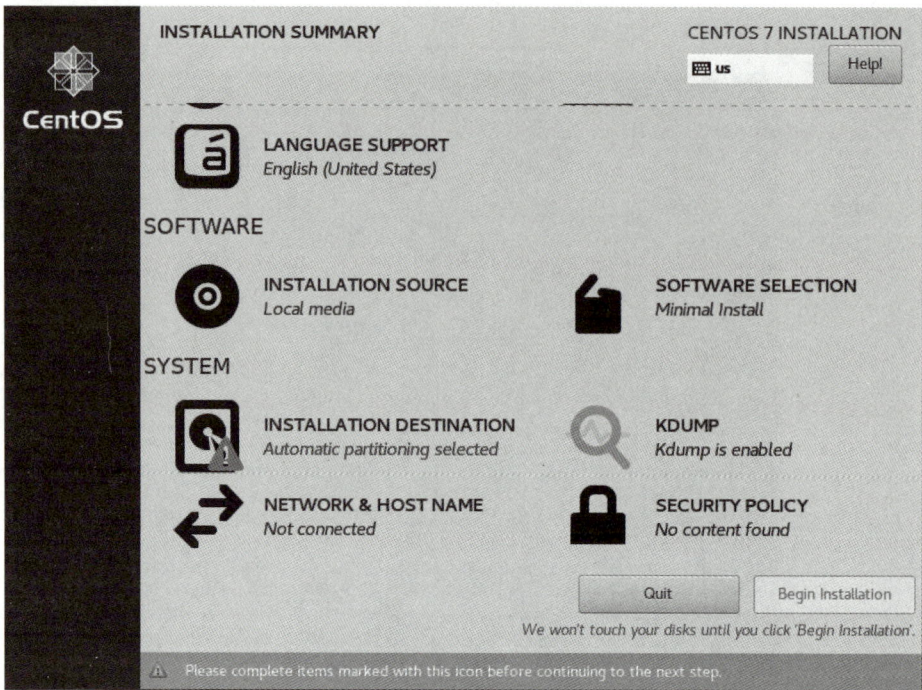

图 2-2-16　安装汇总

(7) 保持默认的自动配置分区 ( 当然也可以自行设置 )，单击左上角的"Done"，如图 2-2-17 所示。

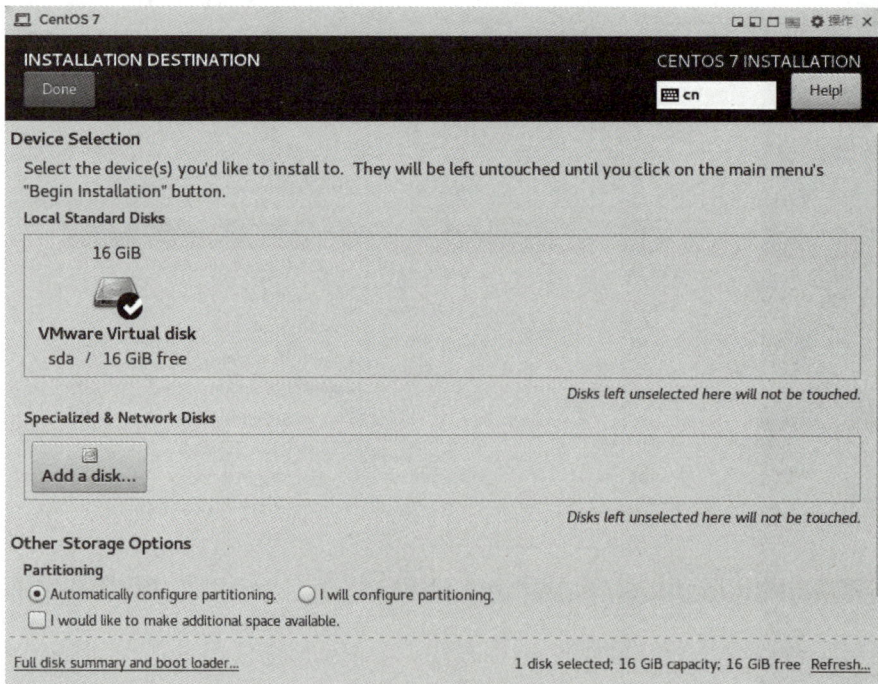

图 2-2-17　安装目标位置

(8) 返回安装汇总页面，单击"Begin Installation"，如图 2-2-18 所示。

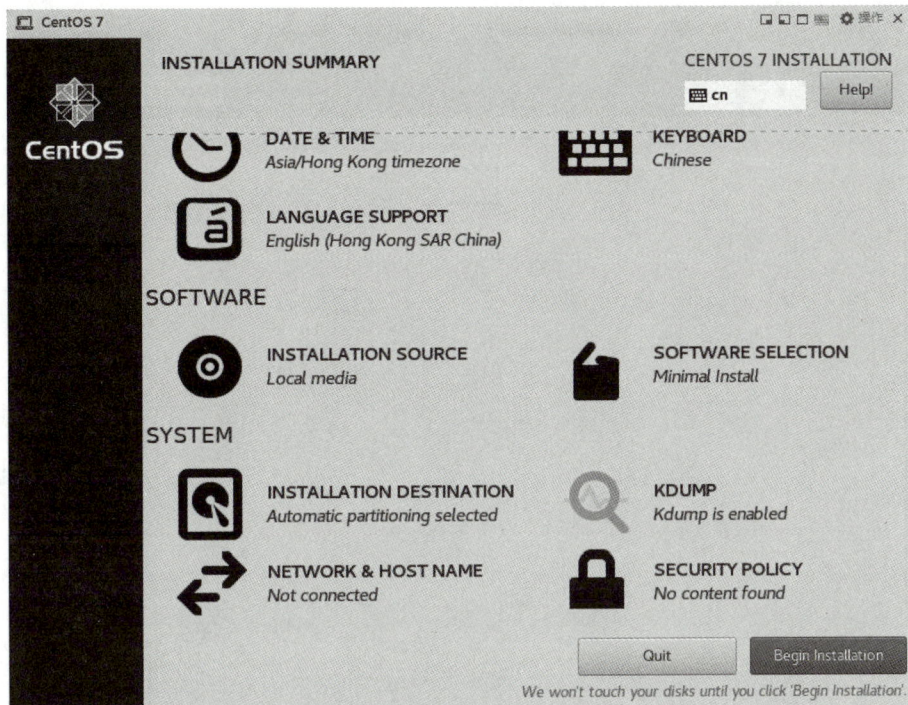

图 2-2-18　安装汇总

(9) 在安装过程中，单击包含感叹号的三角形警告标志的图标，如图 2-2-19 所示。

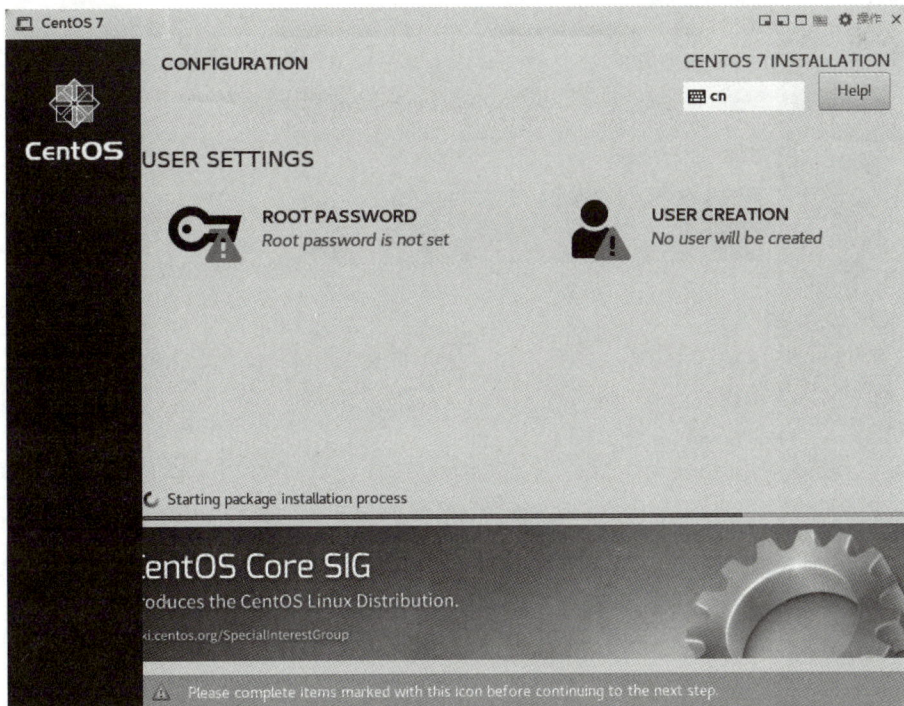

图 2-2-19　安装过程配置

（10）输入 Root Password，单击"Done"，如图 2-2-20 所示。

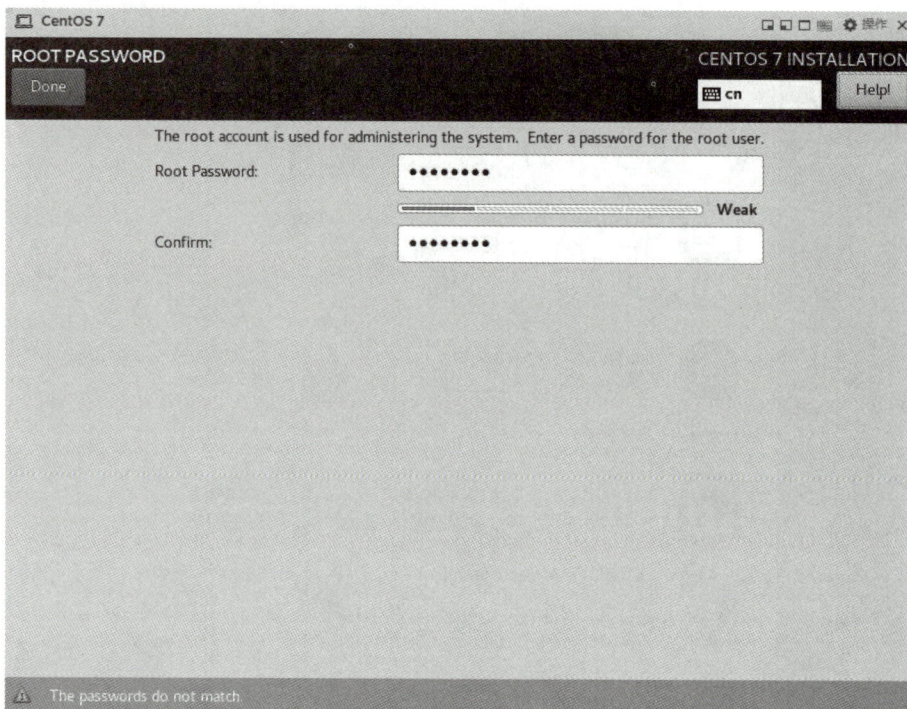

图 2-2-20　设置 Root 密码

（11）系统提示"Complete！"，单击"Finish configuration"完成配置，如图 2-2-21 所示。

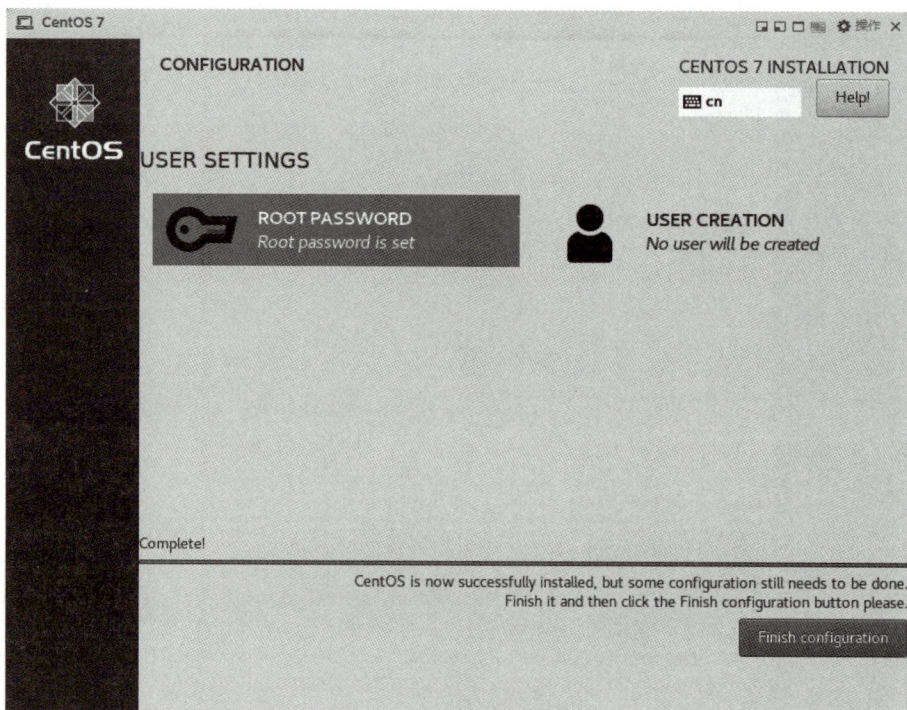

图 2-2-21　已设置 Root 密码的过程配置

(12) 单击"Reboot",系统重启,如图 2-2-22 所示。

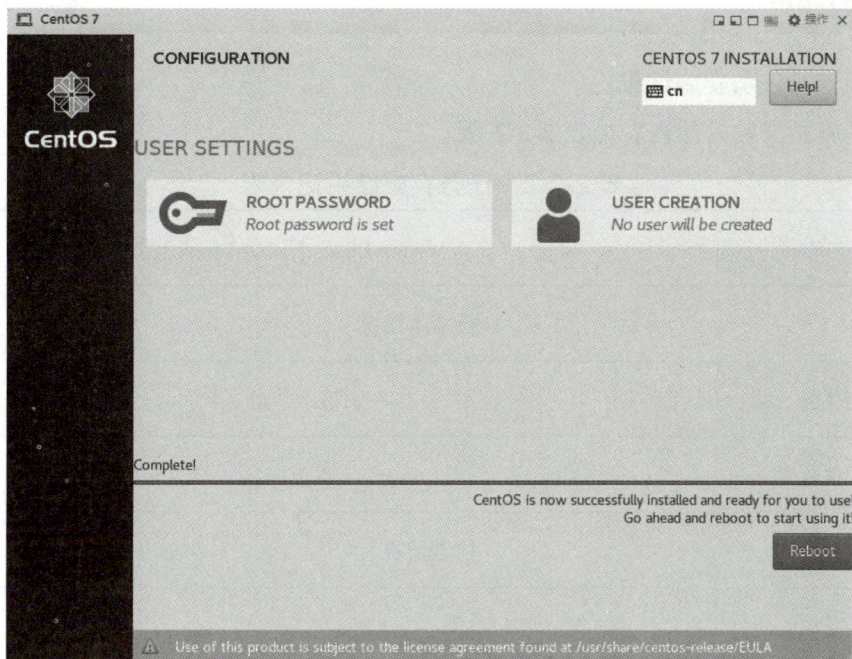

图 2-2-22　系统安装完成

(13) 输入已设置的用户名和密码,进入 Linux 桌面,已登录的 CentOS 7 系统界面如图 2-2-23 所示。

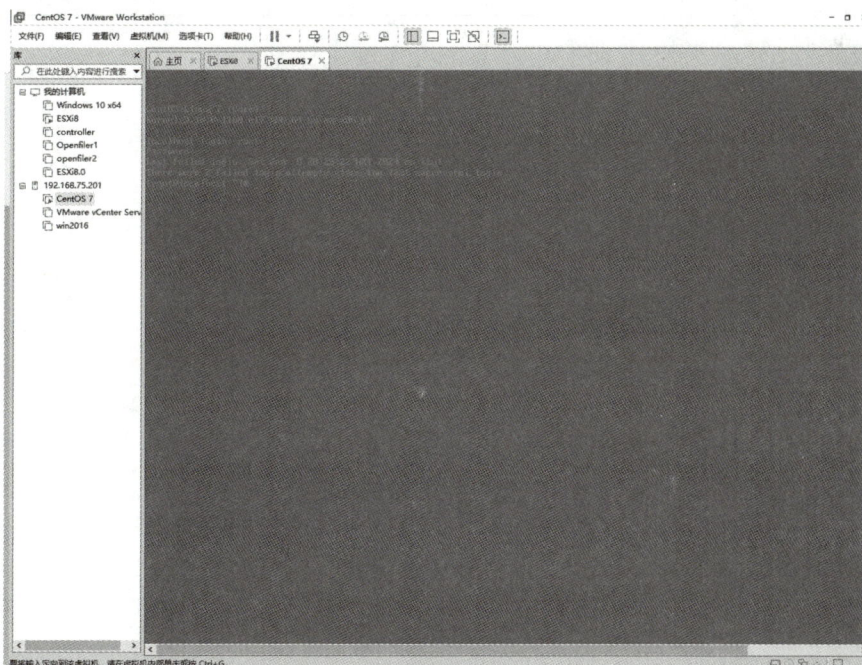

图 2-2-23　登录 CentOS 7 系统

至此,CentOS 7 系统安装完成。

## 总结评价

### 1. 小组汇报任务实施结果

任务实施结果的具体内容如表 2-2-2 所示。

**表 2-2-2　任务实施结果记录表**

| 任务名称 | 在 VMware ESXi 上安装 Linux 虚拟机 |
|---|---|
| 自检基本情况 | |
| 自检组别 | 第　　组 |
| 本组成员 | 组长：　　　　　　　　　　组员： |
| 检查情况 | |
| 是否完成 | |
| 完成时间 | |
| 工位管理是否符合 8S 管理标准 | |
| 任务实施情况 | 正确执行部分：<br><br><br><br><br><br>问题与不足： |
| 超时或未完成的主要原因 | |
| 检查人签字： | 日期： |

### 2. 小组互评

任务实施过程评价具体内容如表 2-2-3 所示。

**表 2-2-3 任务实施过程性评价表**

组别 _____ 组员 _____ 任务名称 __在 VMware ESXi 上安装 Linux 虚拟机__

| 教学环节 | 评分细则及分值 | 得 分 |
| --- | --- | --- |
| 课前预习 | 是否已了解任务内容，材料是否准备妥当。(20 分) | |
| 实施作业 | (1) 了解 VMware 主机客户端。(25 分)<br>(2) 掌握如何在 ESXi 上安装 Linux 虚拟机。(25 分) | 单项得分：<br>(1) _____<br>(2) _____ |
| 质量检验 | (1) 操作的规范性、步骤的完整性、过程的连贯性。(10 分)<br>(2) 工作效率较高。(10 分)<br>(3) 8S 理念及工匠精神的体现。(10 分) | 单项得分：<br>(1) _____<br>(2) _____<br>(3) _____ |
| 总分<br>(满分 100 分) | 评分人签字： | |

### 🌐 学习拓展

1. 将任务实施结果记录表补充完整。
2. 预习下一个任务内容"在 VMware ESXi 上安装 Windows 虚拟机"。

## 🌐 任务 3　在 VMware ESXi 上安装 Windows 虚拟机

### 🌐 任务目标

1. 了解 SSH(Secure Shell) 协议及其在客户端上的启用方法。
2. 掌握如何在 VMware ESXi 系统上安装 Windows 虚拟机。

### 🌐 任务描述

在成功完成 ESXi 8.0 的安装以及 Linux 虚拟机的部署之后，接下来的任务是进一步验证 VMware ESXi 对多操作系统的支持能力。本任务的目标是使用 VMware Host Client 创建一个虚拟机，并在其上安装 Windows 2016 操作系统，以确保虚拟化平台能够满足不同应用场景的需求。

### 知识准备

SSH 即安全外壳 (Secure Shell) 协议，是一种加密的网络协议，用于安全地访问远程计算机。它通常用于远程登录到服务器、执行远程命令、传输文件以及端口转发等。SSH 提供了比传统的远程登录协议 Telnet 更强的安全性，因为它使用加密技术来保护数据传输过程中的隐私和完整性，防止数据在传输过程中被窃听或篡改。

在 VMware ESXi 客户端中，只需要右键单击主机，选择"服务"，启用"安全 Shell (SSH)"，即可使用 SSH 远程访问 ESXi Shell。

### 任务实施

**Windows 2016 系统的安装**

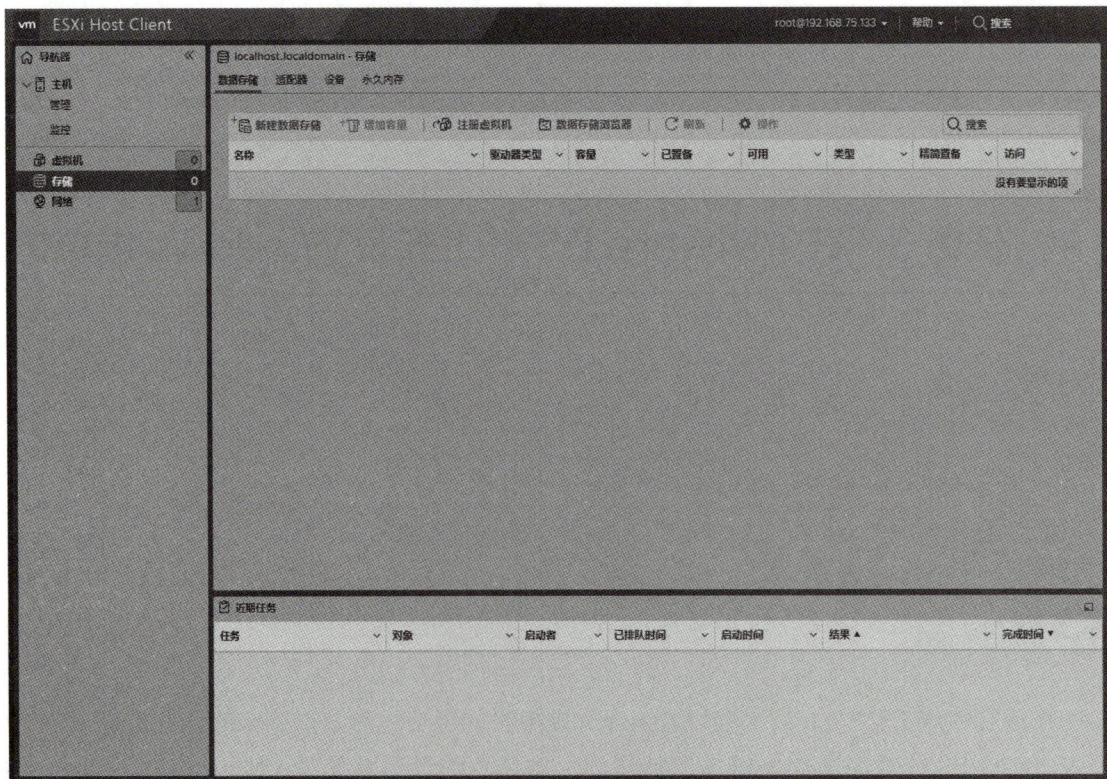

Windows 2016
系统的安装

#### 1. 上传 Windows 系统 ISO 文件到本地存储系统

(1) 登录 VMware ESXi 8.0 系统，单击左侧导航器中的"存储"，然后单击右侧区域"数据存储"选项卡中的"数据存储浏览器"，如图 2-3-1 所示。

图 2-3-1　存储管理页

　　(2) 在"数据存储浏览器"对话框中，创建目录 OS，然后单击"上载"上传 Windows 系统的 ISO 镜像文件，如图 2-3-2 所示。

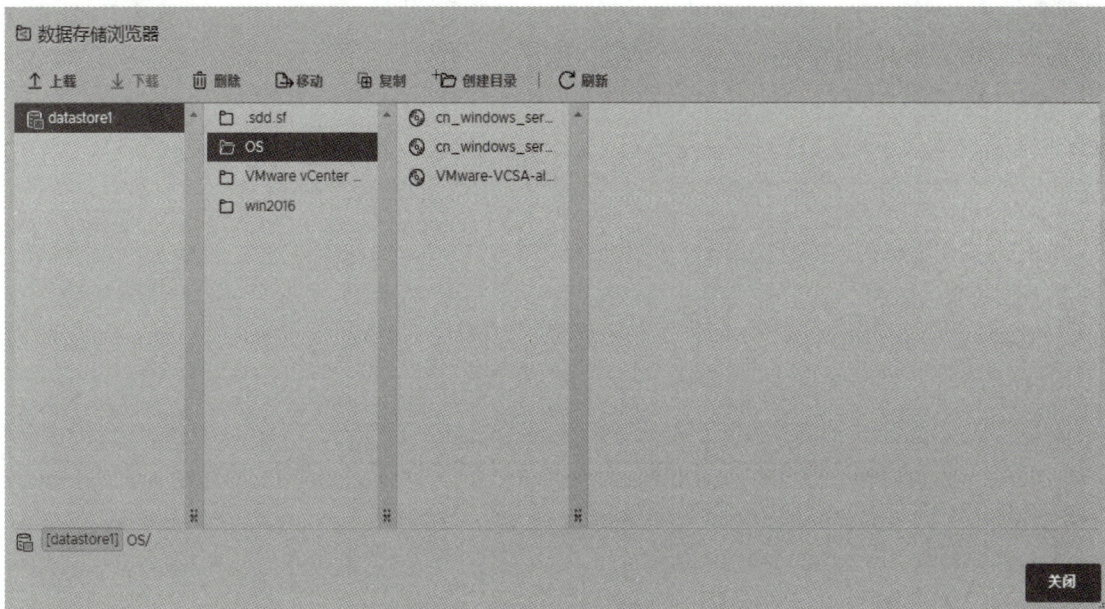

图 2-3-2　数据存储浏览器

　　(3) ISO 镜像文件上传完毕，单击"关闭"，如图 2-3-3 所示。

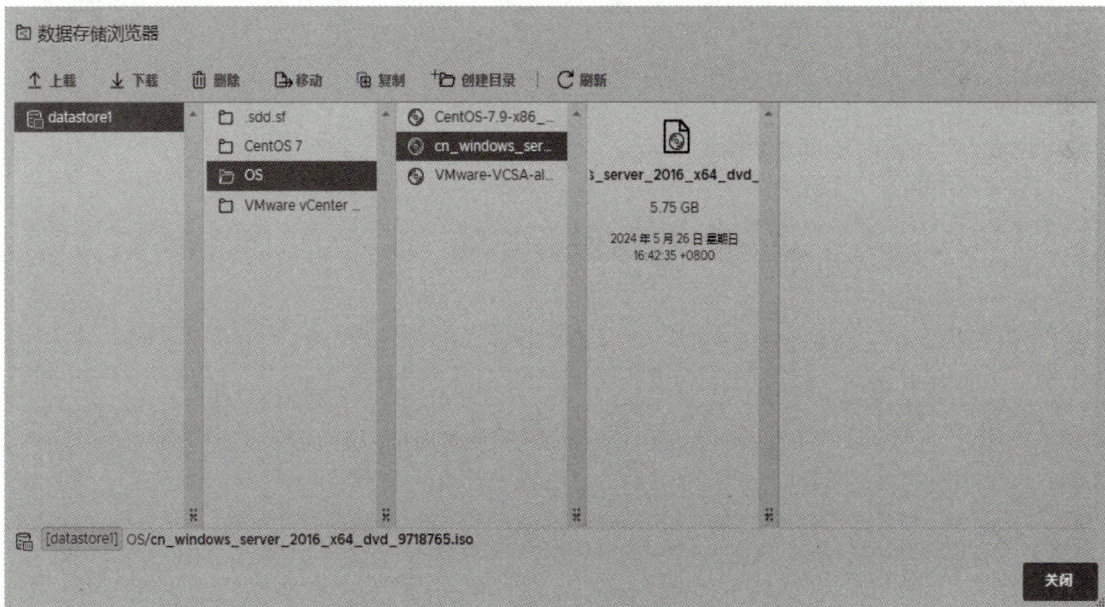

图 2-3-3　上传 Windows 16 ISO 镜像文件

## 2. 创建 Windows 2016 系统实例

　　(1) 单击左侧导航器中的"虚拟机"，再单击右侧区域左上的"创建/注册虚拟机"，如图 2-3-4 所示。

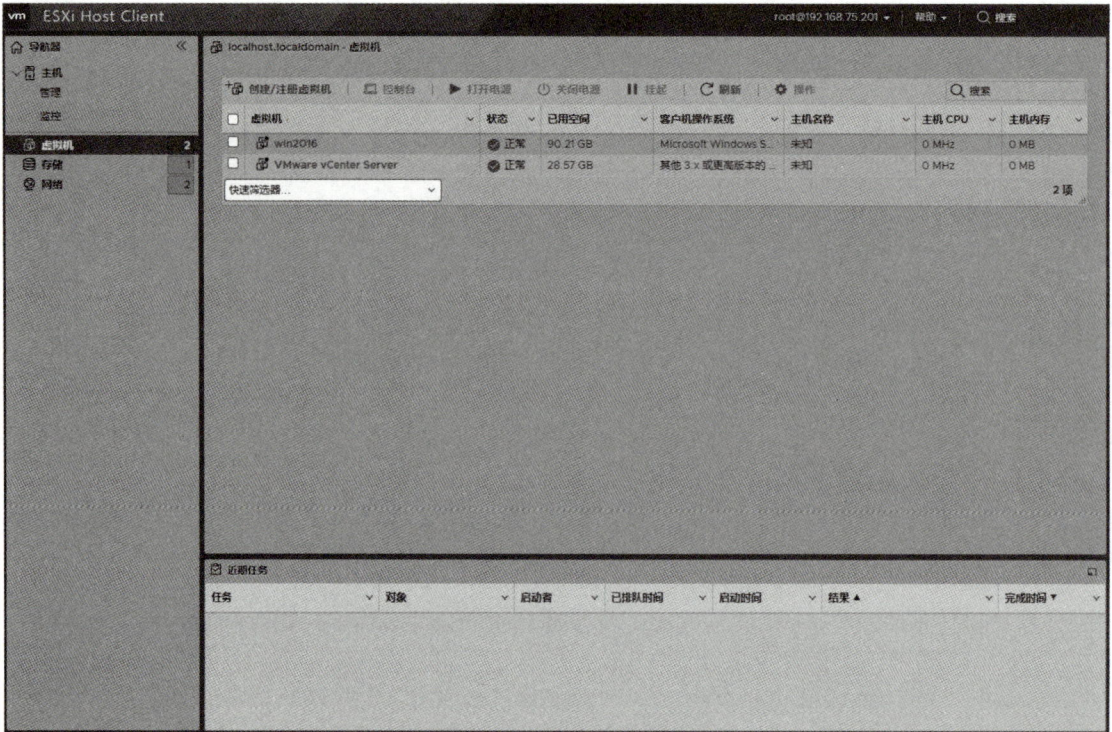

图 2-3-4　虚拟机管理页

(2) 在"选择创建类型"页面中选择"创建新虚拟机",单击"下一页",如图 2-3-5 所示。

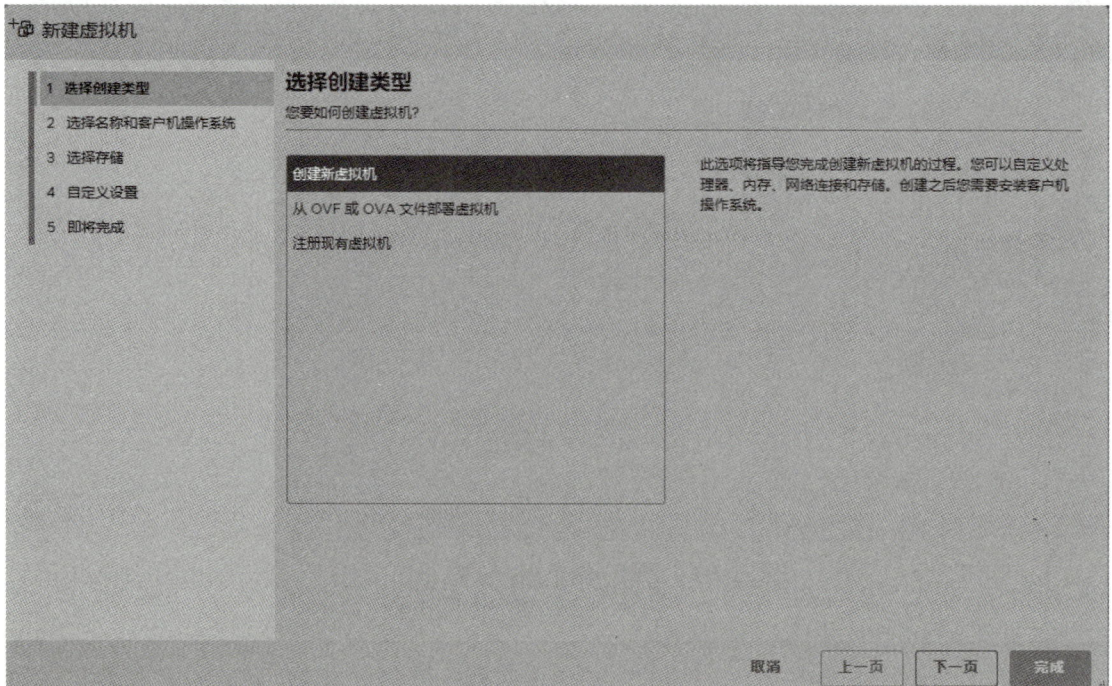

图 2-3-5　创建新虚拟机

(3) 在"选择名称和客户机操作系统"页面中输入虚拟机的名称，选择相应的系列和版本，单击"下一页"，如图 2-3-6 所示。

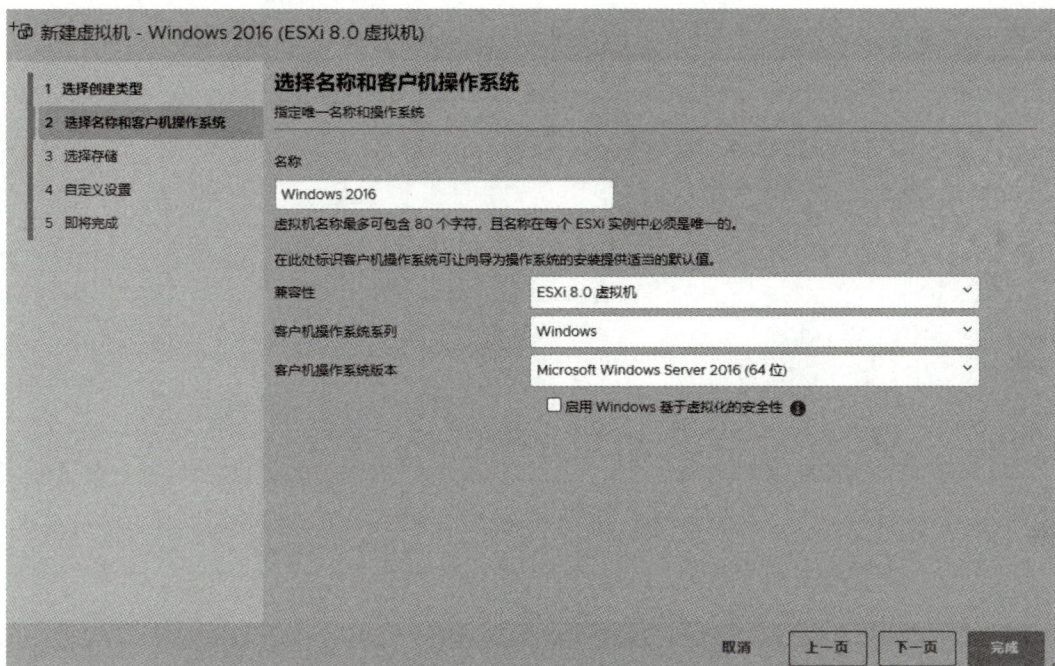

图 2-3-6　选择名称和客户机操作系统

(4) 在"选择存储"页面中将虚拟机存储在 ESXi 主机的内置存储 datastore1 中，单击"下一页"，如图 2-3-7 所示。

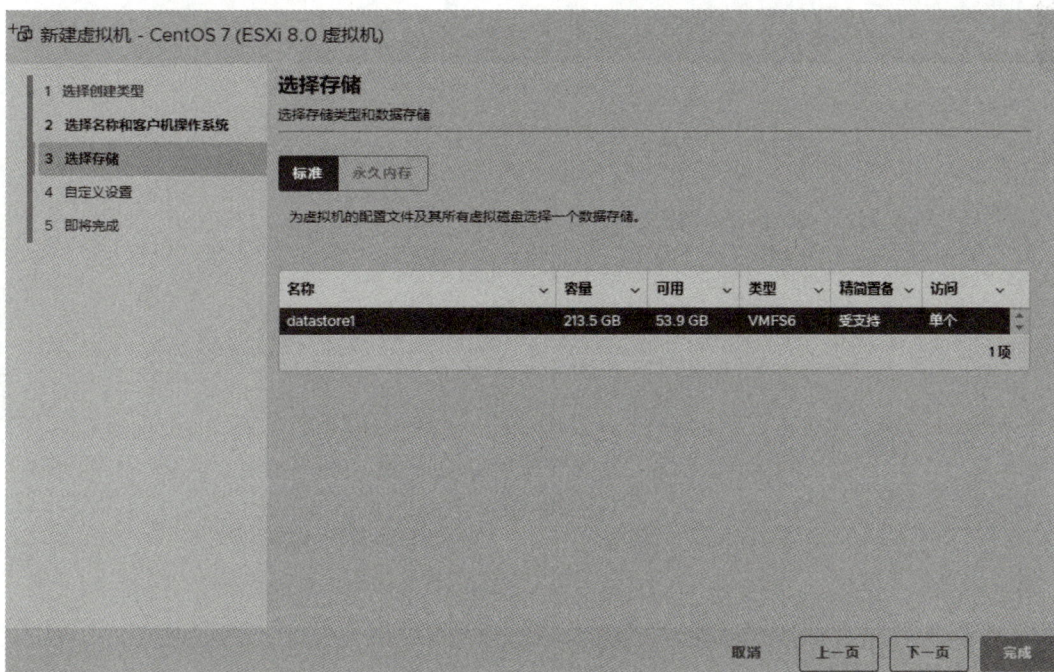

图 2-3-7　选择存储位置

（5）单击"自定义设置"，根据实际情况设置 CPU、内存、硬盘、网络等。在"CD/DVD 驱动器"项选择刚才上传的 ISO 文件，单击"下一页"，如图 2-3-8 所示。

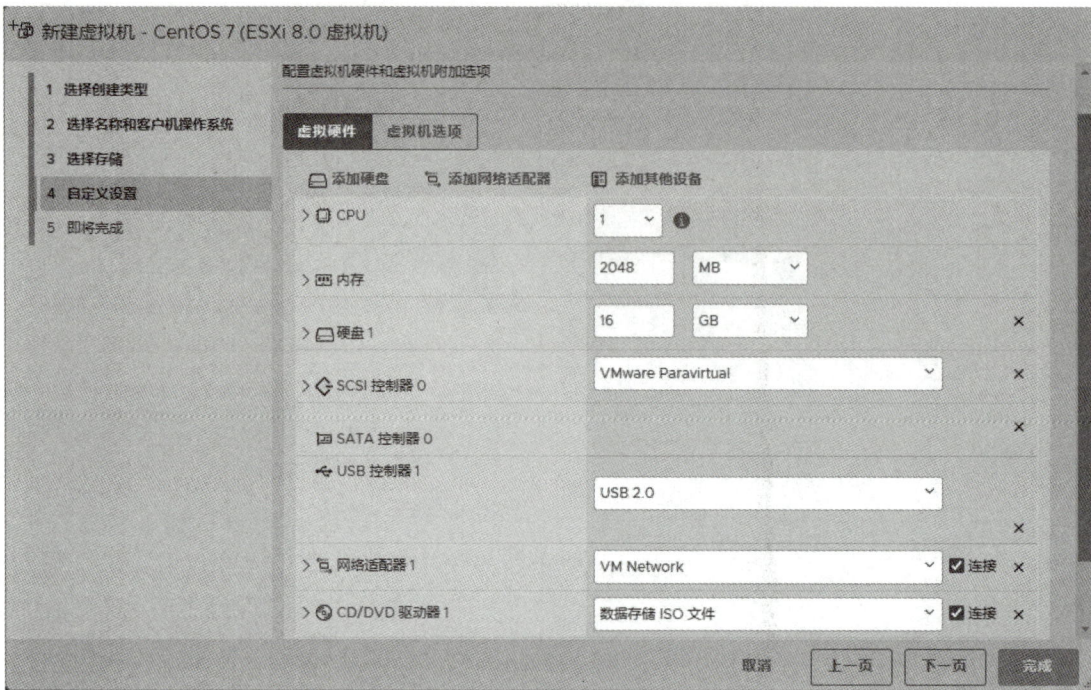

图 2-3-8    自定义设置

（6）在"即将完成"页面中检查之前的设置，如图 2-3-9 所示。

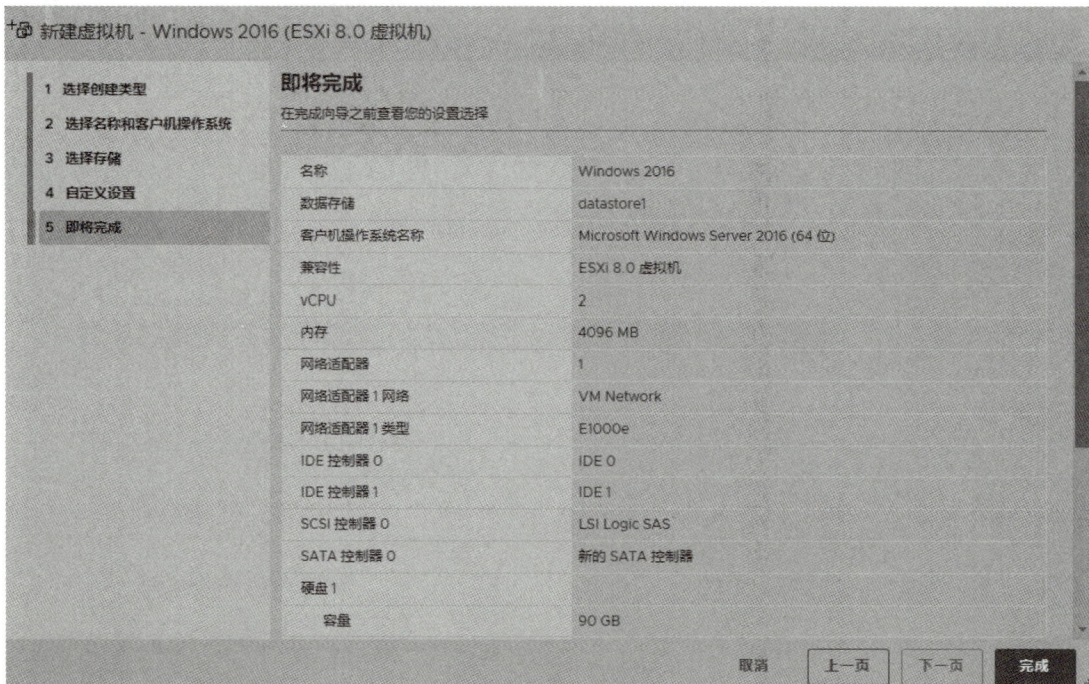

图 2-3-9    设置汇总

(7) 若设置无问题，则单击"完成"，完成新建虚拟机后的存储管理页如图 2-3-10 所示。

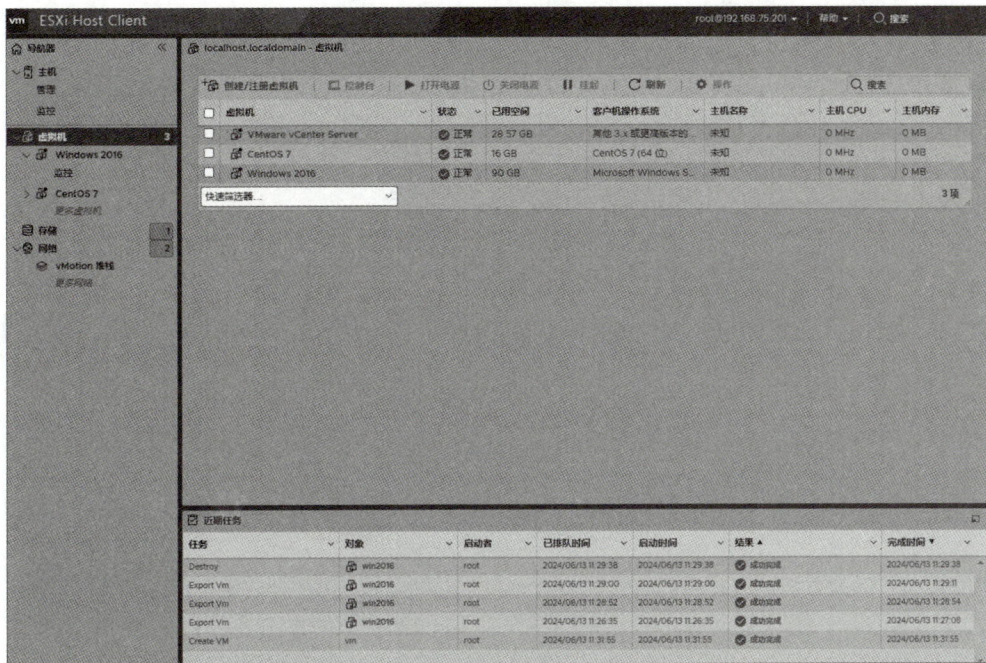

图 2-3-10　完成新建虚拟机后的存储管理页

### 3. 安装 Windows 2016 系统

(1) 在左侧导航器中的"虚拟机"中选择创建的虚拟机 Windows 2016，单击右侧区域上方的"打开电源"，如图 2-3-11 所示。

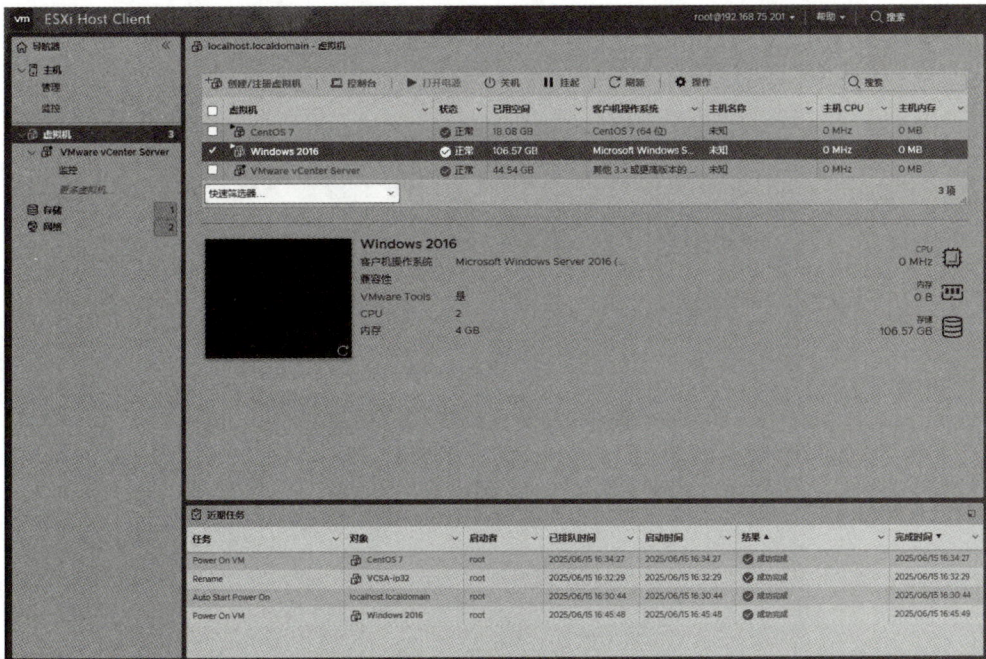

图 2-3-11　打开 Windows 2016 电源

(2) 单击"控制台"中的"启动远程控制台",如图 2-3-12 所示。

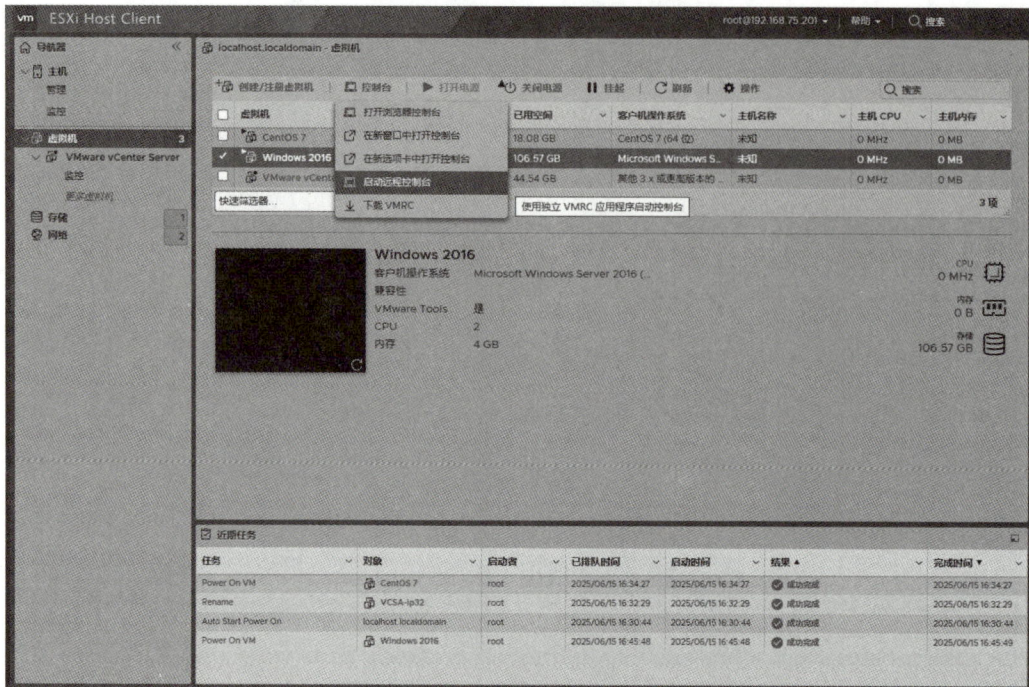

图 2-3-12　启动远程控制台

(3) 启动远程控制台后,出现 Windows 安装程序界面,如图 2-3-13 所示。根据实际需要选择输入语言和其他首选项,然后单击"下一步"。

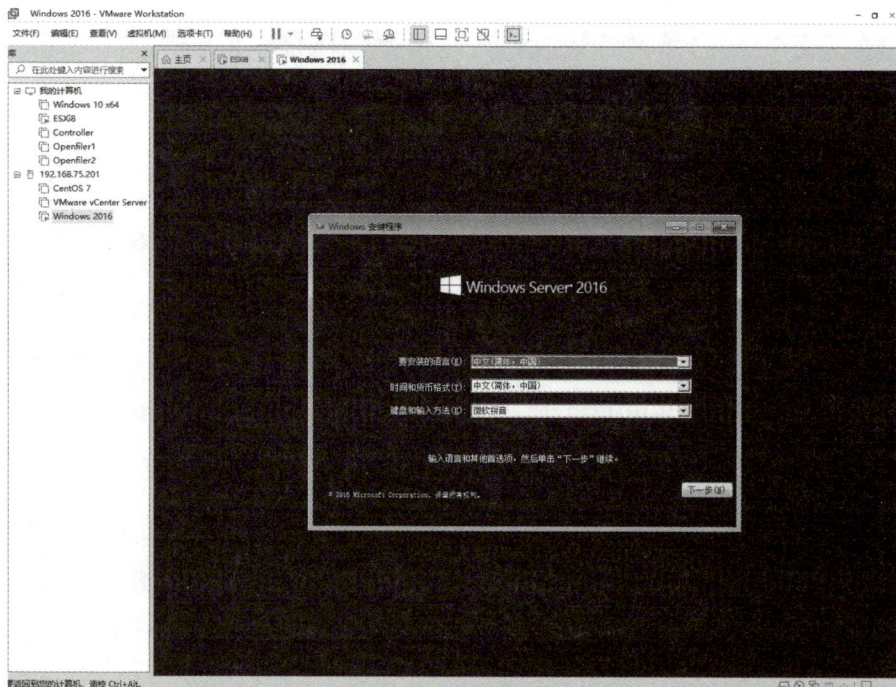

图 2-3-13　输入语言和其他首选项

(4) 单击"现在安装",在"选择要安装的操作系统"页面中选择"Windows Server 2016 Standard( 桌面体验 )",单击"下一步",如图 2-3-14 所示。

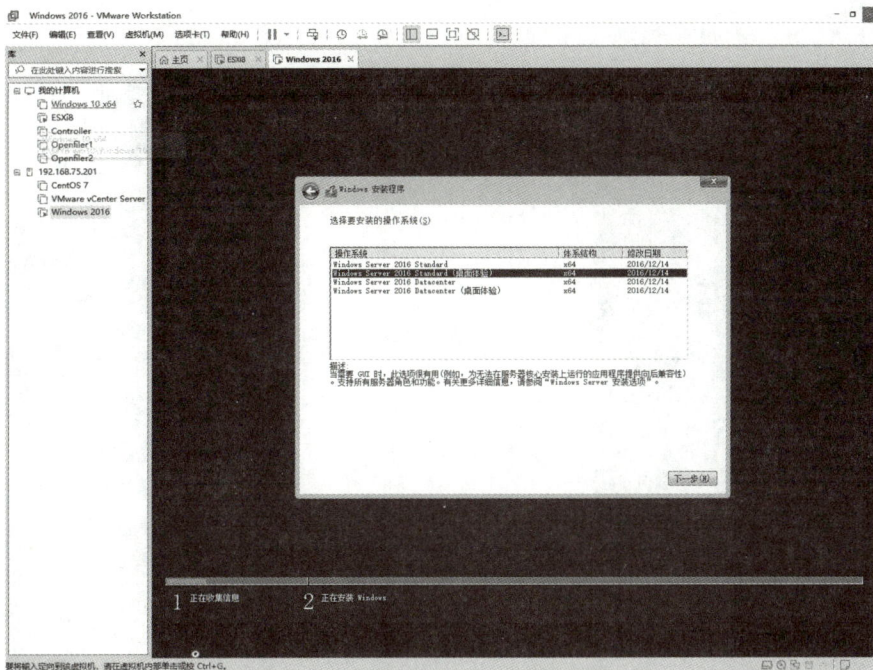

图 2-3-14  选择要安装的操作系统

(5) 在"适用的声明和许可条款"页面中,选择"我接受许可条款",单击"下一步",如图 2-3-15 所示。

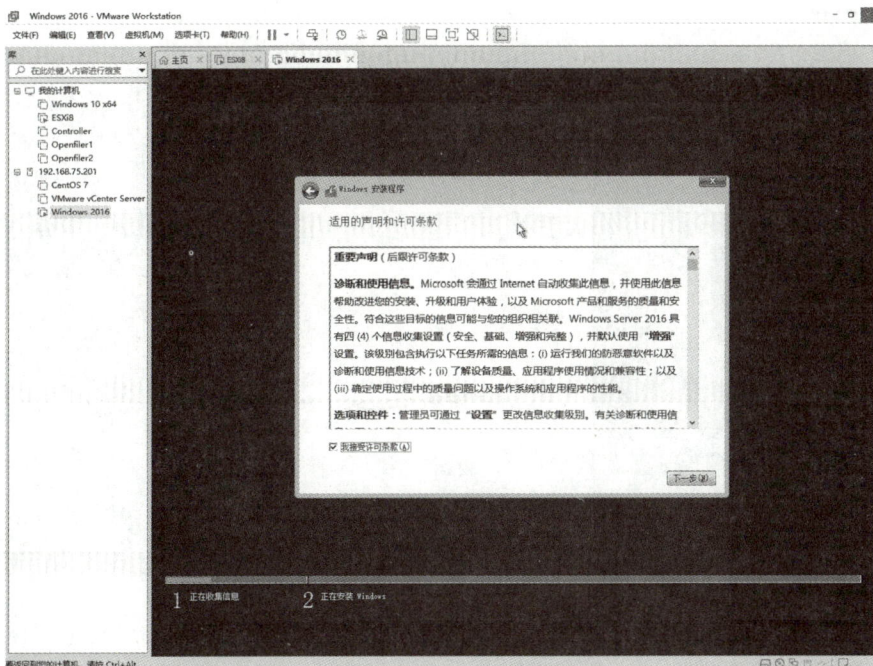

图 2-3-15  适用的声明和许可条款

(6) 在"你想执行哪种类型的安装？"页面中，选择"自定义：仅安装 Windows( 高级 )"，如图 2-3-16 所示。

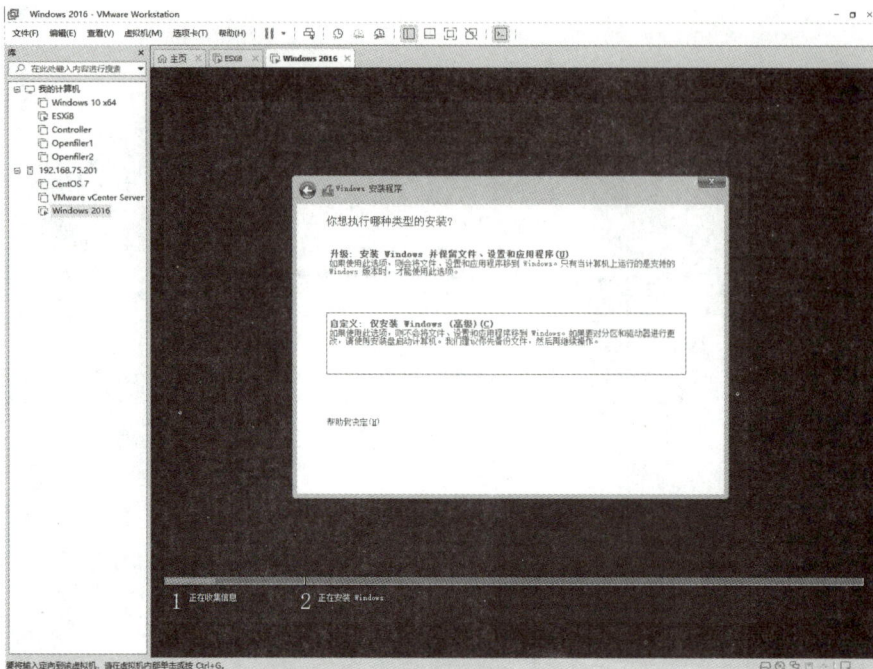

图 2-3-16　选择哪种类型的安装

(7) 在"你想将 Windows 安装在哪里？"页面中，为 Windows 安装程序创建新的磁盘分区，并将 Windows 安装在主分区，单击"下一步"，如图 2-3-17 所示。

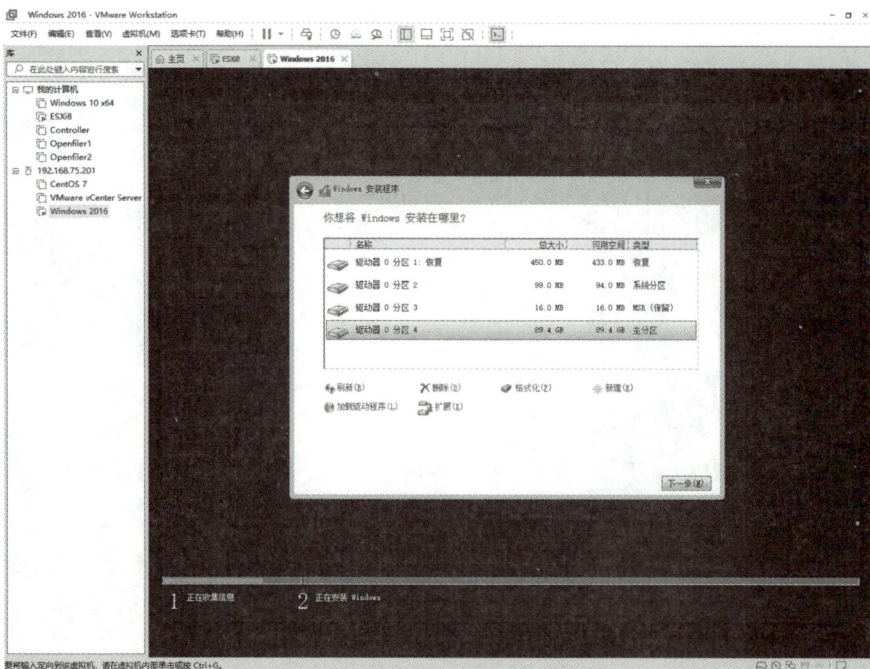

图 2-3-17　创建好的分区

（8）系统显示"正在安装 Windows"，如图 2-3-18 所示。安装完成后，系统自动重启，设置管理员账户密码，单击"完成"，如图 2-3-19 所示。

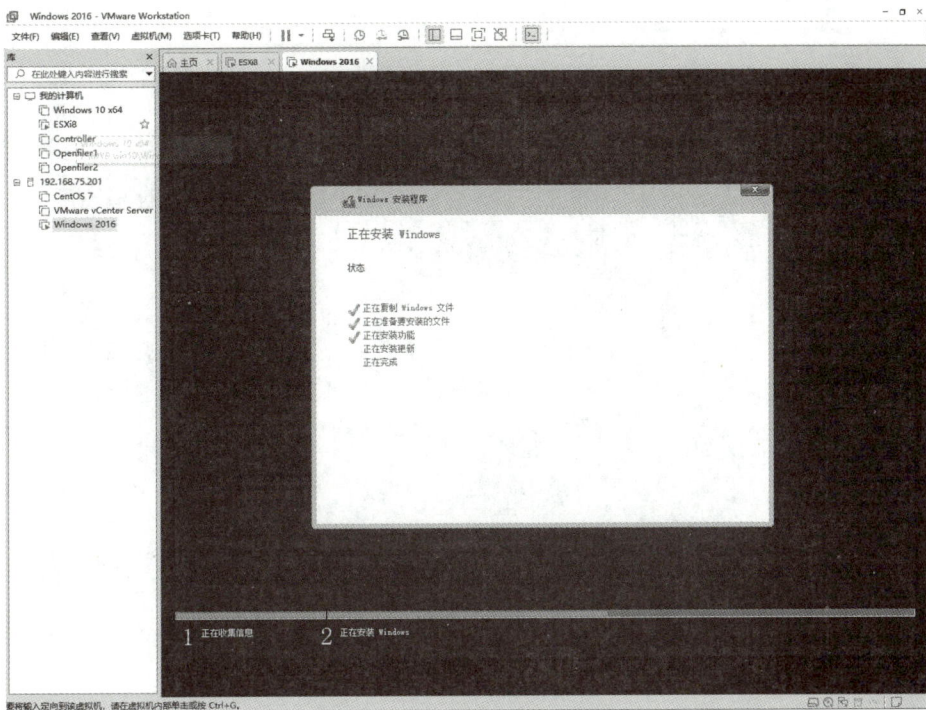

图 2-3-18　正在安装 Windows

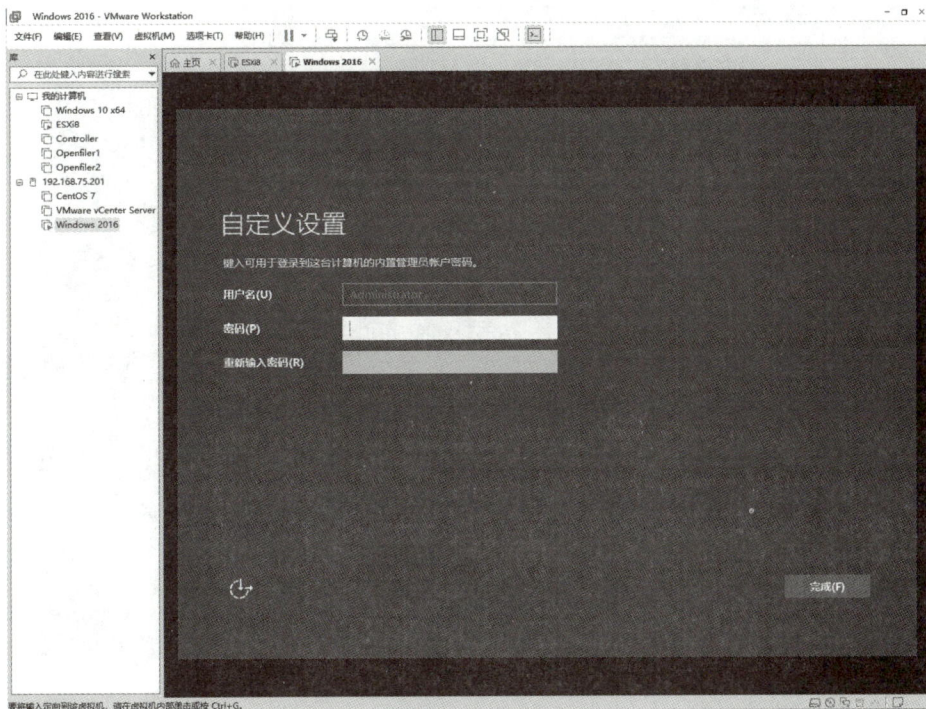

图 2-3-19　设置管理员账户密码

(9) 单击菜单栏中的"虚拟机",在下拉菜单中选择"发送 Ctrl + Alt + Del",系统进入登录状态,在登录界面输入之前设置的管理员密码,如图 2-3-20 所示。

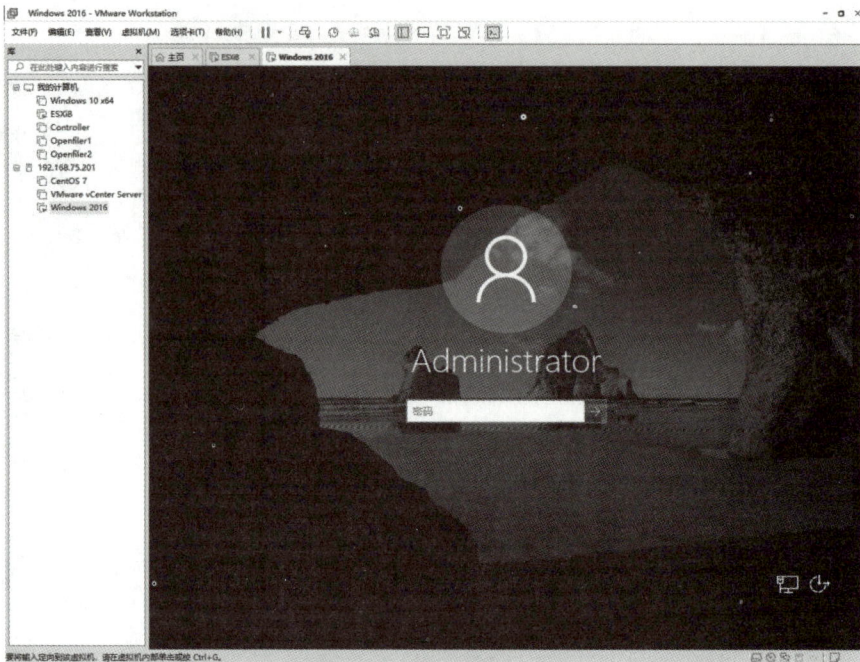

图 2-3-20　输入登录密码

(10) 输入密码后,进入系统。如图 2-3-21 所示。

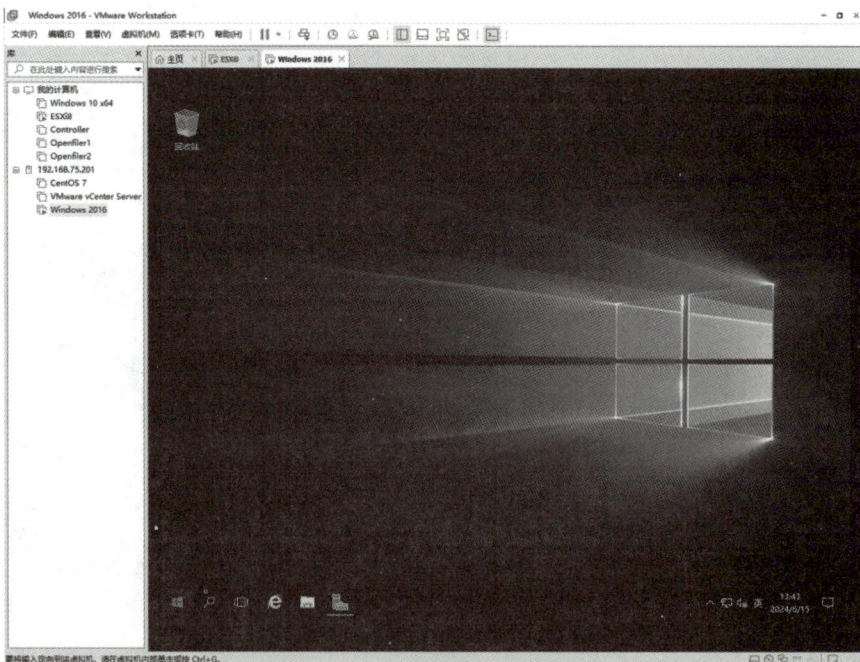

图 2-3-21　系统的主界面

至此,Windows 2016 系统安装完毕。

## 总结评价

### 1. 小组汇报任务实施结果

任务实施结果的具体内容如表 2-3-1 所示。

**表 2-3-1　任务实施结果记录表**

| 任务名称 | 在 VMware ESXi 上安装 Windows 虚拟机 | |
|---|---|---|
| 自检基本情况 | | |
| 自检组别 | 第　　　组 | |
| 本组成员 | 组长：　　　　　　　　　　组员： | |
| 检查情况 | | |
| 是否完成 | | |
| 完成时间 | | |
| 工位管理是否符合 8S 管理标准 | | |
| 任务实施情况 | 正确执行部分：<br><br><br>问题与不足： | |
| 超时或未完成的主要原因 | | |
| 检查人签字： | 日期： | |

## 2. 小组互评

任务实施过程评价具体内容如表 2-3-2 所示。

### 表 2-3-2　任务实施过程评价表

组别 ＿＿＿＿＿＿＿＿　　组员 ＿＿＿＿＿＿＿＿　　任务名称　在 VMware ESXi 上安装 Windows 虚拟机

| 教学环节 | 评分细则及分值 | 得　分 |
|---|---|---|
| 课前预习 | 是否已了解任务内容，材料是否准备妥当。(20 分) | |
| 实施作业 | (1) 了解什么是 SSH 及其启动方法。(25 分)<br>(2) 掌握如何在 VMware ESXi 上安装 Windows 虚拟机。(25 分) | 单项得分：<br>(1) ＿＿＿＿＿＿<br>(2) ＿＿＿＿＿＿ |
| 质量检验 | (1) 操作的规范性、步骤的完整性、过程的连贯性。(10 分)<br>(2) 工作效率较高。(10 分)<br>(3) 8S 理念及工匠精神的体现。(10 分) | 单项得分：<br>(1) ＿＿＿＿＿＿<br>(2) ＿＿＿＿＿＿<br>(3) ＿＿＿＿＿＿ |
| 总分<br>(满分 100 分) | 评分人签字： | |

## 学习拓展

1. 将任务实施结果记录表补充完整。
2. 预习下一个实训任务内容"配置标准虚拟交换机并实现网络隔离"。

# 项目 3

# 配置 VMware 虚拟网络

## 任务 1　配置标准虚拟交换机并实现网络隔离

### 任务目标

1. 了解标准虚拟交换机的概念和作用。
2. 了解端口组和 VMkernel 端口的定义与功能。
3. 掌握创建标准虚拟交换机、端口组和 VMkernel 端口的方法，并创建将管理网络和业务网络分离的场景。

### 任务描述

在虚拟化环境中，网络配置是确保虚拟机之间以及虚拟机与外部网络通信的关键环节。本任务的目标是在 ESXi Host Client 中，通过实验将业务网络和管理网络分离，学习如何创建 vSphere 标准虚拟交换机、配置端口组以及添加 VMkernel 网卡，从而实现高效的网络隔离和资源管理。

### 知识准备

#### 1. 虚拟交换机

虚拟交换机是虚拟环境中的一个核心组件，它允许虚拟机之间以及虚拟机与外部网络之间的网络通信。ESXi 提供两种类型的虚拟交换机：标准虚拟交换机和分布式虚拟交换机。

虚拟交换机的运行机制在很多方面与物理以太网交换机相似。它能够检测到与其虚拟端口逻辑连接的虚拟机，并据此将数据流量正确地转发给目标虚拟机。为了实现虚拟网络与物理网络的连接，可以利用物理以太网适配器，这种适配器也被称作上行链路适配器。通过这种方式，标准虚拟交换机能够与物理交换机相连接，从而扩展网络规模。

尽管虚拟交换机在操作方式上与物理交换机非常接近，但它并不具备物理交换机所具有的所有高级特性。图 3-1-1 展示了标准虚拟交换机的架构。

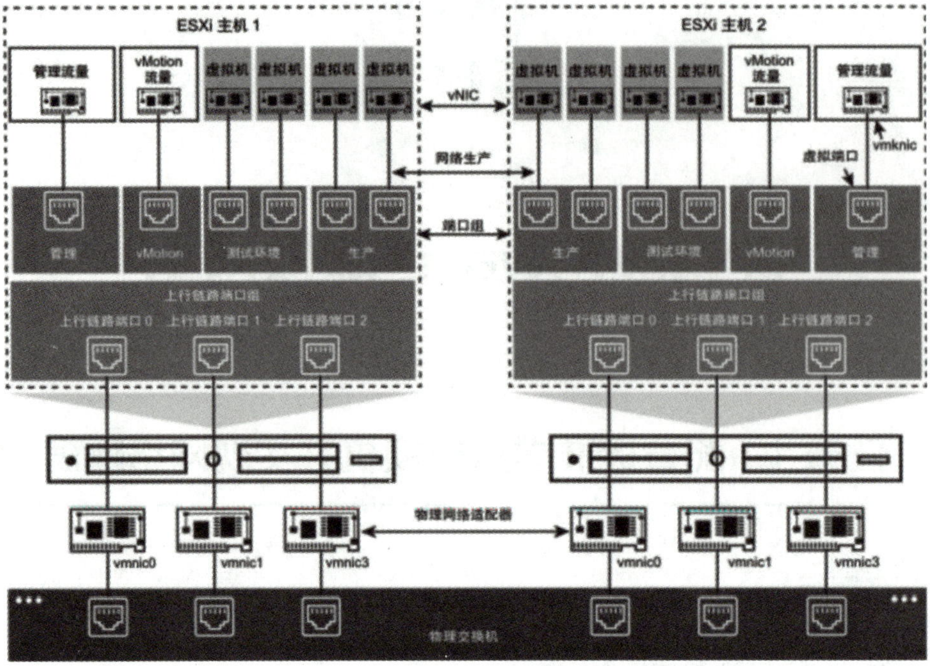

图 3-1-1　标准虚拟交换机的架构

**备注：** 上述图片引自 VMware 官方文档《vsphere-documentation-80》https://docs.vmware.com/cn/VMware-vSphere/index.html

### 2. 端口组

端口组是 vSphere 虚拟交换机上的逻辑网络集合，用于配置和管理虚拟机的网络连接。

通过将虚拟机加入端口组，可以访问相应的网络资源。管理员可以根据需要配置端口组的属性，如 VLAN 设置、安全策略等。

端口组适用于小型或单一的虚拟化环境，其中网络需求相对简单，不需要复杂的网络策略或高可用性配置。

### 3. VMkernel 端口

VMkernel 端口是 VMware 环境中用于管理虚拟机和虚拟交换机的专用网络接口。它允许 vSphere 管理软件与 ESXi 主机上的虚拟机进行通信，用于 vMotion、iSCSI、NFS 和其他管理任务。

**任务实施**

**一、配置标准虚拟交换机**

配置标准虚拟交换机

本任务描述如何对标准交换机进行配置操作。

### 1. 创建标准虚拟交换机

(1) 在 ESXi Host Client 中单击左侧导航器中的"网络"，再单击右侧区域的"虚拟机交换机"选项卡，如图 3-1-2 所示。

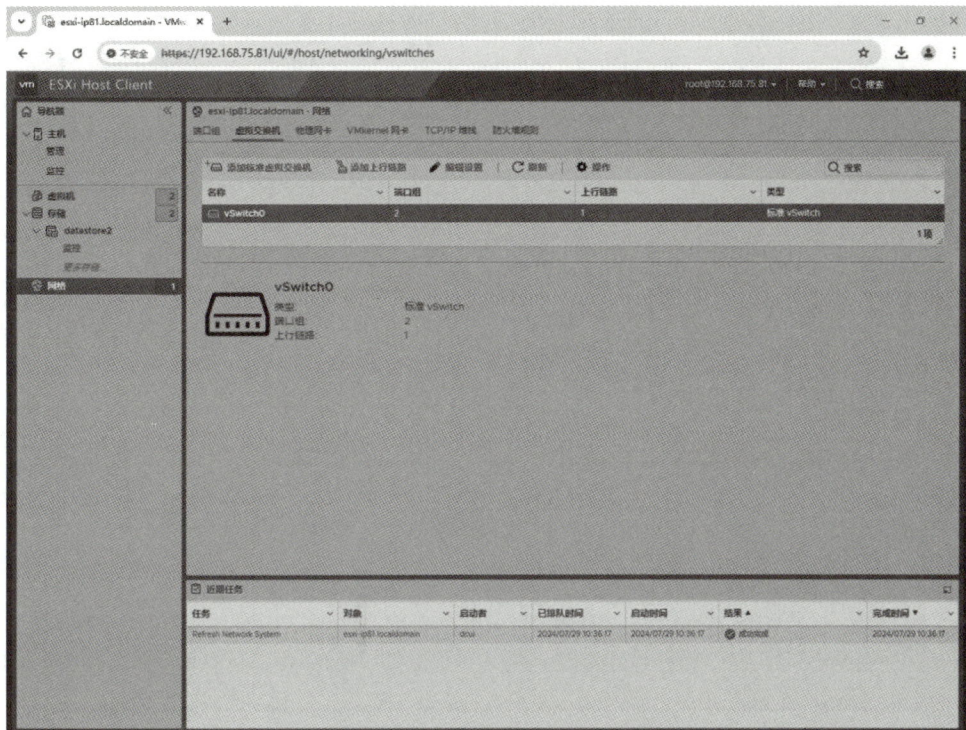

图 3-1-2　网络虚拟交换机页

(2) 单击"添加标准虚拟交换机",出现如图 3-1-3 所示对话框。

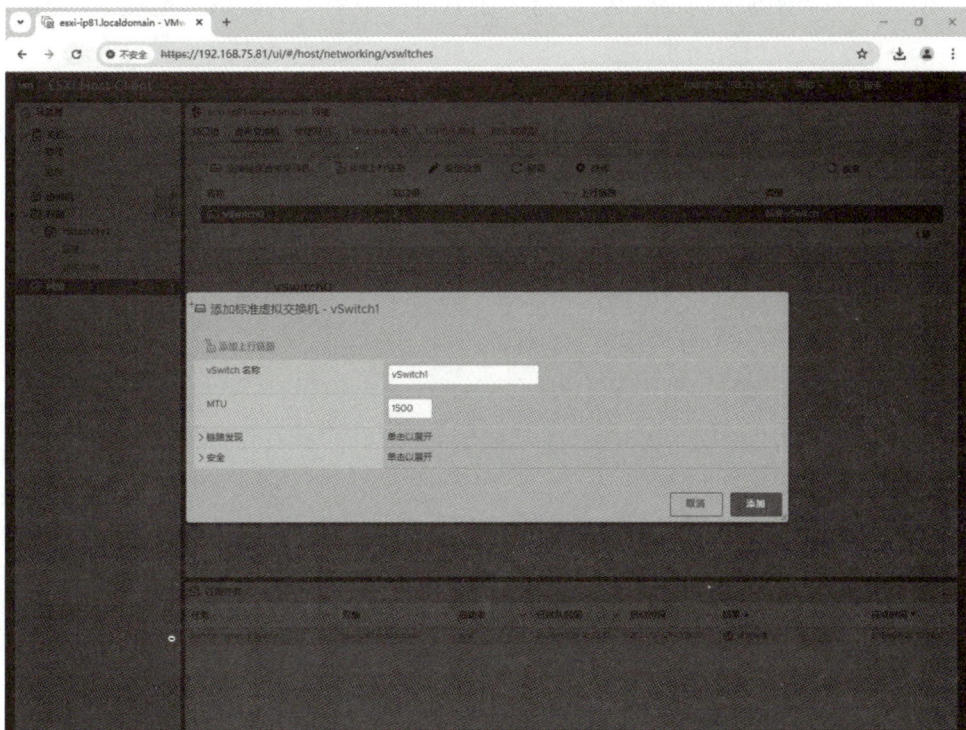

图 3-1-3　添加标准虚拟交换机

(3) 单击"添加"，添加完毕的虚拟标准交换机如图 3-1-4 所示。

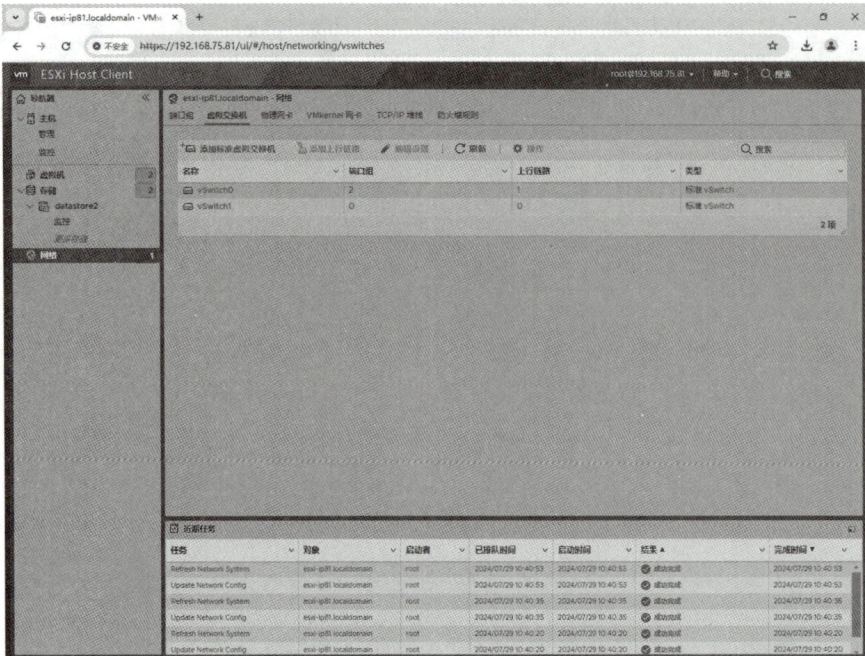

图 3-1-4　添加完毕的虚拟标准交换机

## 2. 创建端口组

(1) 单击左侧导航器中的"网络"，再单击右侧区域的"端口组"选项卡，如图 3-1-5 所示。

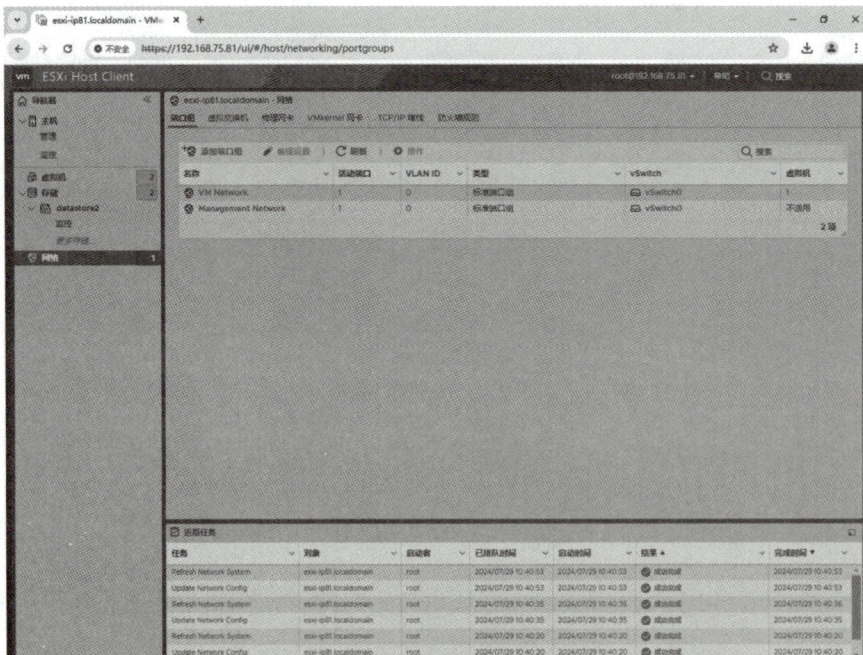

图 3-1-5　网络端口组页

(2) 单击"添加端口组"，在弹出的对话框中按图 3-1-6 所示参数添加 VM Network1 端口组，然后单击"添加"。

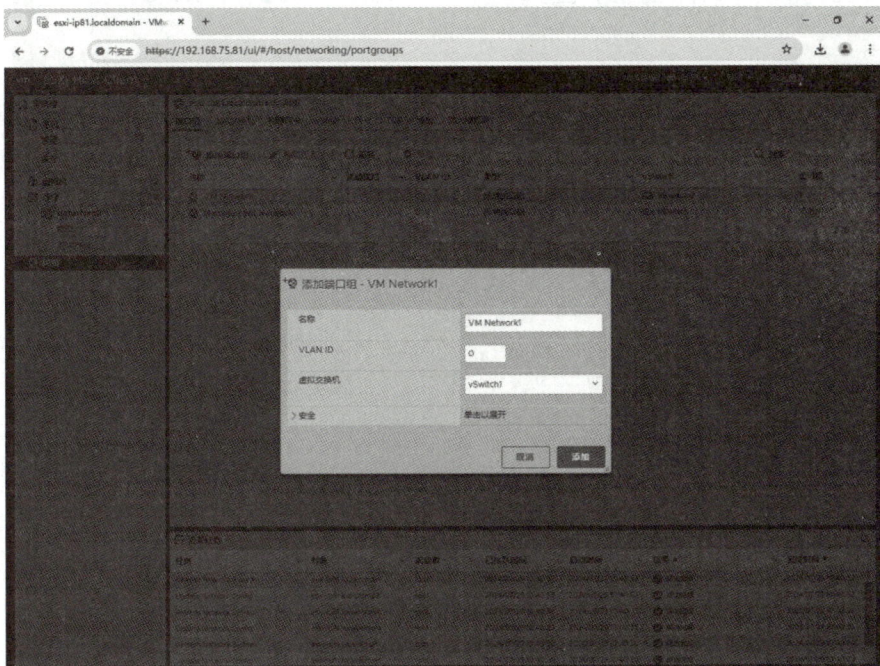

图 3-1-6　添加端口组

(3) 单击"添加端口组"，在弹出的对话框中按图 3-1-7 所示参数添加 Management1 Network1 端口组，然后单击"添加"。添加完成后的端口组如图 3-1-8 所示。

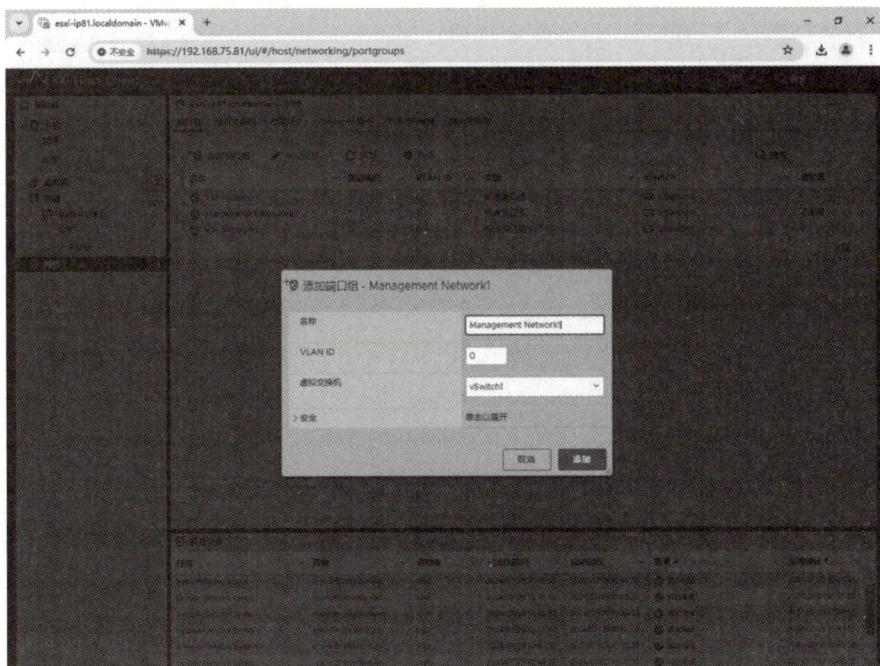

图 3-1-7　设置端口组名称

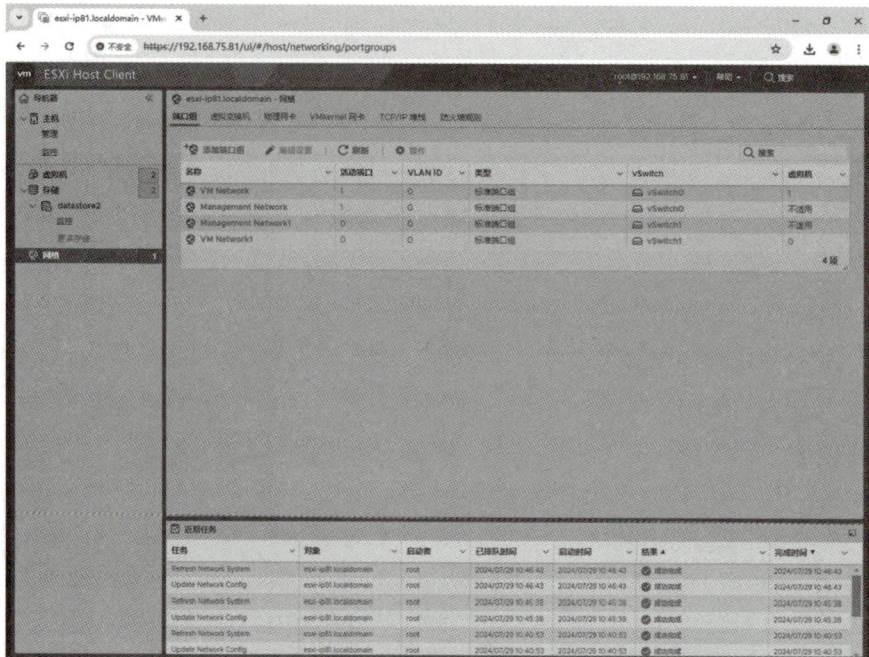

图 3-1-8　添加完毕的端口组

### 3. 配置标准交换机属性

(1) 在左侧导航器中选中"网络"，在右侧区域选择新增的交换机 vSwitch1，点击"编辑设置"，如图 3-1-9 所示。

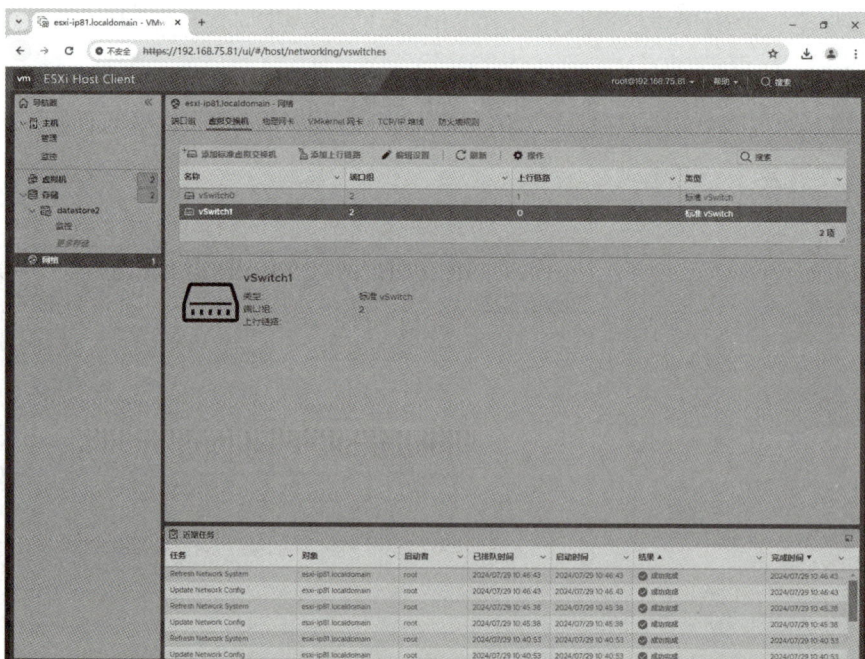

图 3-1-9　交换机编辑设置页

(2) 在弹出的对话框中对交换机的 MTU、流量等参数进行调整，如图 3-1-10 所示。

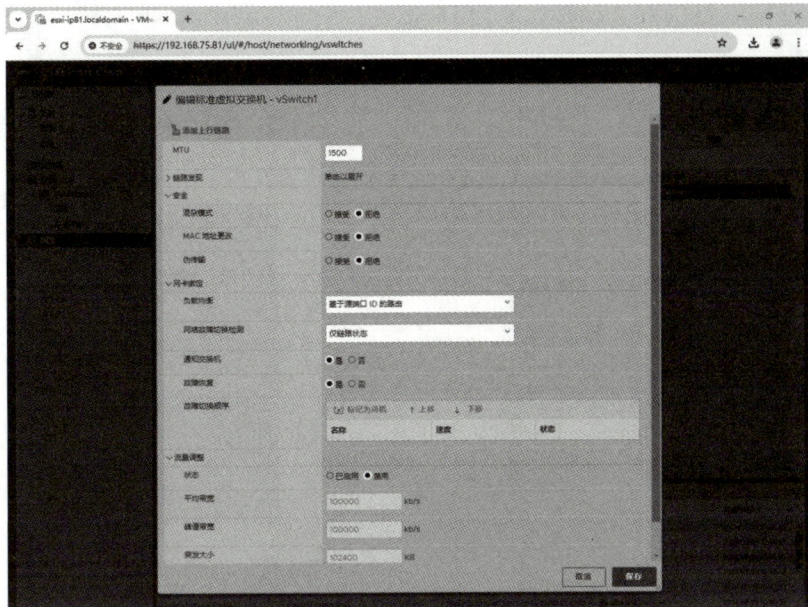

图 3-1-10　编辑标准虚拟交换机

业务网和管理网
分离

## 二、业务网和管理网分离

本任务描述如何对业务网络和管理网络进行分离，达到两者互不干扰的目的，这在实际业务实施中具有重要意义。当然，如果涉及存储，那么存储所在的网络也需要区分开。

### 1. 增加一个网络适配器

(1) 启动 VMware Workstation，选择 esxi-ip81 主机，单击"编辑虚拟机设置"，如图 3-1-11 所示。

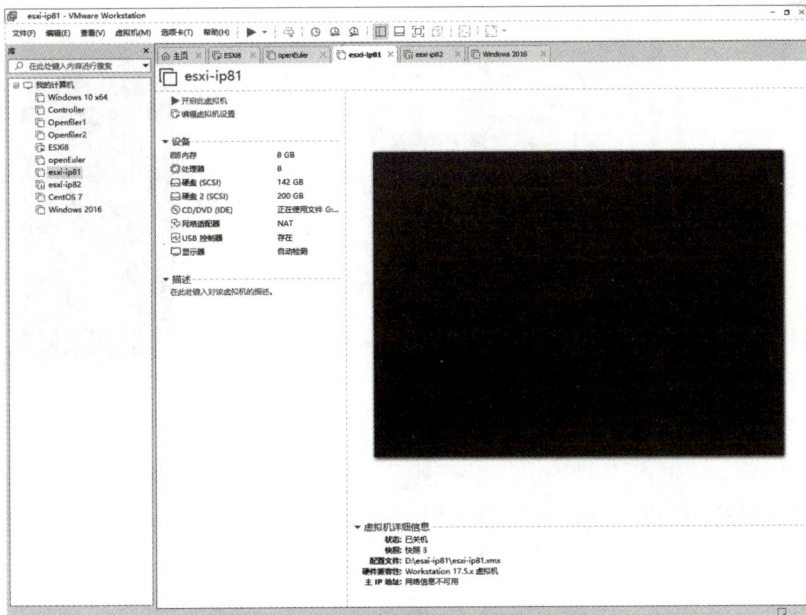

图 3-1-11　选择 Workstation 中的虚拟机

(2) 弹出"虚拟机设置"对话框，如图 3-1-12 所示。

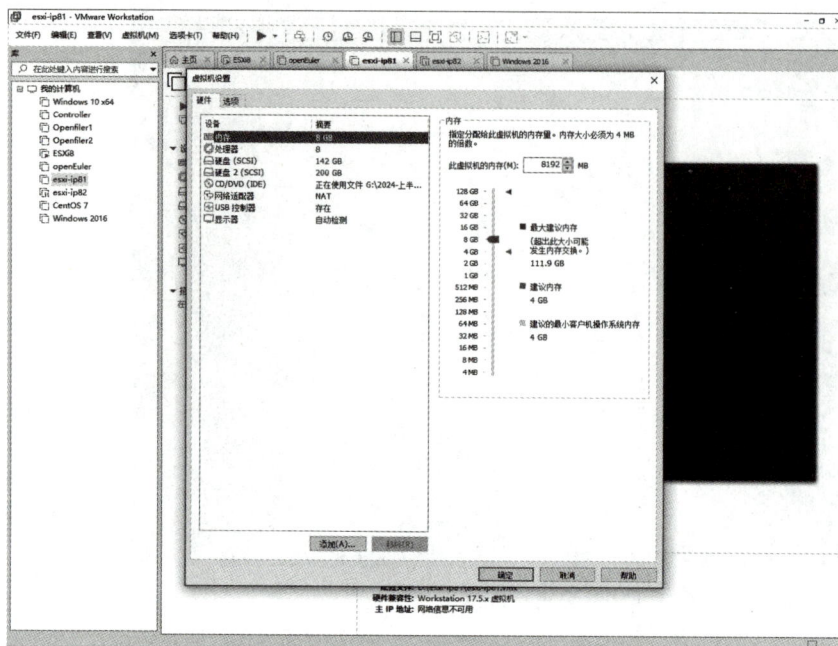

图 3-1-12　"虚拟机设置"对话框

(3) 单击"硬件"选项卡下的"网络适配器"，然后单击"添加"，弹出如图 3-1-13 所示的对话框，单击"完成"。

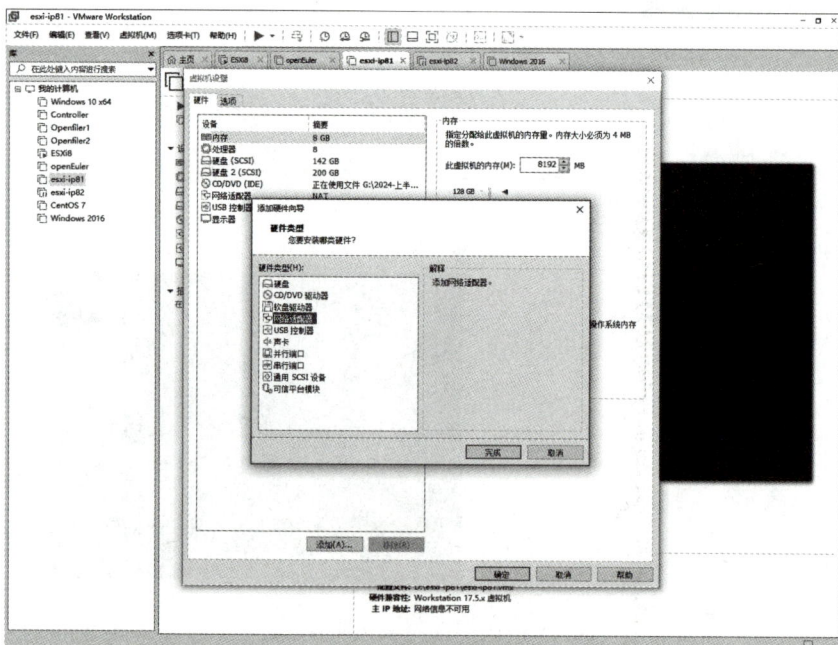

图 3-1-13　添加网络适配器

(4) 用同样的方法添加"网络适配器 2"，添加完毕的"虚拟机设置"对话框如图 3-1-14 所示。

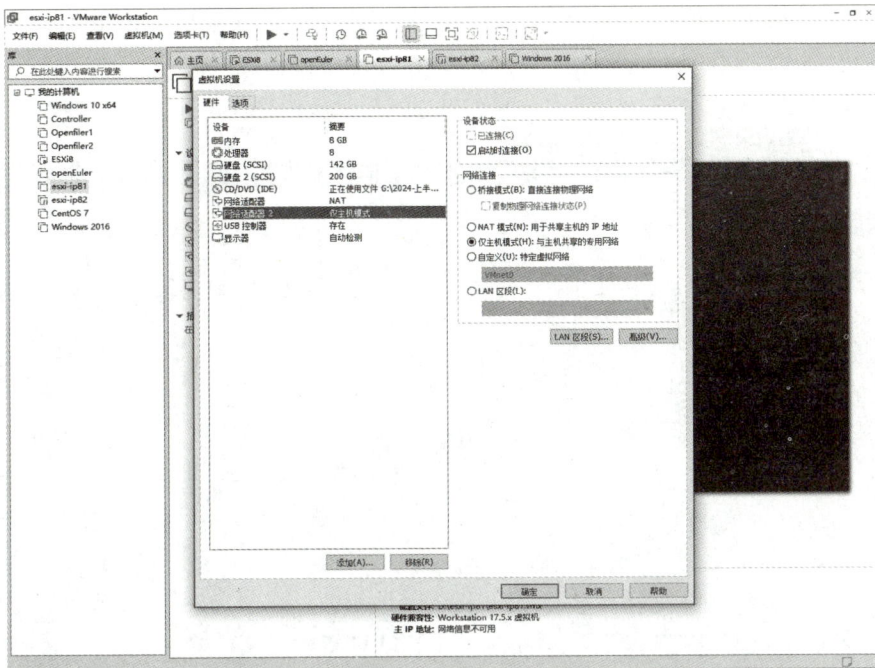

图 3-1-14　添加完毕的"虚拟机设置"对话框

(5) 完成之后重启系统。

### 2. 标准交换机配置

(1) 在左侧导航器中选中"网络",在右侧区域选择新增加的物理网卡"vmnic1",如图
3-1-15 所示。

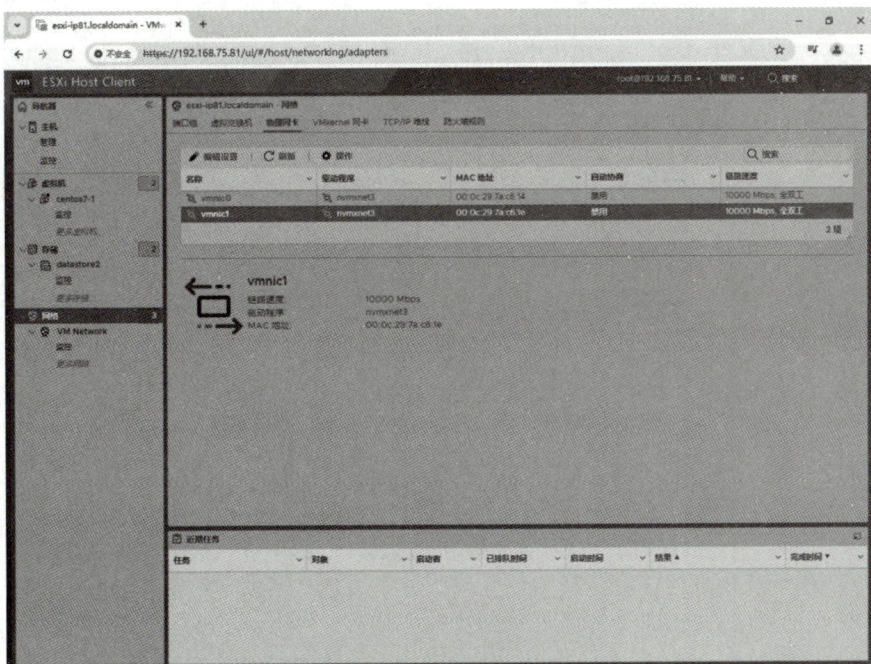

图 3-1-15　网络物理网卡页

(2) 切换至"虚拟交换机"选项卡，单击之前创建的虚拟交换机 vSwitch1，如图 3-1-16 所示。

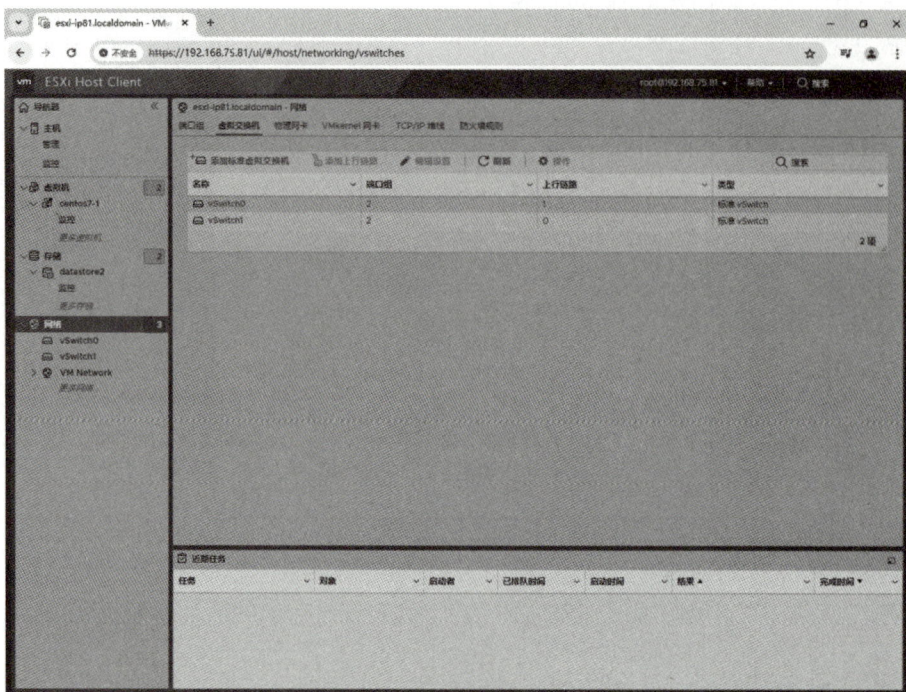

图 3-1-16　网络虚拟交换机页

(3) 单击"添加上行链路"，进入如图 3-1-17 所示的页面。

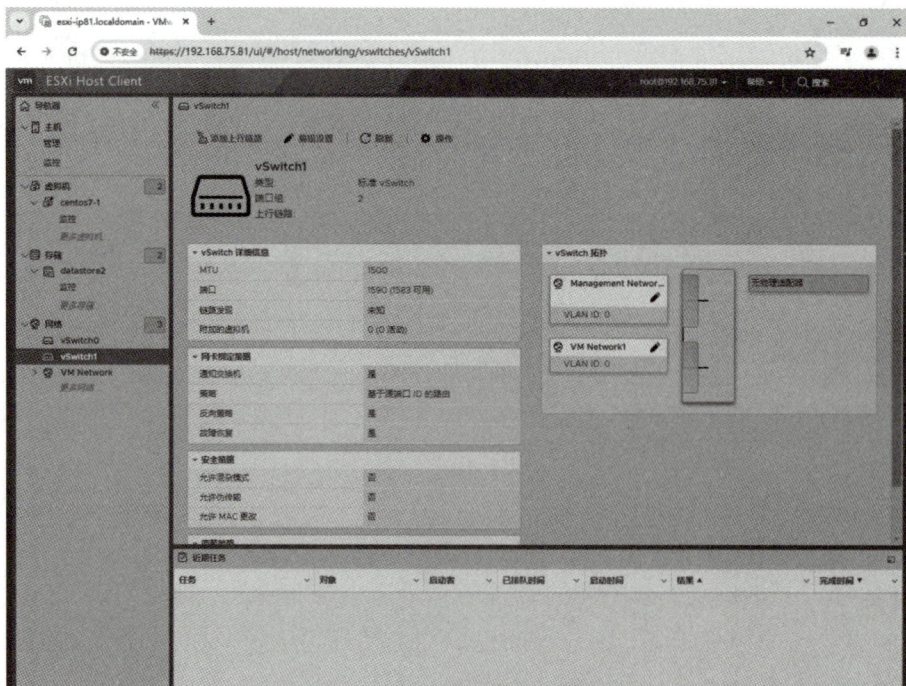

图 3-1-17　vSwitch1 详细信息

（4）单击"编辑设置"，在弹出的对话框中选择上行链路为"vmnic1"，点击"保存"，如图 3-1-18 所示。保存后的 vSwitch1 状态如图 3-1-19 所示。

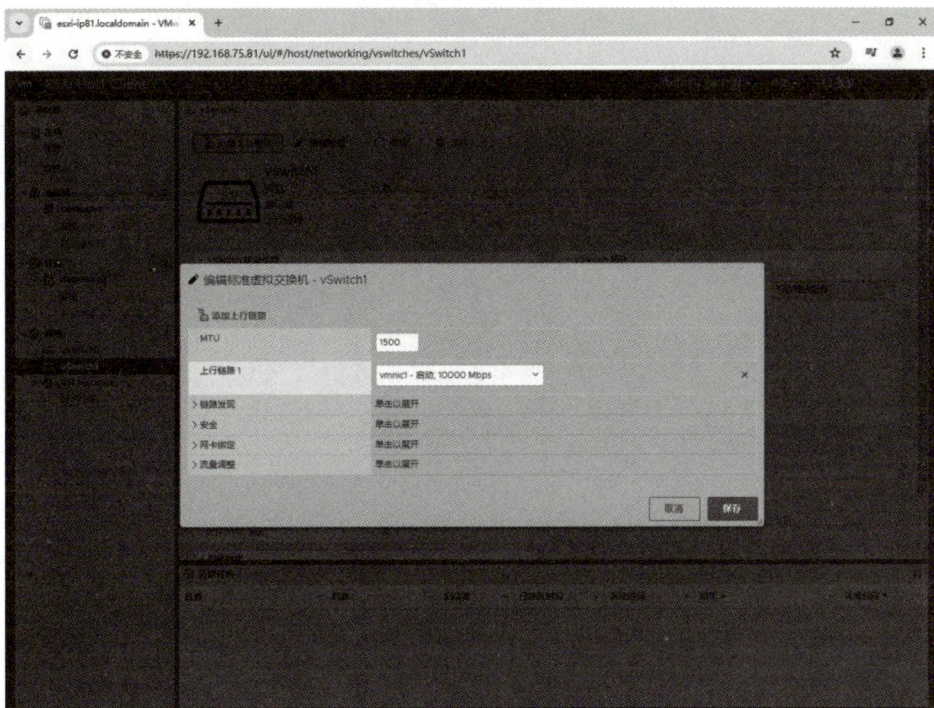

图 3-1-18　编辑标准虚拟交换机

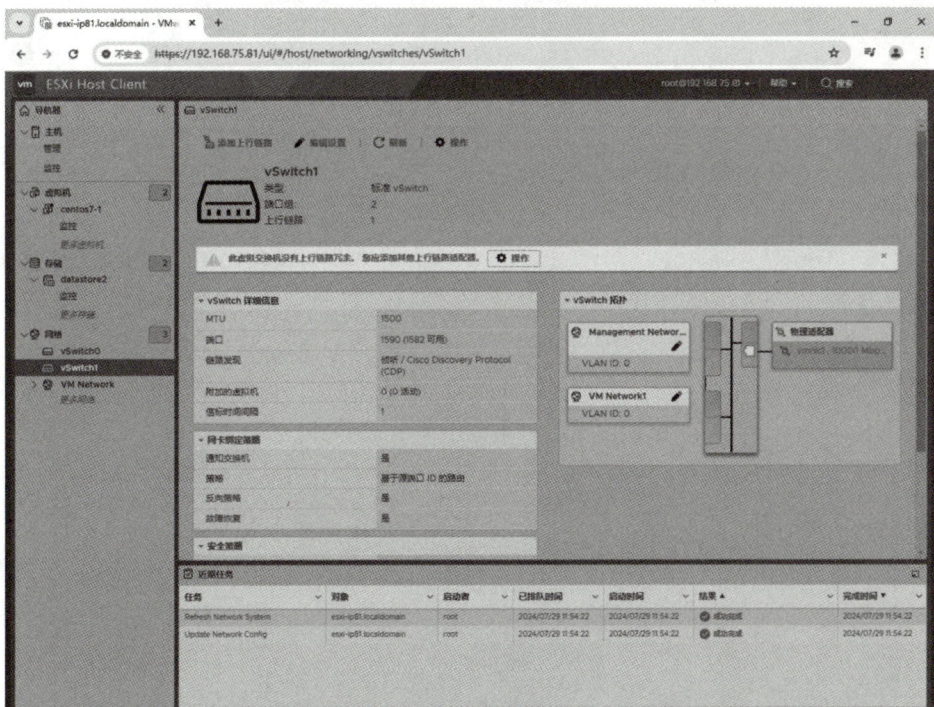

图 3-1-19　添加完上行链路后的标准交换机

（5）在左侧导航器中的"虚拟机"中选择 centos7-1，单击右上方的"编辑"，如图 3-1-20 所示。

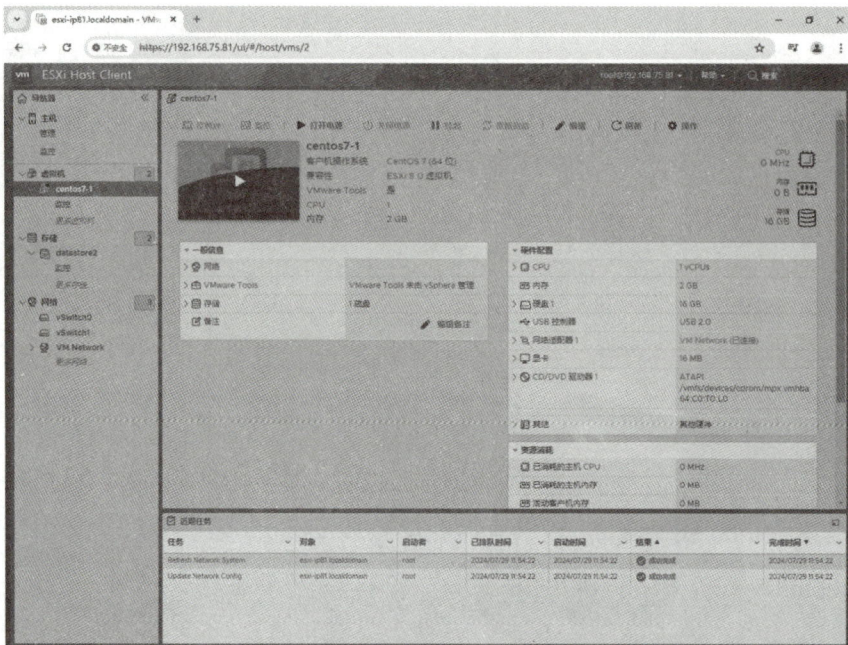

图 3-1-20　centos7-1 硬件配置

（6）在弹出的"编辑设置"对话框中，将其网络适配器更改为"VM Network1"，然后单击"保存"，如图 3-1-21 所示。centos7-1 的网络适配器已更改为 VM Network1，如图 3-1-22 所示。

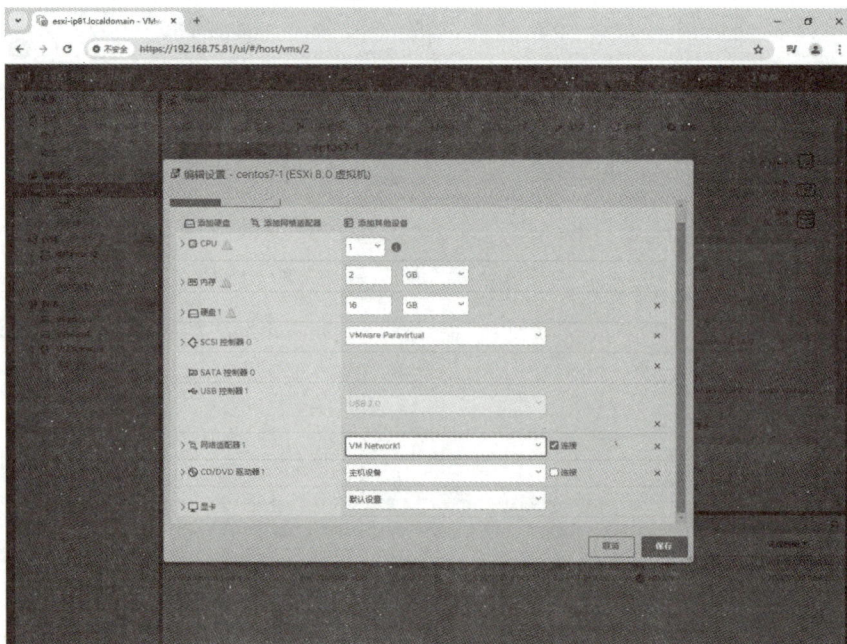

图 3-1-21　centos7-1 编辑设置页

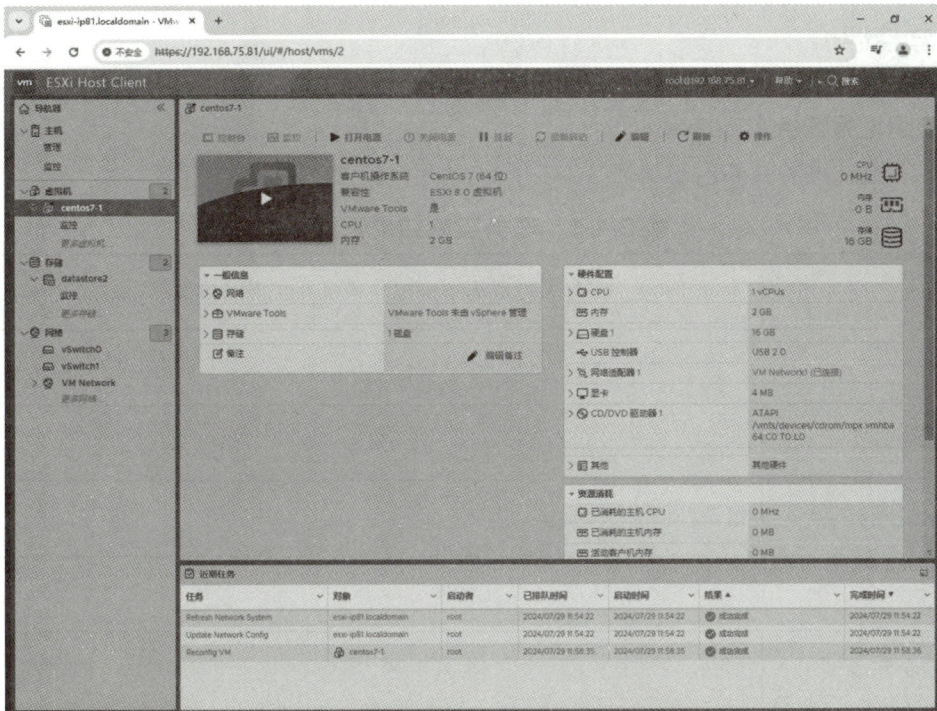

图 3-1-22 更改后的 centos7-1 硬件配置

(7) 切换至虚拟交换机 vSwitch1，可以看到 centos7-1 已在其网络 VM Network1 下，如图 3-1-23 所示。

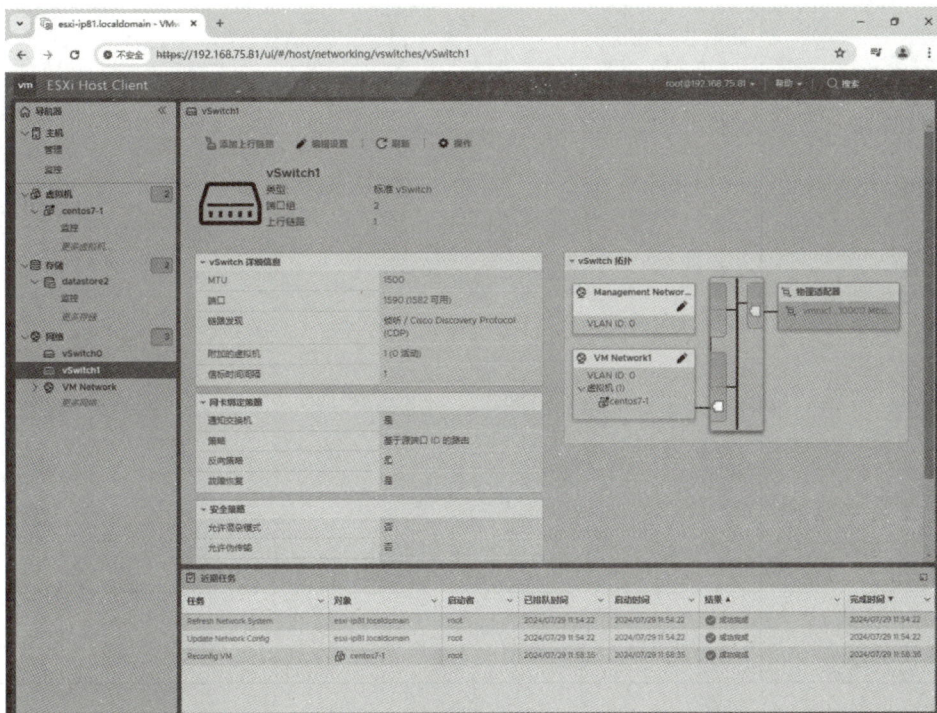

图 3-1-23 vSwitch1 拓扑

## 总结评价

### 1. 小组汇报任务实施结果

任务实施结果的具体内容如表 3-1-1 所示。

**表 3-1-1 任务实施结果记录表**

| 任务名称 | 配置标准虚拟交换机并实现网络隔离 | |
|---|---|---|
| **自检基本情况** | | |
| 自检组别 | 第　　　组 | |
| 本组成员 | 组长：　　　　　　　　　　　　组员： | |
| **检查情况** | | |
| 是否完成 | | |
| 完成时间 | | |
| 工位管理是否符合 8S 管理标准 | | |
| 任务实施情况 | 正确执行部分：<br><br><br><br>问题与不足： | |
| 超时或未完成的主要原因 | | |
| 检查人签字： | 日期： | |

### 2. 小组互评

任务实施过程评价具体内容如表 3-1-2 所示。

**表 3-1-2　任务实施过程评价表**

组别 _____　组员 _____　任务名称　<u>配置标准虚拟交换机并实现网络隔离</u>

| 教学环节 | 评分细则及分值 | 得　分 |
|---|---|---|
| 课前预习 | 是否已了解任务内容，材料是否准备妥当。(20 分) | |
| 实施作业 | (1) 了解标准虚拟交换机的概念和作用。(10 分)<br>(2) 了解端口组和 VMkernel 端口的定义与功能。(10 分)<br>(3) 掌握创建标准虚拟交换机、端口组和 VMkernel 端口的方法，并创建将管理网络和业务网络分离的场景。(30 分) | 单项得分：<br>(1) _____<br>(2) _____<br>(3) _____ |
| 质量检验 | (1) 操作的规范性、步骤的完整性、过程的连贯性。(10 分)<br>(2) 工作效率较高。(10 分)<br>(3) 8S 理念及工匠精神的体现。(10 分) | 单项得分：<br>(1) _____<br>(2) _____<br>(3) _____ |
| 总分<br>(满分 100 分) | | 评分人签字： |

## 学习拓展

1. 将任务实施结果记录表补充完整。
2. 预习下一个实训任务内容"配置分布式虚拟交换机"。

# 任务 2　配置分布式虚拟交换机

## 任务目标

1. 了解分布式虚拟交换机的架构。

2. 了解上行链路端口组和分布式端口组的概念和作用。

3. 掌握如何创建分布式虚拟交换机，并掌握从标准虚拟交换机切换至分布式虚拟交换机的方法。

## 任务描述

在企业级虚拟化环境中，分布式虚拟交换机 (DVS) 提供了更高级的网络管理和扩展能力，支持跨多个 ESXi 主机的集中网络管理，并具备网络 I/O 控制、负载均衡和故障切换等高级功能。本任务的目标是在 VCSA(vCenter Server Appliance) 软件中，学习如何创建 vSphere 分布式虚拟交换机、配置端口组，并通过实验完成从标准虚拟交换机切换至分布式虚拟交换机的操作，以提升网络的可管理性和灵活性。

## 知识准备

### 1. 分布式虚拟交换机的架构

分布式虚拟交换机是一种软件定义的网络交换设备，它在虚拟化环境中以分布式方式运行，为多台物理主机提供统一的网络连接、策略管理和流量控制功能。从架构上看，分布式虚拟交换机由数据面板和管理面板两部分组成，其中数据面板负责数据包的交换、筛选和标记等操作，管理面板作为控制结构，用于配置数据面板的功能。分布式虚拟交换机的架构如图 3-2-1 和图 3-2-2 所示。

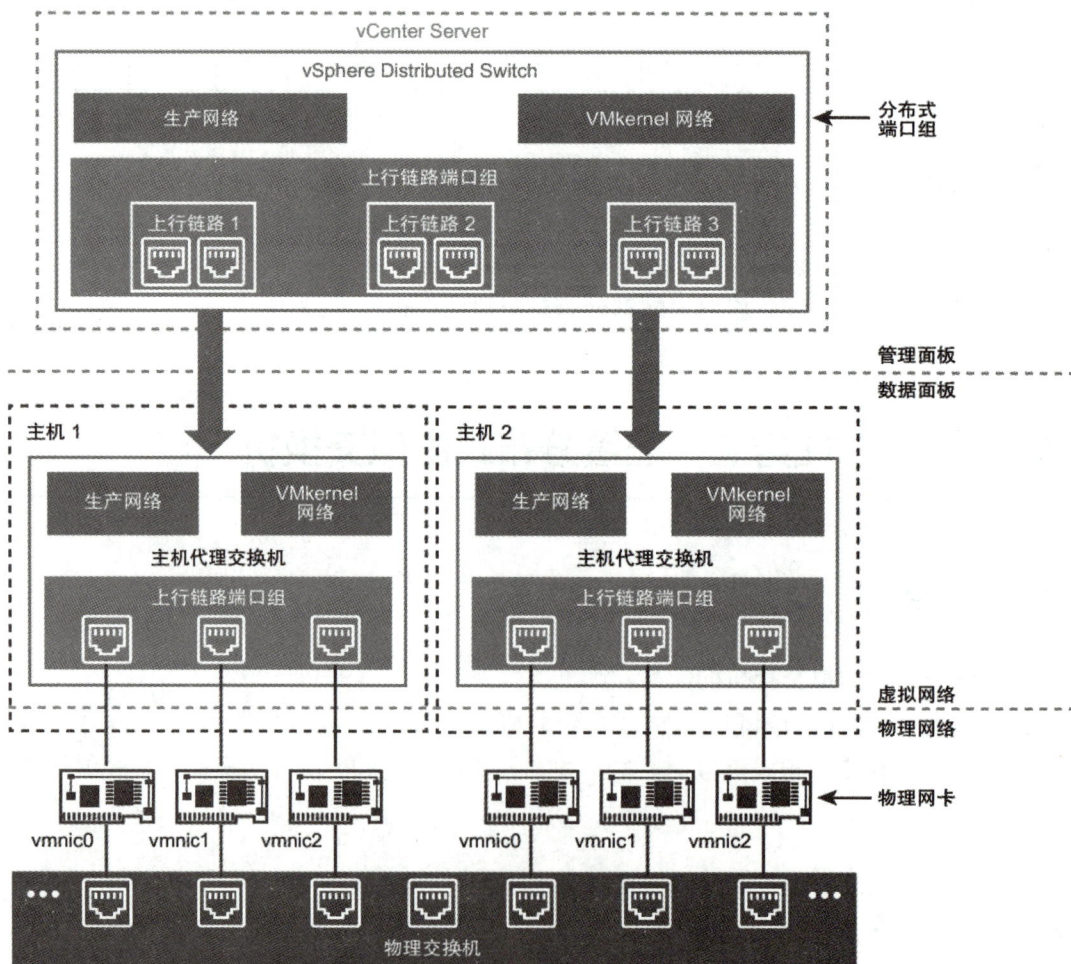

图 3-2-1　分布式虚拟交换机架构 1

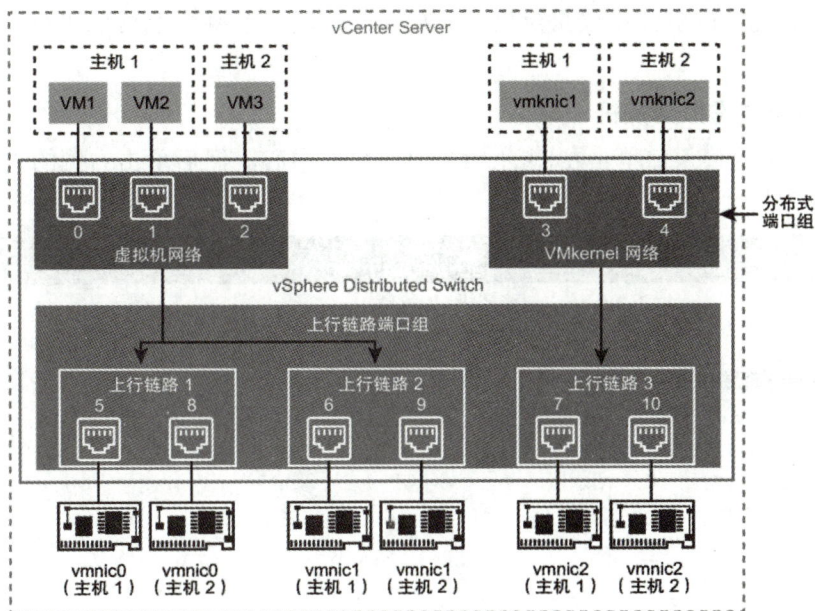

图 3-2-2　分布式虚拟交换机架构 2

### 2. 上行链路端口组

上行链路端口组是与分布式交换机关联的一个端口组，用于为每个成员端口指定端口配置选项。分布式交换机的上行链路端口可以跨多个物理主机，允许虚拟机在不同的物理主机之间迁移时保持网络连接性。这种设计提供了网络冗余，即使部分物理链路发生故障，网络流量也能通过其他链路继续传输，从而保障了网络的持续可用性。

通过 vCenter Server 提供的集中管理平台，管理员可以高效配置和监控所有上行链路端口的状态，包括它们的负载情况和健康状态。此外，管理员还可以应用安全策略来保护网络流量，防止未授权访问风险。

### 3. 分布式端口组

分布式端口组是 VMware vSphere 中分布式虚拟交换机 (DvSwitch) 的核心网络配置单元，它允许虚拟机和 VMkernel 流量共享网络连接。每个分布式端口组都通过一个网络标签进行标识，这个标签在整个数据中心中须保持唯一性。这样设计可以确保网络配置的一致性和可移植性。

利用分布式端口组，可以集中配置和管理网络策略，如网卡绑定、故障转移、负载均衡、VLAN 划分、安全设置和流量整形等。通过将虚拟机与同一个分布式端口组关联，可以轻松实现网络配置的共享。这意味着，无论虚拟机在数据中心的任何位置，它们都能继承相同的网络属性和策略，即虚拟机会自动继承关联端口组的全部网络属性，从而简化了网络的管理和维护。

### 任务实施

配置分布式
虚拟交换机

**一、创建分布式虚拟交换机及端口组**

本任务仅涉及分布式虚拟交换机的相关配置操作。完成这些操作后，可以按照任务

"二、切换标准交换机至分布式交换机"的指导,创建一个将管理网络和业务网络分开的实例。

### 1. 创建分布式虚拟交换机

(1) 在 vCSA 网管入口单击左侧的"DC01"数据中心,然后单击右侧的"网络"选项卡,如图 3-2-3 所示。

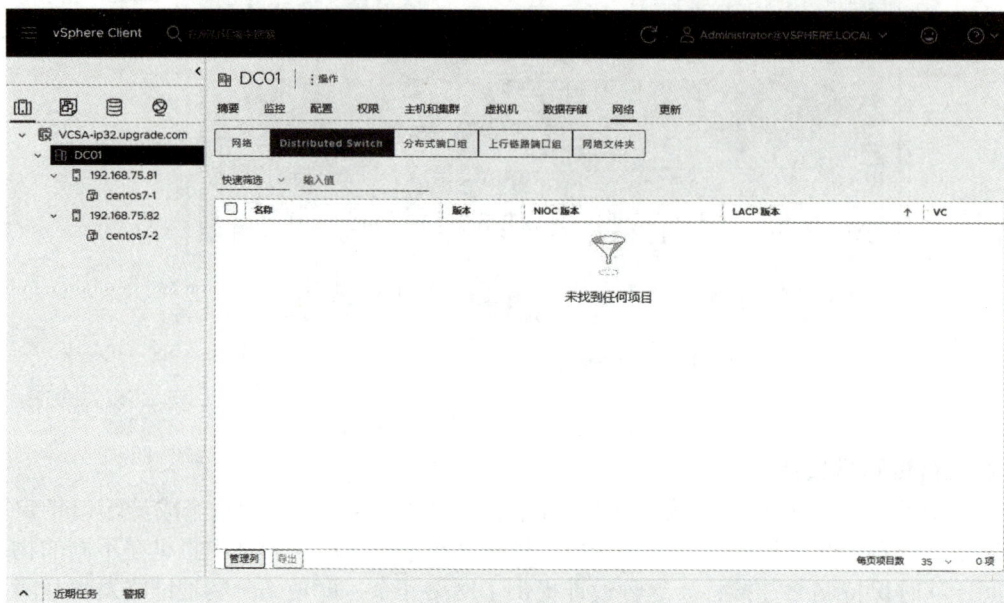

图 3-2-3　VCSA 分布式交换机网络

(2) 右键单击 DC01 并依次选择"Distributed Switch"和"新建 Distributed Switch",如图 3-2-4 所示。

图 3-2-4　新建分布式交换机

(3) 在弹出的"新建 Distributed Switch"对话框中的"名称和位置"页面中，将分布式虚拟交换机的名称设置为 DSwitch，然后单击"下一页"，如图 3-2-5 所示。

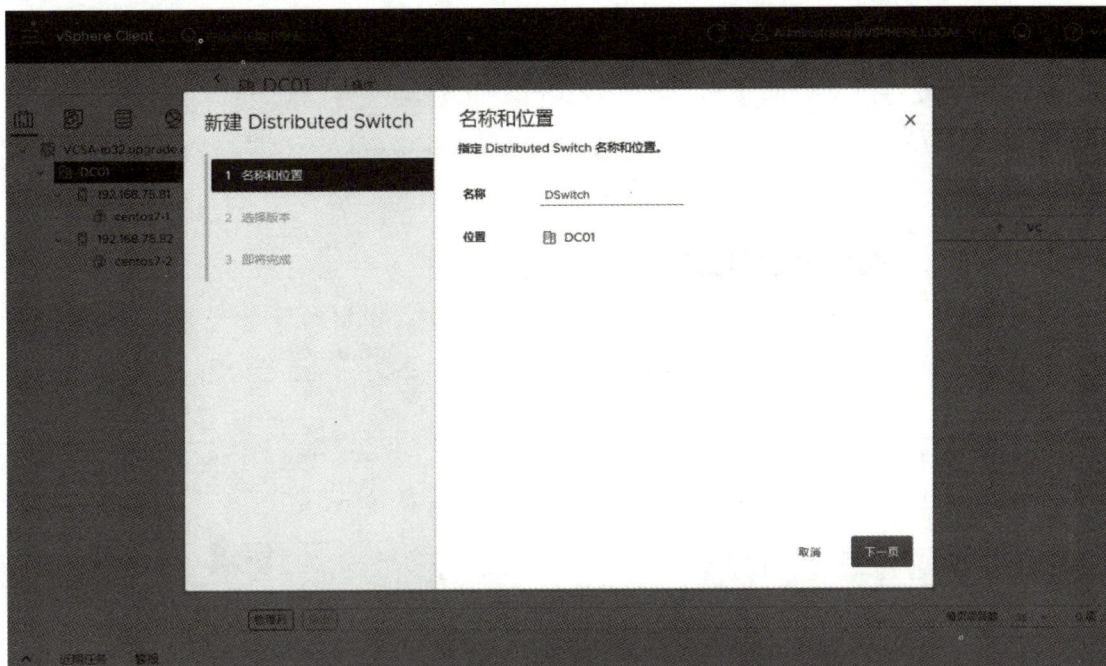

图 3-2-5 指定名称和位置

(4) 在弹出的"选择版本"页面中，选择配套版本"8.0.0-ESXi 8.0 及更高版本"，然后单击"下一页"，如图 3-2-6 所示。

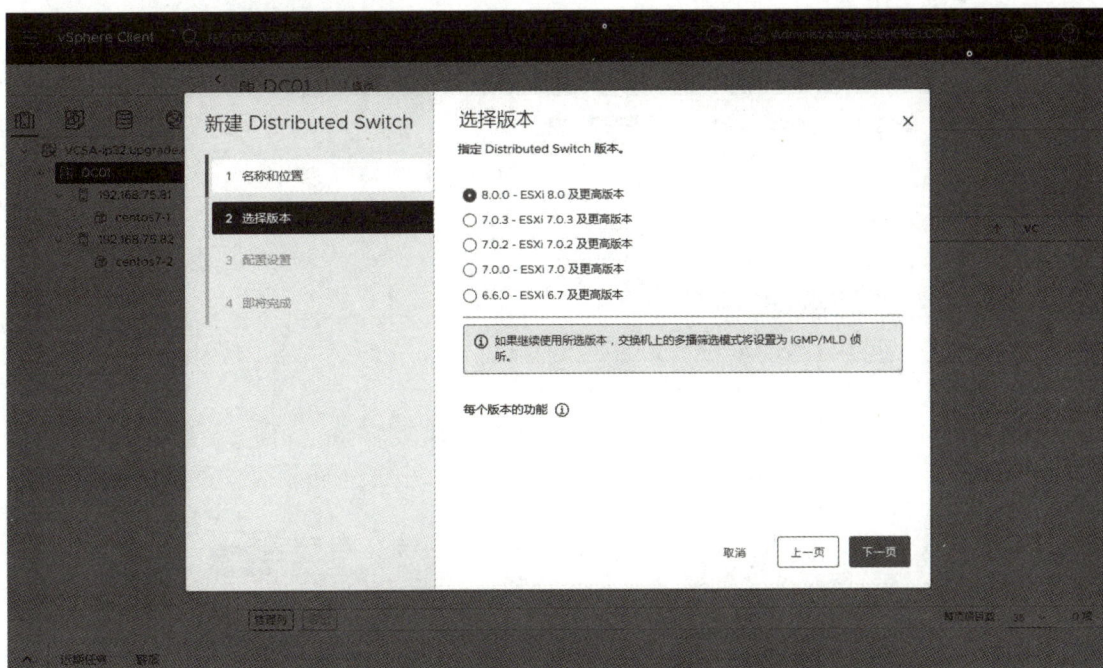

图 3-2-6 选择版本

（5）在弹出的"配置设置"页面中，根据实际情况修改配置设置，然后单击"下一页"，如图 3-2-7 所示。

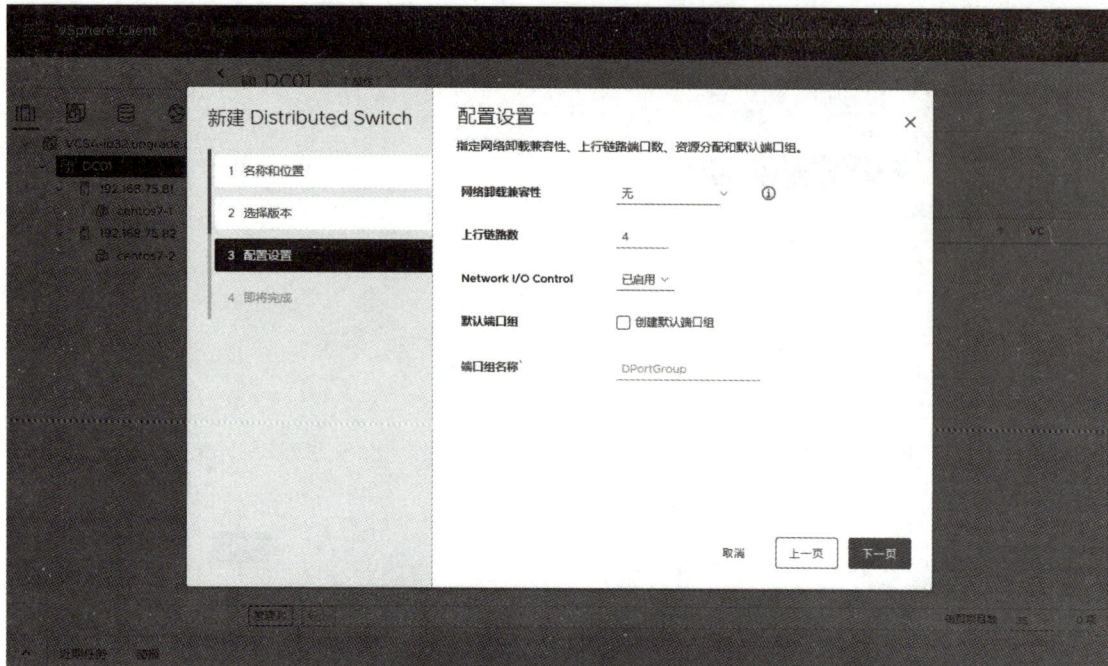

图 3-2-7　修改配置设置

（6）在弹出的"即将完成"页面中，检查设置情况，然后单击"完成"，如图 3-2-8 所示。创建完成后的分布式虚拟交换机 DSwitch 界面如图 3-2-9 所示。

图 3-2-8　检查交换机配置

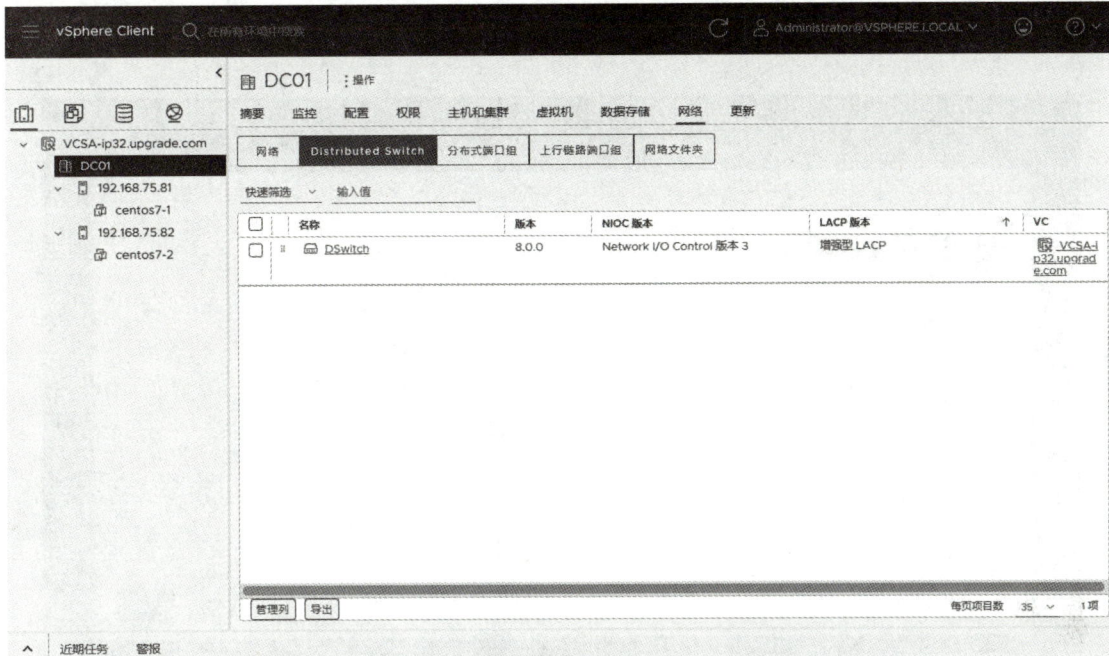

图 3-2-9　创建完成后的分布式虚拟交换机

## 2. 创建分布式端口组

(1) 选择新创建的 DSwitch，右键单击，在弹出的菜单中依次选择"分布式端口组""新建分布式端口组"，如图 3-2-10 所示。

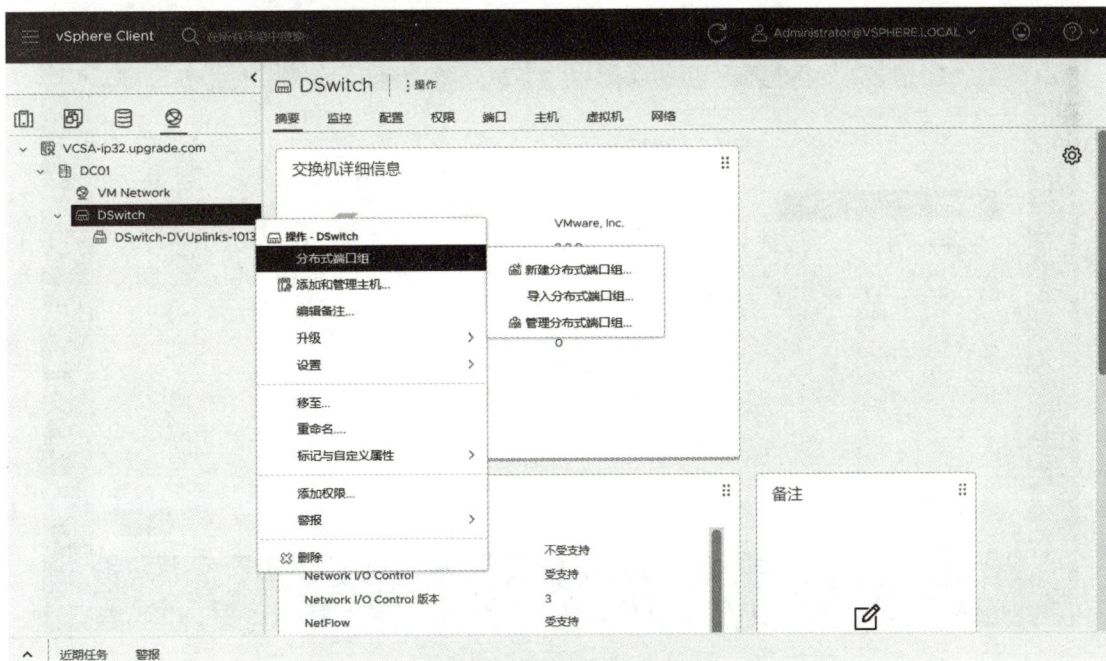

图 3-2-10　新建分布式端口组

(2) 在弹出的"新建分布式端口组"对话框中的"名称和位置"页面中，将分布式端口组的名称设置为"DPortGroup",位置为"DSwitch",然后单击"下一页",如图 3-2-11 所示。

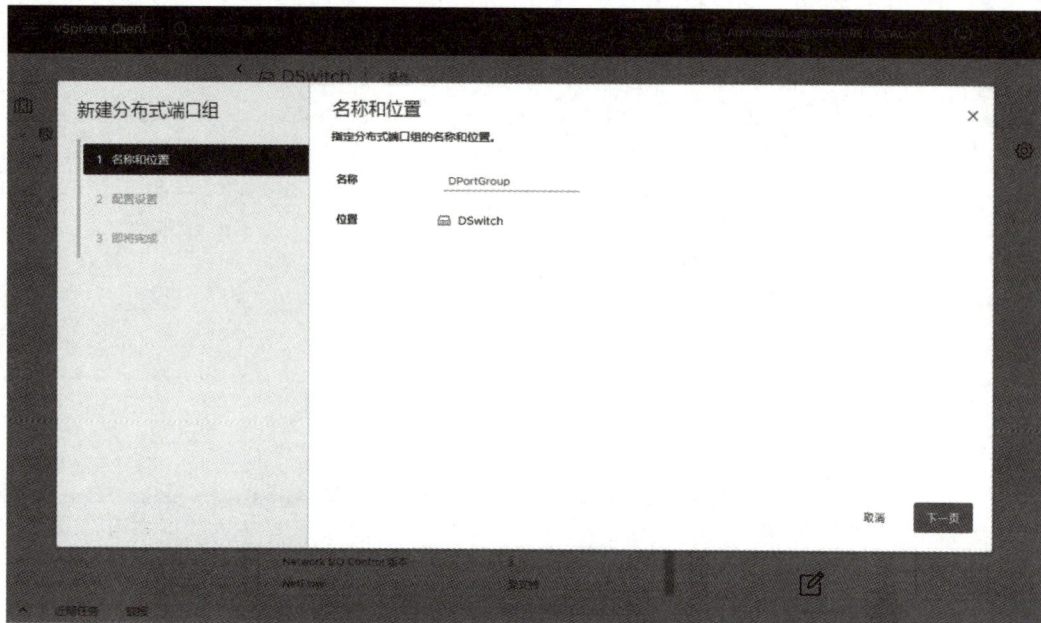

图 3-2-11　指定分布式端口组的名称和位置

(3) 在弹出的"配置设置"页面中,根据实际情况修改配置设置,然后单击"下一页",如图 3-2-12 所示。

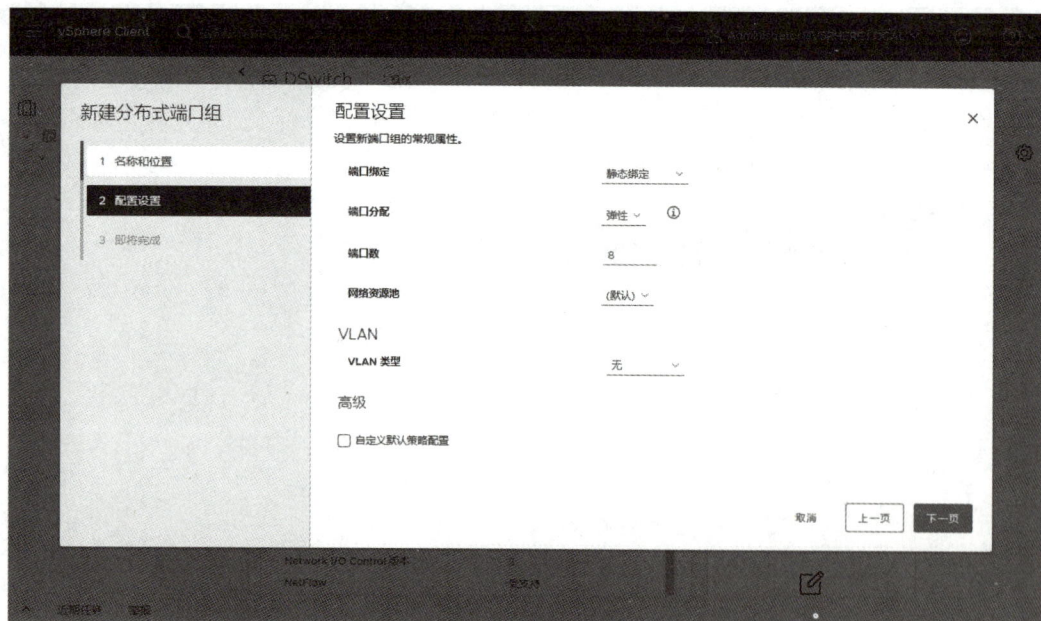

图 3-2-12　设置端口组属性

(4) 在弹出的"即将完成"页面中,检查设置情况,确认无误后单击"完成",如图 3-2-13 所示。创建完成后的分布式端口组 DPortGroup 界面如图 3-2-14 所示。

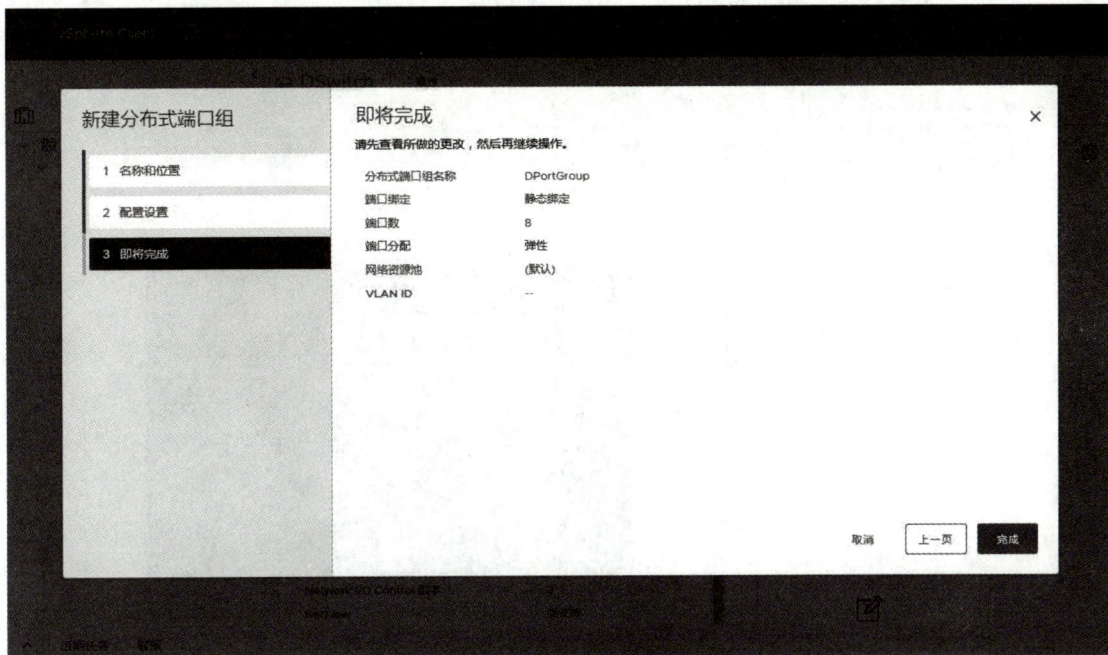

图 3-2-13　检查端口组配置

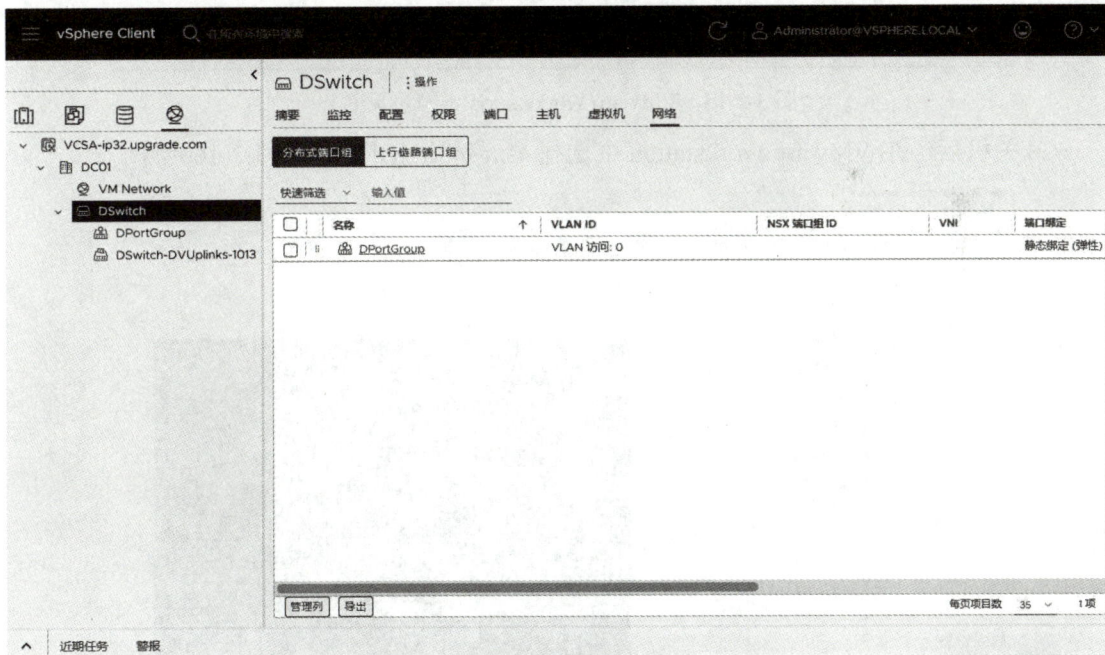

图 3-2-14　创建完成后的分布式端口组

## 二、切换标准交换机至分布式交换机

本任务的目标是将标准虚拟交换机切换至分布式虚拟交换机。为了减少不必要的中断，可以采用双网卡对原有的单个网络单上行链路进行改造，改造完成后，再进行切换，以避免长时间的服务器中断。

切换标准交换机
至分布式交换机

**1. 为两台 ESXi 主机各增加一个网络适配器**

(1) 关机后，在 VMware Workstation 中选择 esxi-ip81 主机，如图 3-2-15 所示。

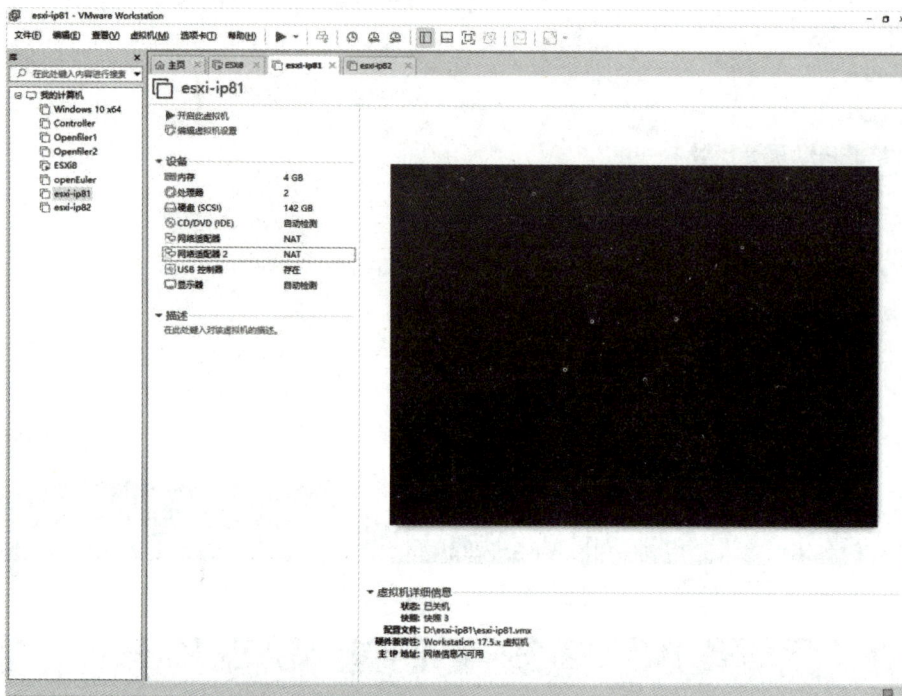

图 3-2-15　VMware Workstation 虚拟机页 (1)

(2) 关机后，在 VMware Workstation 中选择 esxi-ip82 主机，如图 3-2-16 所示。

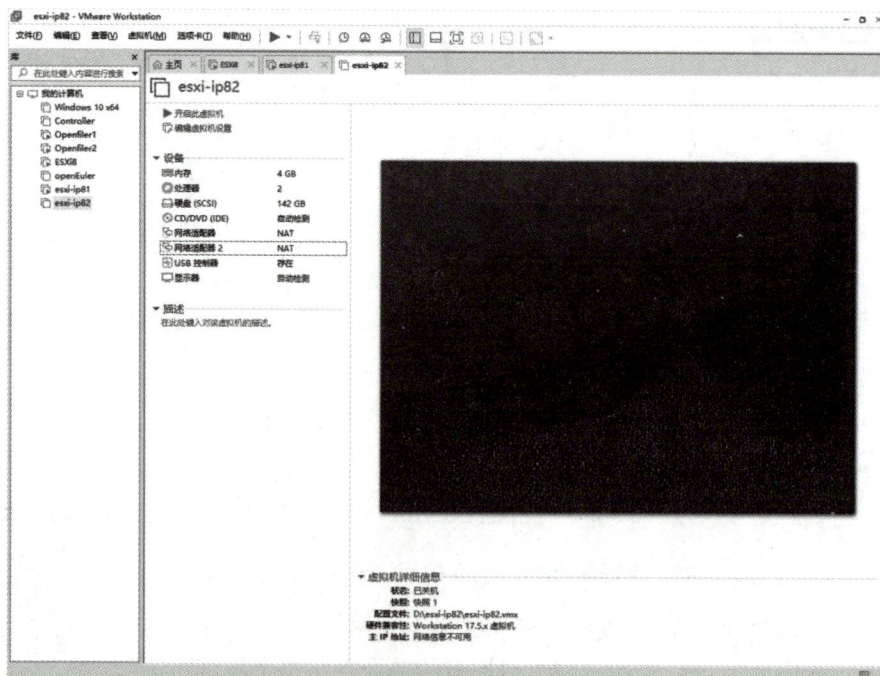

图 3-2-16　VMware Workstation 虚拟机页 (2)

(3) 启动第一台主机 esxi-ip81，如图 3-2-17 所示。

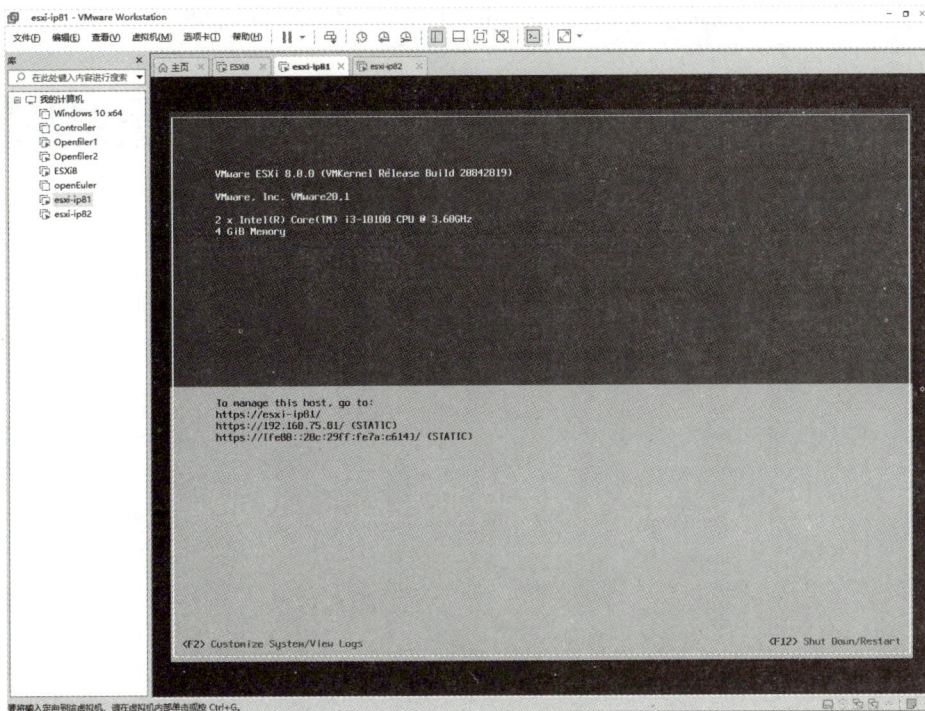

图 3-2-17　启动后的 esxi-ip81

(4) 启动第二台主机 esxi-ip82，如图 3-2-18 所示。

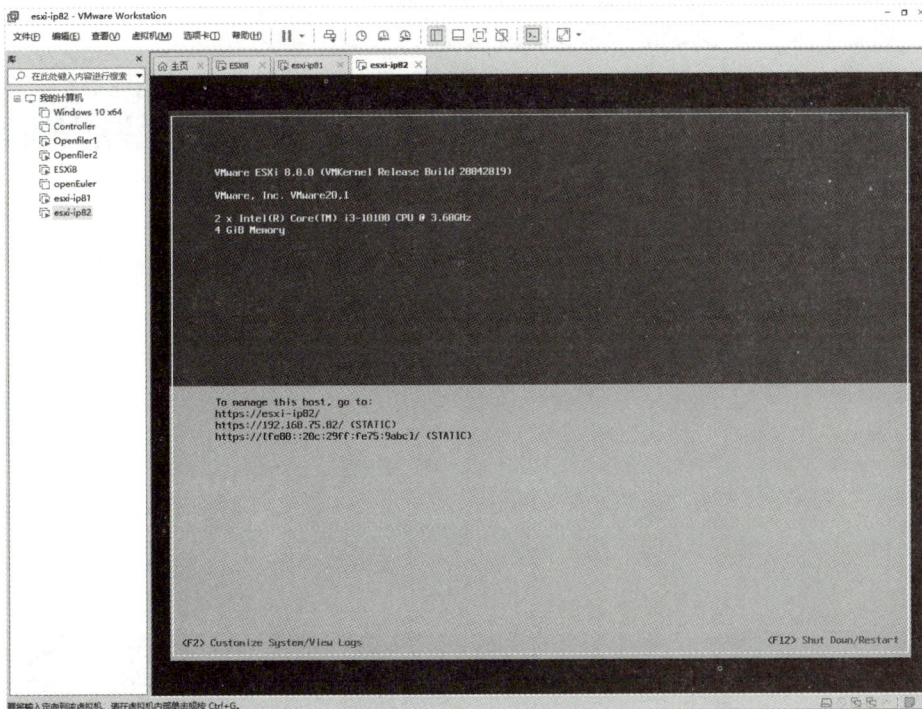

图 3-2-18　启动后的 esxi-ip82

**2. 添加和管理主机**

(1) 右击之前创建的分布式交换机 DSwitch，在弹出的菜单中选择"添加和管理主机"，如图 3-2-19 所示。

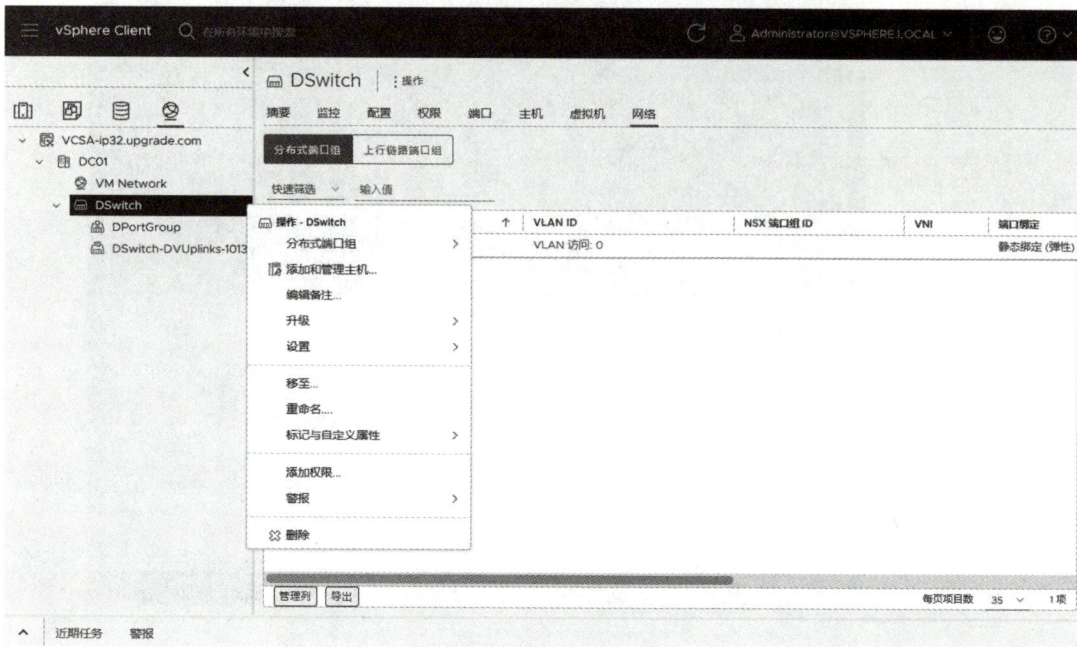

图 3-2-19　添加和管理主机

(2) 在弹出的"DSwitch- 添加和管理主机"对话框中的"选择任务"页面中，单击"添加主机"，然后单击"下一页"，如图 3-2-20 所示。

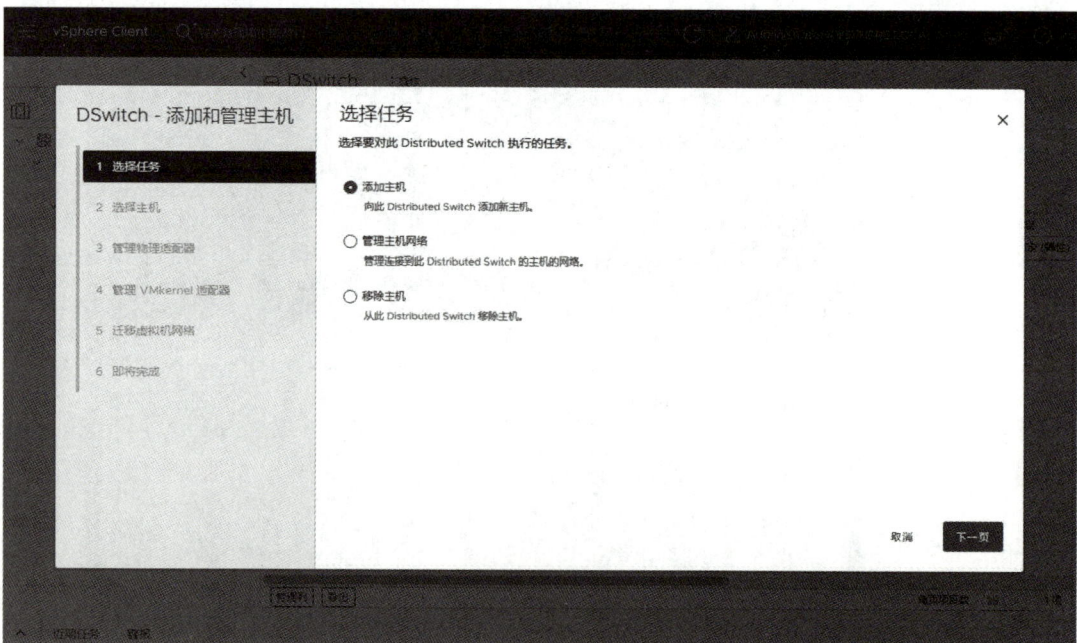

图 3-2-20　添加主机

(3) 在弹出的"选择主机"页面中，勾选前面添加的两台主机，然后单击"下一页"，如图 3-2-21 所示。

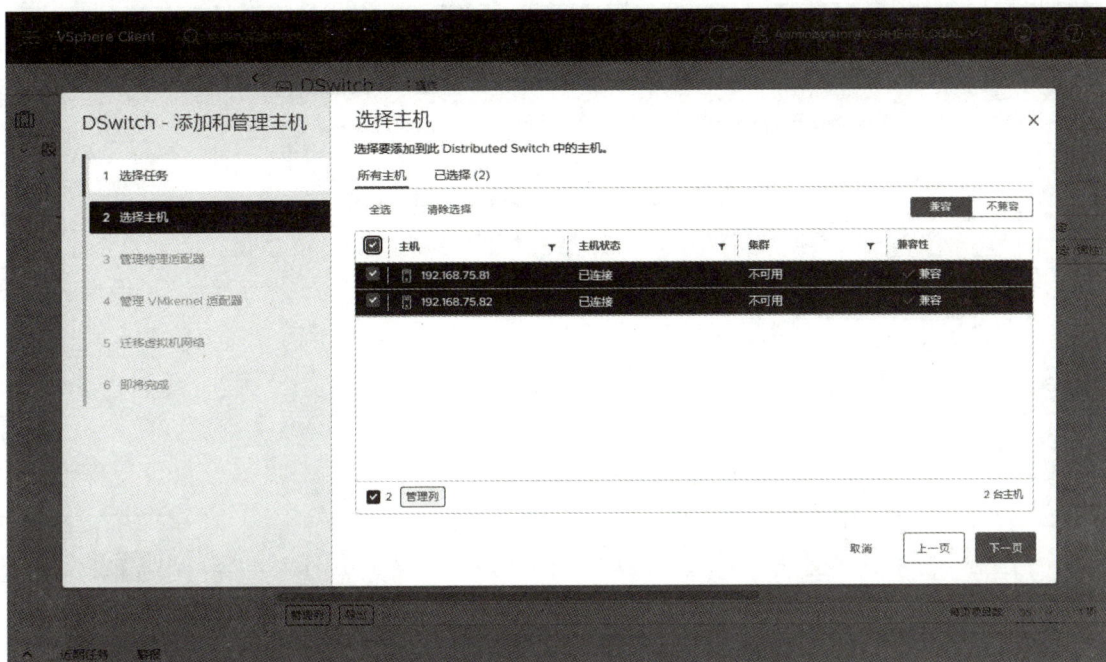

图 3-2-21 选择主机

(4) 在弹出的"管理物理适配器"页面中，为分布式交换机分配 1 个上行链路，即选择新增加的 vminc1，然后单击"下一页"，如图 3-2-22 所示。

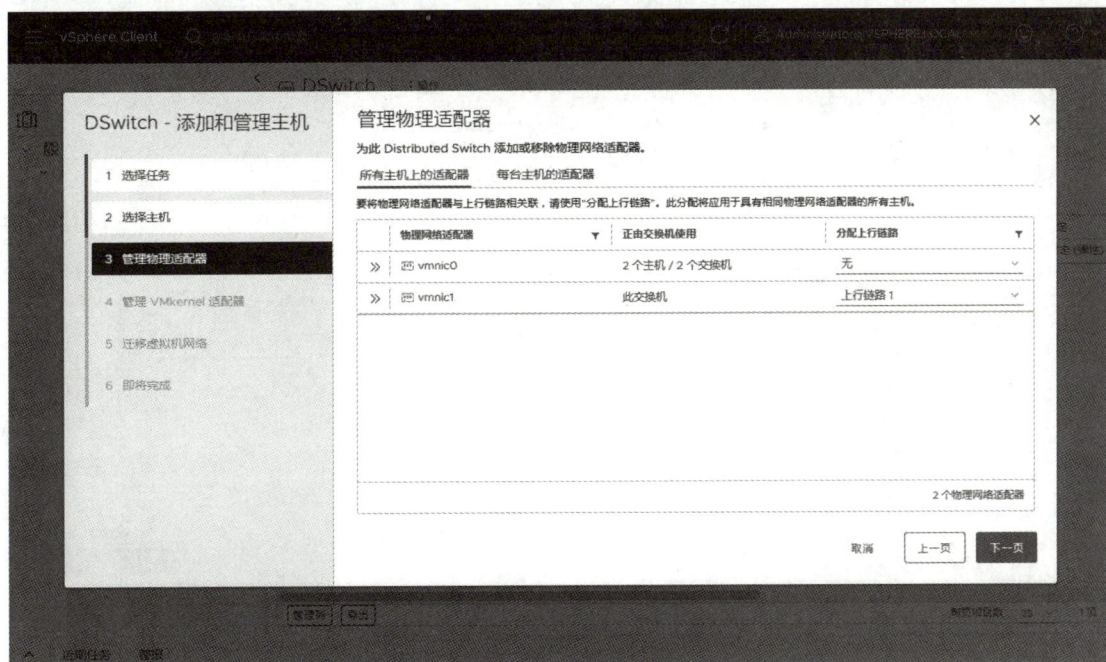

图 3-2-22 分配上行链路

(5) 在弹出的"管理 VMkernel 适配器"页面中，选择"管理 VMkernel 适配器"，单击"分配端口组"，然后单击"下一页"，如图 3-2-23 所示。

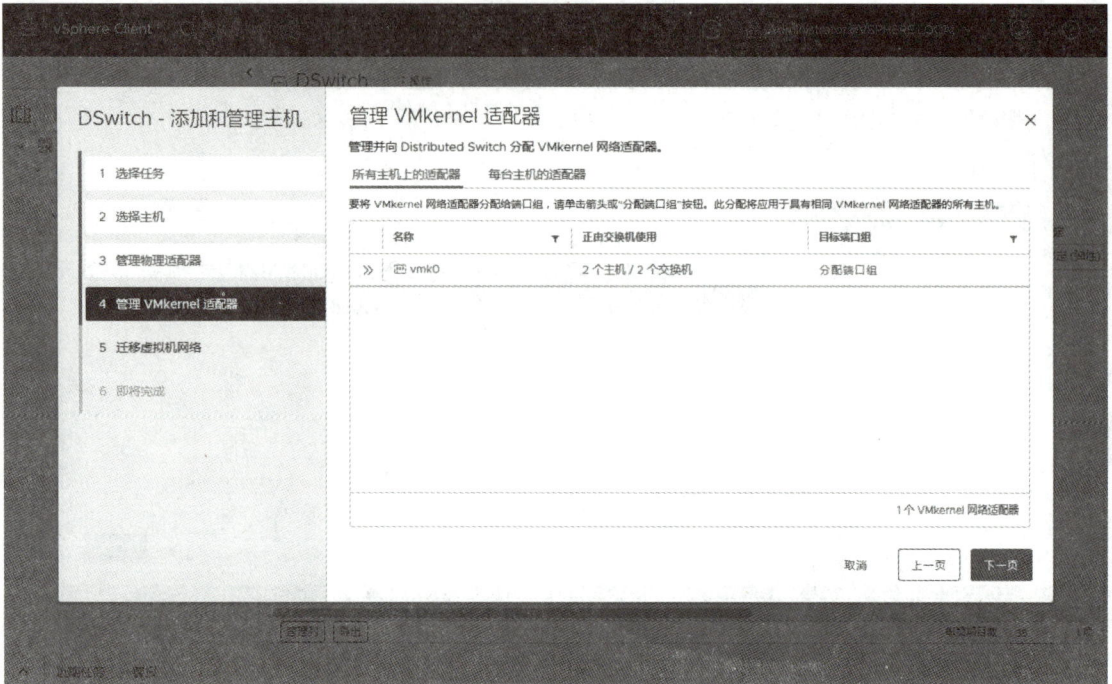

图 3-2-23　目标端口组

(6) 进入分配端口组页面，单击"分配"，然后单击"下一页"，如图 3-2-24 所示。

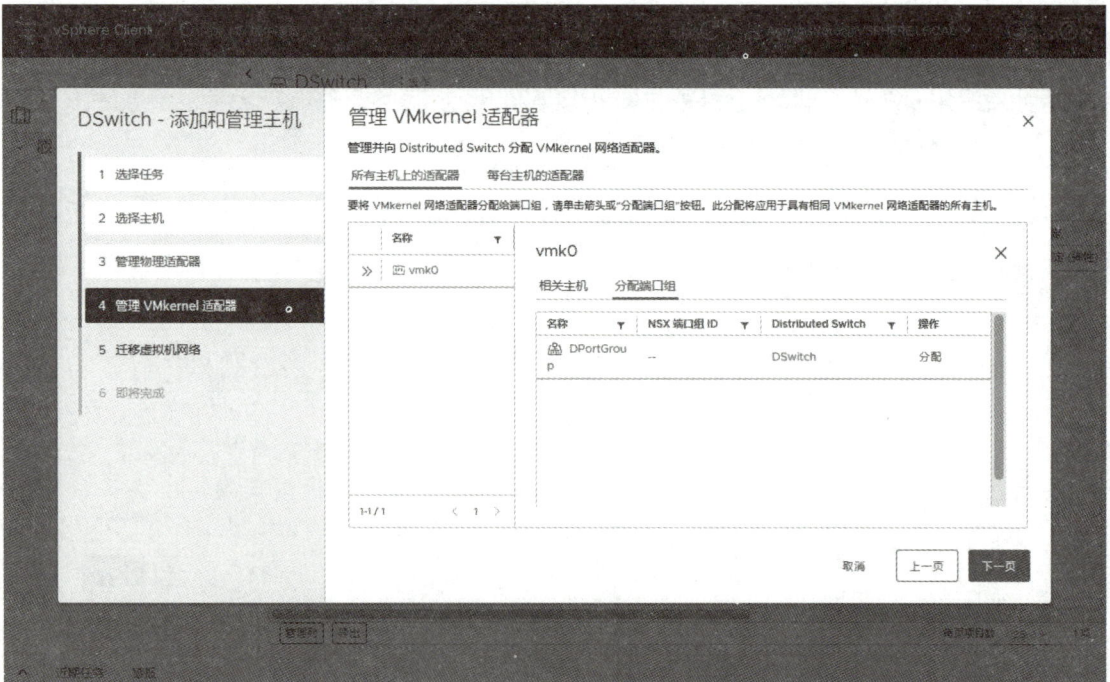

图 3-2-24　分配端口组

(7) 分配完成后的端口组页面如图 3-2-25 所示，然后单击"下一页"。

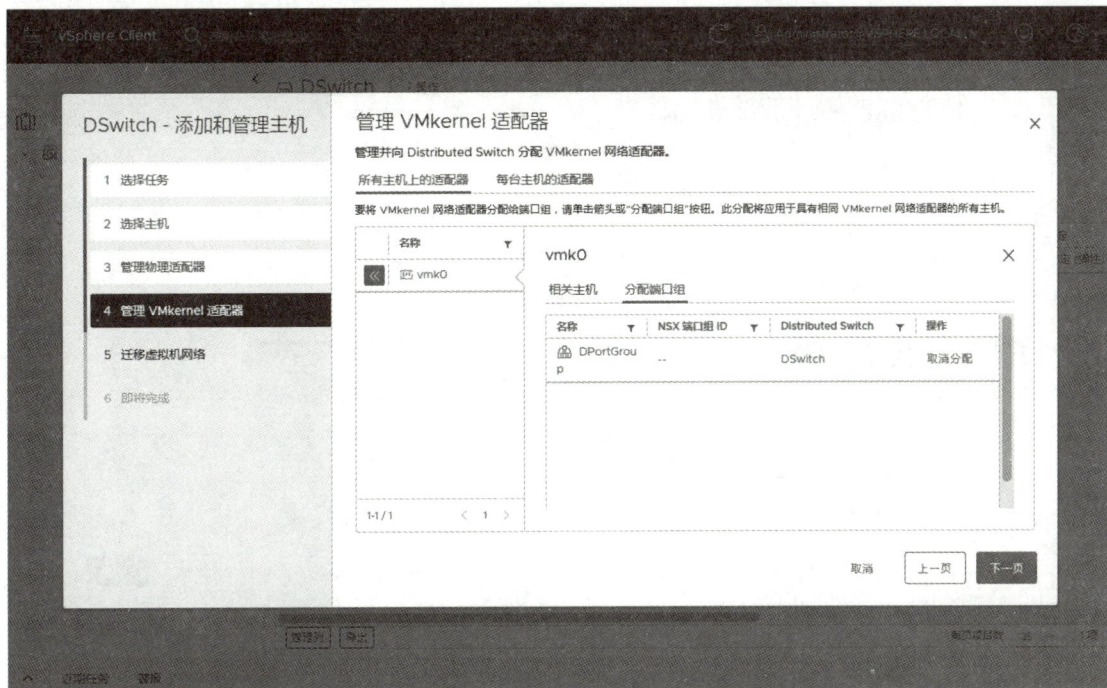

图 3-2-25　分配完成后的端口组

(8) 弹出"迁移虚拟机网络"页面，勾选"迁移虚拟机网络"，然后单击"下一页"，如图 3-2-26 所示。

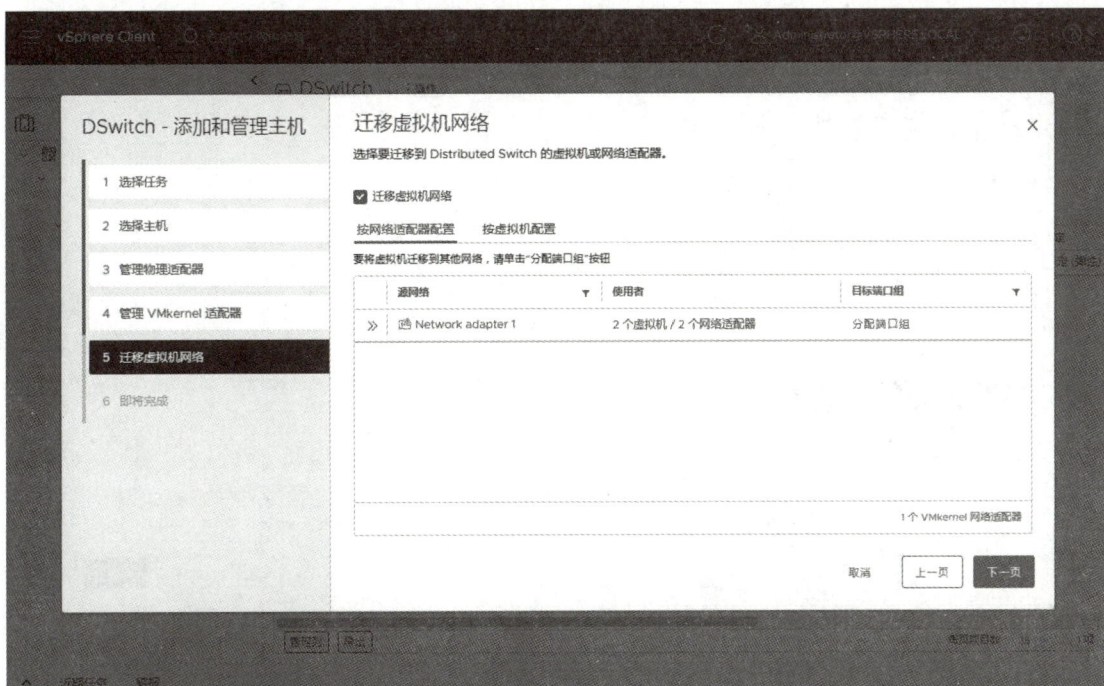

图 3-2-26　迁移虚拟机网络

(9) 在弹出的页面中，单击"分配端口组"，然后单击"下一页"，如图 3-2-27 所示。

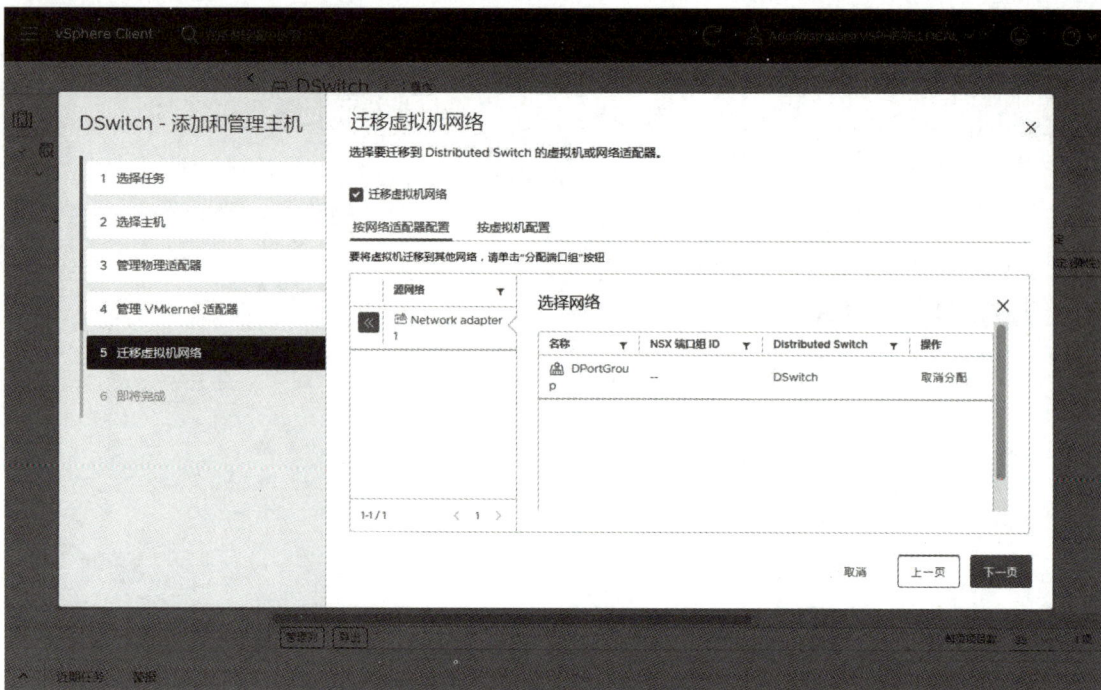

图 3-2-27　迁移中的分配端口组

(10) 在弹出的"即将完成"页面中，检查设置情况，确认无误后单击"完成"，如图 3-2-28 所示。切换后的 DSwitch 端口状态如图 3-2-29 所示。

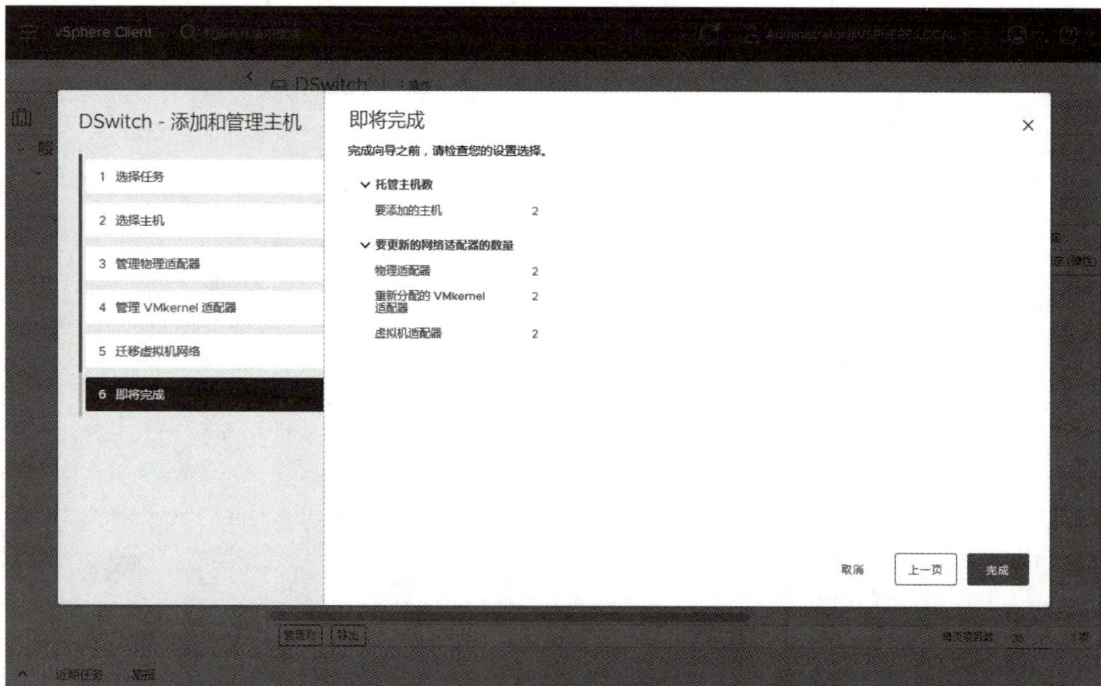

图 3-2-28　检查添加后的设置情况

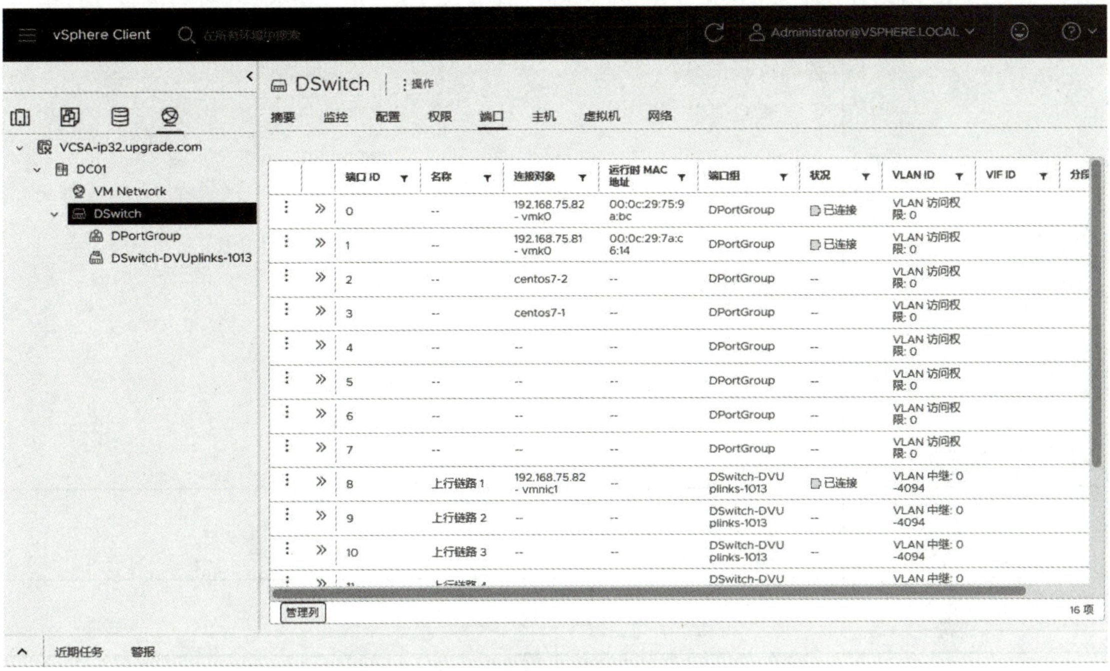

图 3-2-29　检查分布式交换机端口

## 总结评价

### 1. 小组汇报任务实施结果

任务实施结果的具体内容如表 3-2-1 所示。

表 3-2-1　任务实施结果记录表

| 任务名称 | 配置分布式虚拟交换机 | |
|---|---|---|
| 自检基本情况 | | |
| 自检组别 | 第　　　组 | |
| 本组成员 | 组长：　　　　　　　　　　　　组员： | |
| 检查情况 | | |
| 是否完成 | | |
| 完成时间 | | |
| 工位管理是否符合 8S 管理标准 | | |

| 任务实施情况 | 正确执行部分：<br><br>问题与不足： |
|---|---|
| 超时或未完成的<br>主要原因 | |

| 检查人签字： | 日期： |
|---|---|

### 2. 小组互评

任务实施过程评价具体内容如表 3-2-2 所示。

**表 3-2-2　任务实施过程性评价表**

组别 _____　　组员 _____　　任务名称　**配置分布式虚拟交换机**

| 教学环节 | 评分细则及分值 | 得　分 |
|---|---|---|
| 课前预习 | 是否已了解任务内容，材料是否准备妥当。(20 分) | |
| 实施作业 | (1) 了解什么是分布式虚拟交换机。(10 分)<br>(2) 了解上行链路端口组和分布式端口组的概念和作用。(10 分)<br>(3) 掌握如何创建分布式虚拟交换机，并从标准虚拟交换机切换至分布式虚拟交换机。(30 分) | 单项得分：<br>(1) _____<br>(2) _____<br>(3) _____ |
| 质量检验 | (1) 操作的规范性、步骤的完整性、过程的连贯性。(10 分)<br>(2) 工作效率较高。(10 分)<br>(3) 8S 理念及工匠精神的体现。(10 分) | 单项得分：<br>(1) _____<br>(2) _____<br>(3) _____ |
| 总分<br>（满分 100 分） | 评分人签字： | |

## 学习拓展

1. 将任务实施结果记录表补充完整。
2. 预习下一个任务内容"安装存储服务器软件"。

# 项目 4

# 配置存储服务

## 任务 1　安装存储服务器软件

### 任务目标

1. 了解常见的存储组网方式。
2. 熟悉成熟的 SAN( 存储区域网络 ) 组网形式。
3. 掌握下载并安装 Openfiler 软件的方法。

### 任务描述

为了构建高效的网络存储环境，需要部署一个功能强大的存储服务器。Openfiler 是一款广泛使用的开源存储解决方案，能够通过多种行业标准协议提供灵活的存储服务。本任务的目标是从官网下载 Openfiler 软件，并在 VMware Workstation 上搭建基于 Openfiler 的存储服务器。安装完成后，通过 Web 界面登录进行初步配置。

### 知识准备

#### 1. 存储的组网方式

存储组网方式主要有三种：DAS(Direct Attached Storage，直连存储 )、NAS(Network Attached Storage，网络附加存储 ) 和 SAN(Storage Area Network，存储区域网络 )。三种组网方式的对比如表 4-1-1 所示。

表 4-1-1　三种组网方式的对比

| 特　性 | DAS | NAS | SAN |
|---|---|---|---|
| 连接方式 | 直接连接到服务器 | 通过以太网连接到服务器或客户端 | 通过专用网络连接(Fibre Channel 或 iSCSI) |
| 共享能力 | 不支持 | 支持文件共享 | 支持块级共享 |
| 性能 | 较高 | 中等 | 最高 |
| 成本 | 较低 | 中等 | 最高 |
| 使用场景 | 小型环境 | 文件共享和协作 | 大型数据中心 |

### 2. 成熟的 SAN 组网

成熟 SAN 组网包括 FC-SAN 和 IP-SAN。FC-SAN(Fiber Channel Storage Area Network，光纤通道存储区域网络) 和 IP-SAN(Internet Protocol Storage Area Network，互联网协议存储区域网络) 都是用于连接存储设备和服务器的网络技术，但它们在架构、性能和使用场景上有所不同。表 4-1-2 是 FC SAN 和 IP SAN 的对比。

表 4-1-2　FC SAN 和 IP SAN 对比

| 特　性 | FC-SAN | IP-SAN |
|---|---|---|
| 技术基础 | 光纤通道 (Fiber Channel) | 互联网协议 (IP) |
| 传输介质 | 光纤或铜缆 | 以太网电缆 ( 如 Cat5e、Cat6) |
| 带宽和延迟 | 高带宽，低延迟 | 带宽和延迟可能不如 FC SAN |
| 成本 | 通常更高 | 通常较低 |
| 性能 | 高性能 | 性能正在提升，但可能不如 FC SAN |
| 使用场景 | 高性能和高可靠性需求的数据中心 | 成本敏感或需要远程访问的环境 |
| 部署难度 | 需要专门的硬件和光纤基础设施 | 可以利用现有网络基础设施 |
| 数据传输协议 | SCSI over Fiber Channel | iSCSI 或 FCoE |

## 任务实施

### 一、Openfiler 的下载

下载 openfiler 的步骤如下：

(1) 登录 openfiler 官网，单击右下角的"Download Openfiler"，如图 4-1-1 所示。

Openfiler 的下载

(2) Openfiler 的下载页面如图 4-1-2 所示。单击 download 图标，开始下载适用于 x86_64 架构的 Openfiler 2.99 版本的 ISO 镜像文件。

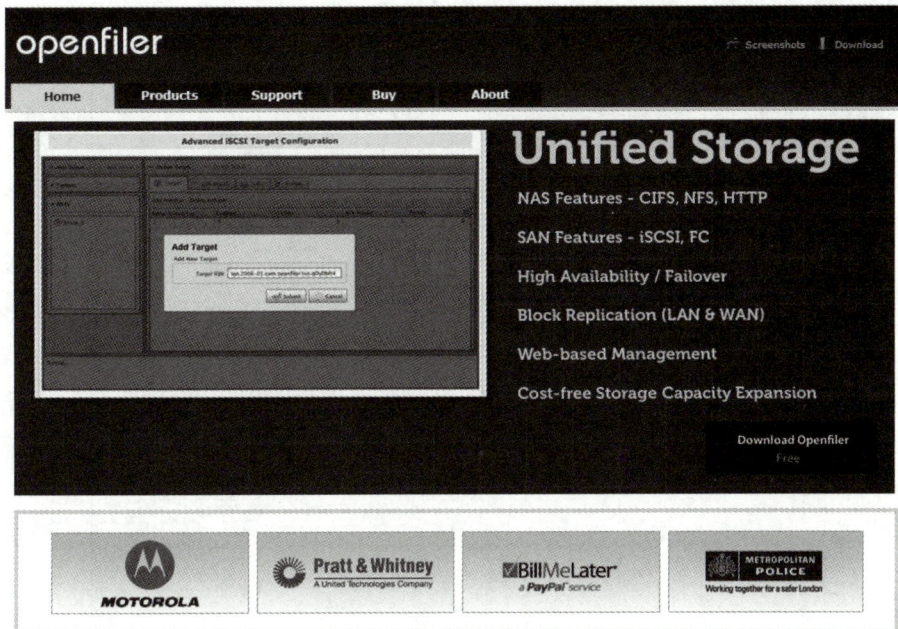

图 4-1-1　Openfiler 官网

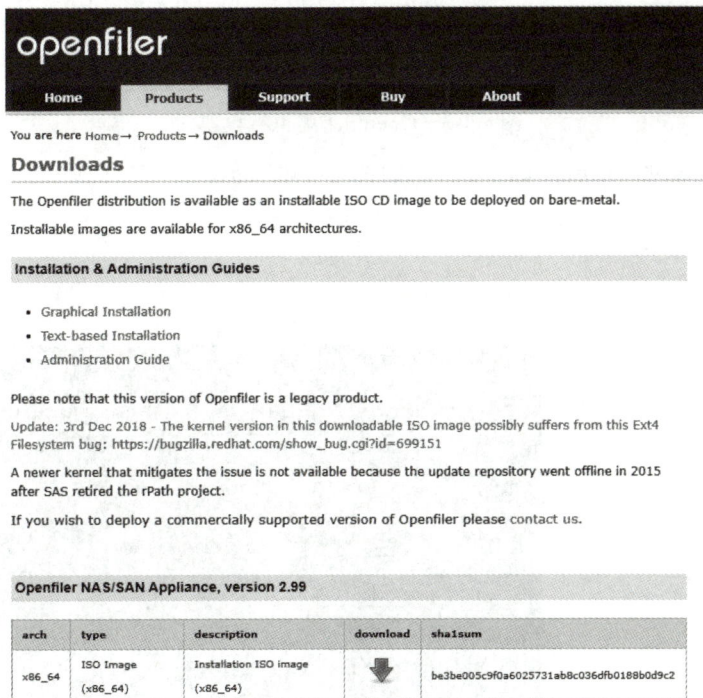

图 4-1-2　Openfiler 下载页

## 二、Openfiler 的安装

### 1. 在 VMware Workstations 上创建 Openfiler 虚拟机

(1) 启动 VMware Workstation，新建虚拟机，设置如图 4-1-3 所示。

Openfiler 的安装

图 4-1-3　Openfiler 虚拟机设置

(2) 单击左上角的"开启此虚拟机"，如图 4-1-4 所示。

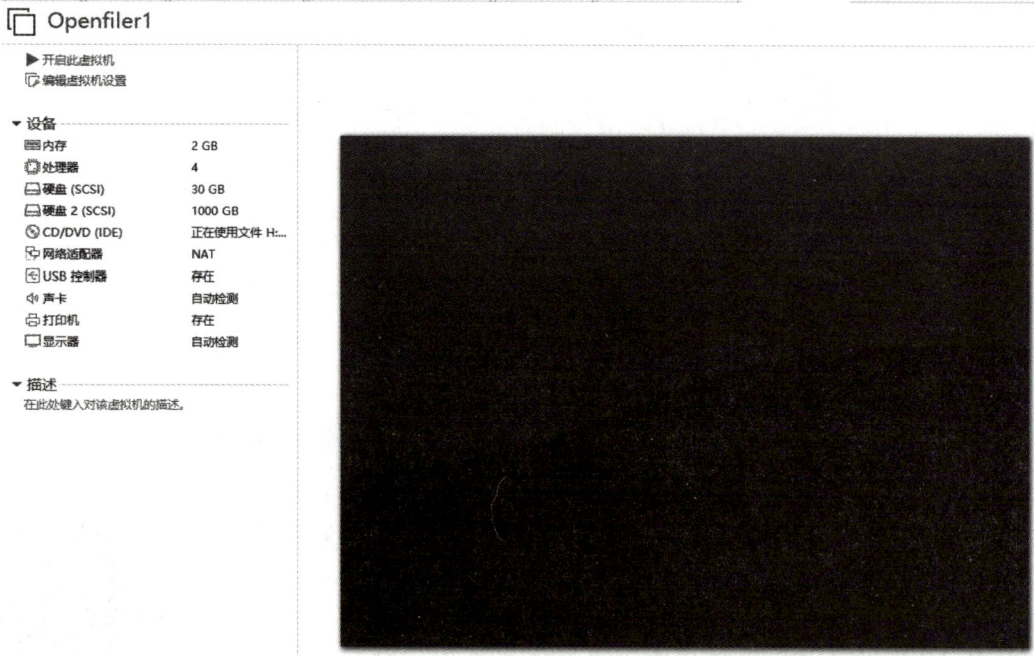

图 4-1-4　Openfiler 虚拟机实例页

**2. 安装 Openfiler 软件**

(1) 进入系统安装界面，直接按回车，如图 4-1-5 所示。

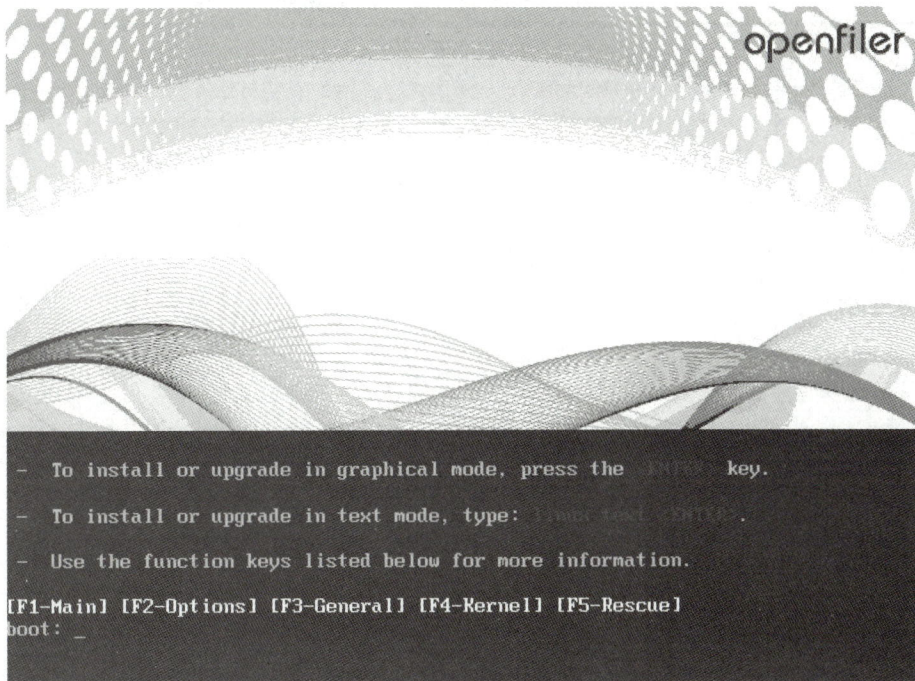

图 4-1-5　Openfiler 开始安装页

(2) 进入 Openfiler 安装默认页，单击 "Next"，如图 4-1-6 所示。

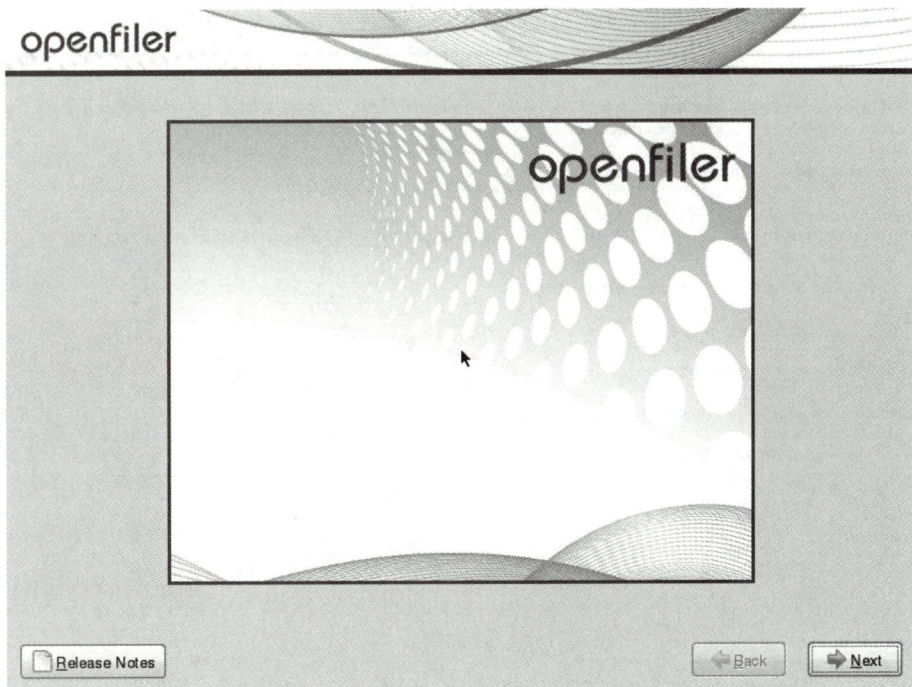

图 4-1-6　Openfiler 安装默认页

(3) 在弹出的窗口中选择 U.S.English，单击"Next"，如图 4-1-7 所示。

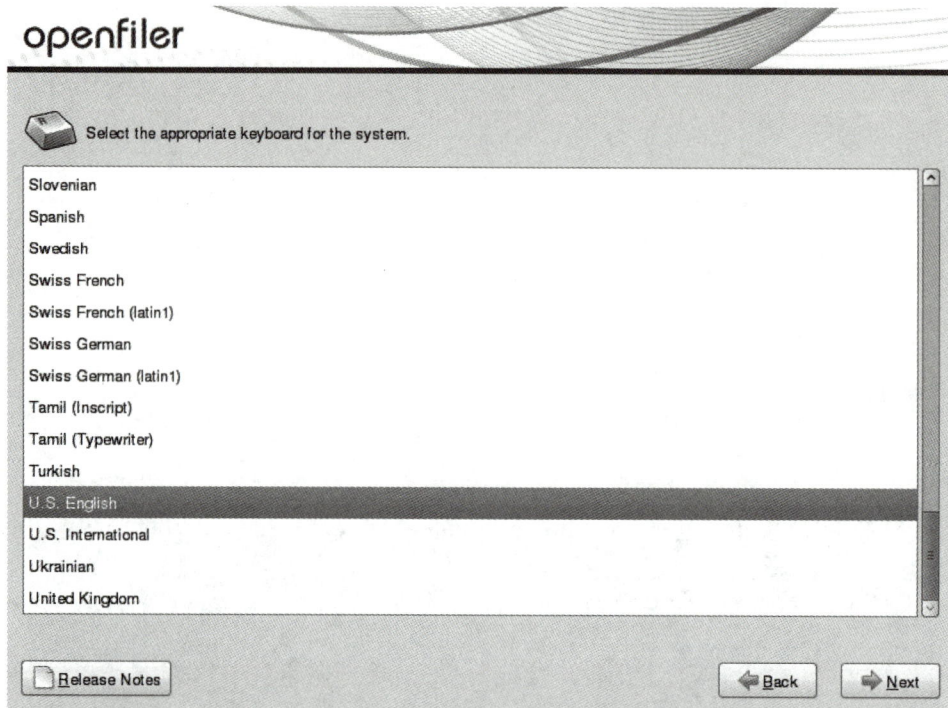

图 4-1-7　选择系统键盘

(4) 在初始化磁盘擦除数据提示对话框中选择"YES"，进入如图 4-1-8 所示的页面。

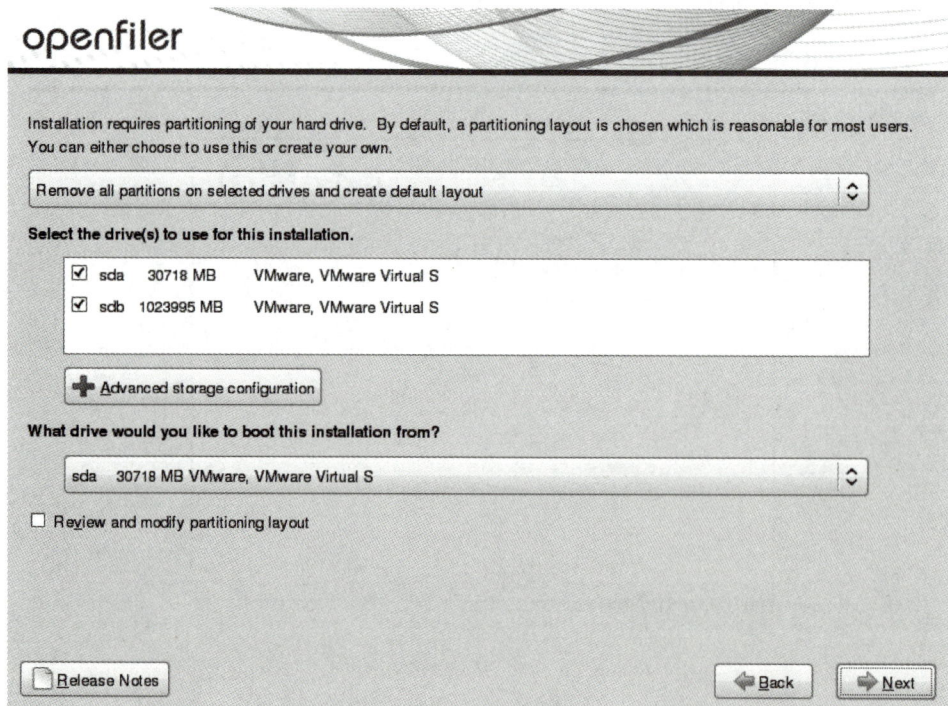

图 4-1-8　设置分区

(5) 设置硬盘分区选项时，选择"Create custom layout"，如图 4-1-9 所示，然后单击 "Next"。

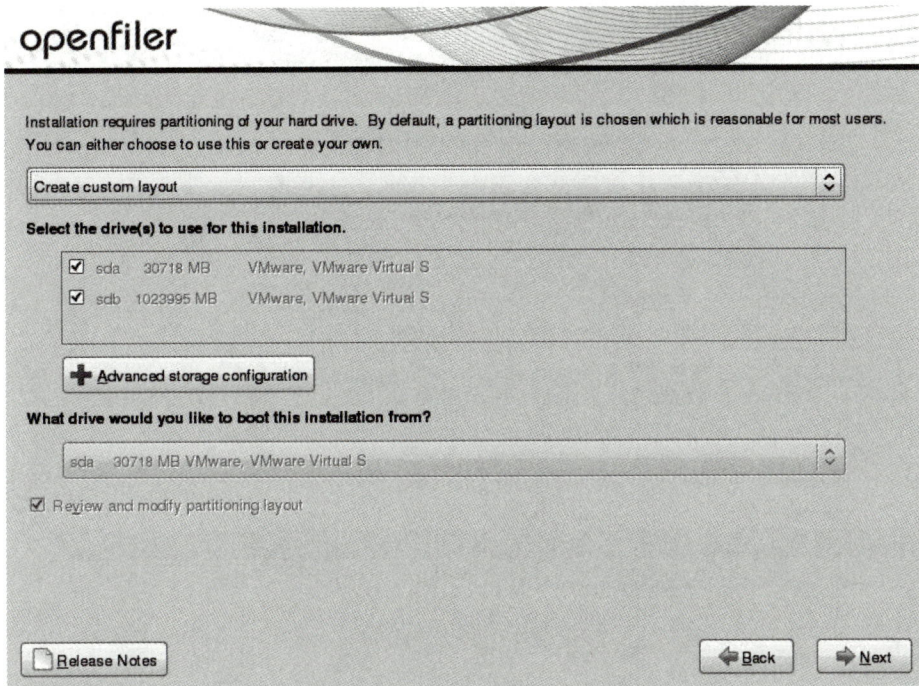

图 4-1-9  选择客户自定义分区

(6) 进入对 /dev/sdb 进行分区的配置页面，如图 4-1-10 所示。

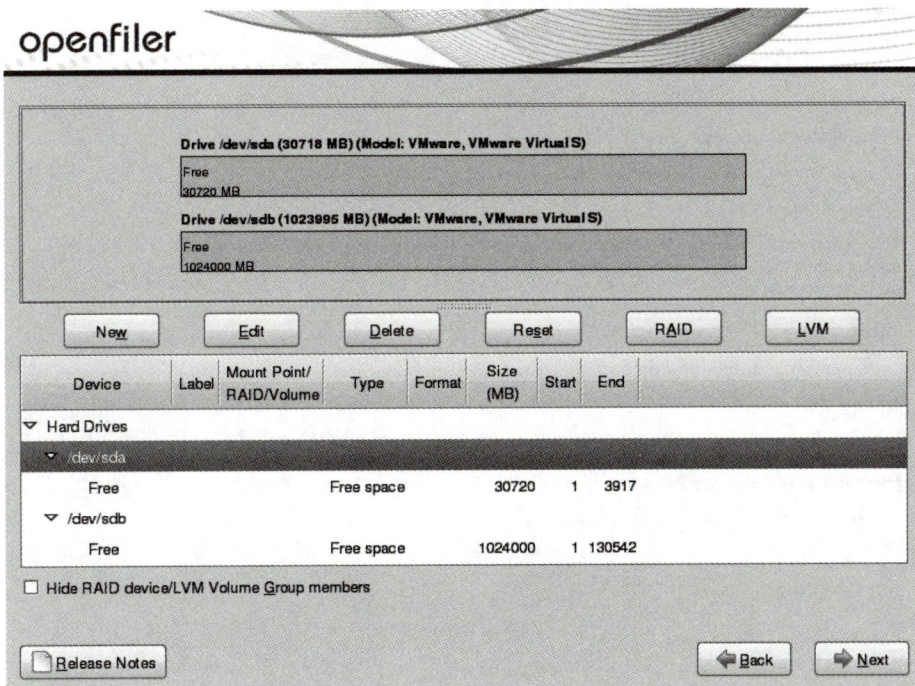

图 4-1-10  对 /dev/sdb 进行分区

(7) 对 sda 硬盘进行规划，同时将某个分区设置为主分区，如图 4-1-11 所示，然后单击 "Next"。

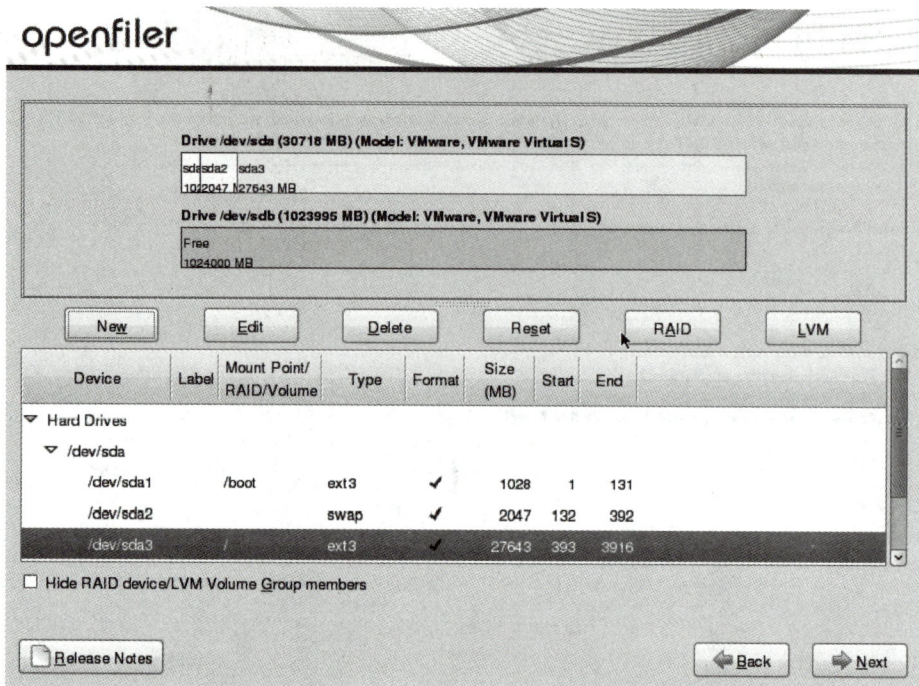

图 4-1-11　分区后的 /dev/sda

(8) 进入配置 The EXTLINUX 启动引导页面，单击 "Next"，如图 4-1-12 所示。

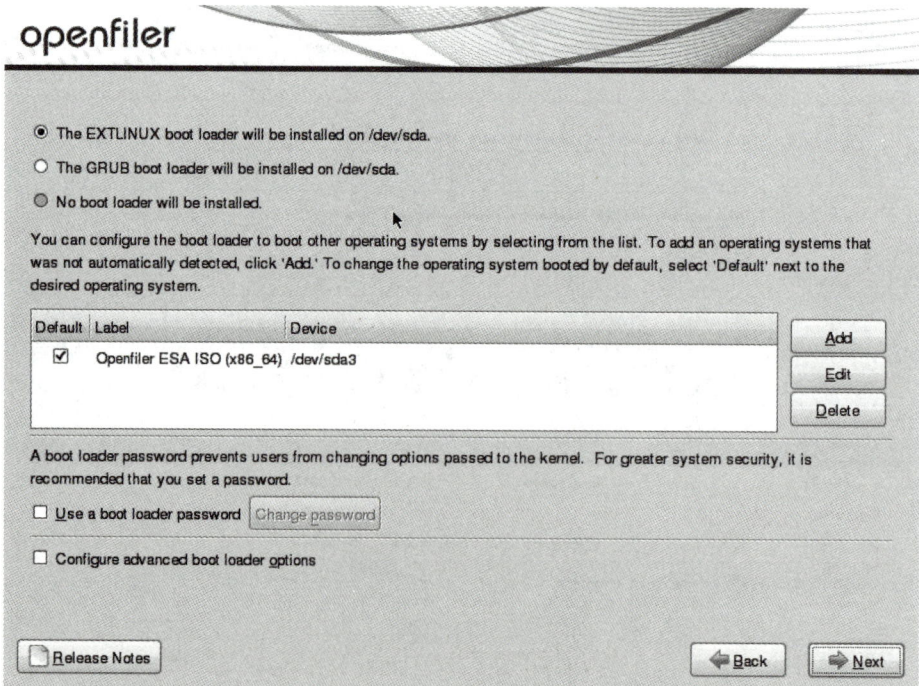

图 4-1-12　配置 The EXTLINUX 启动引导

(9) 可手动配置网络或选择 DHCP，并设置其他参数，单击"Next"，如图 4-1-13 所示。

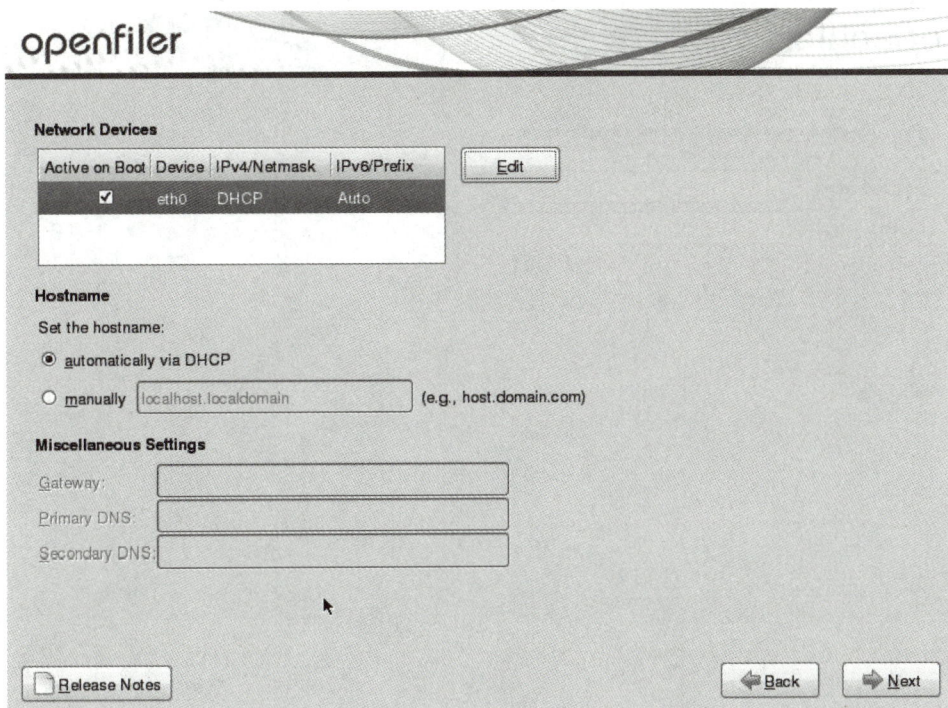

图 4-1-13　设置 DHCP 网络

(10) 在设置时区页面选择相应的时区，单击"Next"，如图 4-1-14 所示。

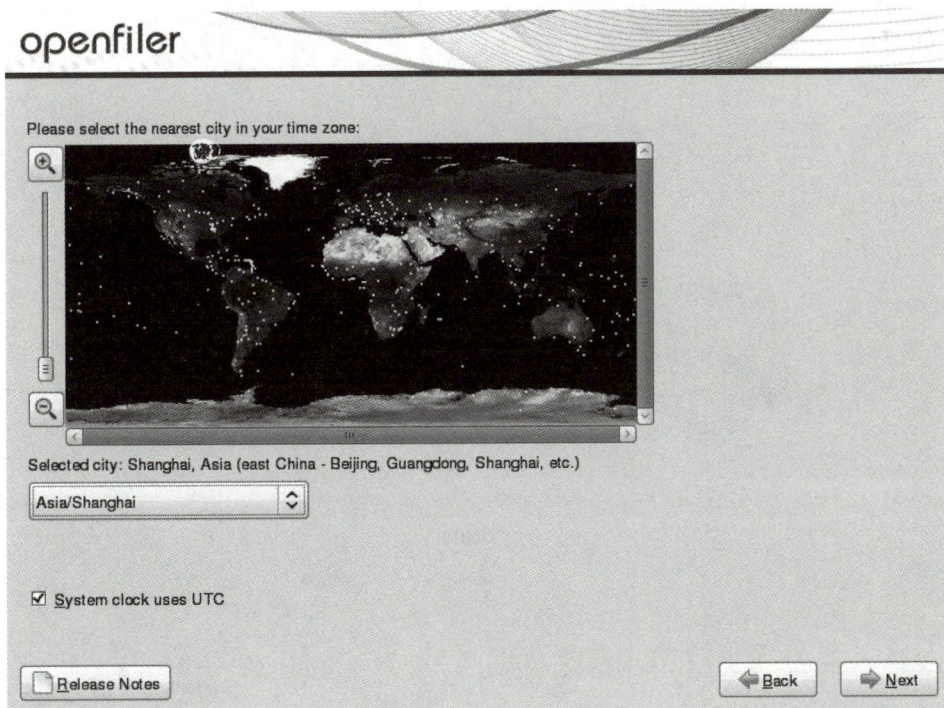

图 4-1-14　设置时区

(11) 在弹出的窗口中设置 Root 密码，单击"Next"，如图 4-1-15 所示。

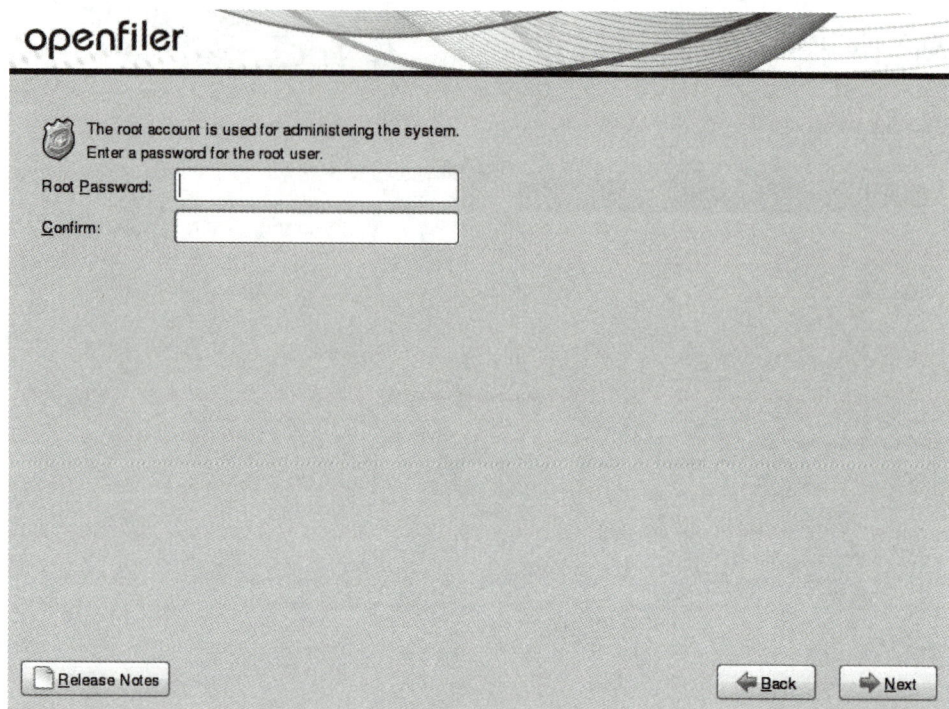

图 4-1-15　设置 Root 密码

(12) 弹出配置完成页面，保持默认设置，单击"Next"，如图 4-1-16 所示。

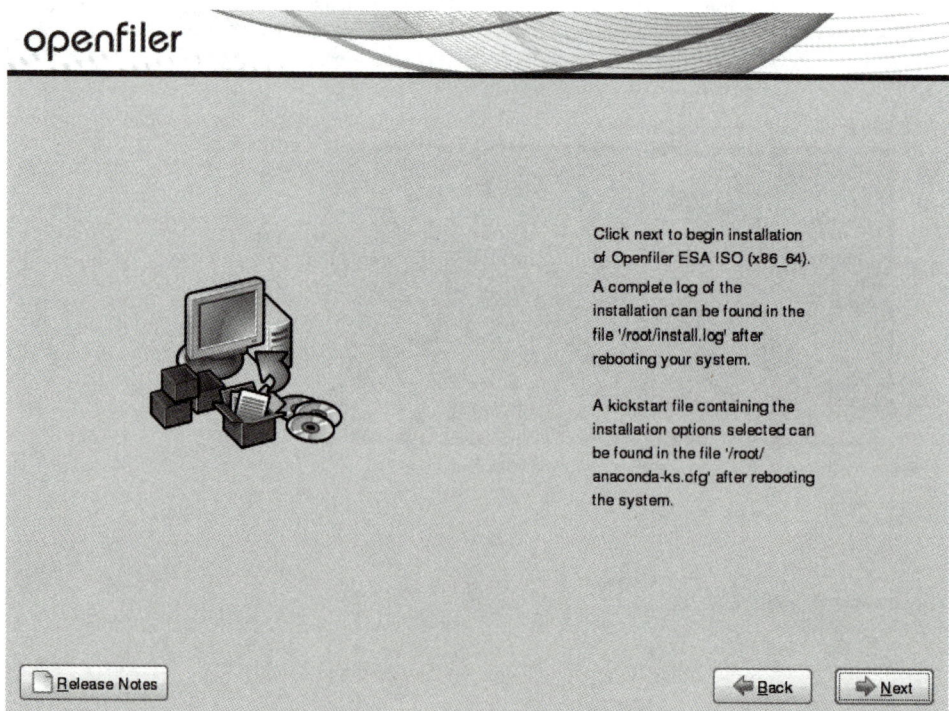

图 4-1-16　安装前的配置完成页

(13) 开始安装，如图 4-1-17 所示。

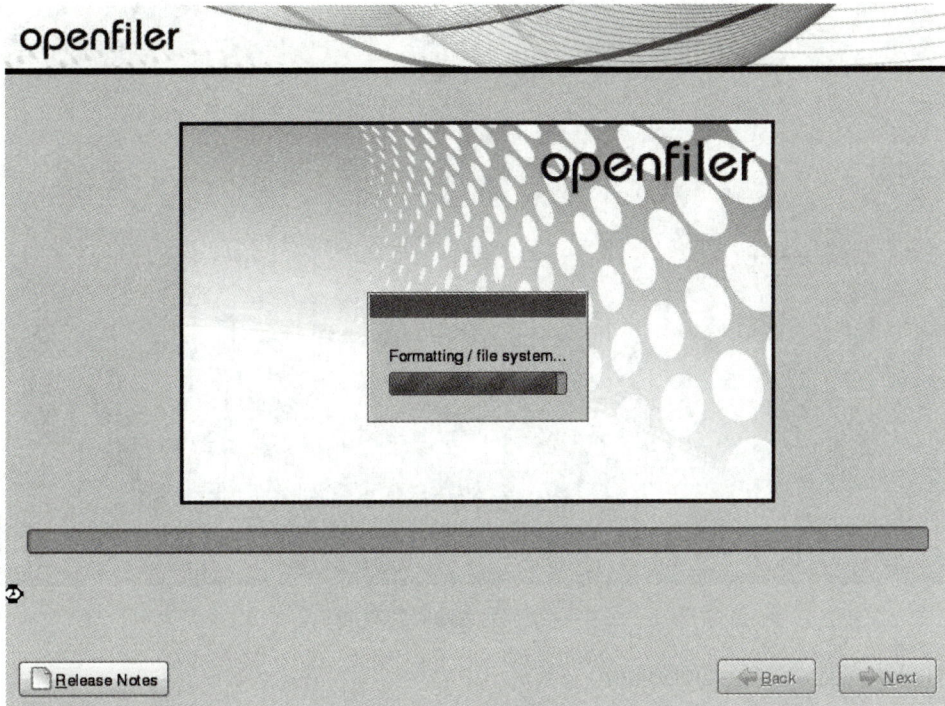

图 4-1-17 开始安装

(14) 安装完成后，会看到图 4-1-18 所示界面。

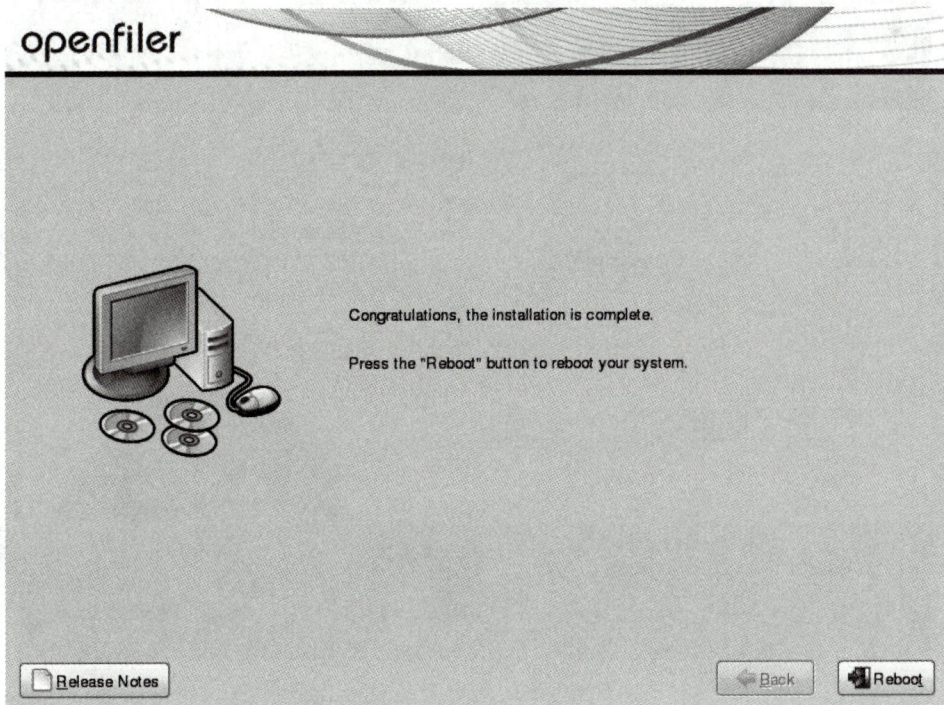

图 4-1-18 安装完成

(15) 单击"Reboot"，系统将重启，重启后的界面如图 4-1-19 所示。

图 4-1-19　重启动后的界面

### 3. 打开浏览器，登录 Openfiler

(1) 使用 Firefox 浏览器，按照安装完成后界面中给出的 Web administration GUI 地址 https://192.168.75.131:446/ 登录，如图 4-1-20 所示。输入用户名和密码，单击 Log In。

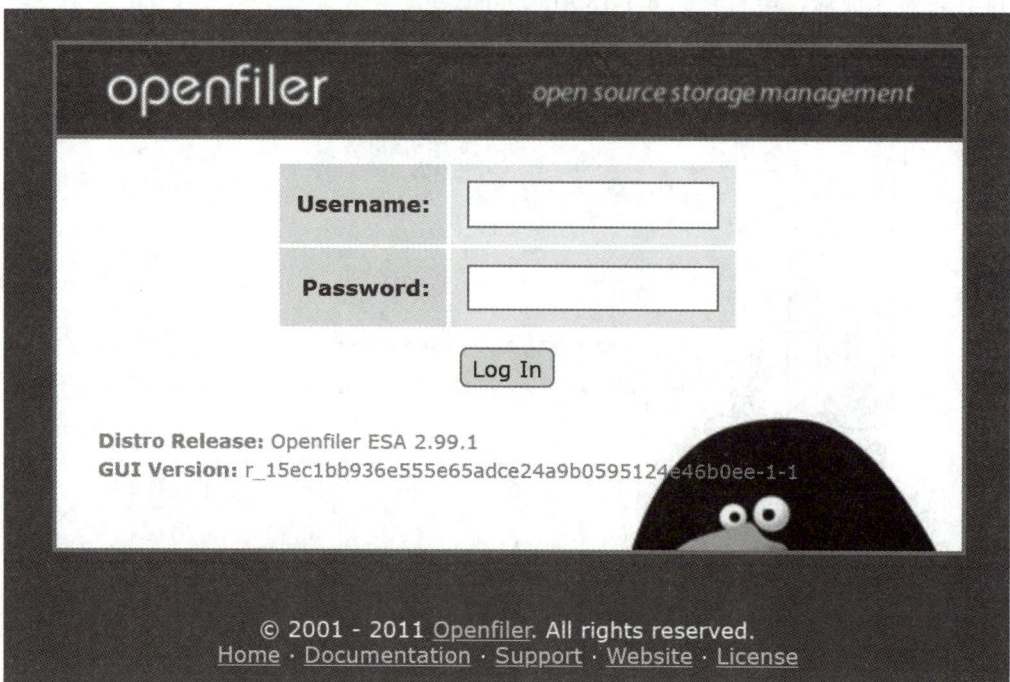

图 4-1-20　使用 Web 登录 Openfiler

(2) 登录后的 Openfiler 界面如图 4-1-21 所示。

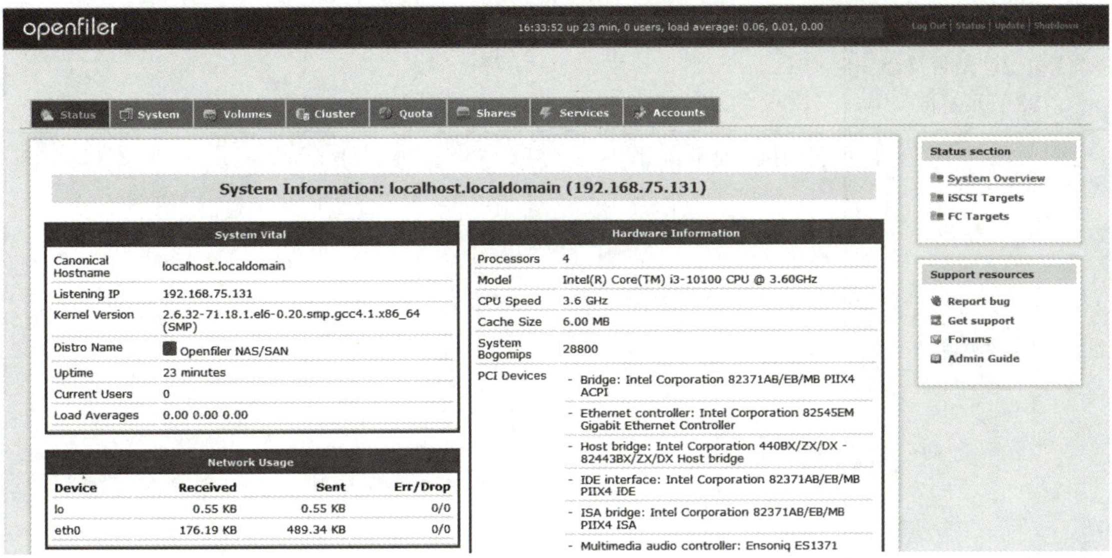

图 4-1-21　登录后的 Openfiler 界面

　　**注**：对于 Firefox，可以通过修改 about:config 中的设置来降低 TLS 版本。具体操作如下：打开 Firefox 浏览器，在地址栏输入 about:config 并按回车键；搜索 security.tls.version. min，将其值设置为 1，以启用 TLS 1.0。注意：降低 TLS 版本可能会使网络通信连接容易受到中间人攻击和面临其他安全威胁。

## 总结评价

### 1. 小组汇报任务实施结果

任务实施结果的具体内容如表 4-1-3 所示。

表 4-1-3　任务实施结果记录表

| 任务名称 | 安装存储服务器软件 | | |
|---|---|---|---|
| 自检基本情况 | | | |
| 自检组别 | 第　　　组 | | |
| 本组成员 | 组长： | | 组员： |
| 检查情况 | | | |
| 是否完成 | | | |
| 完成时间 | | | |

**续表**

| | |
|---|---|
| 工位管理是否符合<br>8S 管理标准 | |
| 任务实施情况 | 正确执行部分：<br><br><br><br>问题与不足： |
| 超时或未完成的<br>主要原因 | |
| 检查人签字： | 日期： |

### 2. 小组互评

任务实施过程评价具体内容如表 4-1-4 所示。

**表 4-1-4    任务实施过程评价表**

组别 _____    组员 _____    任务名称    安装存储服务器软件

| 教学环节 | 评分细则及分值 | 得　分 |
|---|---|---|
| 课前预习 | 是否已了解任务内容，材料是否准备妥当。(20 分) | |
| 实施作业 | (1) 了解下载 Openfiler 的方法。(20 分)<br>(2) 掌握如何安装 Openfiler 并登录系统。(30 分) | 单项得分：<br>(1) _____<br>(2) _____ |
| 质量检验 | (1) 操作的规范性、步骤的完整性、过程的连贯性。(10 分)<br>(2) 工作效率较高。(10 分)<br>(3) 8S 理念及工匠精神的体现。(10 分) | 单项得分：<br>(1) _____<br>(2) _____<br>(3) _____ |
| 总分<br>（满分 100 分） | 评分人签字： | |

### 学习拓展

1. 将任务实施结果记录表补充完整。

2. 预习下一个任务内容"配置 iSCSI 存储服务"。

# 任务 2 配置 iSCSI 存储服务

## 任务目标

1. 了解 iSCSI 协议和 CHAP 认证。
2. 掌握如何配置 iSCSI 存储服务。
3. 掌握如何进行 iSCSI 协议配置并与 ESXi 8.0 对接。

## 任务描述

在完成 Openfiler 存储服务器的安装后，接下来的任务是配置 iSCSI 存储服务。iSCSI 协议允许通过 IP 网络实现块级存储的连接，广泛应用于构建 IP-SAN 存储架构。本任务的目标是在 Openfiler 上配置 iSCSI 协议，并将其与虚拟化平台 ESXi 8 进行对接，以实现高效的存储资源共享。

## 知识准备

### 1. iSCSI 的定义

iSCSI(Internet Small Computer System Interface) 是一种基于 IP 网络的存储协议，它允许通过 IP 网络传输 SCSI 命令和数据。iSCSI 的工作原理是将 SCSI 命令和数据封装成 IP 数据包，通过以太网传输到远程存储设备上。在接收端，这些 IP 数据包被解封装，恢复成 SCSI 命令和数据，并由存储设备执行相应的操作。iSCSI 的主要组成部分如表 4-2-1 所示。

表 4-2-1　iSCSI 的主要组成部分

| 组成部分 | 用　途 |
|---|---|
| iSCSI Initiator | iSCSI Initiator 是安装在客户端计算机上的软件或硬件，负责初始化连接，向 iSCSI Target 发送 SCSI 命令，并接收数据。它可以是软件形式，也可以是硬件形式的 iSCSI HBA 卡 |
| iSCSI Target | iSCSI Target 是 iSCSI 网络中的存储设备，负责存储数据并响应来自 iSCSI Initiator 的命令。iSCSI Target 可以是专门的存储阵列，也可以是一运行 iSCSI 服务的普通服务器 |
| 网络基础设施 | 网络基础设施包括以太网交换机、路由器等，它们构成了 iSCSI 数据传输的网络基础，负责在 iSCSI Initiator 和 iSCSI Target 之间传输数据 |

### 2. CHAP 认证

CHAP(Challenge Handshake Authentication Protocol，挑战握手认证协议 ) 是一种用于

网络连接安全性验证的协议。它通过三次握手周期性地校验对端的身份，提高了安全性，比密码验证程序 (Password Authentication Protocol PAP) 更可靠。

CHAP 的安全性在于它使用单向哈希函数和随机生成的挑战值，有助于防止重放攻击，并且认证者可以控制验证的频率和时间。此外，CHAP 的认证过程可以是单向的，也可以通过协商实现双向认证。

**任务实施**

Openfiler 系统
iSCSI 协议配置

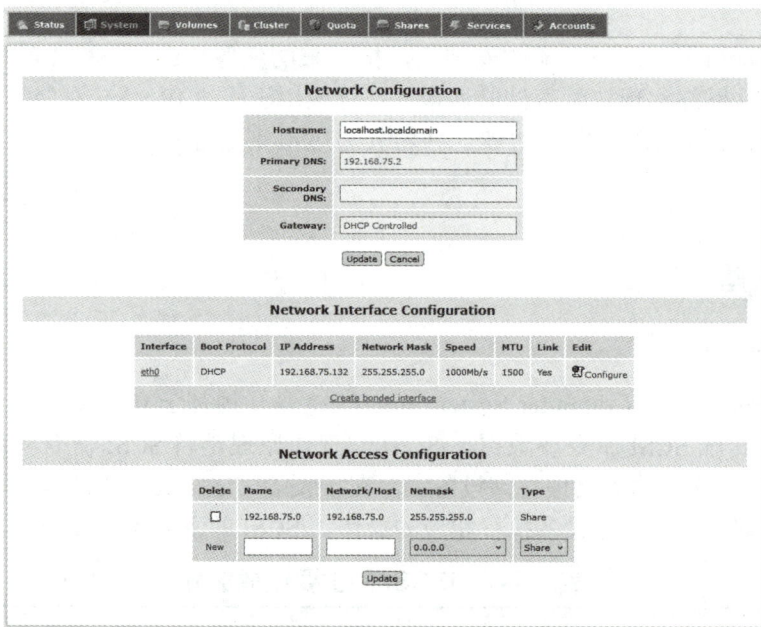

### 一、Openfiler 系统 iSCSI 协议配置

iSCSI 协议存储配置的步骤如下：

(1) 登录 Openfiler 系统，单击上方的"System"，进入"Network Configuration"页面，添加需要访问的网络，如图 4-2-1 所示。

图 4-2-1　网络配置页

(2) 单击上方的"Volumes"，再单击右侧的"Block Devices"，如图 4-2-2 所示。

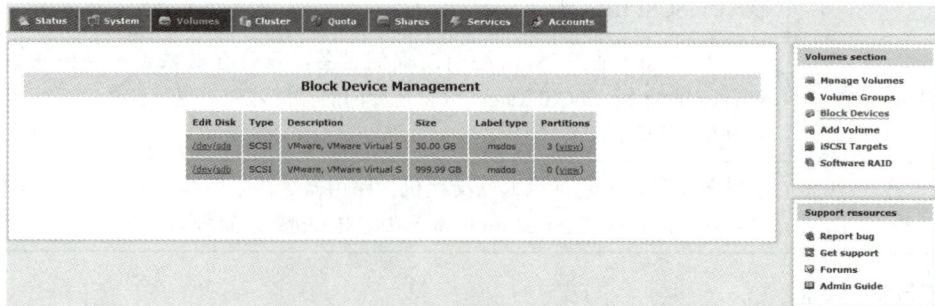

图 4-2-2　块设备管理

(3) 单击图 4-2-2 中的"/dev/sdb"磁盘,进入图 4-2-3 所示的页面。

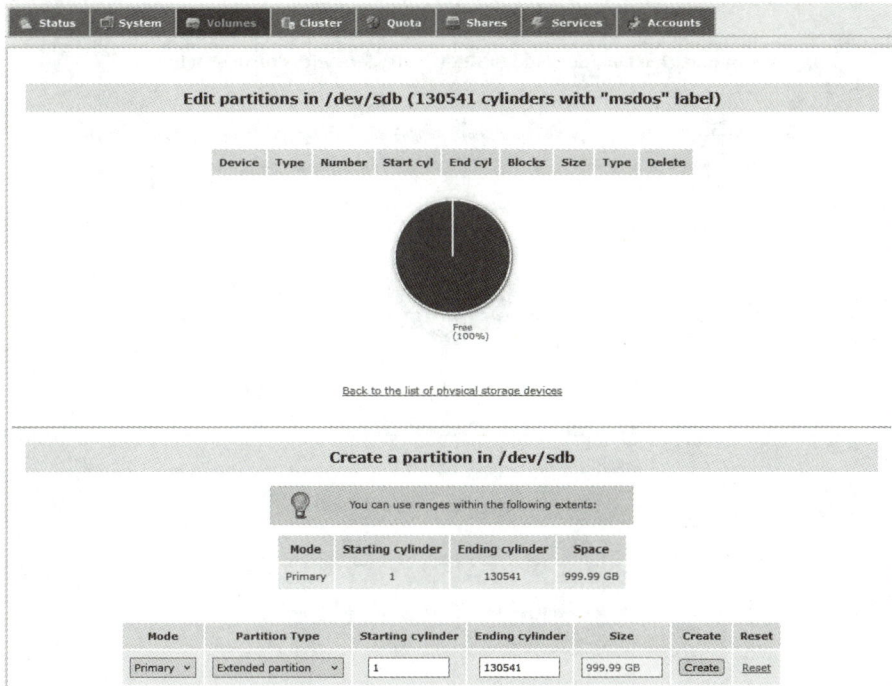

图 4-2-3　创建分区

(4) 将图 4-2-3 中的"Partition Type"设置为"Physical volume",然后单击"Create",如图 4-2-4 所示。创建完成后的分区如图 4-2-5 所示。

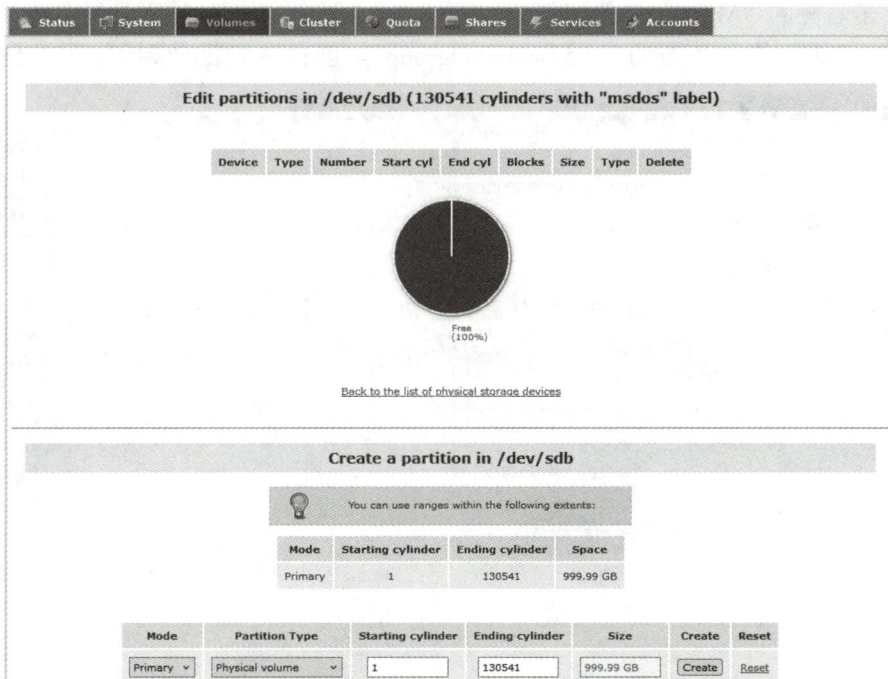

图 4-2-4　设置分区类型

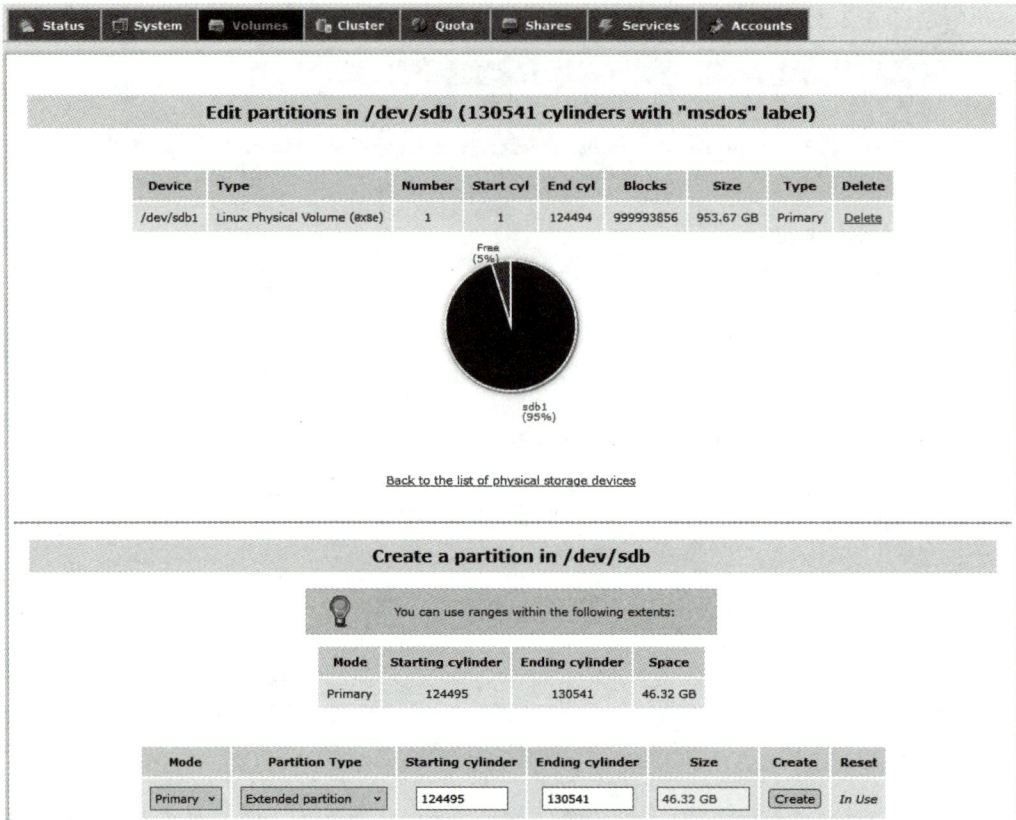

图 4-2-5　创建完成后的分区

(5) 单击右侧的"Volume Groups",进入图 4-2-6 所示的页面。输入卷组名称"iSCSI",勾选"/dev/sdb1",单击下方的"Add volume group"。创建完成后的卷组如图 4-2-7 所示。

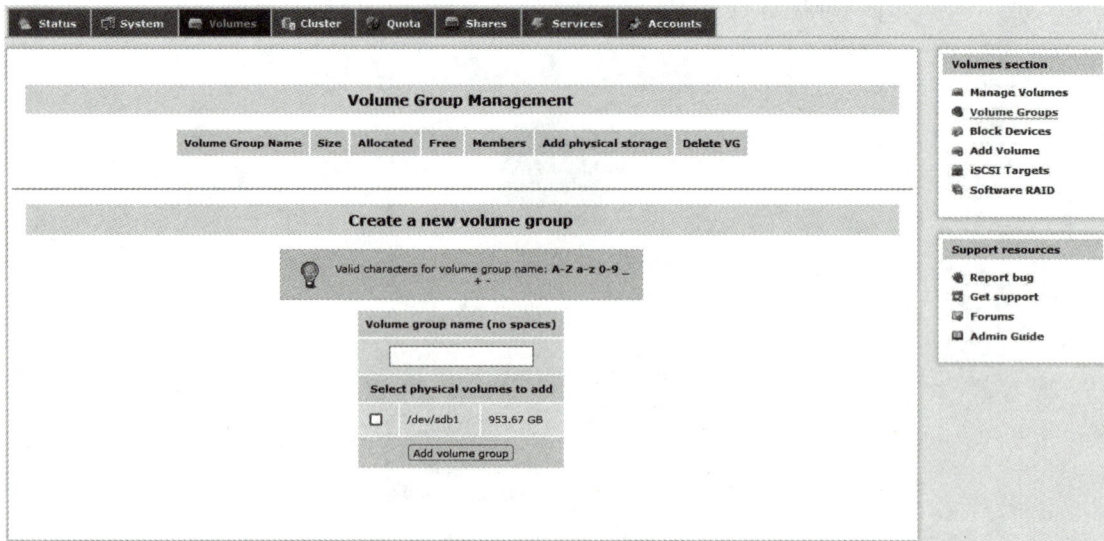

图 4-2-6　创建卷组

(6) 单击右侧的"Add Volume",进入图 4-2-8 所示的页面。

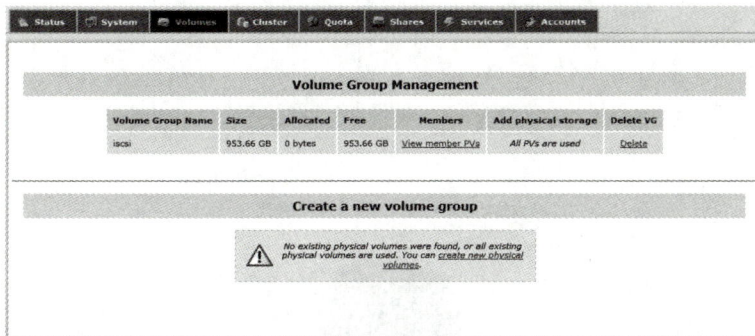

图 4-2-7　创建完成后的卷组

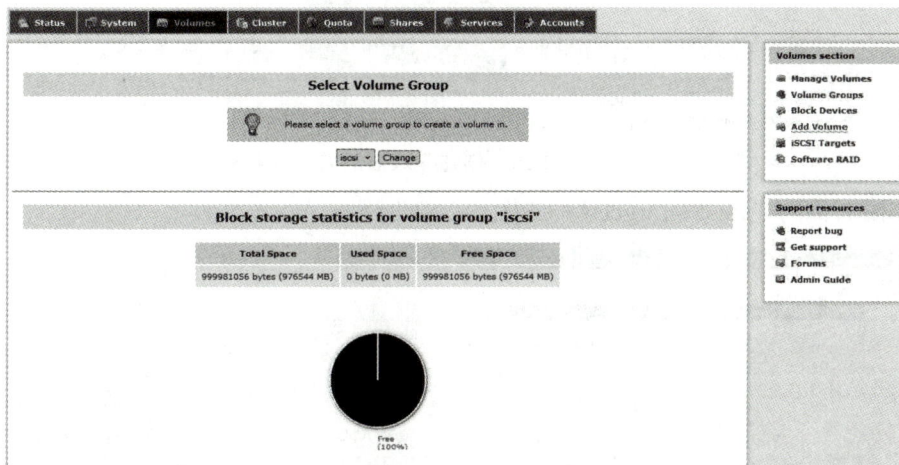

图 4-2-8　增加卷

(7) 增加一个名为 iSCSI 的卷，需求空间选择最大，"Filesystem/volume type" 选择 "block (iSCSI, FC, etc)"，单击下方的 "Create"，如图 4-2-9 所示。创建完成后的卷如图 4-2-10 所示。

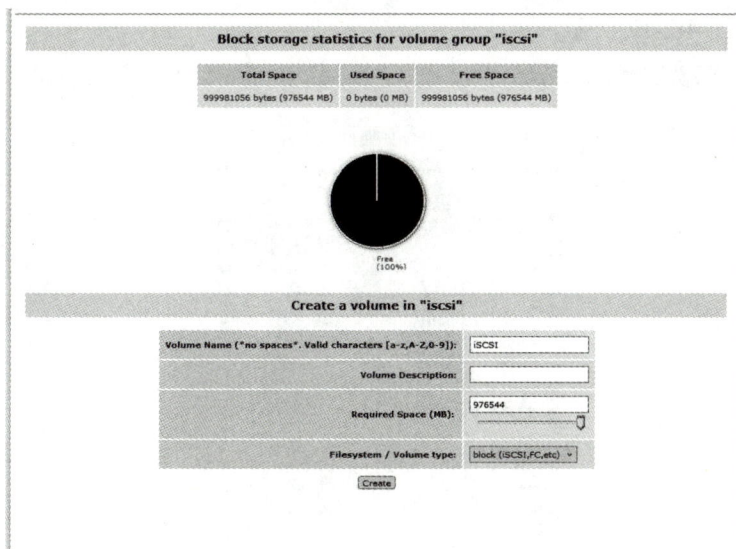

图 4-2-9　创建卷

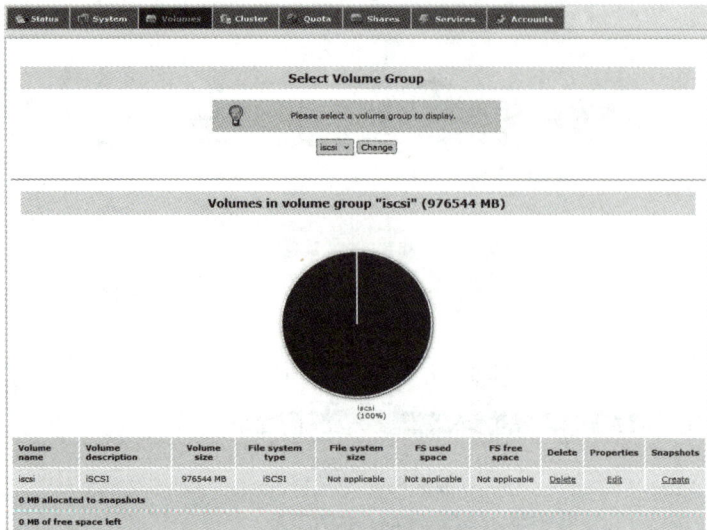

图 4-2-10　创建完成后的卷

(8) 单击右侧的"iSCSI Targets"，如图 4-2-11 所示。

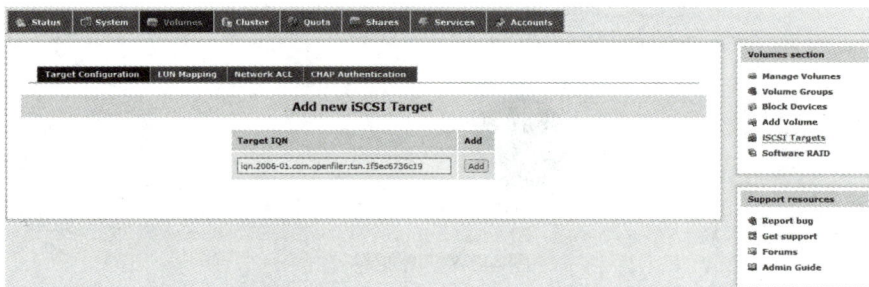

图 4-2-11　未启动服务的 iSCSI 目标

(9) 由于"iSCSI Target"服务未启动，界面为灰色，单击上方的"Services"，并启用服务和状态，如图 4-2-12 所示。

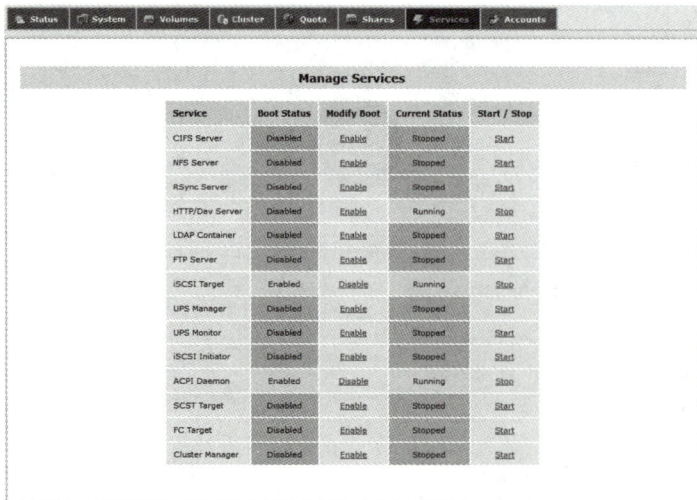

图 4-2-12　管理服务

(10) 切换到上方的"Volumes"，并单击右侧的"iSCSI Targets"，进入之前页面，如图
4-2-13 所示。

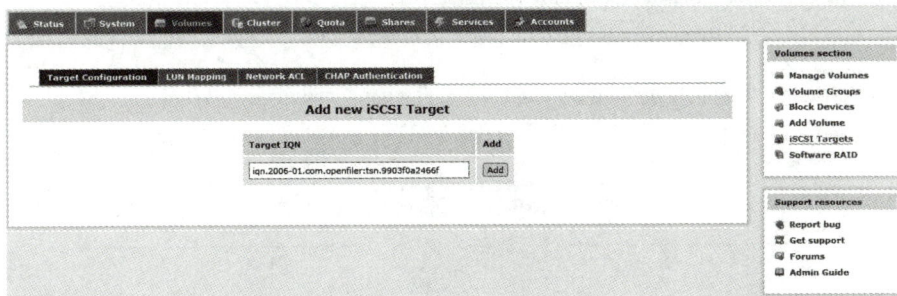

图 4-2-13　启动服务后的 iSCSI 目标

(11) 在"Target Configuration"栏，单击右侧的"Add"，增加 iSCSI 目标，如图 4-2-14
所示。

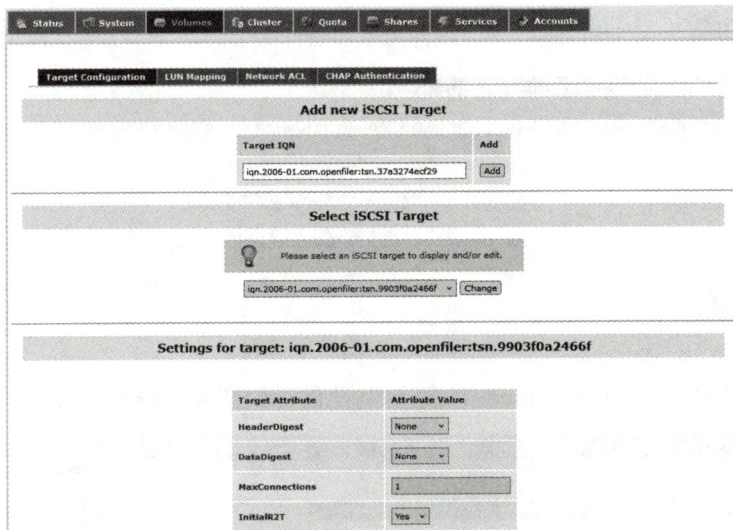

图 4-2-14　增加一个 iSCSI 目标

(12) 在"LUN Mapping"栏，单击右侧的"Map"，将 LUN 映射到刚才创建的 iSCSI
目标，如图 4-2-15 所示。映射后的页面如图 4-2-16 所示。

图 4-2-15　将 LUN 映射至 iSCSI 目标

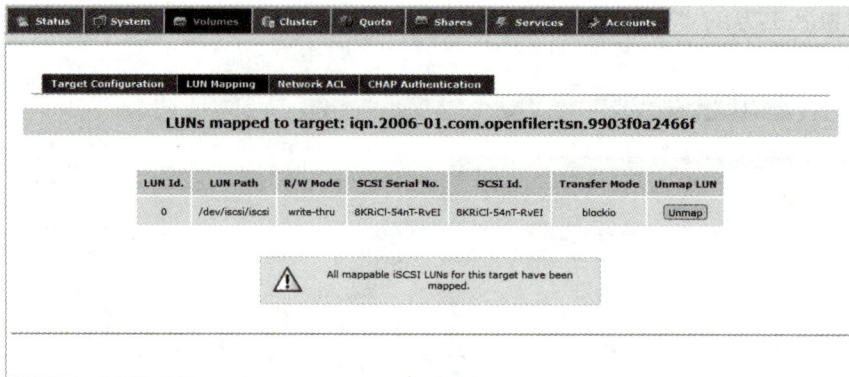

图 4-2-16　映射后的页面

(13) 切换到上方的"Network ACL"，单击右侧的"Access"中的"Allow"，并单击"Update"，如图 4-2-17 所示。

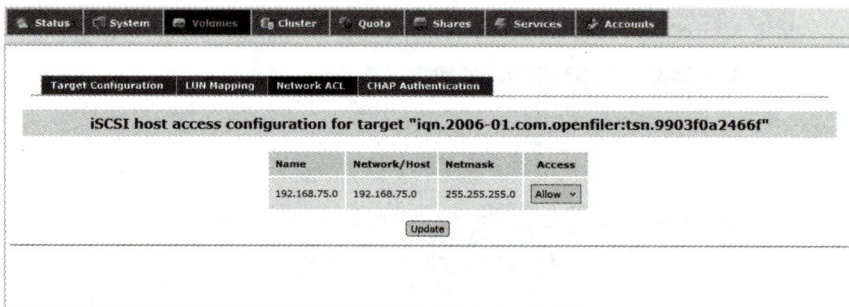

图 4-2-17　网络访问控制

(14) 对于"CHAP Authentication"，暂不用设置，如图 4-2-18 所示。

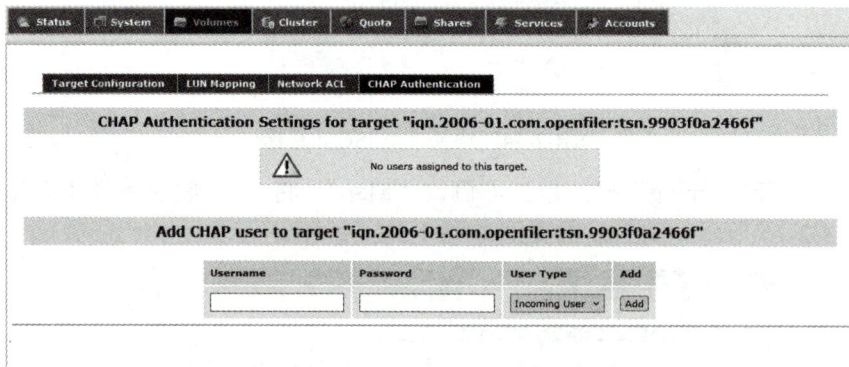

图 4-2-18　CHAP 验证

至此，Openfiler 一侧的配置完成。

## 二、ESXi 平台与 Openfiler 的 iSCSI 对接

打开 ESXi 客户端，配置 iSCSI 相关数据，完成 ESXi 平台与 Openfiler 系统的对接。具体步骤如下：

(1) 在 Web 浏览器中，输入 ESXI 主机 IP 地址，进入 VMware

ESXi 平台与
Openfiler 的
iSCSI 对接

ESXi 的 Web 管理界面，如图 4-2-19 所示。

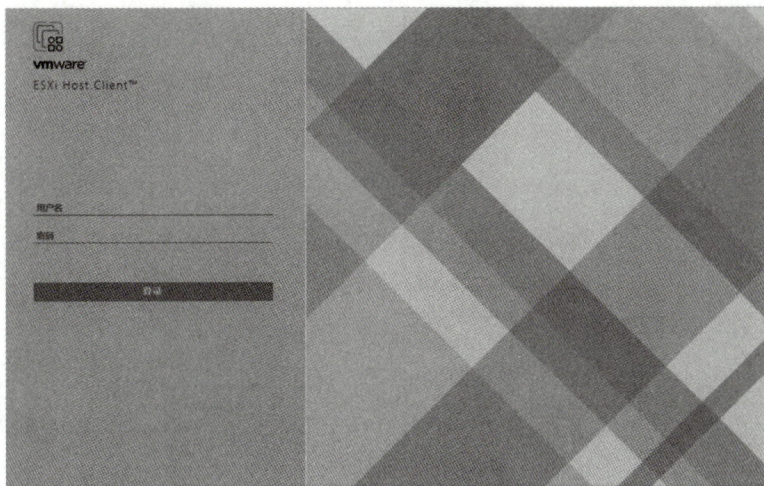

图 4-2-19　登录 ESXi 系统

(2) 输入用户名和密码，登录成功后，将进入 ESXi 的系统界面，如图 4-2-20 所示。

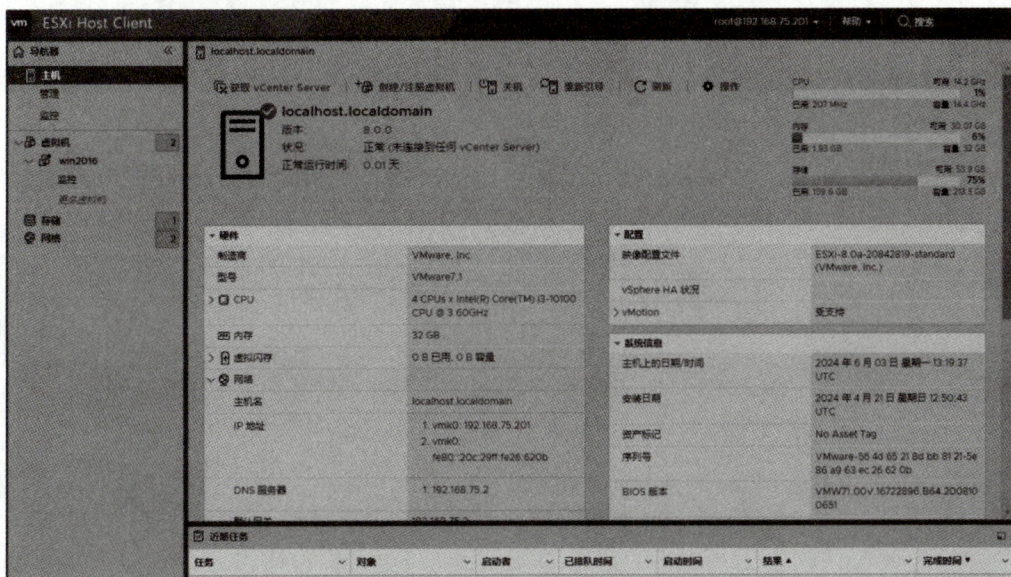

图 4-2-20　登录后的 ESXi 系统

(3) 单击左侧导航器中的"存储"，然后单击右侧区域中的"适配器"，如图 4-2-21 所示。

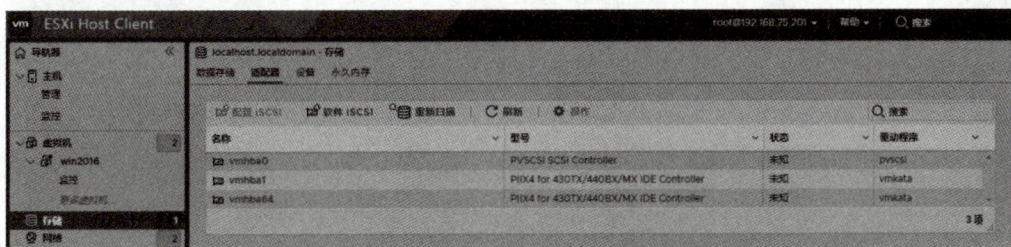

图 4-2-21　存储系统适配器

(4) 单击适配器中的"软件 iSCSI",弹出图 4-2-22 所示的对话框,选中"已启用"。

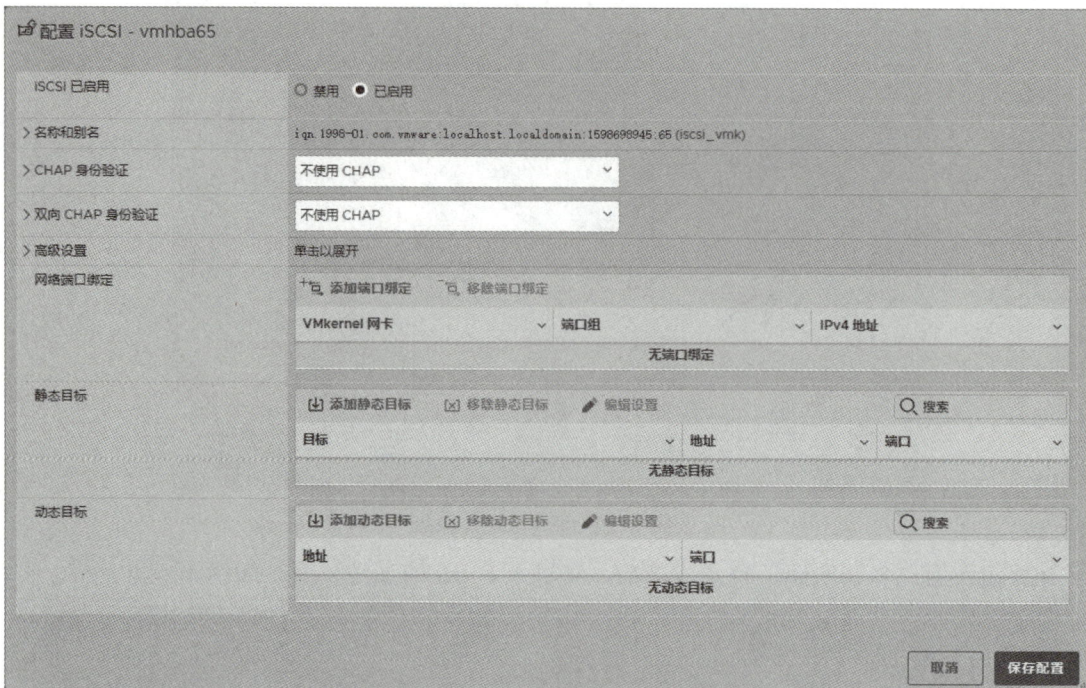

图 4-2-22　配置 iSCSI

(5) 单击下方的"添加端口绑定",在弹出的对话框中选择 VMkernel 接口的端口组,单击"选择",如图 4-2-23 所示。

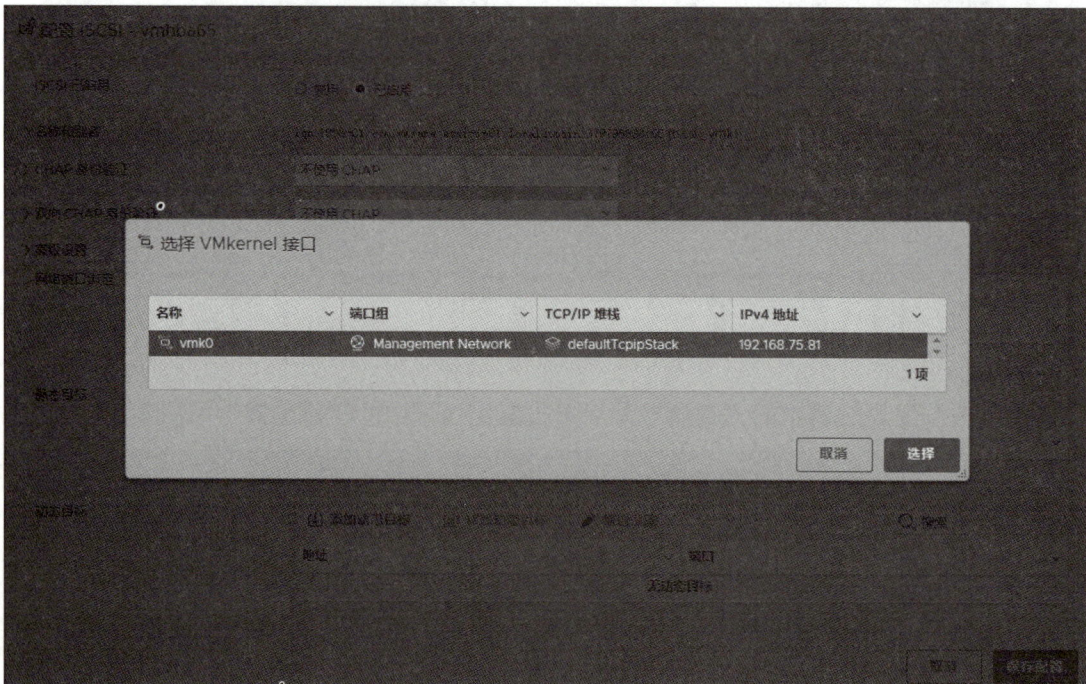

图 4-2-23　网络端口绑定

(6) 单击下方的"添加动态目标",在地址栏中输入地址,单击"保存配置",如图 4-2-24 所示。

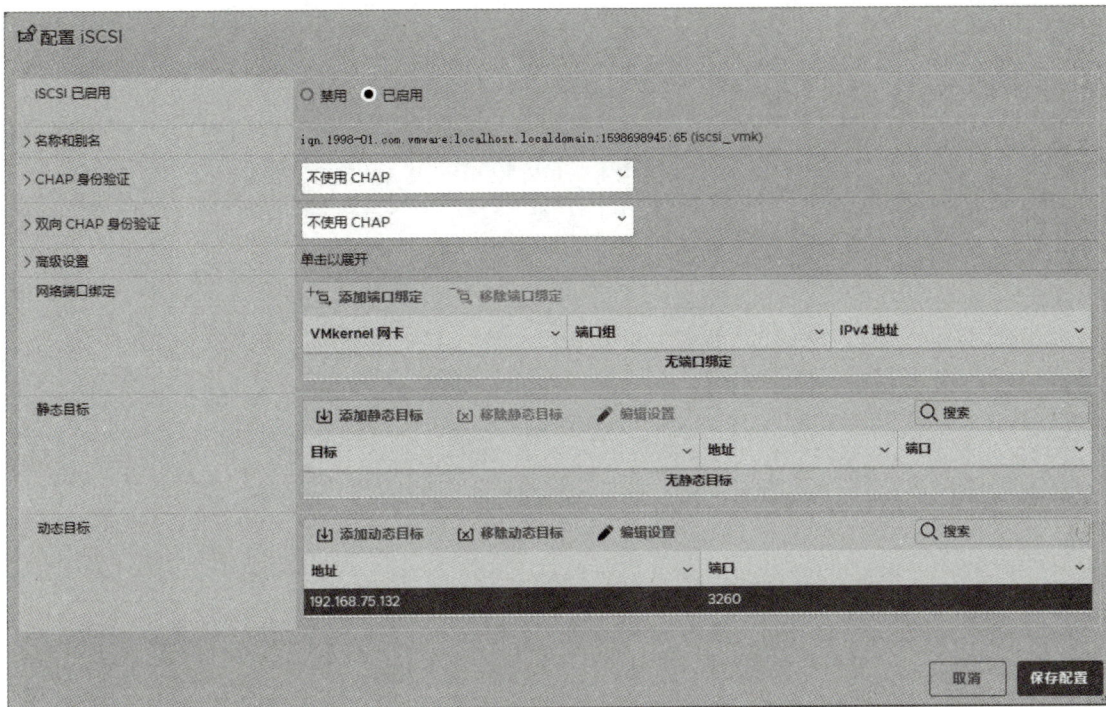

图 4-2-24　添加动态目标

(7) 返回数据存储页面,单击"刷新",出现 vmhba65 适配器,如图 4-2-25 所示。

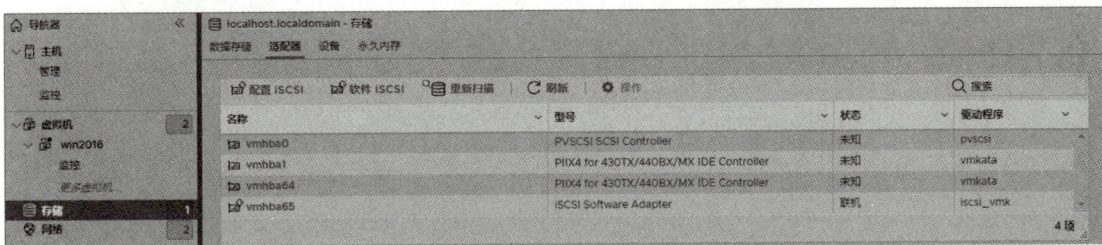

图 4-2-25　添加后的适配器

(8) 单击右侧区域中的"设备",下方即出现 Openfiler 的 iSCSI 磁盘,如图 4-2-26 所示。

图 4-2-26　存储页面中的 iSCSI 设备

(9) 单击右侧区域中的"数据存储",再单击下方的"新建数据存储",进入图 4-2-27 所示的"新建数据存储"对话框中的"选择创建类型"页面，单击选择"创建新的 VMFS 数据存储"，然后单击"下一页"。

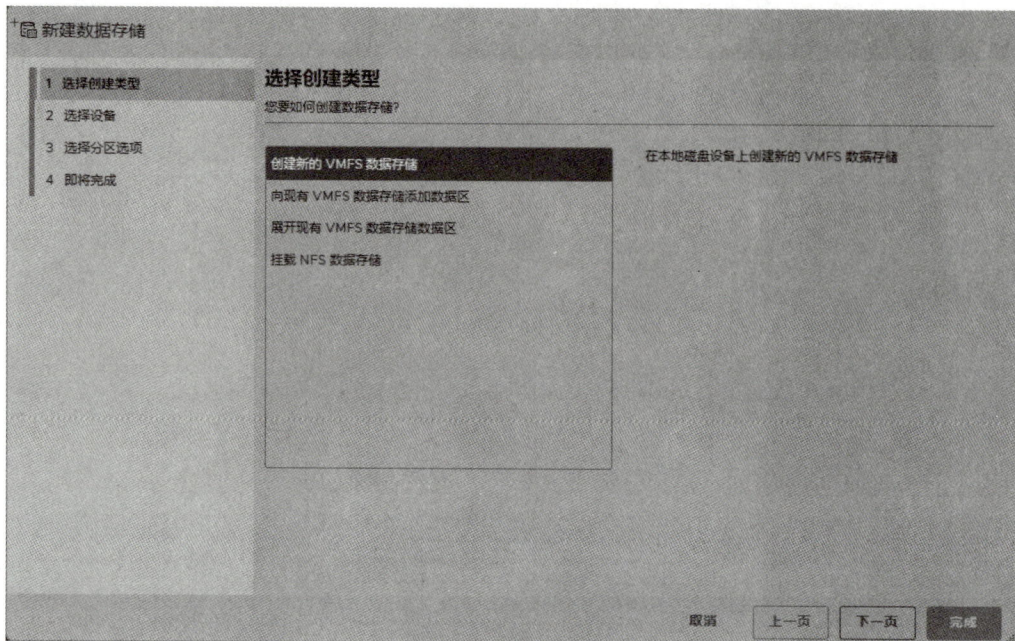

图 4-2-27　创建新的 VMFS 数据存储

(10) 在"选择设备"页面中输入设备名称，单击"下一页"，如图 4-2-28 所示。

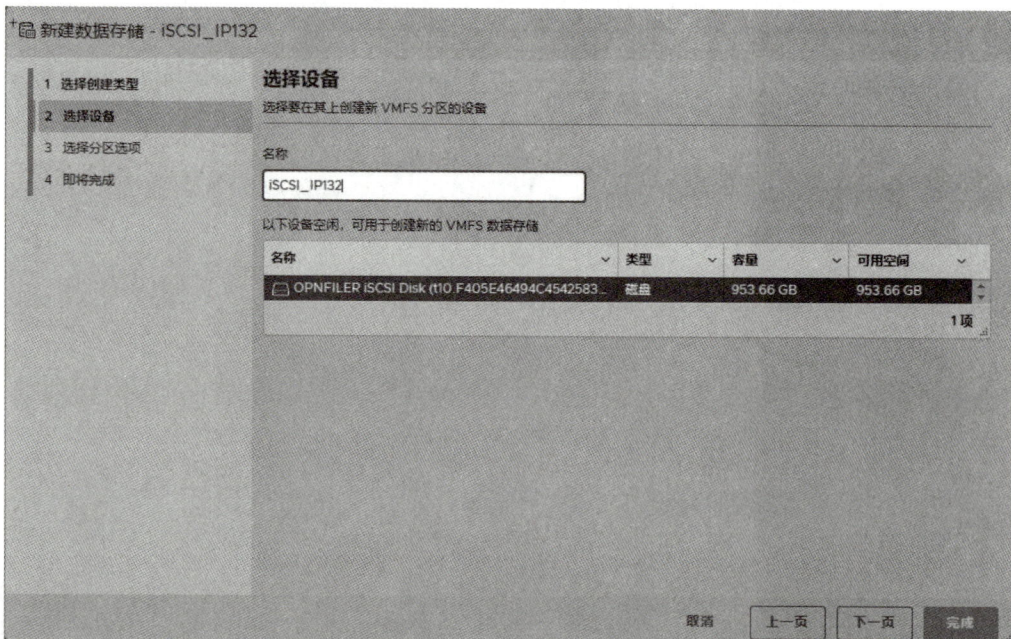

图 4-2-28　选择设备

(11) 在"选择分区选项"页面中保持默认"使用全部磁盘"，单击"下一页"，如图 4-2-29 所示。

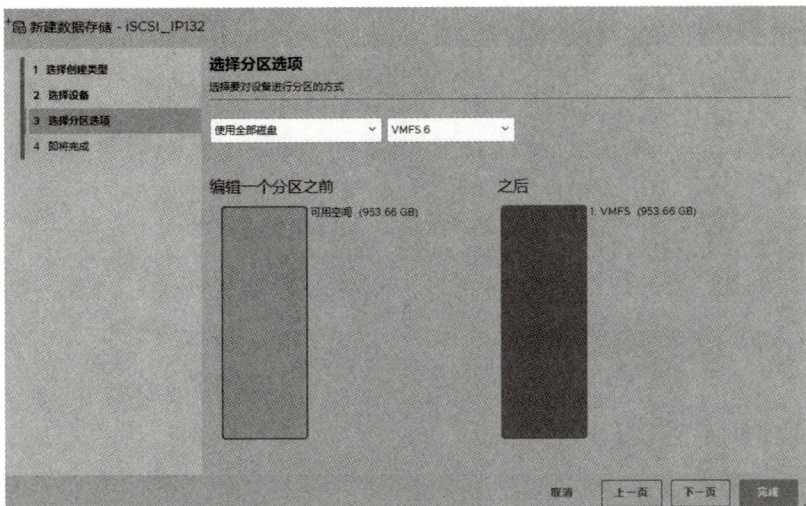

图 4-2-29　选择分区选项

(12) 在"即将完成"页面检查数据存储配置，然后单击"完成"，如图 4-2-30 所示。

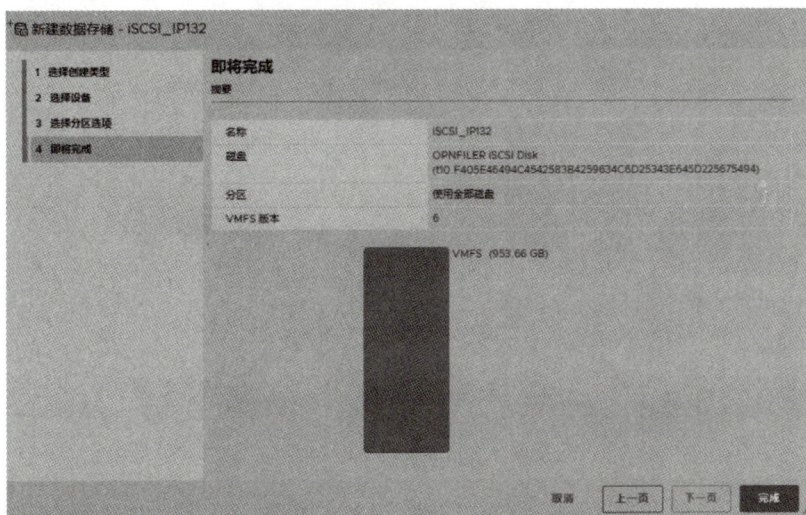

图 4-2-30　检查数据存储配置

(13) 此时，ESXi 会弹出一个确认菜单，提示将格式化磁盘并创建新的 VMFS 数据存储，选择"是"，系统进入创建进度页面，创建完成后，数据存储的主界面如图 4-2-31 所示。

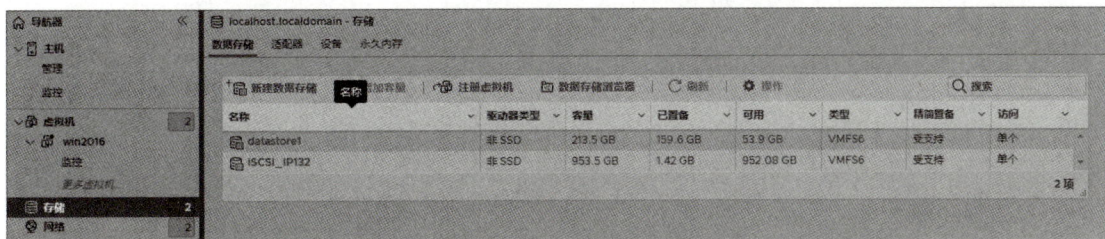

图 4-2-31　配置完成后的数据存储

至此，两系统采用 iSCSI 协议对接完毕。

## 总结评价

### 1. 小组汇报任务实施结果

任务实施结果的具体内容如表 4-2-2 所示。

表 4-2-2　任务实施结果记录表

| 任务名称 | 配置 iSCSI 存储服务 | |
|---|---|---|
| **自检基本情况** | | |
| 自检组别 | 第　　　组 | |
| 本组成员 | 组长： | 组员： |
| **检查情况** | | |
| 是否完成 | | |
| 完成时间 | | |
| 工位管理是否符合 8S 管理标准 | | |
| 任务实施情况 | 正确执行部分：<br><br><br>问题与不足： | |
| 超时或未完成的主要原因 | | |
| 检查人签字： | 日期： | |

### 2. 小组互评

任务实施过程评价具体内容如表 4-2-3 所示。

### 表 4-2-3　任务实施过程评价表

组别 _____　　组员 _____　　任务名称　<u>配置 iSCSI 存储服务</u>

| 教学环节 | 评分细则及分值 | 得　分 |
|---|---|---|
| 课前预习 | 是否已了解任务内容，材料是否准备妥当。(20 分) | |
| 实施作业 | (1) 了解 iSCSI 协议和 CHAP 认证。(10 分)<br>(2) 掌握如何配置 Openfiler 中的 iSCSI 存储服务。(10 分)<br>(3) 掌握 Openfiler 的配置方法，并使用 iSCSI 协议与 ESXi8 对接。(30 分) | 单项得分：<br>(1) _____<br>(2) _____<br>(3) _____ |
| 质量检验 | (1) 操作的规范性、步骤的完整性、过程的连贯性。(10 分)<br>(2) 工作效率较高。(10 分)<br>(3) 8S 理念及工匠精神的体现。(10 分) | 单项得分：<br>(1) _____<br>(2) _____<br>(3) _____ |
| 总分<br>(满分 100 分) | 评分人签字： | |

## 学习拓展

1. 将任务实施结果记录表补充完整。
2. 预习下一个任务内容"配置 NFS 存储服务"。

# 任务 3　配置 NFS 存储服务

## 任务目标

1. 了解 NFS 协议。
2. 掌握如何配置 NFS 存储服务。
3. 掌握使用 NFS 协议与 ESXi 8 对接的配置方法。

## 任务描述

除了 iSCSI 协议外，Openfiler 还支持 NFS 协议，用于实现文件级存储服务。NFS 协议适用于需要共享文件系统的场景，能够提供灵活的文件访问和管理功能。本任务的目标是在 Openfiler 上配置 NFS 存储服务，并将其与虚拟化平台 ESXi 8.0 进行对接，以满足不同应用场景下的存储需求。

## 知识准备

NFS(Network File System，网络文件系统) 是一种允许计算机之间通过网络共享文件的系统。NFS 是 UNIX 和 Linux 系统上广泛使用的文件共享协议。

NFS 的核心功能是将远端文件系统挂载到本地文件系统上，使得本地系统可以透明地访问远端文件。这样，用户和程序就可以像操作本地文件一样读取、写入和执行远端文件。

**任务实施**

Openfiler 系统
NFS 协议配置

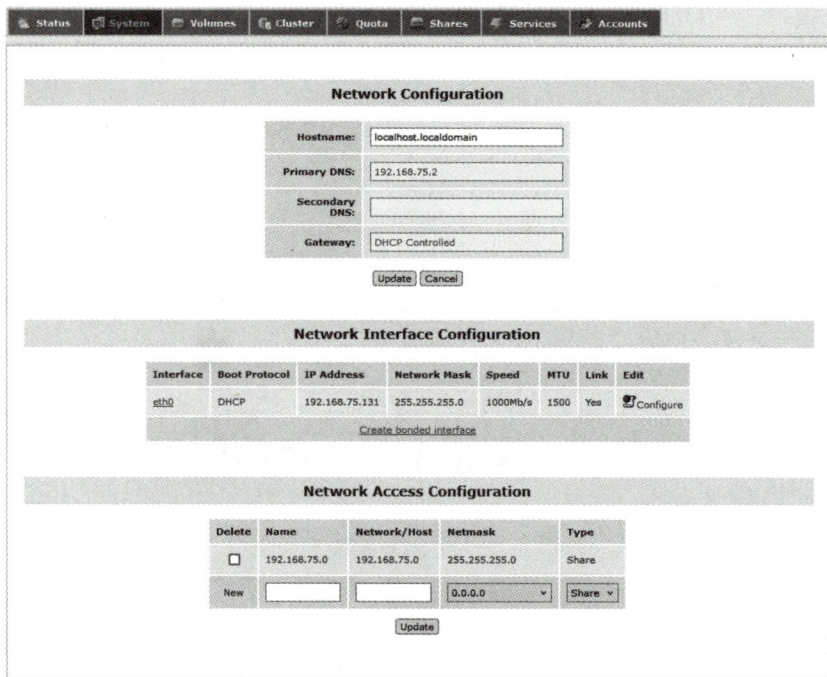

### 一、Openfiler 系统 NFS 协议配置

NFS 协议存储配置的步骤如下：

(1) 登录 Openfiler 系统，单击上方的"System"进入"Network Configuration"页面，添加需要访问的网络，如图 4-3-1 所示。

图 4-3-1　网络配置页

(2) 单击上方的"Volumes"，再单击右侧的"Block Devices"，如图 4-3-2 所示。

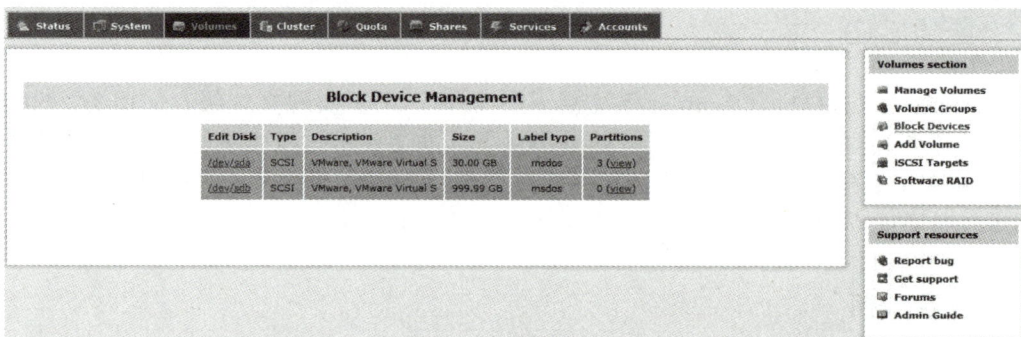

图 4-3-2　块设备管理

(3) 单击图 4-3-2 中的 "/dev/sdb" 磁盘，进入图 4-3-3 所示的页面。

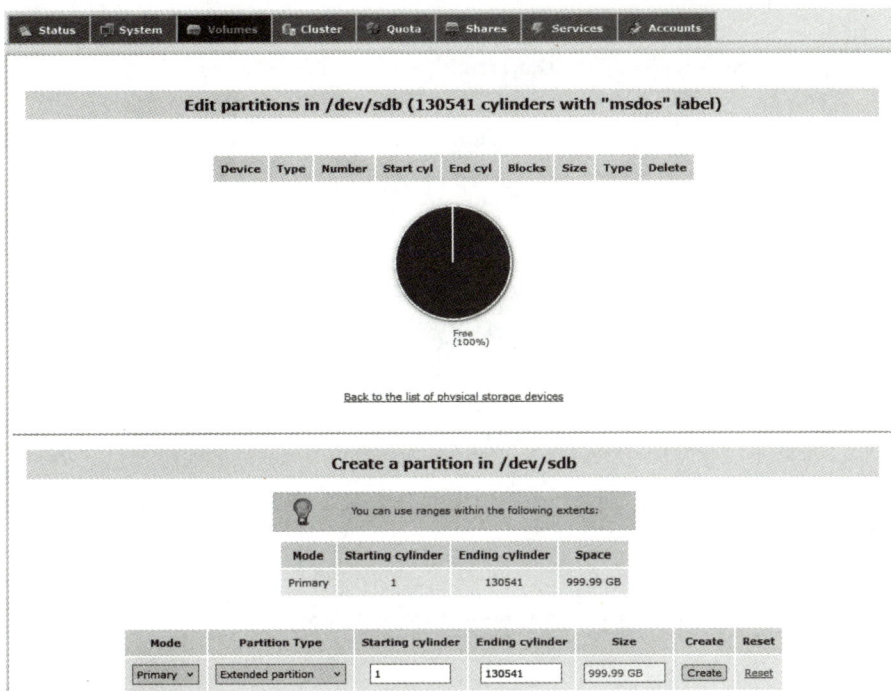

图 4-3-3　创建分区

(4) 将图 4-3-3 中的 "Partition Type" 设置为 "Physical volume"，然后单击 "Create"，如图 4-3-4 所示。创建完成后的分区如图 4-3-5 所示。

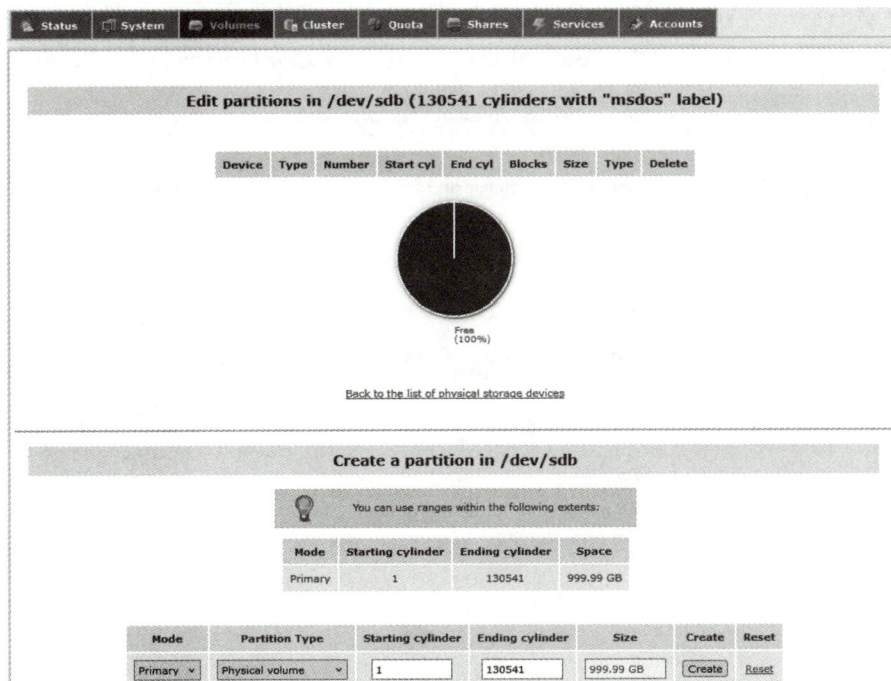

图 4-3-4　设置分区类型

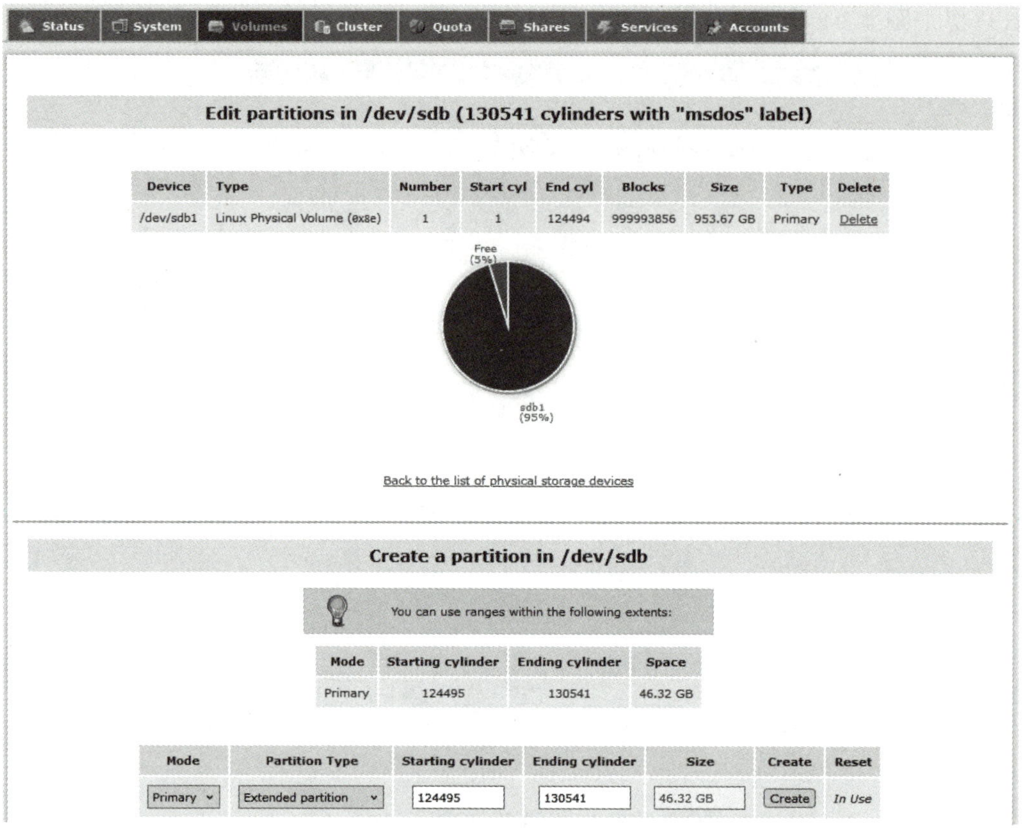

图 4-3-5　创建完成后的分区

(5) 单击右侧的"Volume Groups"，进入图 4-3-6 所示的页面。输入卷组名称"NFS"，勾选"/dev/sdb1"，单击下方的"Add volume group"。创建完成后的卷组如图 4-3-7 所示。

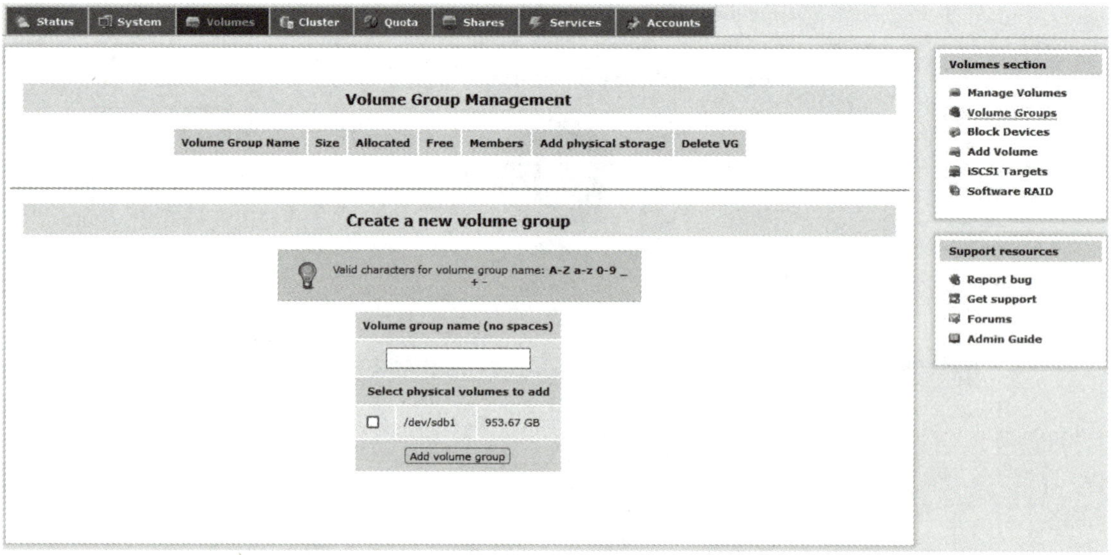

图 4-3-6　创建卷组

(6) 单击右侧的"Add Volume"，进入图 4-3-8 所示的页面。

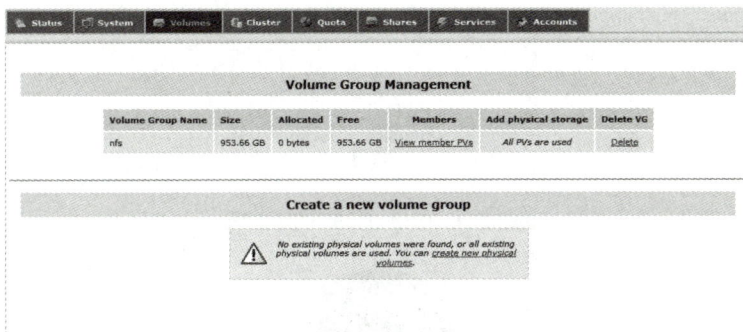

图 4-3-7  创建完成后的卷组

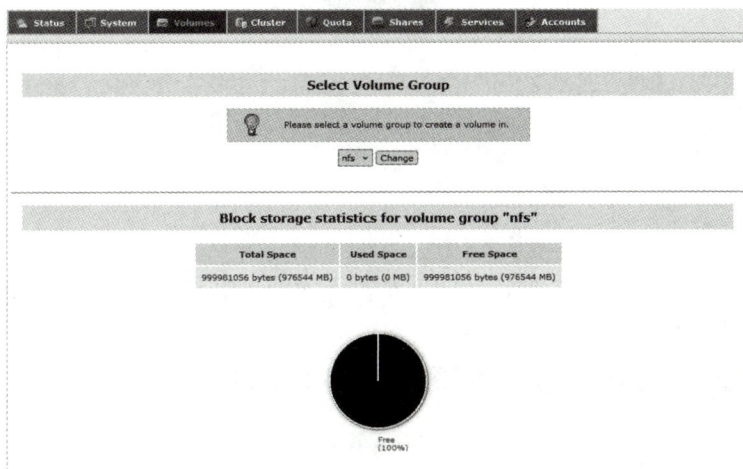

图 4-3-8  增加卷

(7) 增加一个名为 NFS 的卷，需求空间选择最大，"Filesystem/volume type" 选择 "XFS"，单击下方的 "Create"，如图 4-3-9 所示。创建完成后的卷如图 4-3-10 所示。

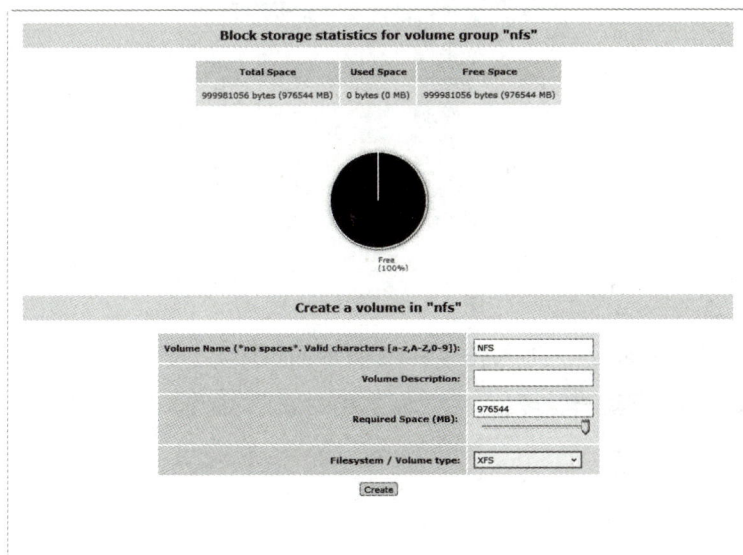

图 4-3-9  创建卷

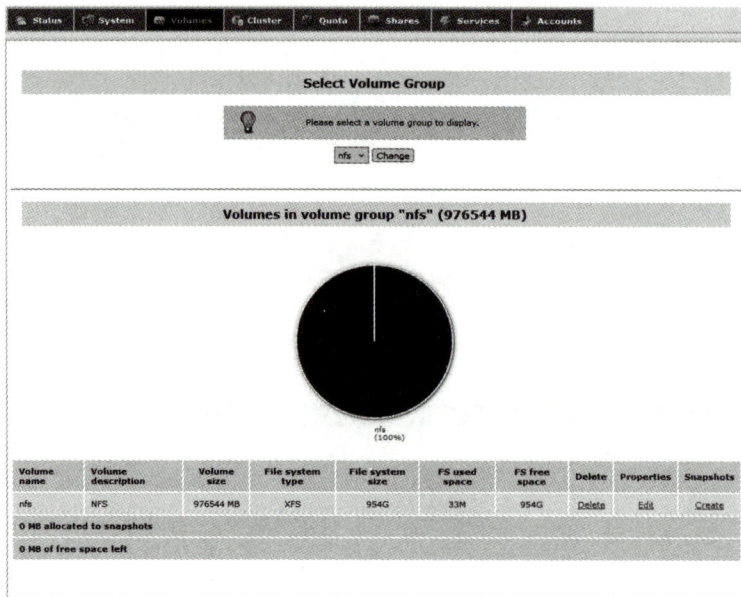

图 4-3-10 创建完成后的卷

(8) 由于"NFS Server"服务默认关闭，单击上方的"Services"，并启用相应的服务和状态，如图 4-3-11 所示。

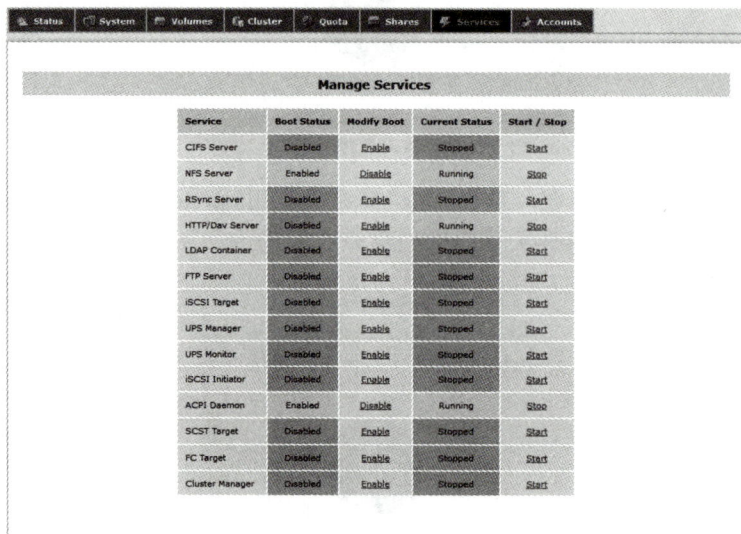

图 4-3-11 管理服务

(9) 单击上方的"Shares"，进入图 4-3-12 所示的页面。

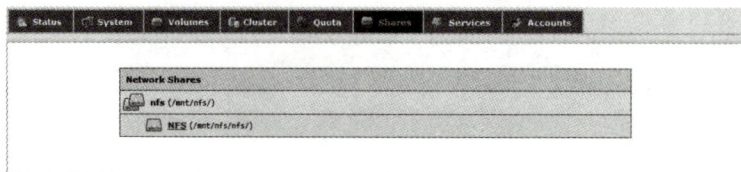

图 4-3-12 网络共享

(10) 单击 "NFS"，创建一个 "NFS" 子文件夹，如图 4-3-13 所示。

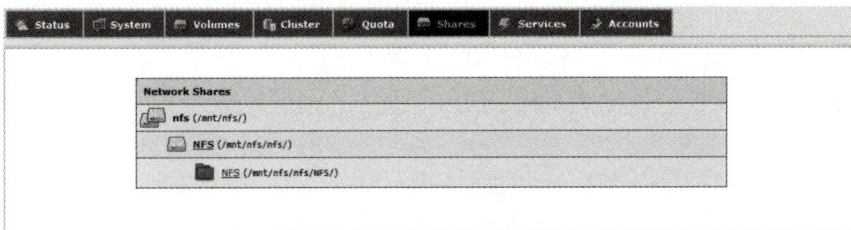

图 4-3-13　创建子目录

(11) 单击创建的子文件夹 NFS，在弹出的提示窗口中单击 "Make Share"，在图 4-3-14 所示页面中进行共享编辑。

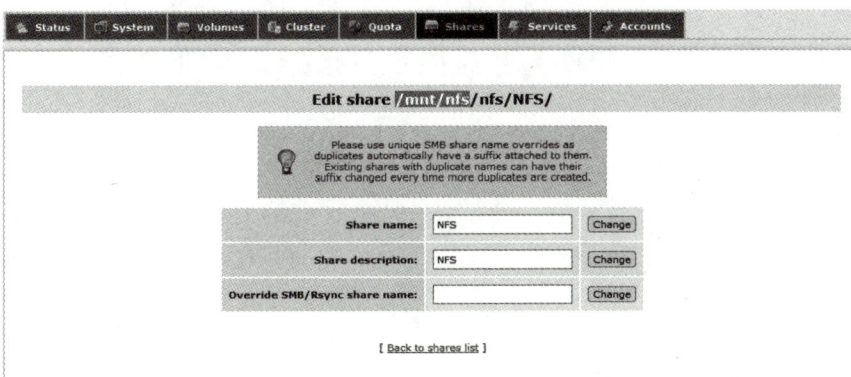

图 4-3-14　设置共享名字

(12) 在下方的 "Share Access Control Mode" 中，根据实际选择 "Public guest access" 或者 "Controlled access"，并单击 "Update"，如图 4-3-15 所示。

图 4-3-15　共享访问控制模式

(13) 在下方的 "Host access configuration" 中，单击选择 "RW"，并单击 "Update"，如图 4-3-16 所示。

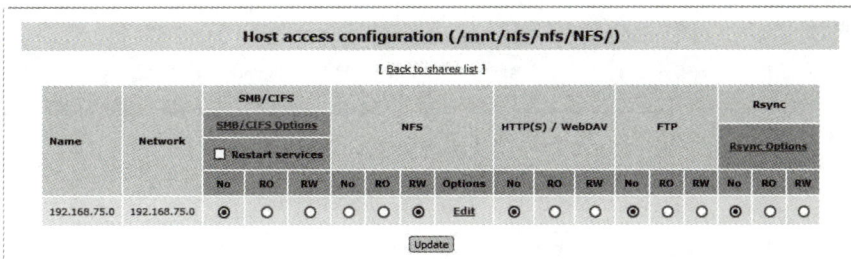

图 4-3-16　主机访问配置

至此，Openfiler 一侧的 NFS 配置已经完成。

## 二、ESXi 平台与 Openfiler 的 NFS 对接

通过 NFS 协议对接 ESXi 与 Openfiler 的步骤如下：

(1) 在 Web 浏览器中，输入 VMware ESXi 主机 IP 地址，进入 VMware ESXi 的 Web 管理界面，如图 4-3-17 所示。

图 4-3-17　登录 ESXi 系统

ESXi 平台与
Openfiler 的 NFS 对接

(2) 输入用户名和密码，登录成功后，将进入 ESXi 的系统界面，如图 4-3-18 所示。

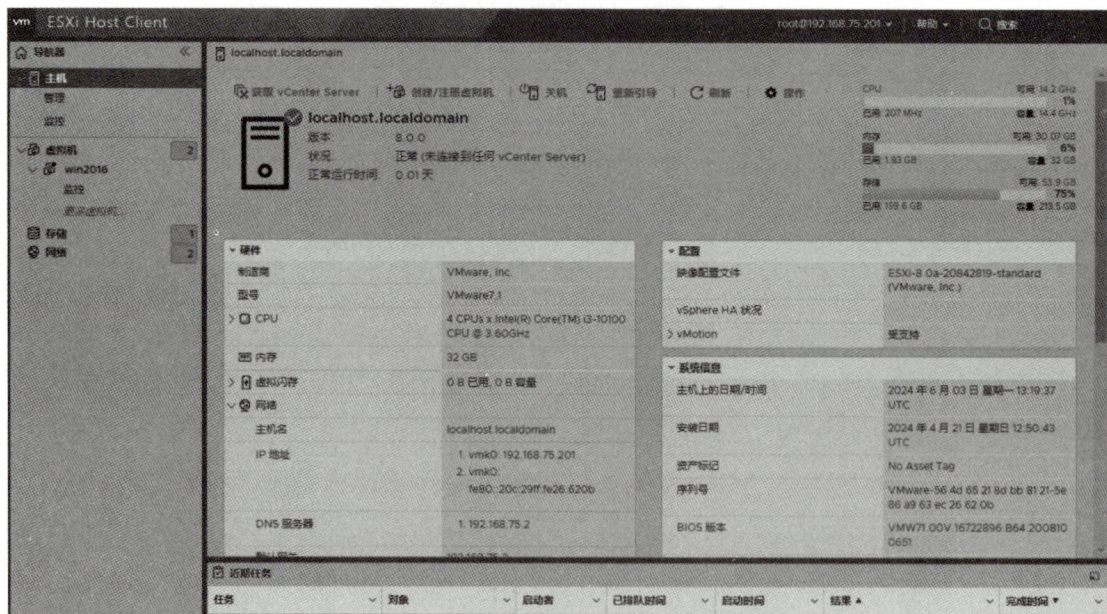

图 4-3-18　登录后的 ESXi 系统

(3) 单击左侧导航器中的"存储"，单击右侧区域中的"数据存储"，再单击下方的"新建数据存储"，进入图 4-3-19 所示的"新建数据存储"对话框中的"选择创建类型"页面，单击选择"挂载 NFS 数据存储"，然后单击"下一页"。

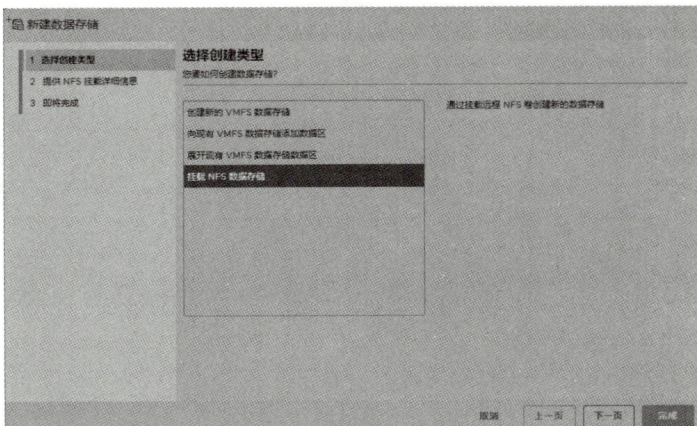

图 4-3-19　挂载 NFS 数据存储

(4) 在"提供 NFS 挂载详细信息"页面中输入相应的信息，然后单击"下一页"，如图 4-3-20 所示。

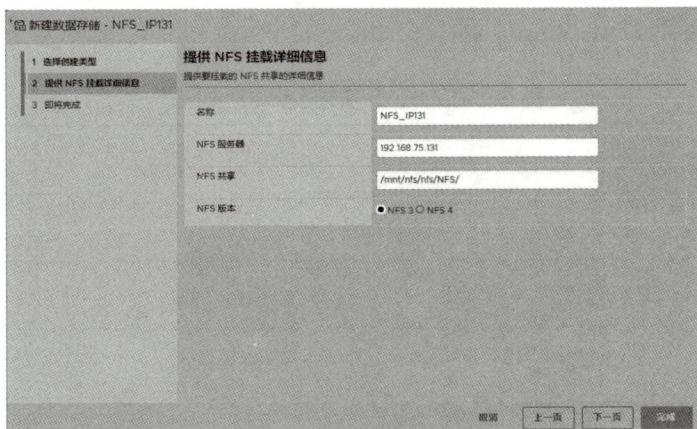

图 4-3-20　挂载详细信息

(5) 在"即将完成"页面检查数据存储配置，然后单击"完成"，如图 4-3-21 所示。配置完成后的数据存储主界面如图 4-3-22 所示。

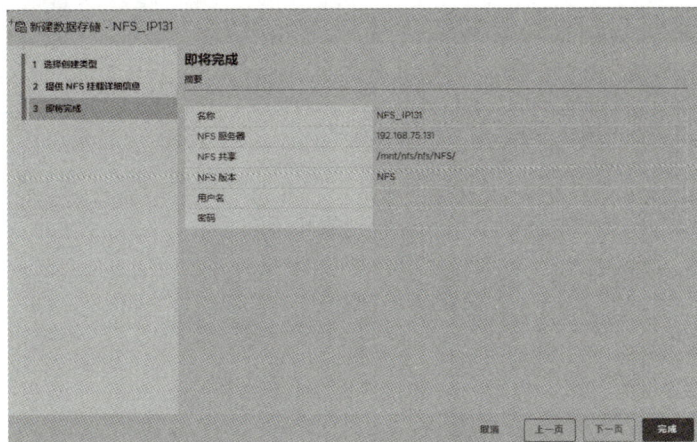

图 4-3-21　检查数据存储配置

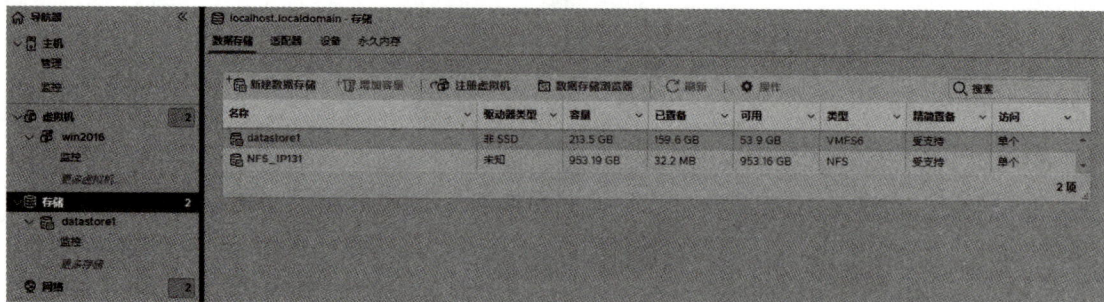

图 4-3-22　配置完成后的数据存储

至此，两系统采用 NFS 协议对接完毕。

## 总结评价

### 1. 小组汇报任务实施结果

任务实施结果具体内容如表 4-3-1 所示。

表 4-3-1　任务实施结果记录表

| 任务名称 | 配置 NFS 存储服务 |
|---|---|
| 自检基本情况 | |
| 自检组别 | 第　　　组 |
| 本组成员 | 组长：　　　　　　　　　　　组员： |
| 检查情况 | |
| 是否完成 | |
| 完成时间 | |
| 工位管理是否符合 8S 管理标准 | |
| 任务实施情况 | 正确执行部分：<br><br><br>问题与不足： |

**续表**

| 超时或未完成的<br>主要原因 | |
|---|---|
| 检查人签字： | 日期： |

### 2. 小组互评

任务实施过程评价具体内容如表 4-3-2 所示。

**表 4-3-2　任务实施过程评价表**

组别 ＿＿＿＿＿　　组员 ＿＿＿＿＿　　任务名称　<u>配置 NFS 存储服务</u>

| 教学环节 | 评分细则及分值 | 得　分 |
|---|---|---|
| 课前预习 | 是否已了解内容，材料是否准备妥当。(20 分) | |
| 实施作业 | (1) 了解 NFS 协议。(10 分)<br>(2) 掌握如何配置 Openfiler 中的 NFS 存储服务。(10 分)<br>(3) 掌握如何配置 Openfiler 并使用 NFS 协议与 ESXi8 对接。(30 分) | 单项得分：<br>(1) ＿＿＿＿<br>(2) ＿＿＿＿<br>(3) ＿＿＿＿ |
| 质量检验 | (1) 操作的规范性、步骤的完整性、过程的连贯性。(10 分)<br>(2) 工作效率较高。(10 分)<br>(3) 8S 理念及工匠精神的体现。(10 分) | 单项得分：<br>(1) ＿＿＿＿<br>(2) ＿＿＿＿<br>(3) ＿＿＿＿ |
| 总分<br>(满分 100 分) | 评分人签字： | |

### 学习拓展

1. 将任务实施结果记录表补充完整。
2. 预习下一个任务内容"安装和配置 VCSA"。

# VCSA 服务器部署

## 任务 1　安装和配置 VCSA

### 任务目标

1. 了解 VCSA 的定义及功能。
2. 了解 vCenter SSO 的定义及功能。
3. 掌握部署 VCSA 的方法及前提条件。

### 任务描述

IT 部门决定在引入虚拟化技术后，将现有的物理服务器整合到高性能的虚拟化平台上，以实现资源的高效利用和管理的简化。在此过程中，ESXi 8.0 作为单机虚拟化平台，虽然具备强大的虚拟化功能，但其单机管理方式仍存在一定的局限性。为了更好地管理多个 ESXi 8.0 主机，并实现集中化、高效化的运维管理，IT 部门选择了 VMware vSphere 的核心管理组件——vCenter Server Appliance(VCSA)。本任务的目标是部署 VMware vSphere 的核心组件 VCSA，以实现对虚拟化环境的集中管理和监控。

### 知识准备

#### 1. VCSA

VCSA(vCenter Server Appliance) 即 vCenter Server 应用设备。它是一个预配置的虚拟设备，包含了所有必要的组件和功能，运行在 VMware 的虚拟化平台上。VCSA 提供了一种简单、高效的方式来部署和管理 VMware vSphere 环境。

#### 2. VCenter SSO

VCenter SSO(vCenter Single Sign-On) 是 VMware vSphere 环境中的一个关键组件，它为 vSphere 软件组件提供了安全身份验证服务。通过 VCenter SSO，vSphere 组件可通过安全令牌交换机制相互通信，而无需每个组件使用目录服务 ( 如 Active Directory) 分别对用户进行身份验证。

# 任务实施

## 一、安装和配置 AD 域服务和 DNS 服务

### 1. 安装域控制器前的准备工作

(1) 登录到 Windows 2016，设置 Windows 2016 服务器固定 IP 地址，如图 5-1-1 所示。

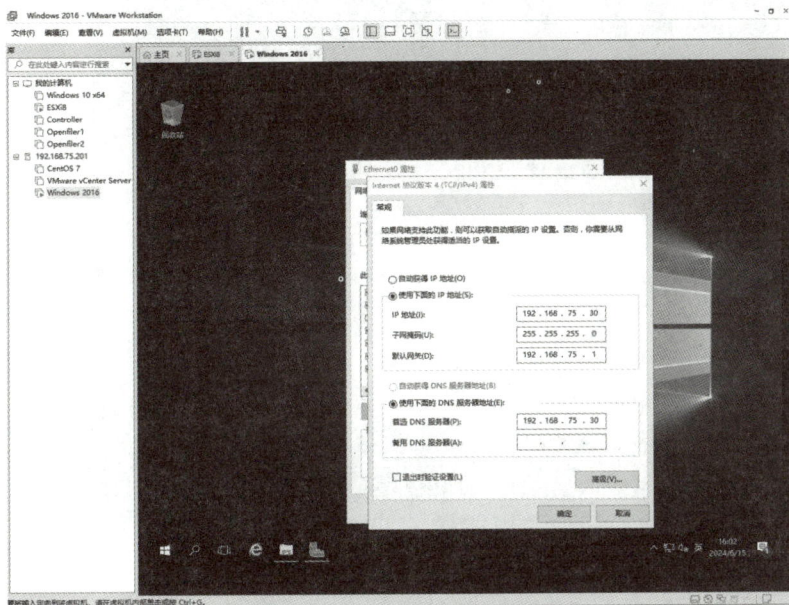

图 5-1-1　设置固定 IP 地址

安装配置 AD 域
服务和 DNS 服务

(2) 修改 Windows 2016 服务器计算机名，如图 5-1-2 所示。

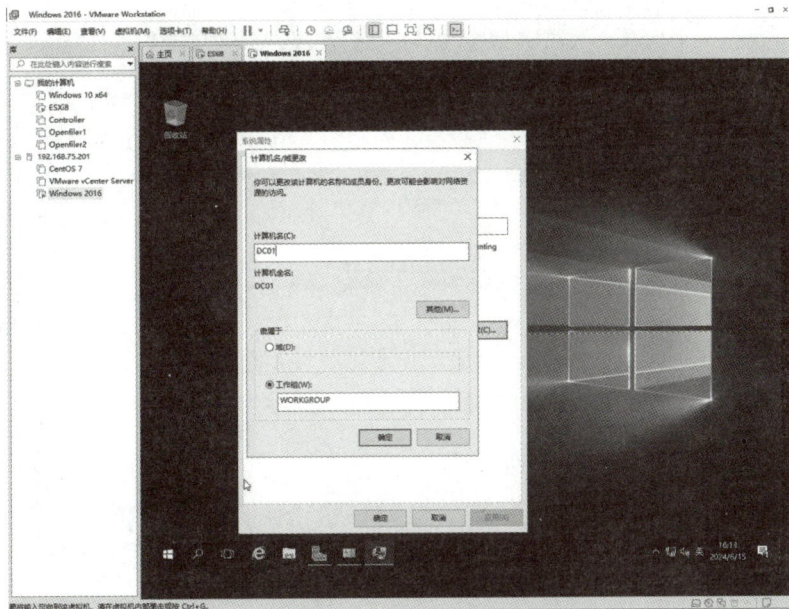

图 5-1-2　修改计算机名

(3) 重启系统。

### 2. 添加 AD 域服务

(1) 在服务器管理器中，单击"添加角色和功能"，如图 5-1-3 所示。

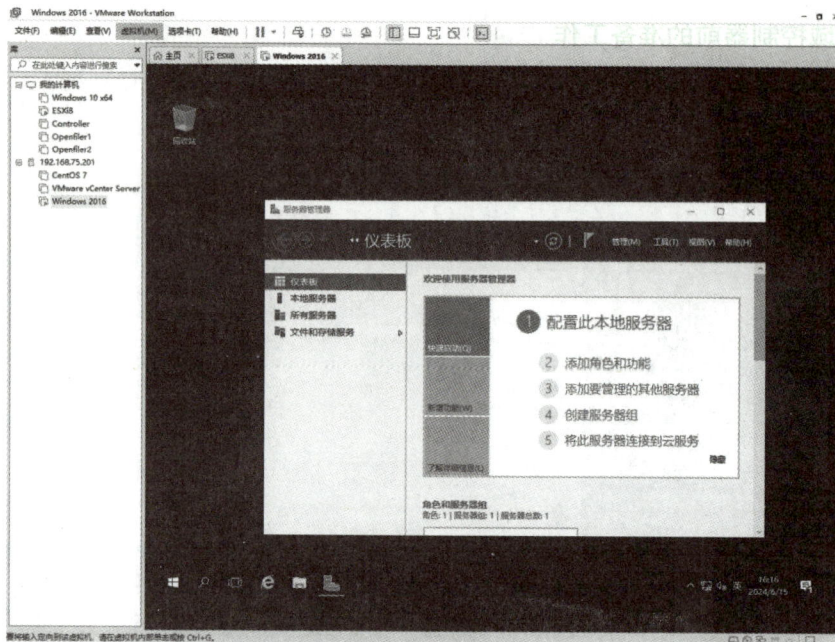

图 5-1-3    添加角色和功能

(2) 在"添加角色和功能向导"对话框中的"开始之前"页面中，单击"下一步"，如图 5-1-4 所示。

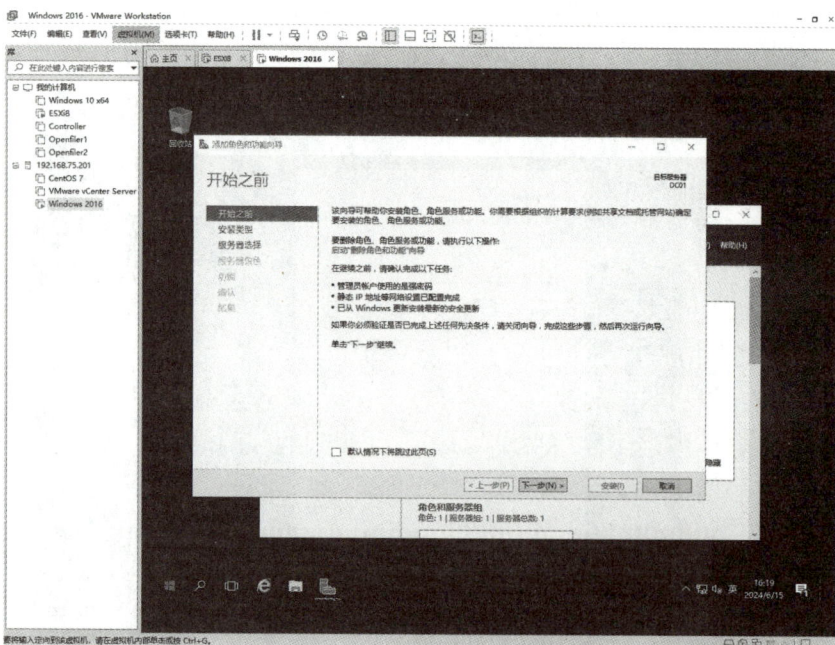

图 5-1-4    开始之前进行任务确认

(3) 在"选择安装类型"页面中，保持默认选项"基于角色或基于功能的安装"，单击"下一步"，如图 5-1-5 所示。

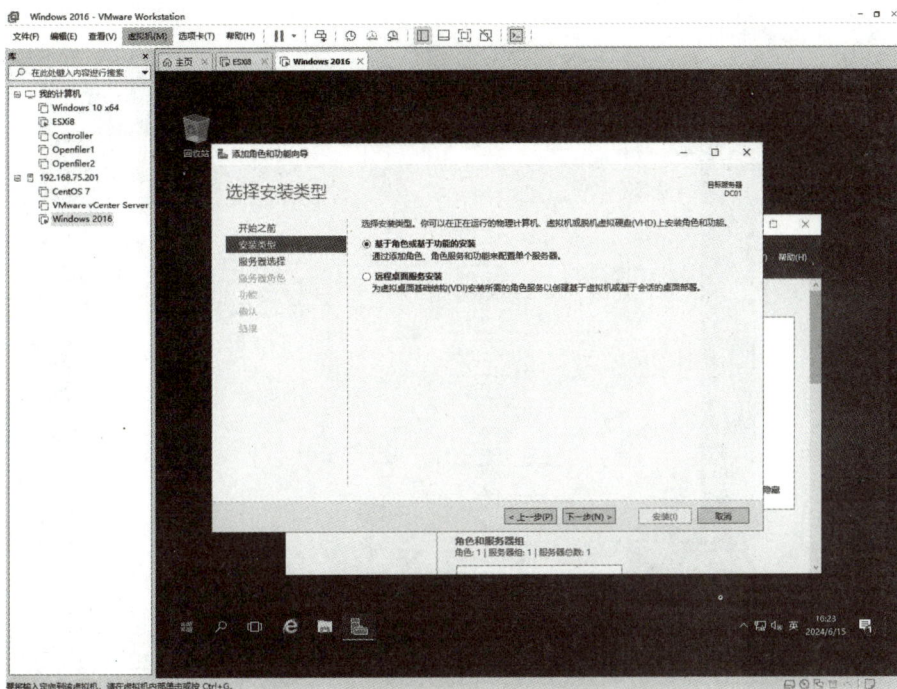

图 5-1-5　选择安装类型

(4) 在"选择目标服务器"页面中，保持默认选项，单击"下一步"，如图 5-1-6 所示。

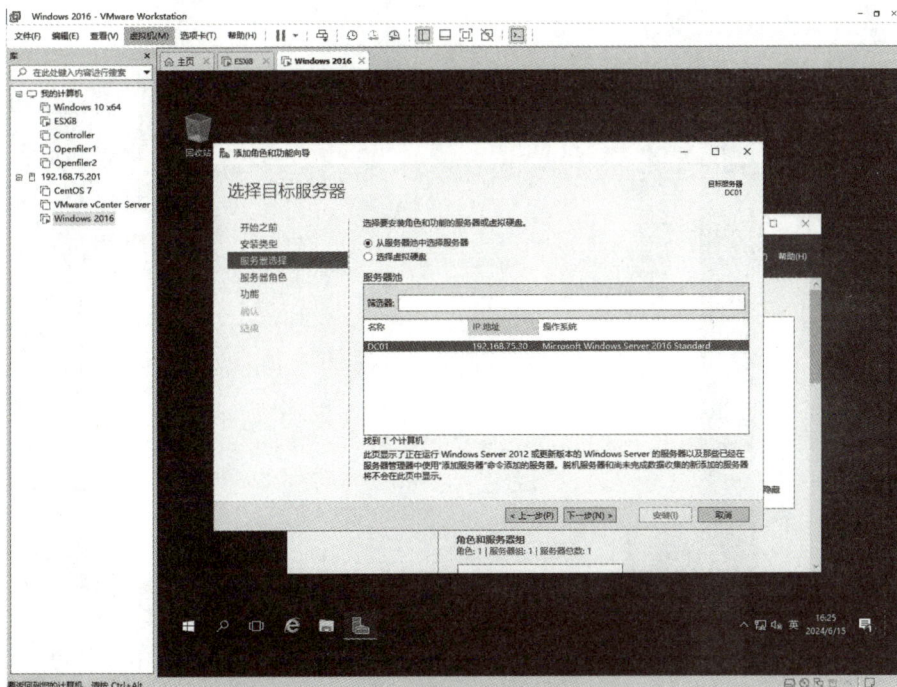

图 5-1-6　选择目标服务器

（5）在"选择服务器角色"页面中，单击选择"Active Directory 域服务"，如图 5-1-7 所示。

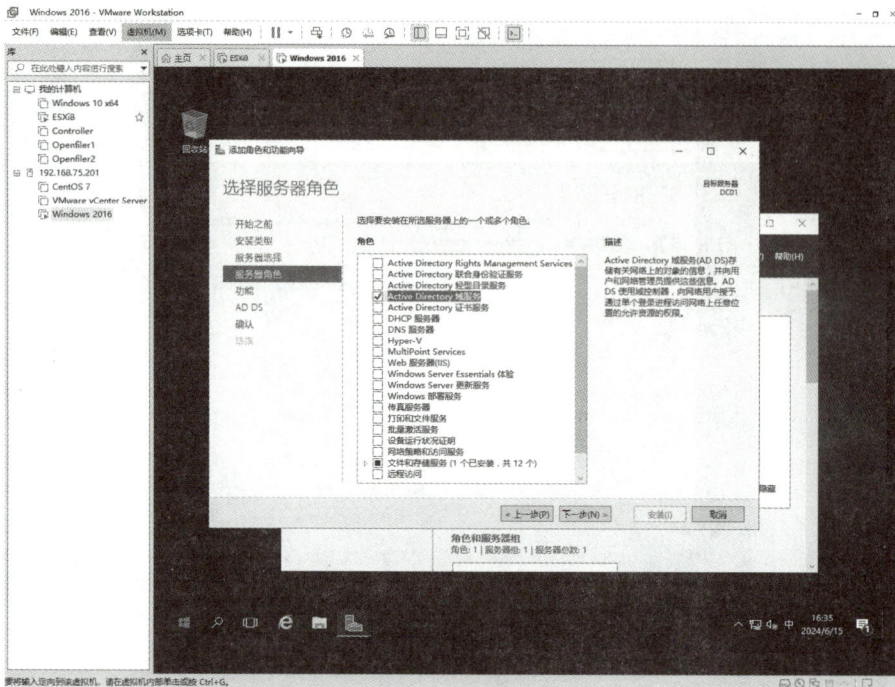

图 5-1-7　服务器角色选择

（6）在"选择功能"页面中，保持默认选项，如图 5-1-8 所示。

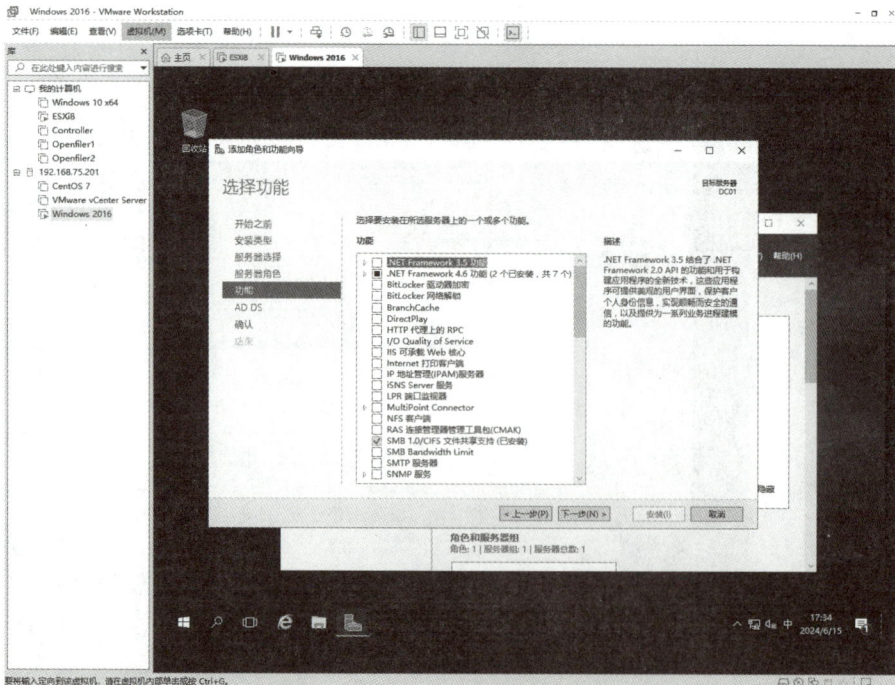

图 5-1-8　功能默认

（7）在"Active Directorg 域服务"页面中，单击"下一步"，如图 5-1-9 所示。

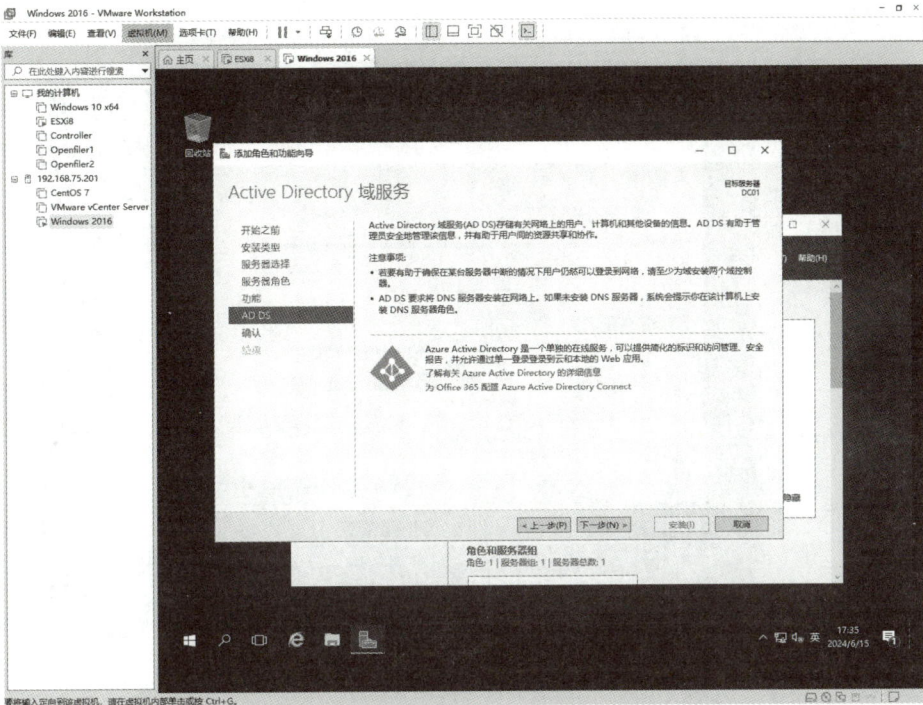

图 5-1-9  Active Directorg 域服务

（8）在"确认安装所选内容"页面中，单击"安装"，如图 5-1-10 所示。

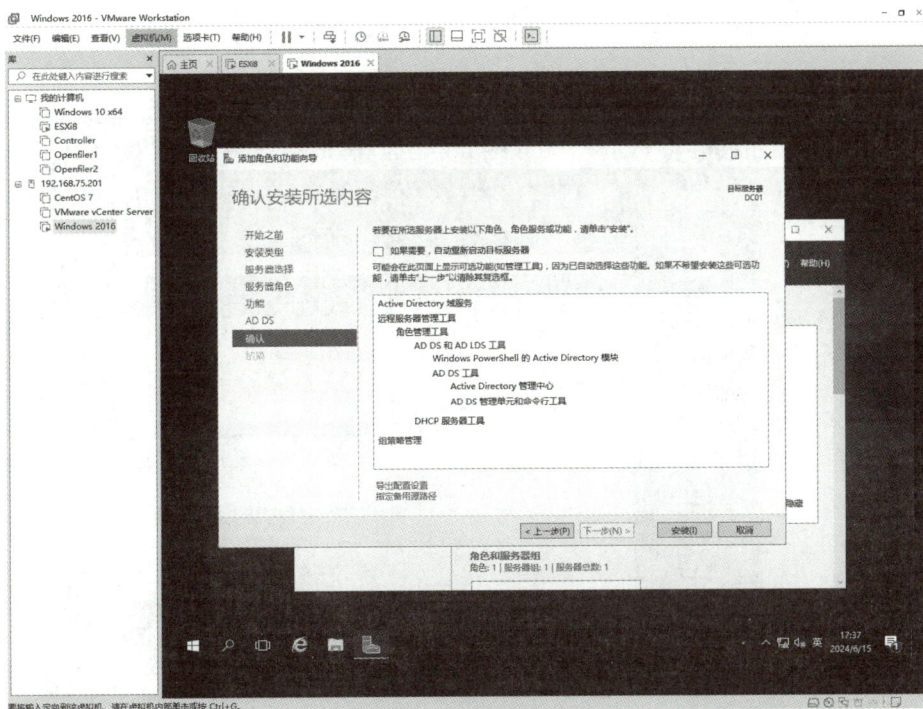

图 5-1-10  确认安装所选内容

(9) 安装完成后，在"安装进度"页面中单击"关闭"，如图 5-1-11 所示。

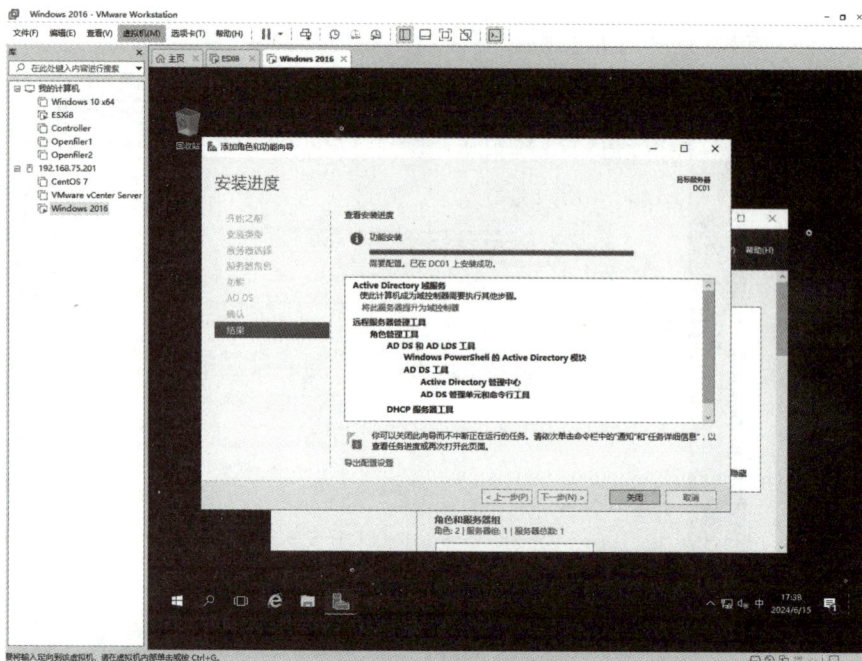

图 5-1-11　安装完成

### 3. 配置 AD 域服务

(1) 在服务器管理器中，单击左侧的"AD DS"项，左侧区域出现带叹号的提升条，单击"更多"，如图 5-1-12 所示。

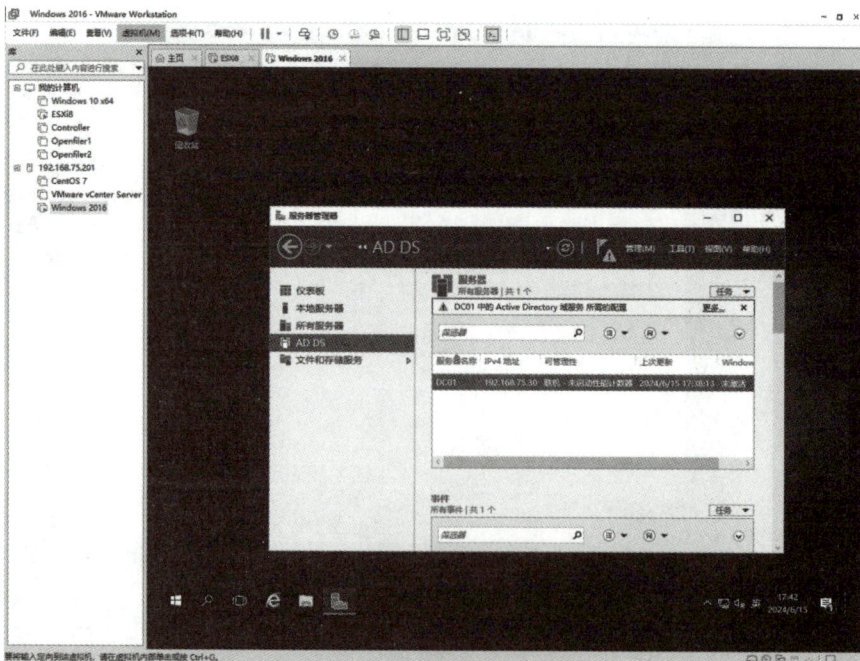

图 5-1-12　AD 域服务所需配置

(2) 在"所有服务器 任务详细信息"对话框中单击"将此服务器提升为域控制器"操作，如图 5-1-13 所示。

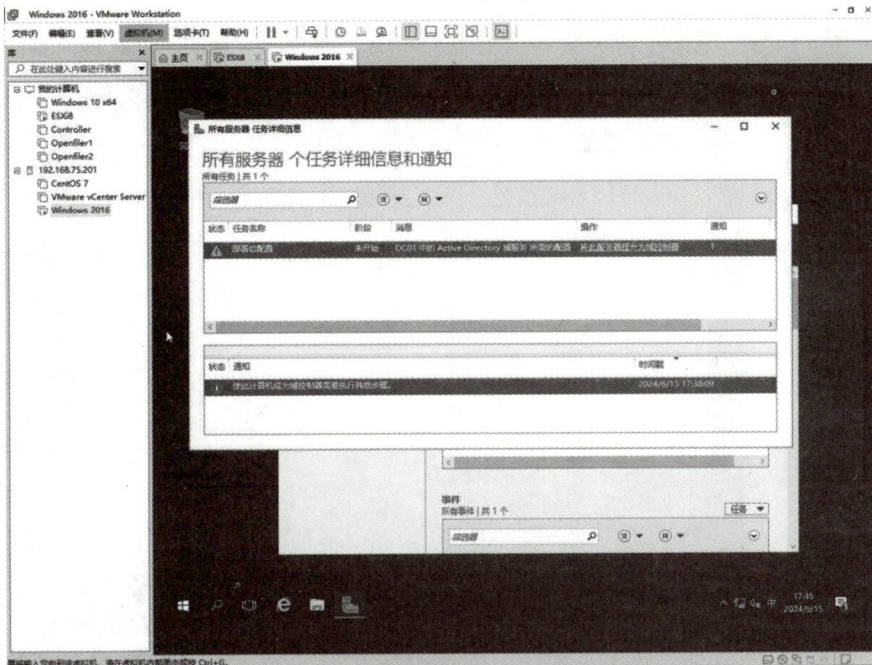

图 5-1-13　提升服务器为域控制器

(3) 在"Active Directory 域服务配置向导"对话框的"部署配置"页面中单击选择"添加新林"，单击"下一步"，如图 5-1-14 所示。

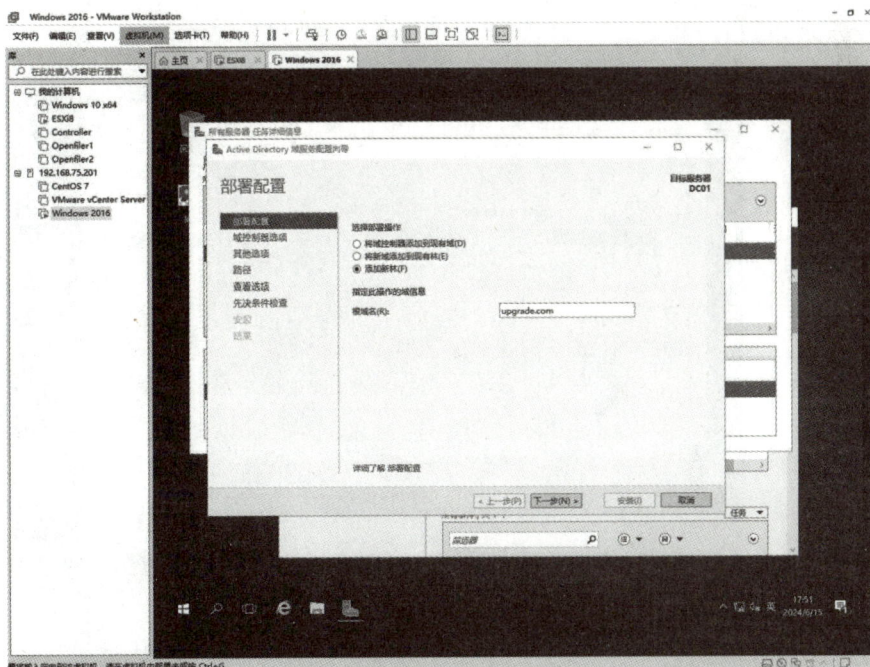

图 5-1-14　添加新林

(4) 在"域控制器选项"页面中，设置目录服务还原模式 (DSRM) 的"密码"，然后单击"下一步"，如图 5-1-15 所示。

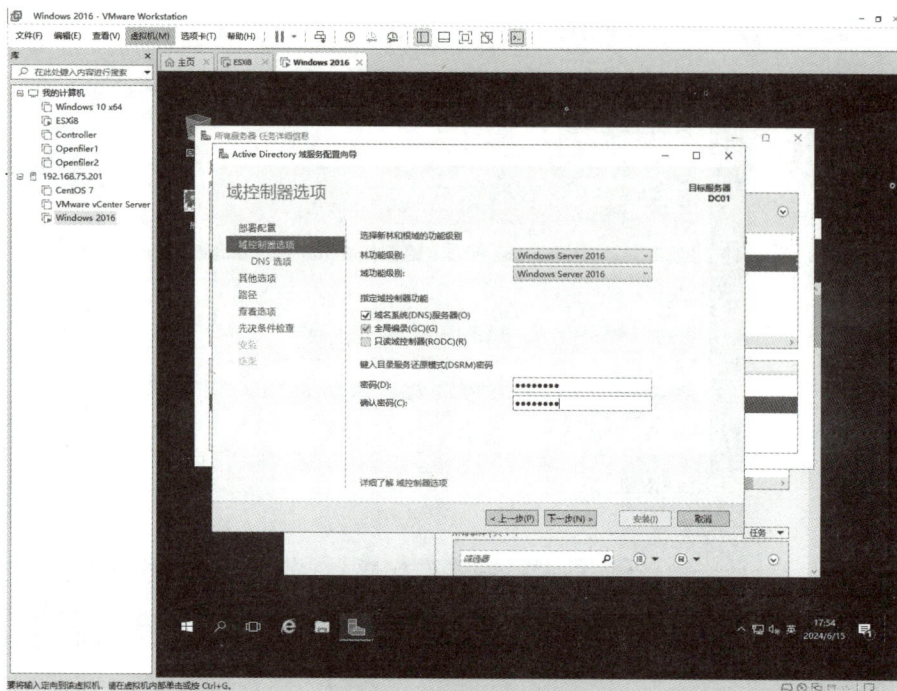

图 5-1-15　设置 DSRM 密码

(5) 在"DNS 选项"页面中，保持默认设置，单击"下一步"，如图 5-1-16 所示。

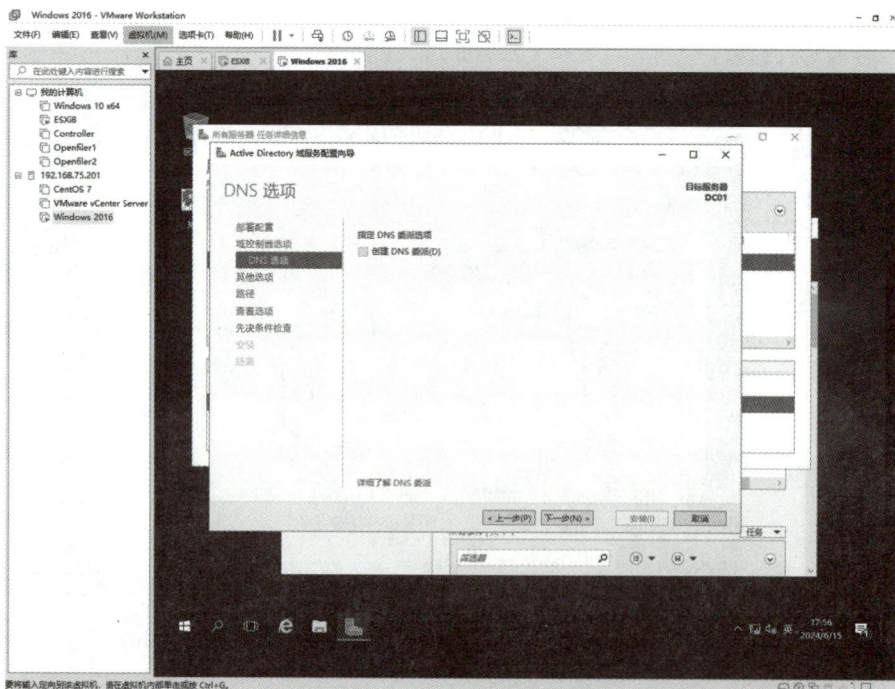

图 5-1-16　DNS 选项

(6) 在"其他选项"页面中，保持默认设置，单击"下一步"，如图 5-1-17 所示。

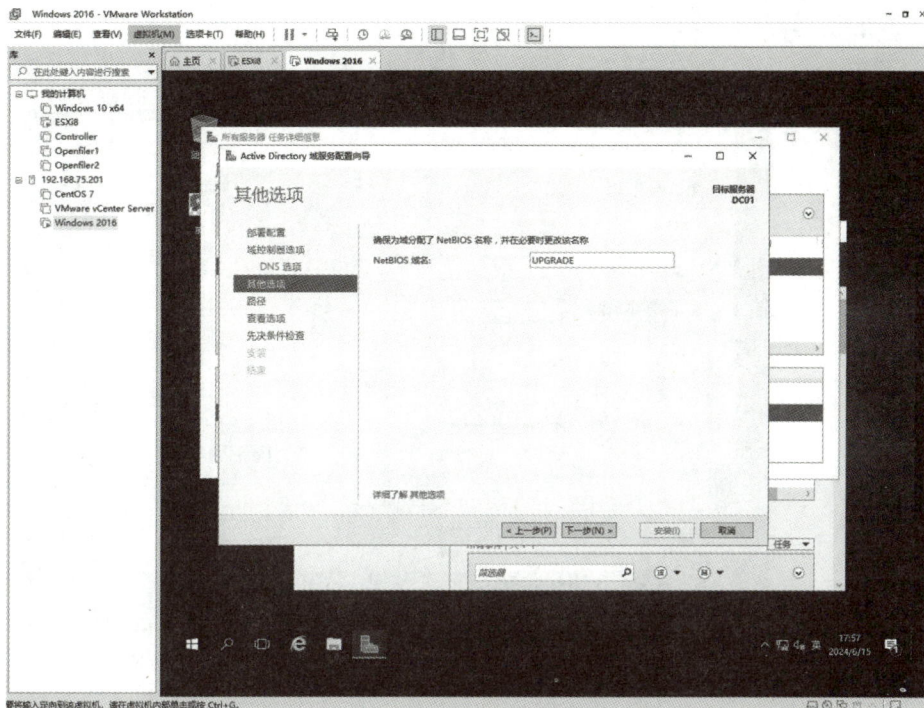

图 5-1-17　确保分配的 NetBIOS 域名

(7) 在"路径"页面中，保持默认设置，单击"下一步"，如图 5-1-18 所示。

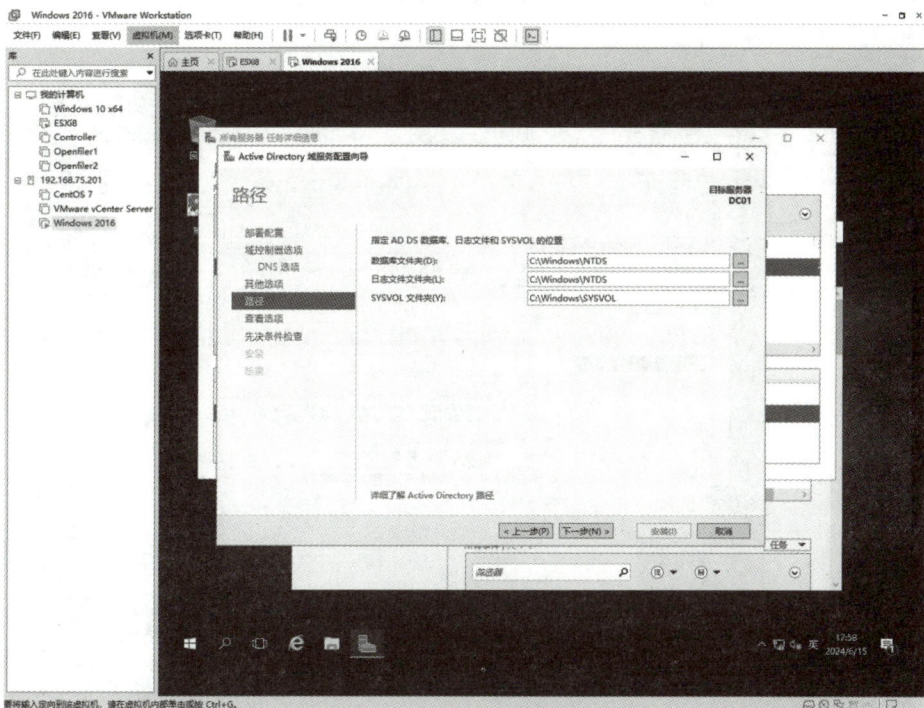

图 5-1-18　相关路径设置

(8) 在"查看选项"页面中，单击"下一步"，如图 5-1-19 所示。

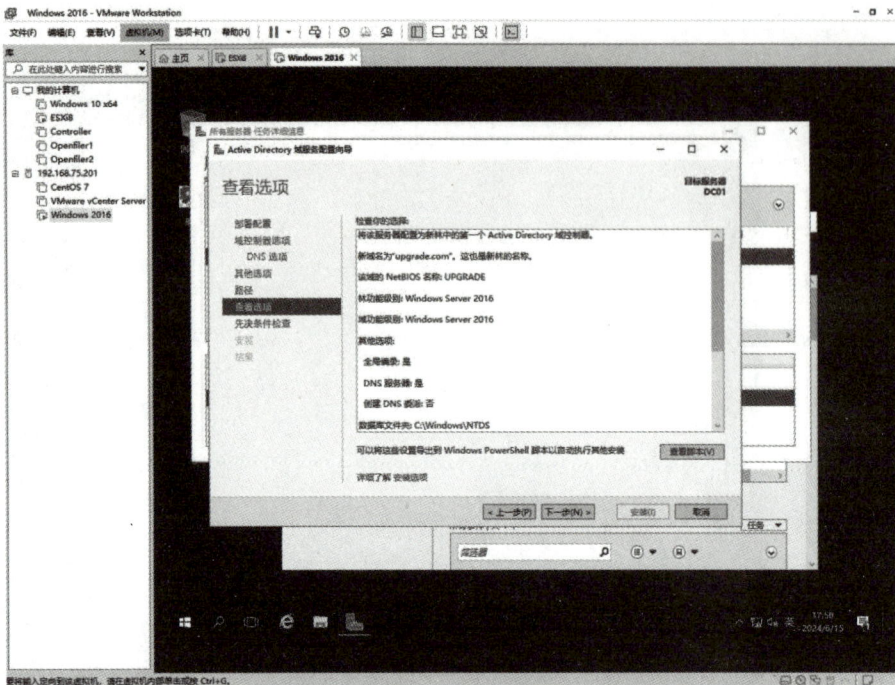

图 5-1-19　查看选项

(9) 在"先决条件检查"页面中，出现"所有先决条件检查都成功通过，请单击"安装""开始安装"的提示，单击"安装"，如图 5-1-20 所示。

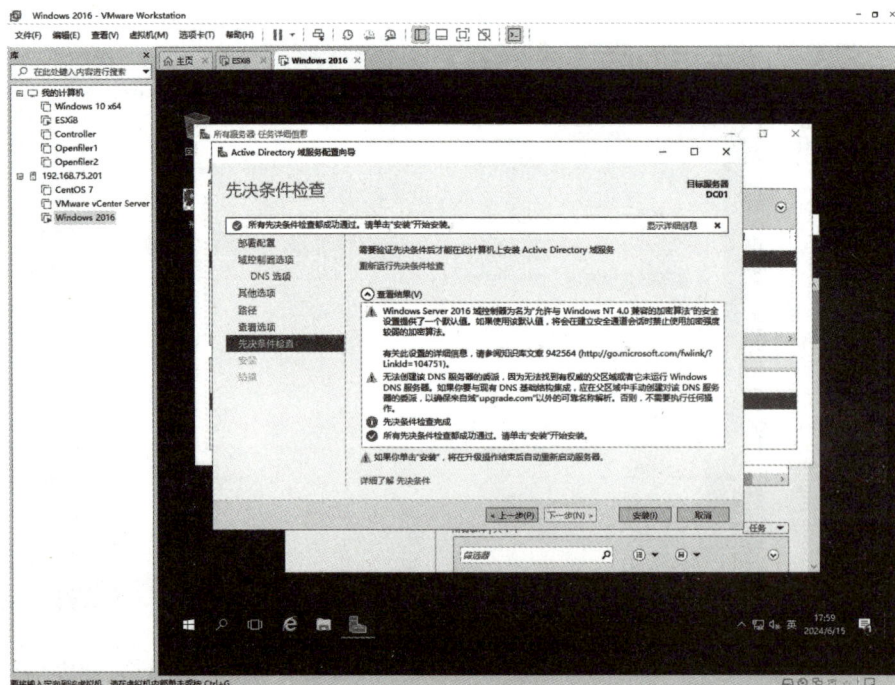

图 5-1-20　先决条件检查

(10) 根据系统配置安装过程可能持续一两分钟，安装完成后系统重启并回到登录界面，如图 5-1-21 所示。

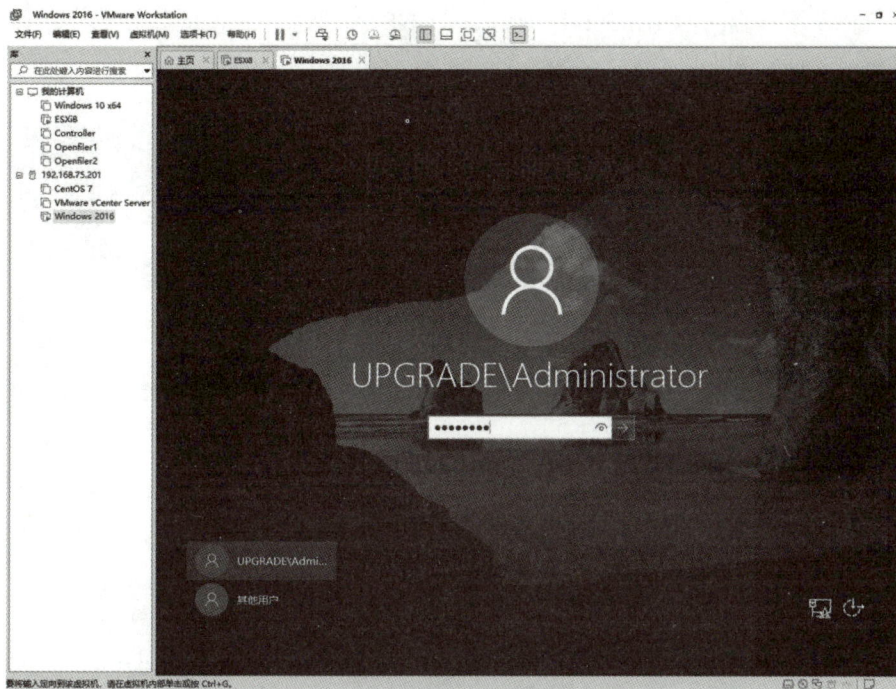

图 5-1-21  登录 Windows 2016

至此，AD DS 域控服务器安装完毕，如图 5-1-22 所示。

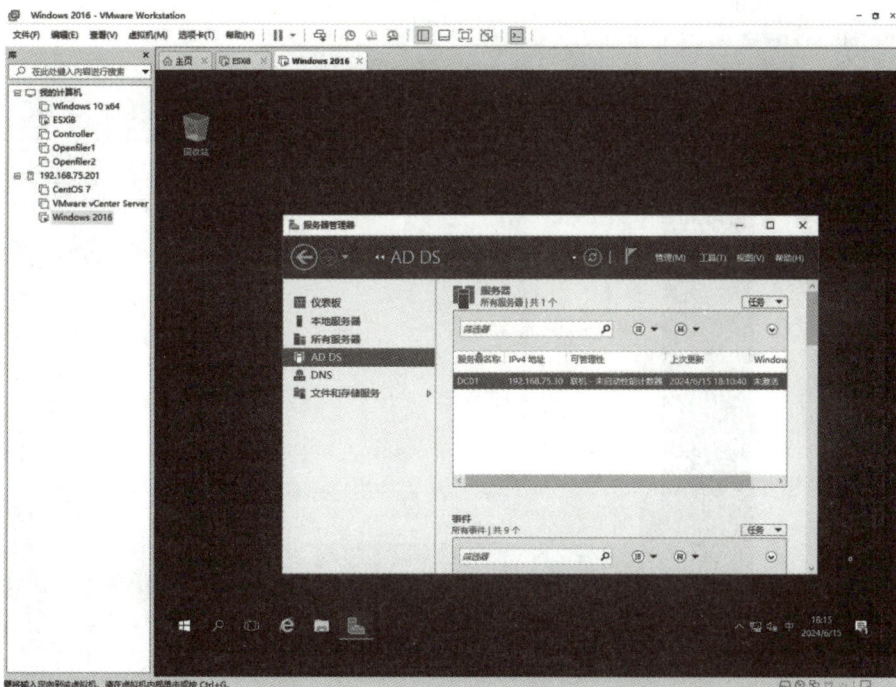

图 5-1-22  安装完毕的域控服务器

## 4. 配置 DNS 服务

(1) 在服务器管理器中，单击左侧的"DNS"项，在右侧出现的 DC01 服务器上单击右键，选择"DNS 管理器"，如图 5-1-23 所示。"DNS 管理器"对话框如图 5-1-24 所示。

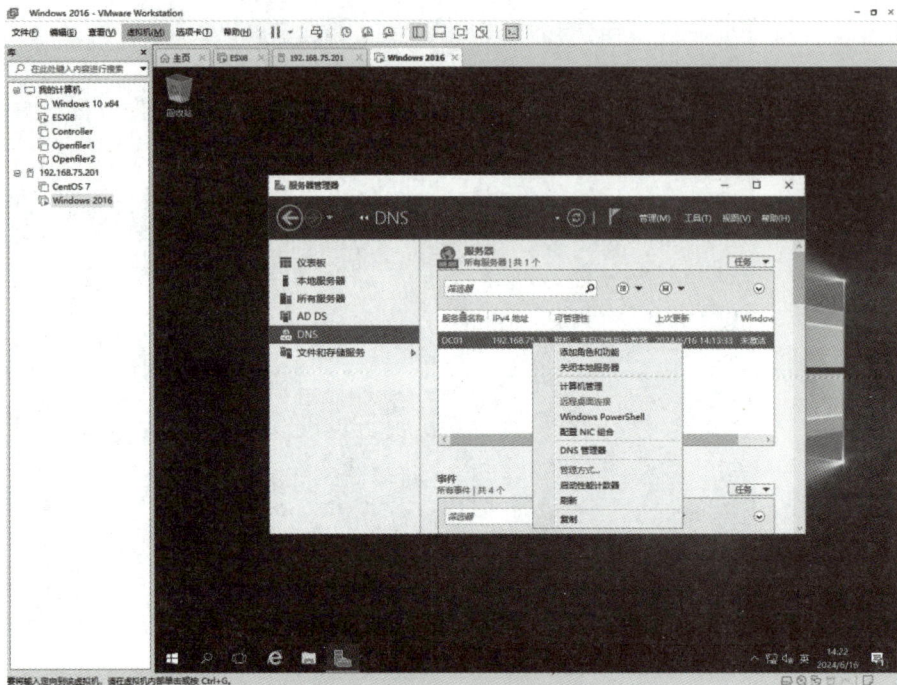

图 5-1-23　DNS 管理器

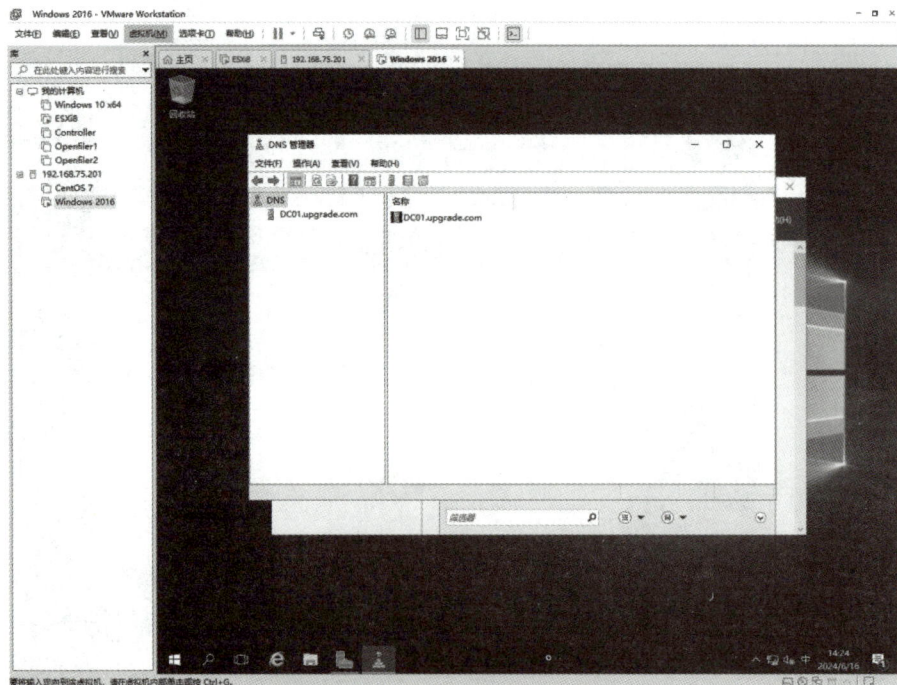

图 5-1-24　DNS 管理器配置界面

(2) 右键单击"反向查找区域"，在弹出的菜单中选择"新建区域"，如图 5-1-25 所示。

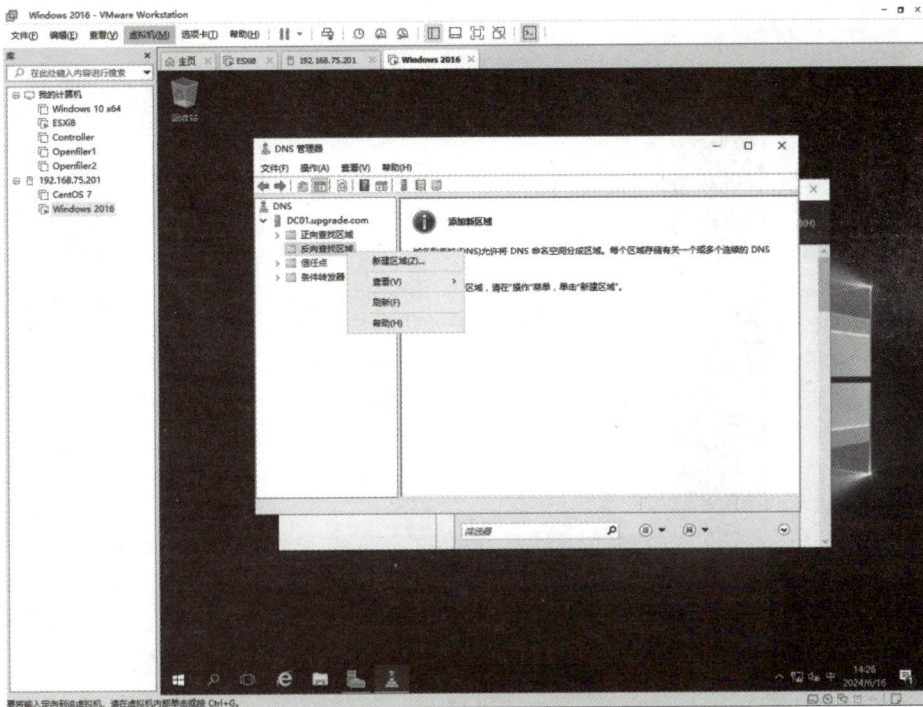

图 5-1-25　反向查找新建区域

(3) 进入"新建区域向导"对话框，单击"下一步"，如图 5-1-26 所示。

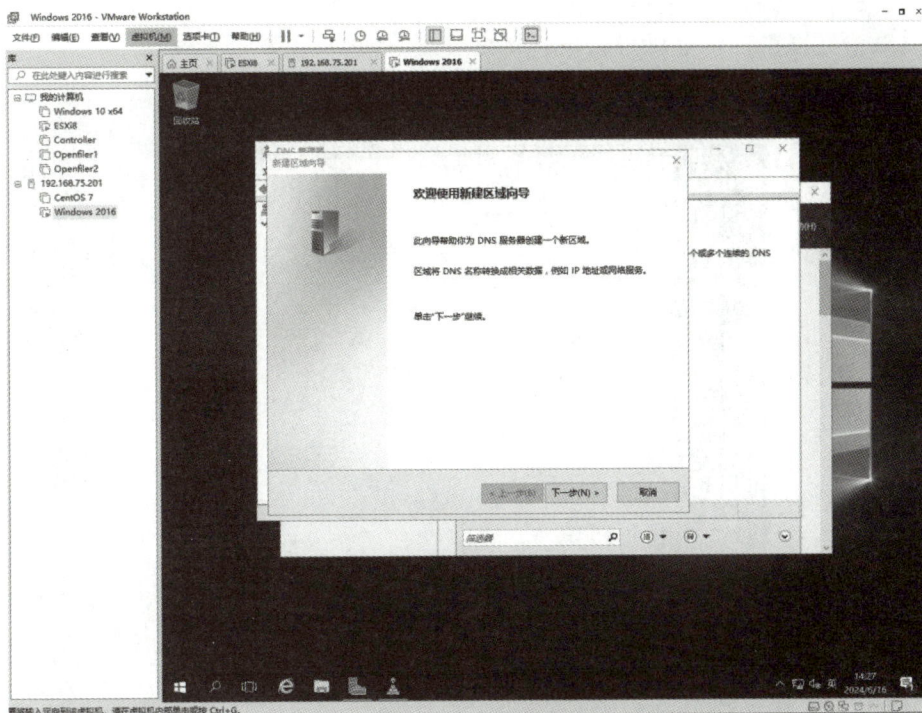

图 5-1-26　新建区域向导

（4）在"区域类型"页面中单击选择"主要区域"，单击"下一步"，如图 5-1-27 所示。

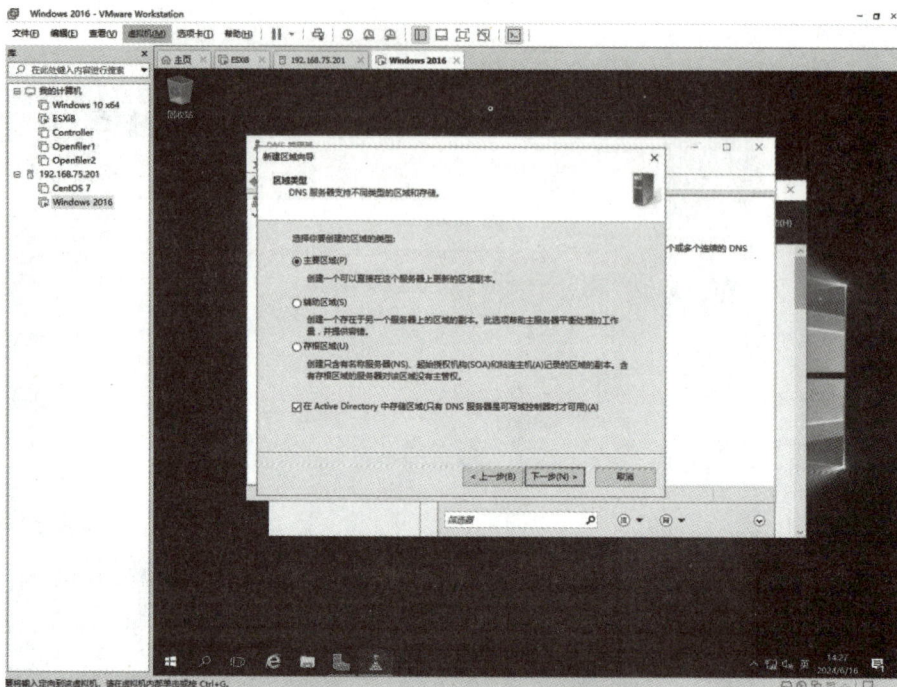

图 5-1-27　区域类型选择

（5）在"Active Directory 区域传送作用域"页面中，保持默认设置，单击"下一步"，如图 5-1-28 所示。

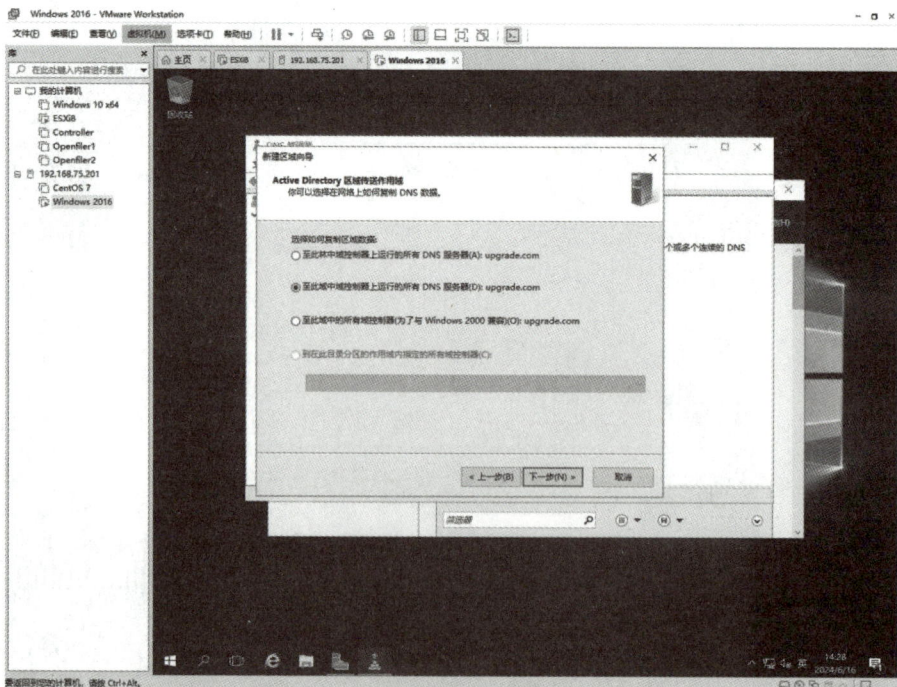

图 5-1-28　AD 区域传送作用域

(6) 在"反向查找区域名称"页面中选择"IPv4 反向查找区域 (4)"，单击"下一步"，如图 5-1-29 所示。

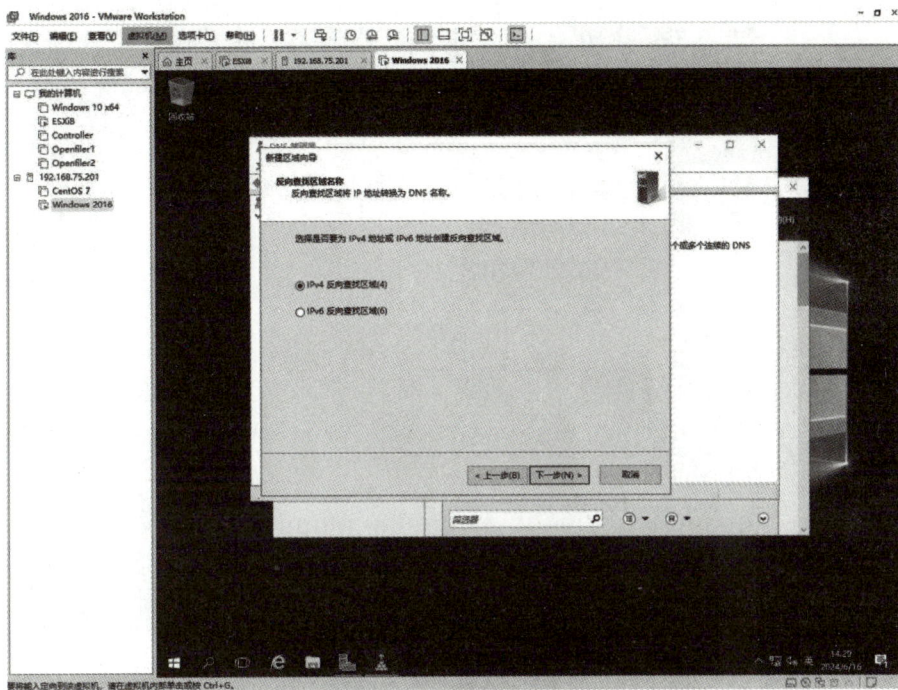

图 5-1-29　反向查找区域名称 (1)

(7) 在接下来的页面中输入网络 ID，单击"下一步"，如图 5-1-30 所示。

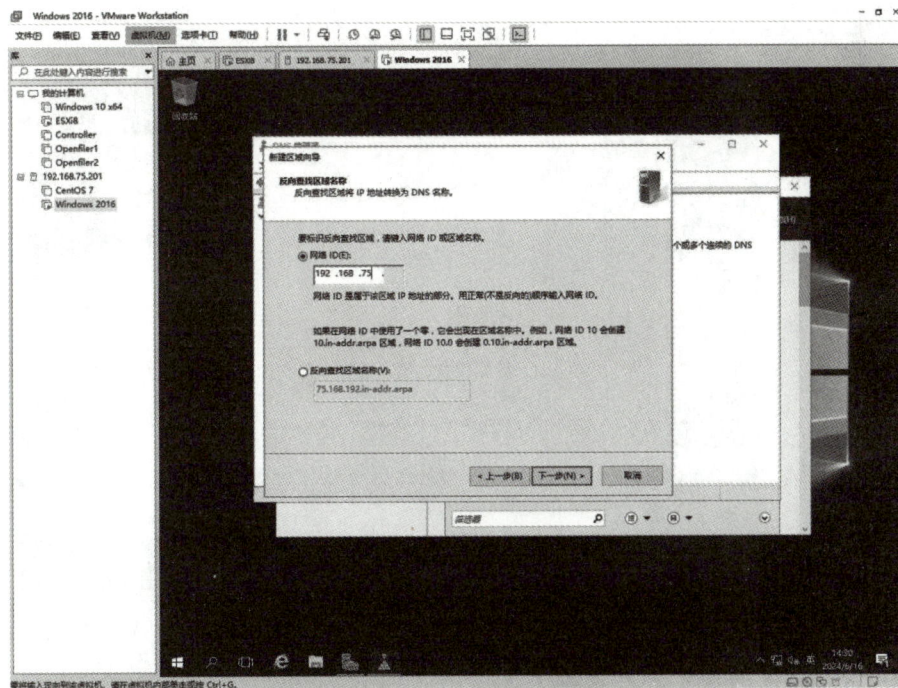

图 5-1-30　反向查找区域名称 (2)

(8) 在"动态更新"页面中，保持默认设置，单击"下一步"，如图 5-1-31 所示。

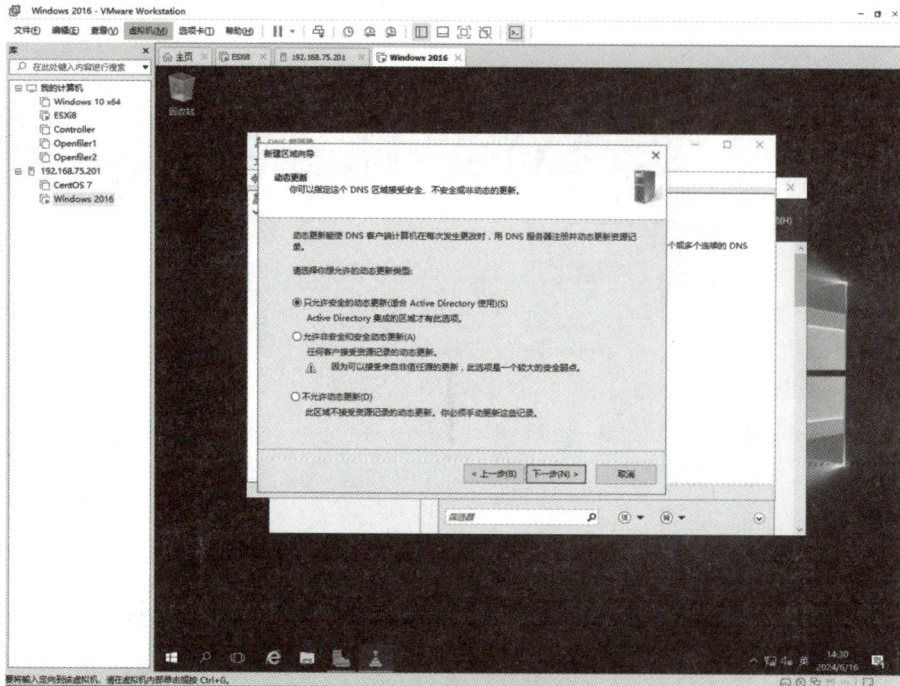

图 5-1-31　动态更新选择

(9) 出现"正在完成新建区域向导"页面，检查新建区域的设置，然后单击"完成"，如图 5-1-32 所示。创建的反向查找区域如图 5-1-33 所示。

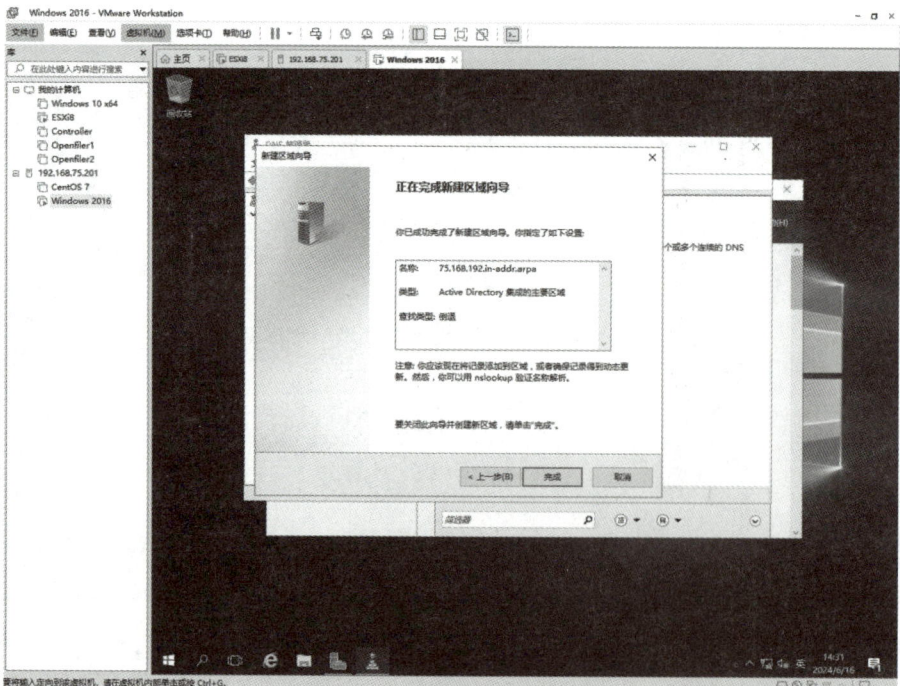

图 5-1-32　检查新建区域设置

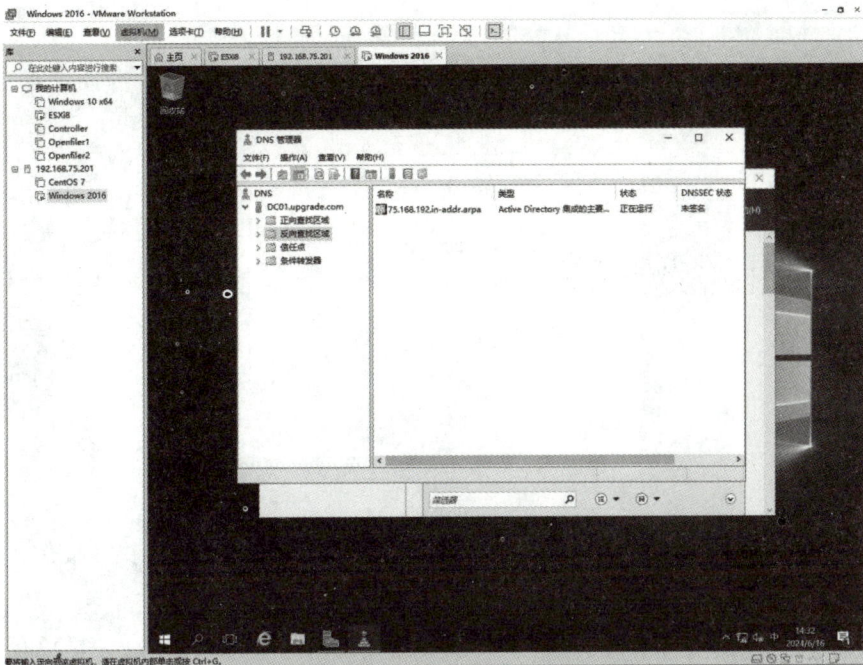

图 5-1-33　创建完成后的反向查找区域

(10) 单击"正向查找区域"展开下级选项，然后选择"upgrade.com"（域名），接着右键单击并选择"新建主机"，如图 5-1-34 所示。

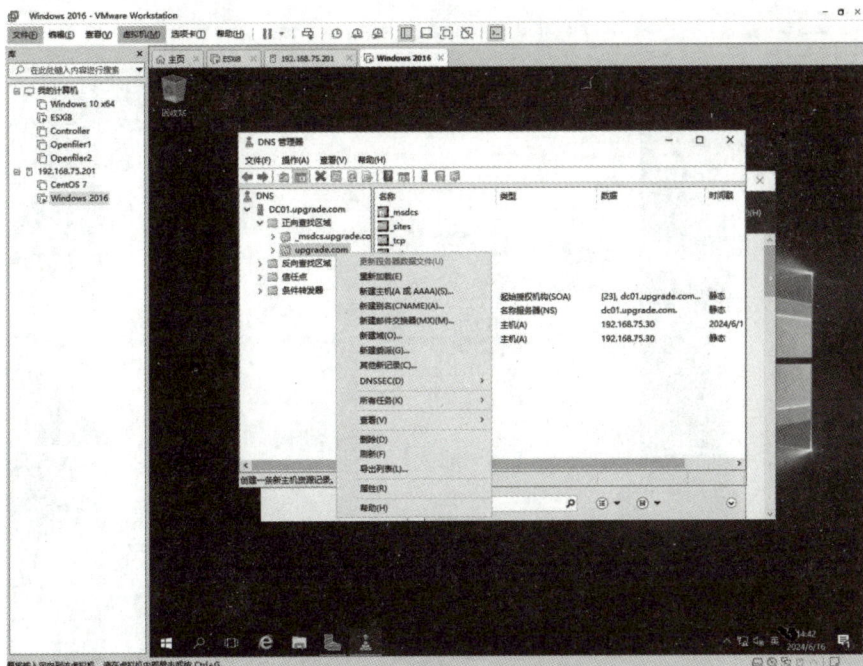

图 5-1-34　正向查找区域 upgrade.com

(11) 在"新建主机"对话框中创建 ESXi 主机的名称和 IP 的对应关系，同时勾选"创建相关的指针"，然后单击"添加主机"，如图 5-1-35 所示。

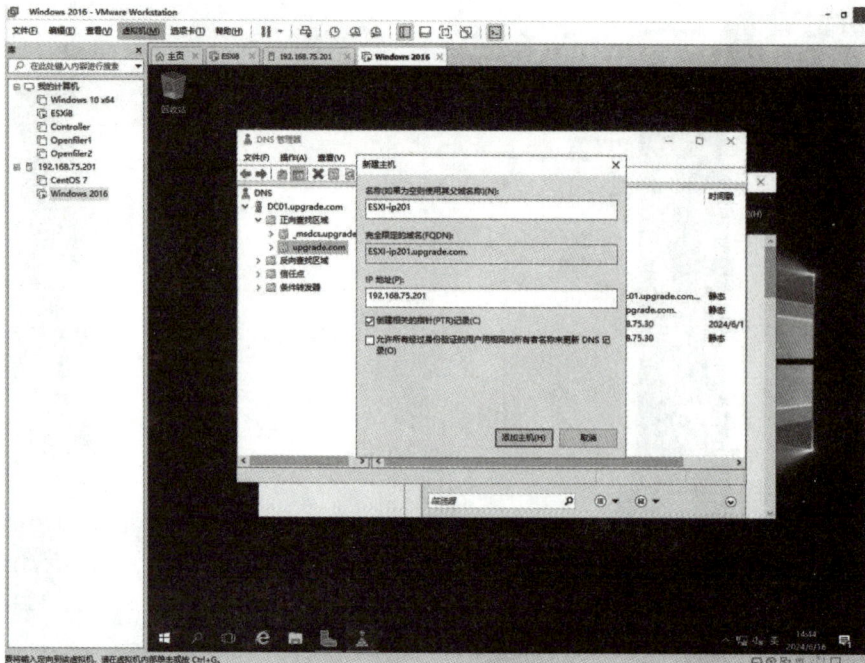

图 5-1-35　新建 ESXi 主机

(12) 创建 VCSA 的名称和 IP 的对应关系，同时勾选"创建相关的指针"，然后单击"添加主机"，如图 5-1-36 所示。

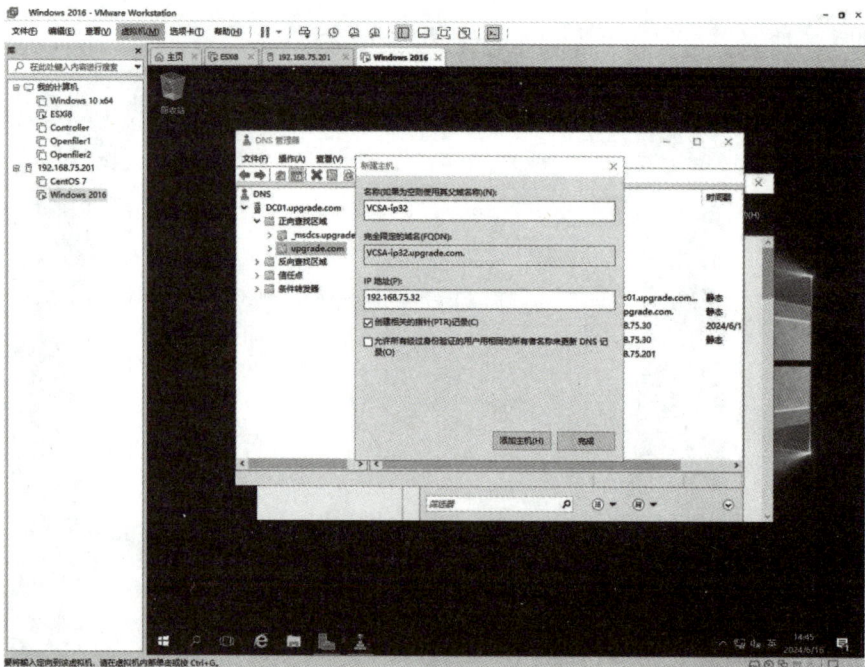

图 5-1-36　新建 vCSA 主机

(13) 同理，也增加 DC01 计算机域名与 IP 的对应关系，然后单击"完成"。至此，DNS 管理器配置完毕，如图 5-1-37 所示。

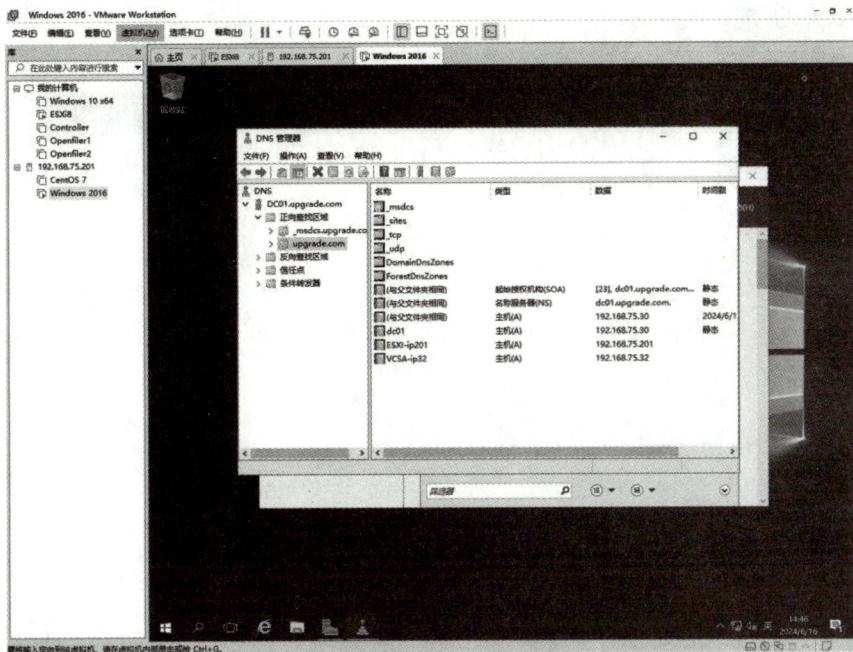

图 5-1-37　配置完成后的 DNS 管理器

## 二、部署 VCSA 并进行初始配置

使用 UI 界面方式安装 VCSA 的步骤如下：

(1) 使用 UltraISO 软件，将 VCSA 的 ISO 文件加载到本地光驱中，如图 5-1-38 所示。

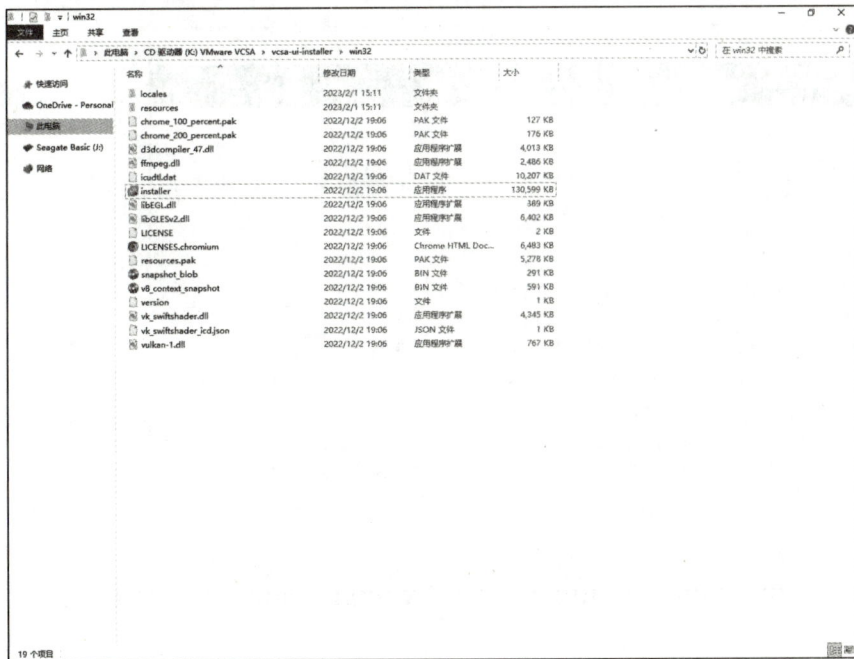

图 5-1-38　光驱中的 VCSA ISO 文件目录

安装 VCSA

(2) 打开路径 F:\vcsa-ui-installer\win32，双击 installer 应用程序，进入 vCenter Server 安

装程序界面，如图 5-1-39 所示。

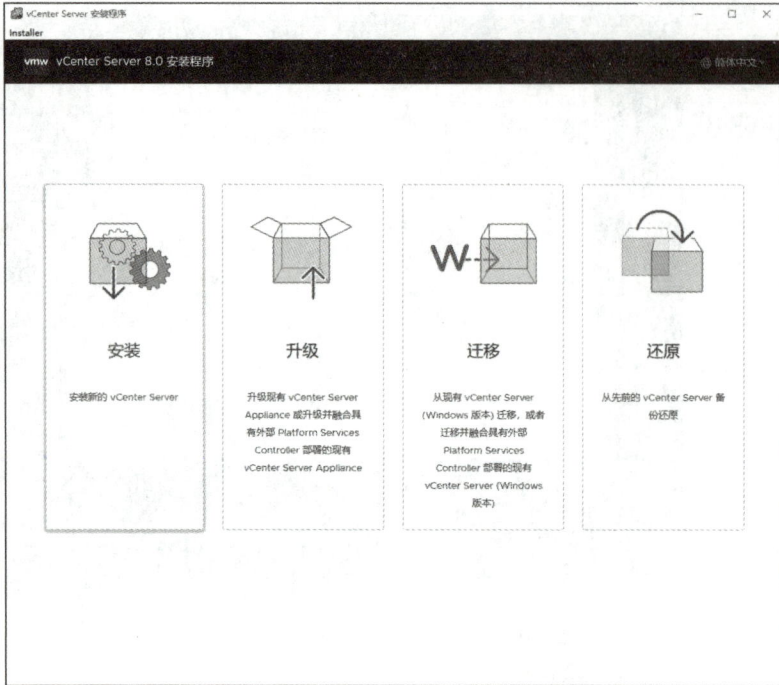

图 5-1-39　vCenter Server 8.0 安装程序

(3) 在右上角选择"简体中文"，然后单击"安装"，进入"vCenter Server 安装程序"对话框中的"安装 - 第 1 阶段：部署 vCenter Server"页面，单击"下一步"，如图 5-1-40 所示。

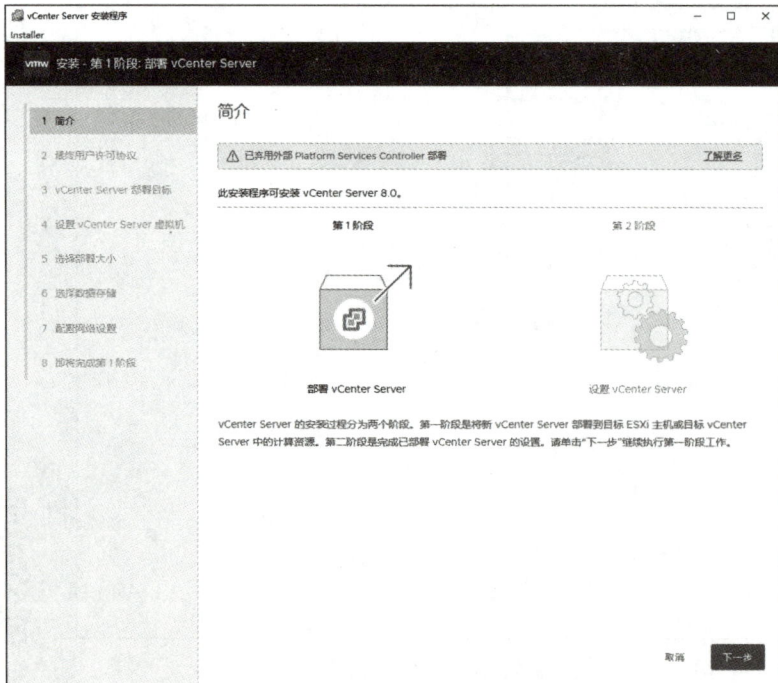

图 5-1-40　部署 vCenter Server

(4) 在"最终用户许可协议"页面中，勾选"我接受许可协议条款"，单击"下一步"，如图 5-1-41 所示。

图 5-1-41　最终用户许可协议

(5) 在"vCenter Server 部署目标"页面中，配置安装 VCSA 所在的 ESXi 主机、IP 地址等信息，单击"下一步"，如图 5-1-42 所示。

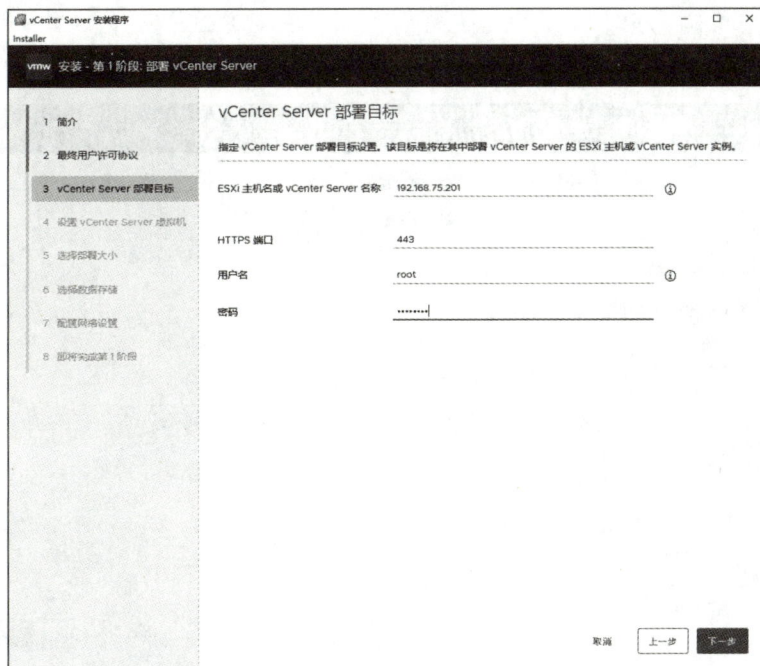

图 5-1-42　vCenter Server 部署目标

(6) 在"证书警告"弹出窗口中选择"是",如图 5-1-43 所示。

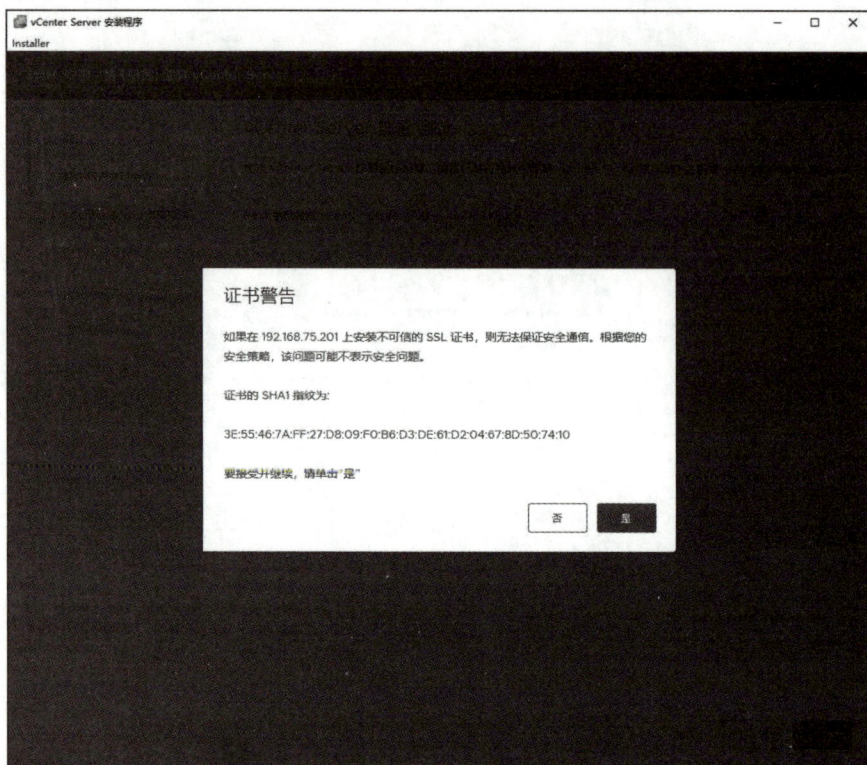

图 5-1-43　证书警告

(7) 在"设置 vCenter Server 虚拟机"页面中,输入 VCSA 的名称和密码,如图 5-1-44 所示,然后单击"下一步"。

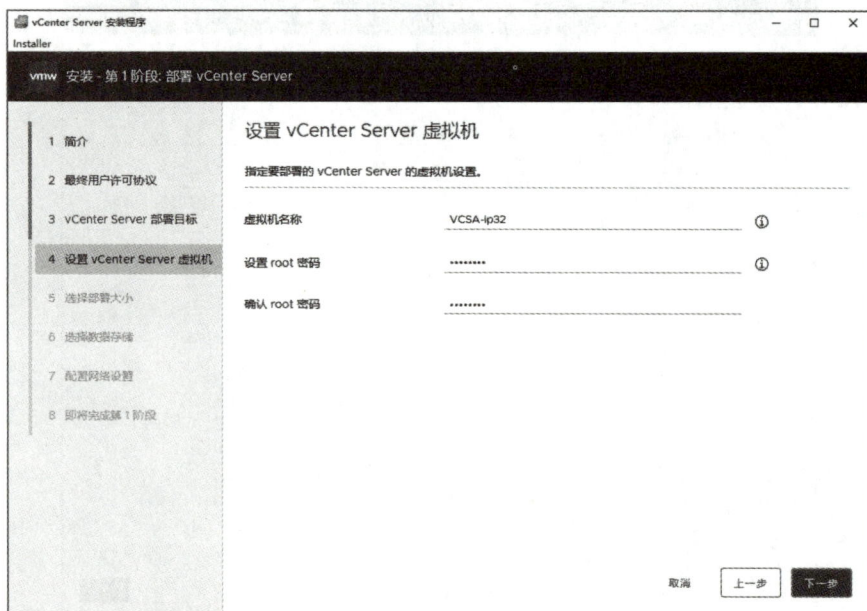

图 5-1-44　设置 vCenter Server 虚拟机

(8) 在"选择部署大小"页面中，根据实际部署，这里保持默认设置，单击"下一步"，如图 5-1-45 所示。

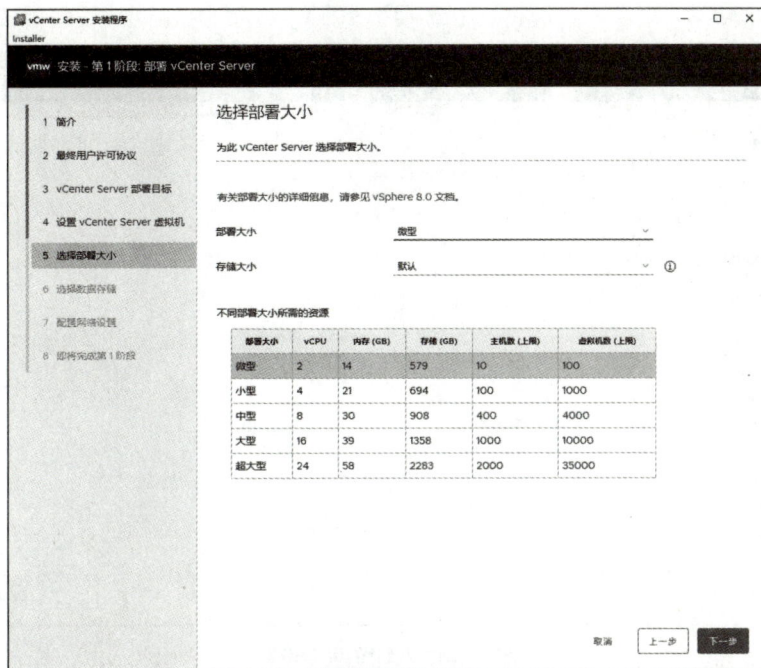

图 5-1-45　选择部署大小

(9) 在"选择数据存储"页面中，数据存储选择仅有的 datastore1，如图 5-1-46 所示，然后单击"下一步"。

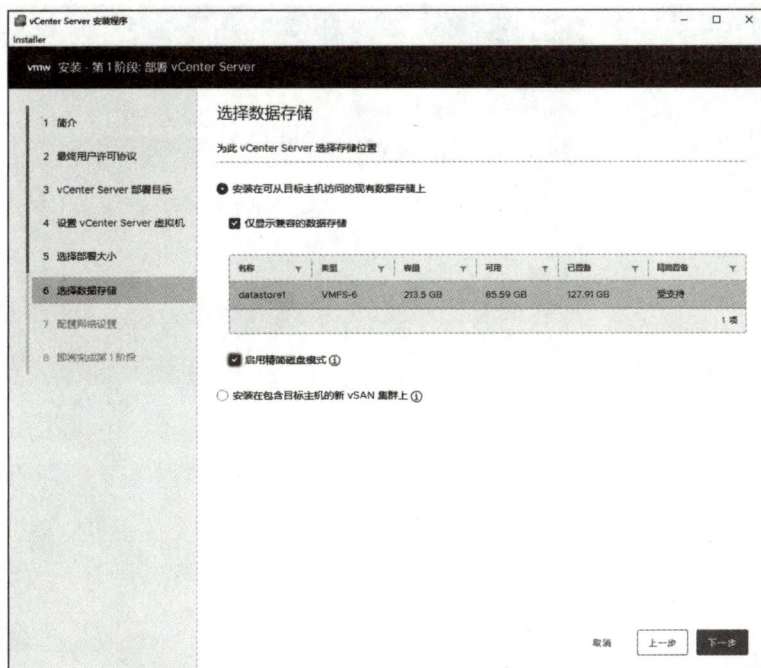

图 5-1-46　选择数据存储

(10) 在"配置网络设置"页面中，按照实际配置网络设置，然后单击"下一步"，如图 5-1-47 所示。

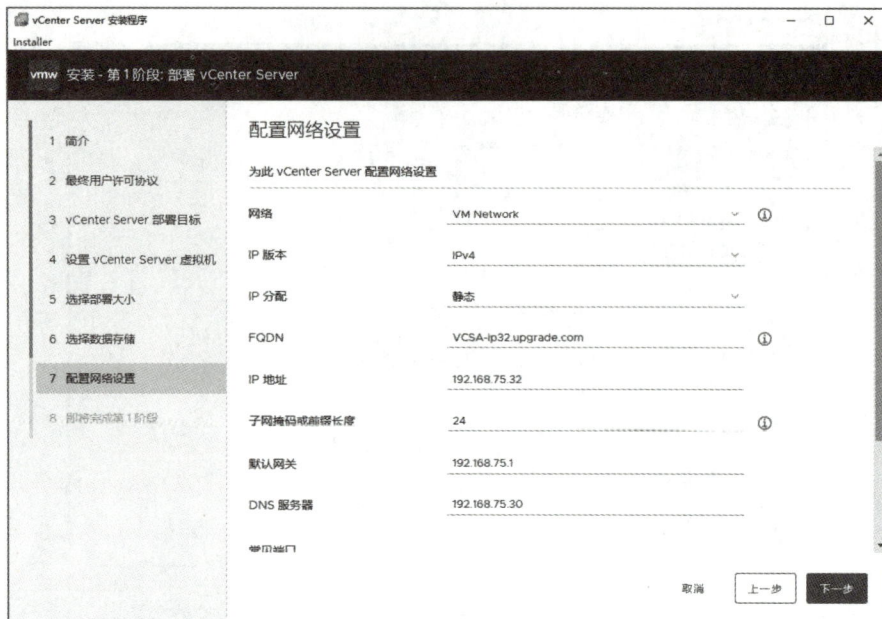

图 5-1-47　配置网络设置

(11) 在"即将完成第 1 阶段"页面中，进行部署前的设置检查，然后单击"完成"，如图 5-1-48 所示。

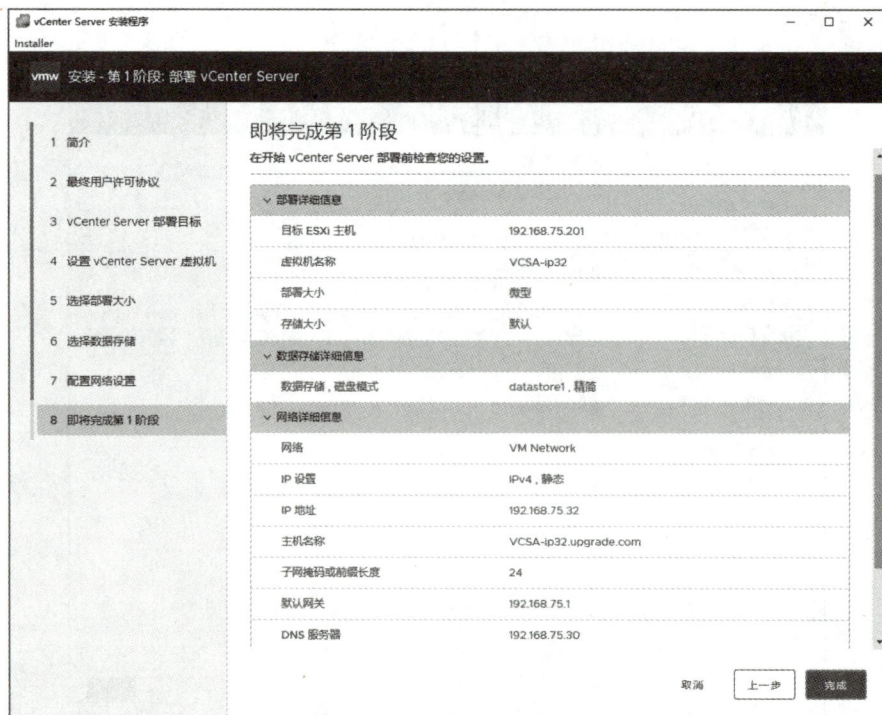

图 5-1-48　即将完成第 1 阶段设置

(12) 进入安装进度页面，开始第 1 阶段部署，如图 5-1-49 所示。

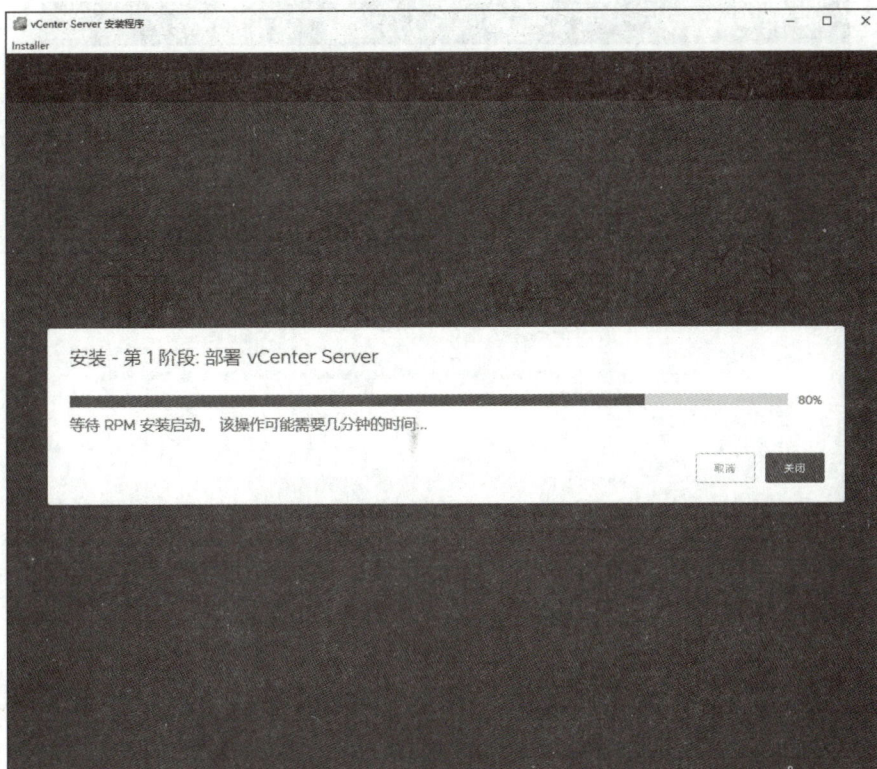

图 5-1-49　开始第 1 阶段部署 vCenter Server

(13) 完成第 1 阶段部署，单击"继续"，如图 5-1-50 所示。

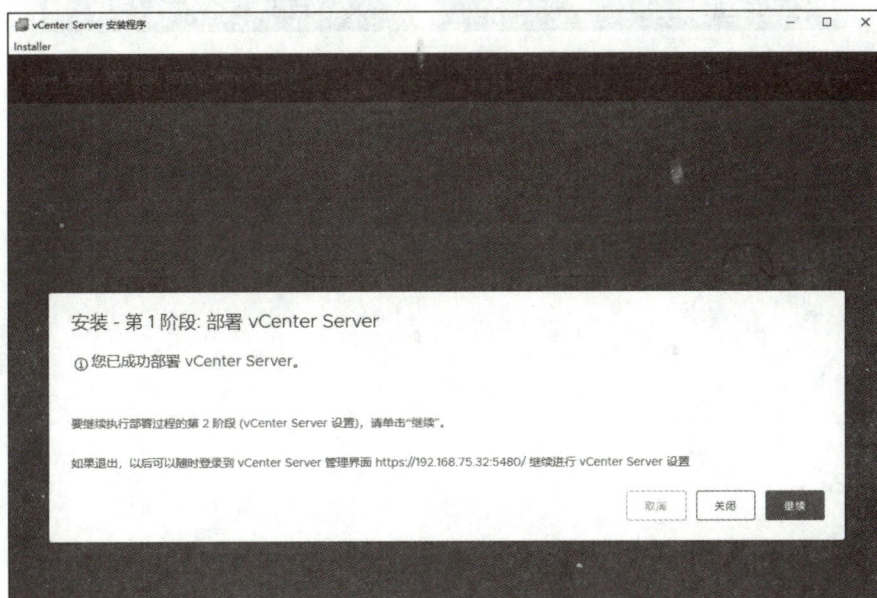

图 5-1-50　第 1 阶段部署成功

(14) 开始第 2 阶段部署，单击"下一步"，如图 5-1-51 所示。

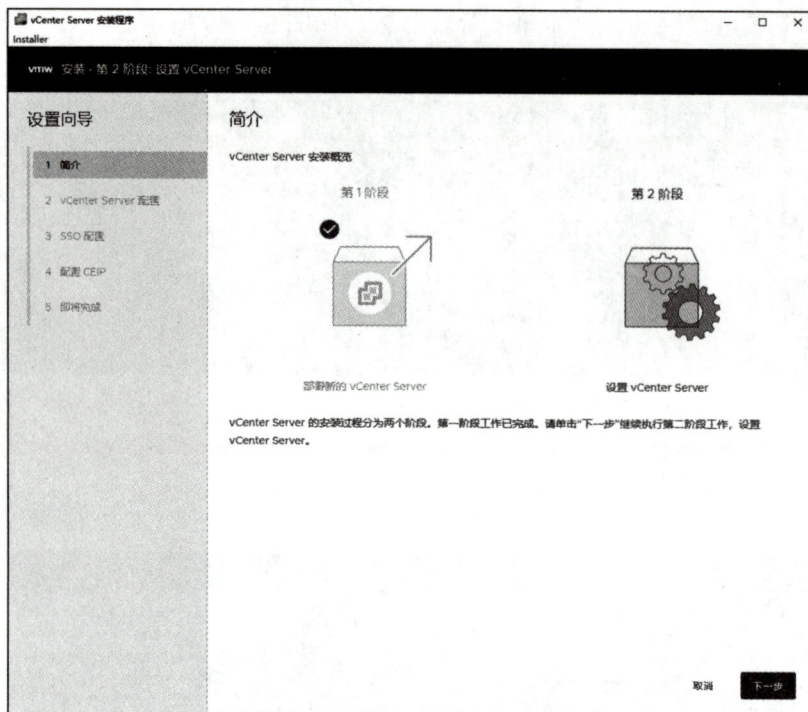

图 5-1-51　第 2 阶段部署简介

(15) 在"vCenter Server 配置"页面中，根据实际选择，单击"下一步"，如图 5-1-52 所示。

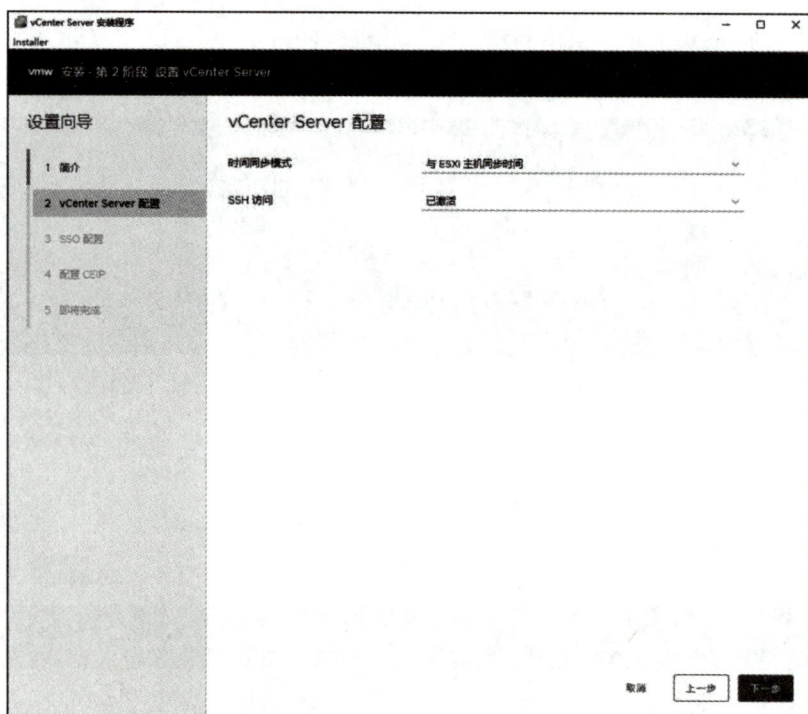

图 5-1-52　设置 vCenter Server 配置

（16）在"SSO 设置"页面中，设置 Single Sign-On 域名和密码，单击"下一步"，如图 5-1-53 所示。

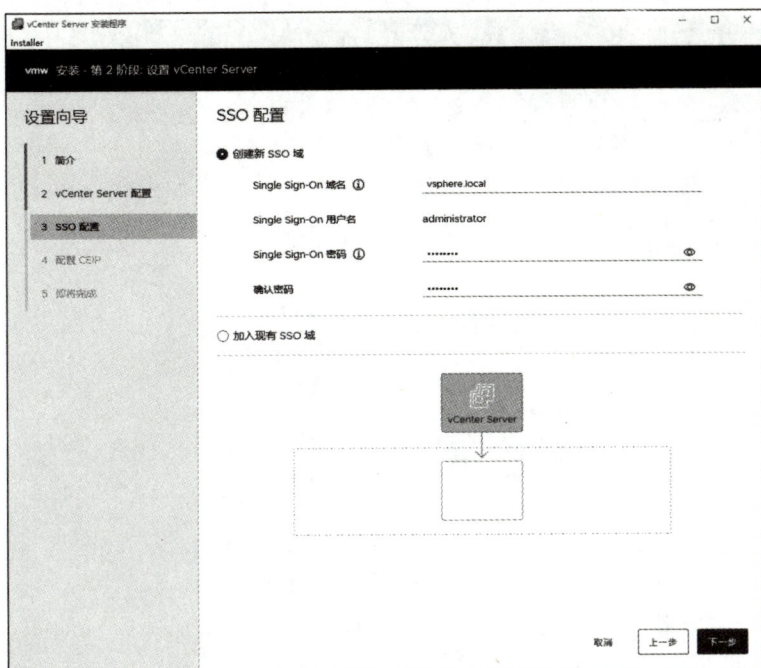

图 5-1-53　配置 SSO

（17）在"配置 CEIP"页面中，根据实际需要配置 CEIP，单击"下一步"，如图 5-1-54 所示。

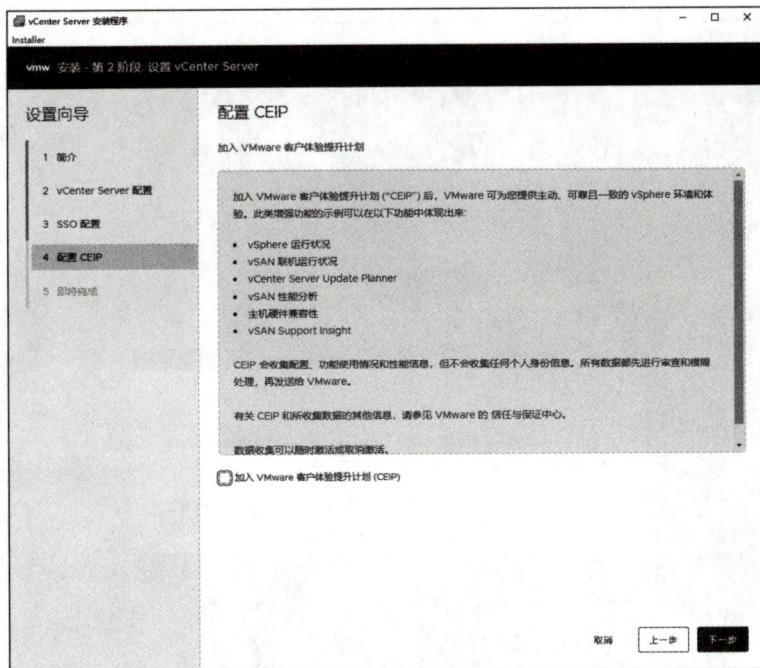

图 5-1-54　配置 CEIP

(18) 在"即将完成"页面中，检查第 2 阶段配置，然后单击"完成"，如图 5-1-55 所示。

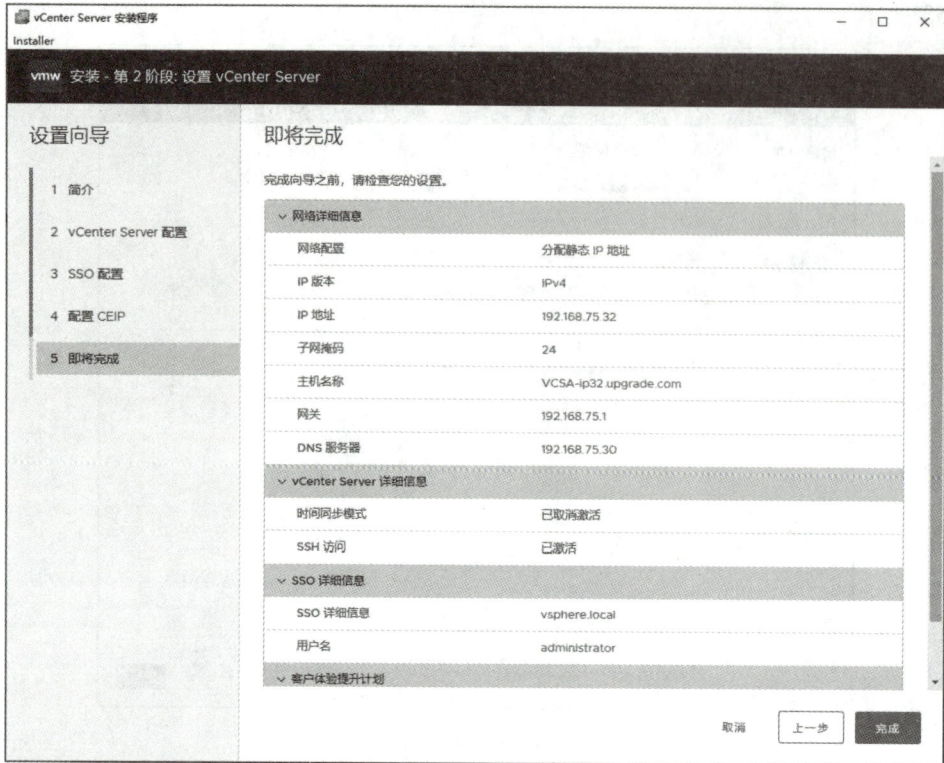

图 5-1-55　即将完成第 2 阶段设置

(19) 在弹出的"警告"提示窗口中单击"确定"，如图 5-1-56 所示。

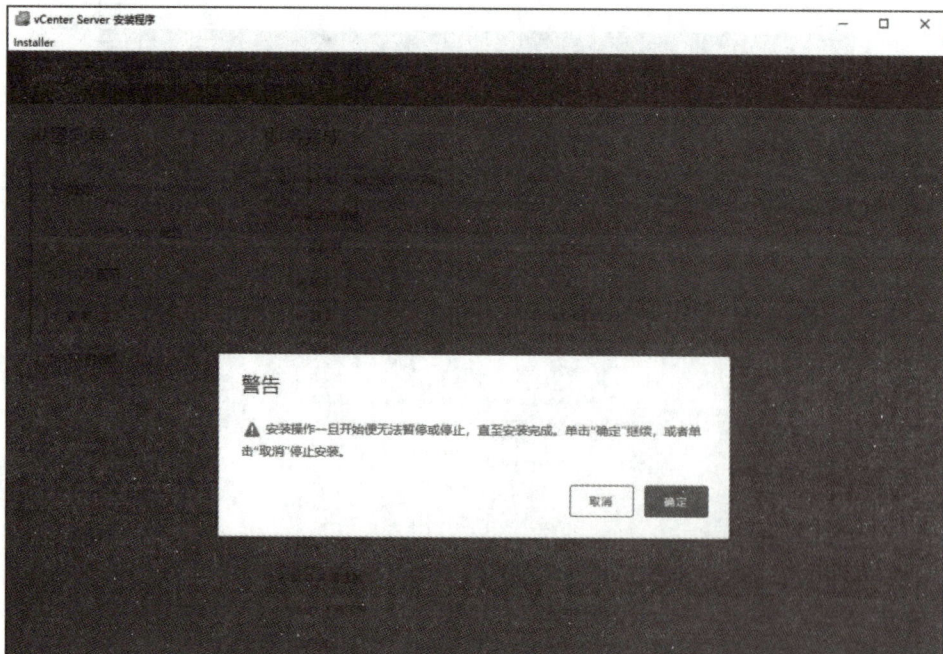

图 5-1-56　安装警告

(20) 开始第 2 阶段的安装，如图 5-1-57 所示。

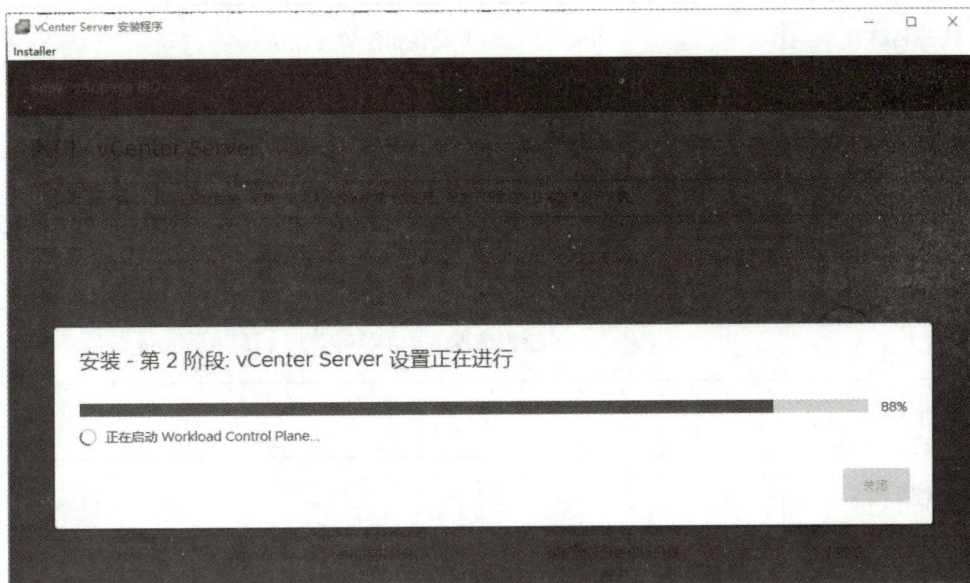

图 5-1-57　开始第 2 阶段的安装

(21) 第 2 阶段安装完成，单击"关闭"，如图 5-1-58 所示。

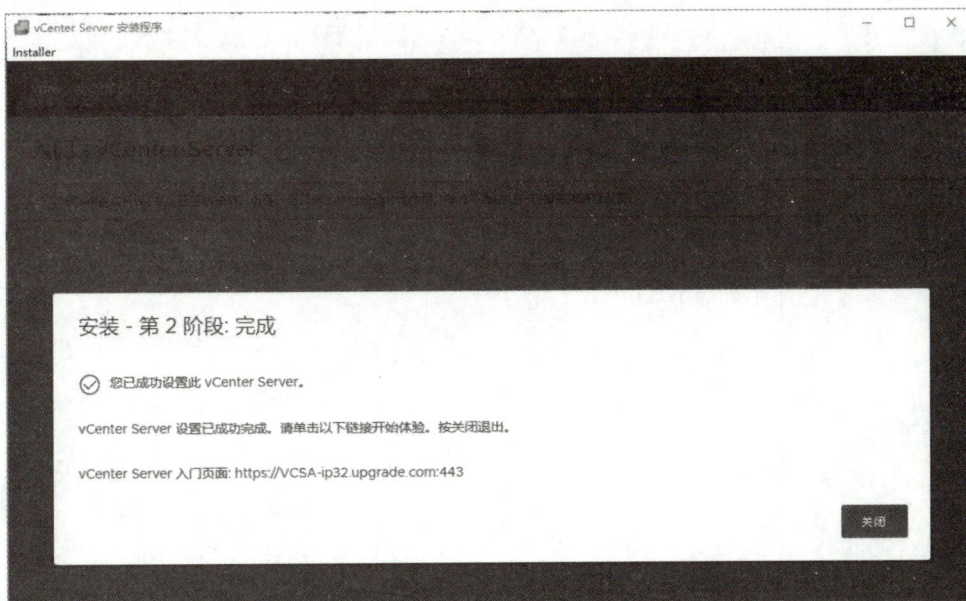

图 5-1-58　第 2 阶段安装完成

## 总结评价

### 1. 小组汇报任务实施结果

任务实施结果的具体内容如表 5-1-1 所示。

**表 5-1-1　任务实施结果记录表**

| 任务名称 | 安装和配置 VCSA | |
|---|---|---|
| 自检基本情况 | | |
| 自检组别 | 第　　　组 | |
| 本组成员 | 组长： | 组员： |
| 检查情况 | | |
| 是否完成 | | |
| 完成时间 | | |
| 工位管理是否符合 8S 管理标准 | | |
| 任务实施情况 | 正确执行部分：<br><br><br><br><br>问题与不足：<br><br><br><br><br> | |
| 超时或未完成的主要原因 | | |
| 检查人签字： | 日期： | |

## 2. 小组互评

任务实施过程评价具体内容如表 5-1-2 所示。

**表 5-1-2　任务实施过程评价表**

组别 _____　　组员 _____　　　　任务名称　安装和配置 VCSA

| 教学环节 | 评分细则及分值 | 得　分 |
|---|---|---|
| 课前预习 | 是否已了解任务内容，材料是否准备妥当。(20 分 ) | |
| 实施作业 | (1) 了解 VCSA 的定义及功能。(10 分 )<br>(2) 了解 vCenter SSO 的定义及功能。(10 分 )<br>(3) 掌握部署 VCSA 的方法及前提条件。(30 分 ) | 单项得分：<br>(1) _____<br>(2) _____<br>(3) _____ |
| 质量检验 | (1) 操作的规范性、步骤的完整性、过程的连贯性。(10 分 )<br>(2) 工作效率较高 (10 分 )<br>(3) 8S 理念及工匠精神的体现 (10 分 ) | 单项得分：<br>(1) _____<br>(2) _____<br>(3) _____ |
| 总分<br>( 满分 100 分 ) | | 评分人签字： |

## 学习拓展

1. 将任务实施结果记录表补充完整。

2. 预习下一个任务内容"使用 VCSA 管理 ESXi 主机"。

# 任务 2　使用 VCSA 管理 ESXi 主机

## 任务目标

1. 了解 VCSA 服务的启动和停止方法。

2. 了解 VCSA 日志文件的转发设置。

3. 掌握使用 VCSA 管理 ESXi 主机的方法。

## 任务描述

在完成 VCSA 的安装后，管理员需要通过 vCenter Server 来集中管理虚拟机、存储、网络和其他虚拟化资源。vCenter Server 提供了多种管理界面，包括管理界面、客户端界面、Bash shell 和直接控制台用户界面。本任务的目标是通过客户端界面登录 VCSA，完成对 ESXi 主机的管理操作，包括但不限于主机的添加、配置和维护，以及常规操作，如启动和停止 VCSA 服务和日志管理。

知识准备

### 1. VCSA 服务的启动和停止

使用 vCenter Server 管理界面查看其组件状态，并实施启动和停止操作。启动类型可配置为手动或自动，如图 5-2-1 所示。

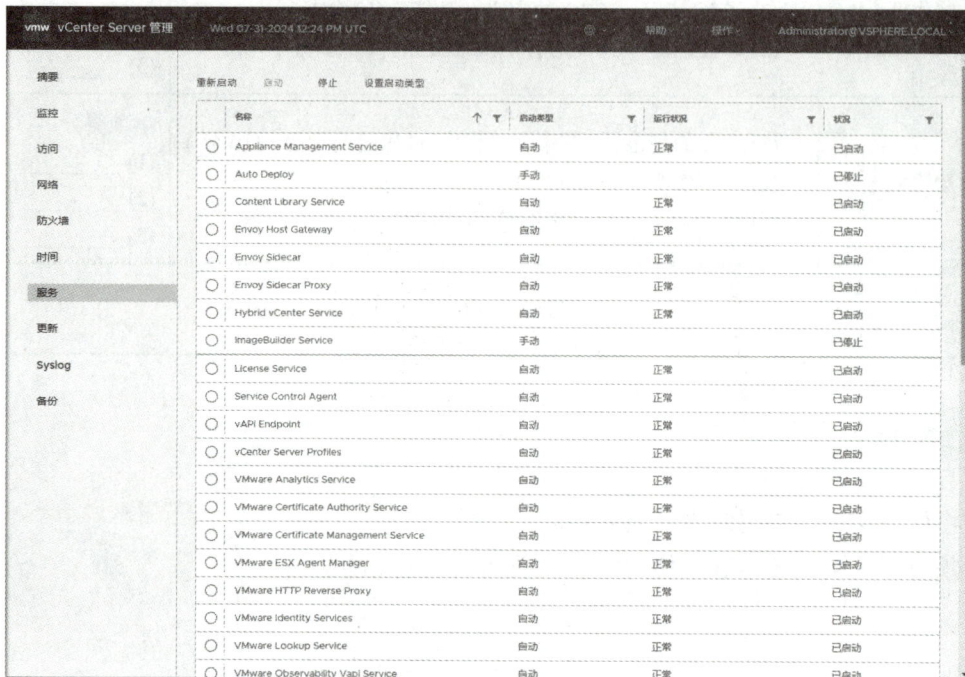

图 5-2-1　VCSA 管理界面

### 2. VCSA 日志文件的转发

可以将 vCenter Server 日志文件转发到远程服务器进行日志分析，如图 5-2-2 所示。

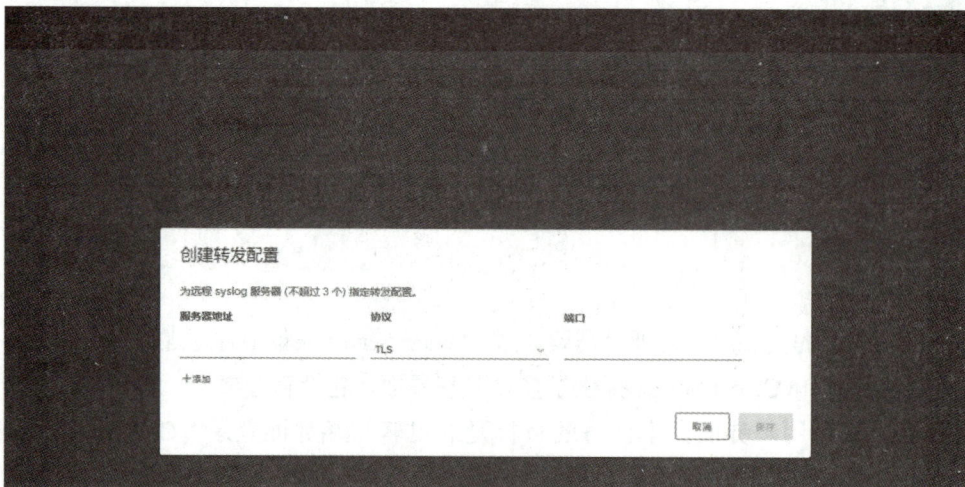

图 5-2-2　日志转发配置

![任务实施]

## 使用 VCSA 管理 ESXi 主机

使用 VCSA 管理 ESXi 主机的步骤如下：

(1) 在浏览器中输入地址 (https://192.168.75.32:443)，登录 VCSA 系统，如图 5-2-3 所示。

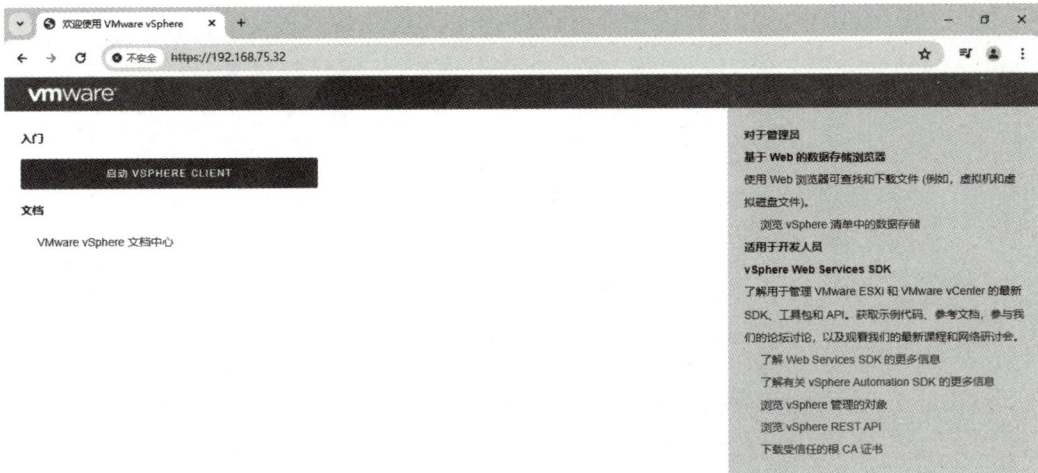

图 5-2-3　登录 VCSA

(2) 单击图 5-2-3 中的"启动 VSPHERE CLIENT"，输入用户名 (administrator@vsphere.local) 和密码，如图 5-2-4 所示。

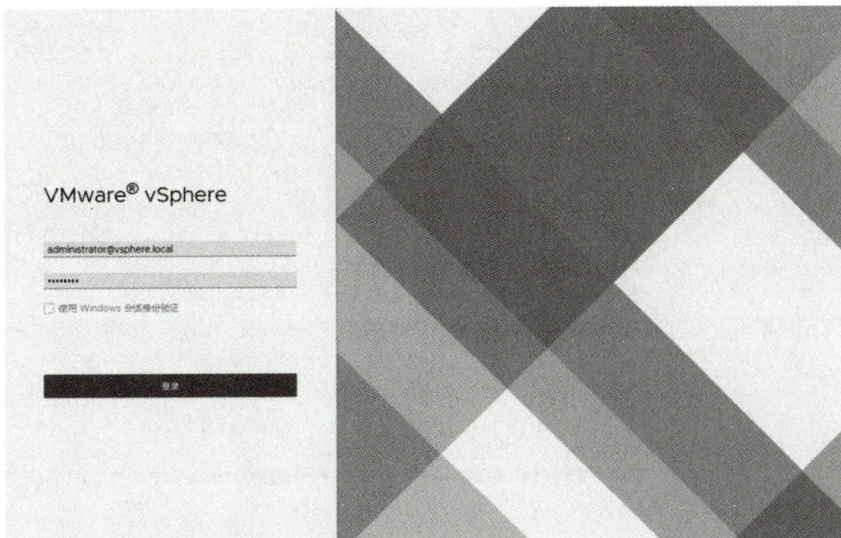

图 5-2-4　输入用户名和密码登录 VCSA

(3) 单击"登录"进入 VCSA 默认界面,如图 5-2-5 所示。

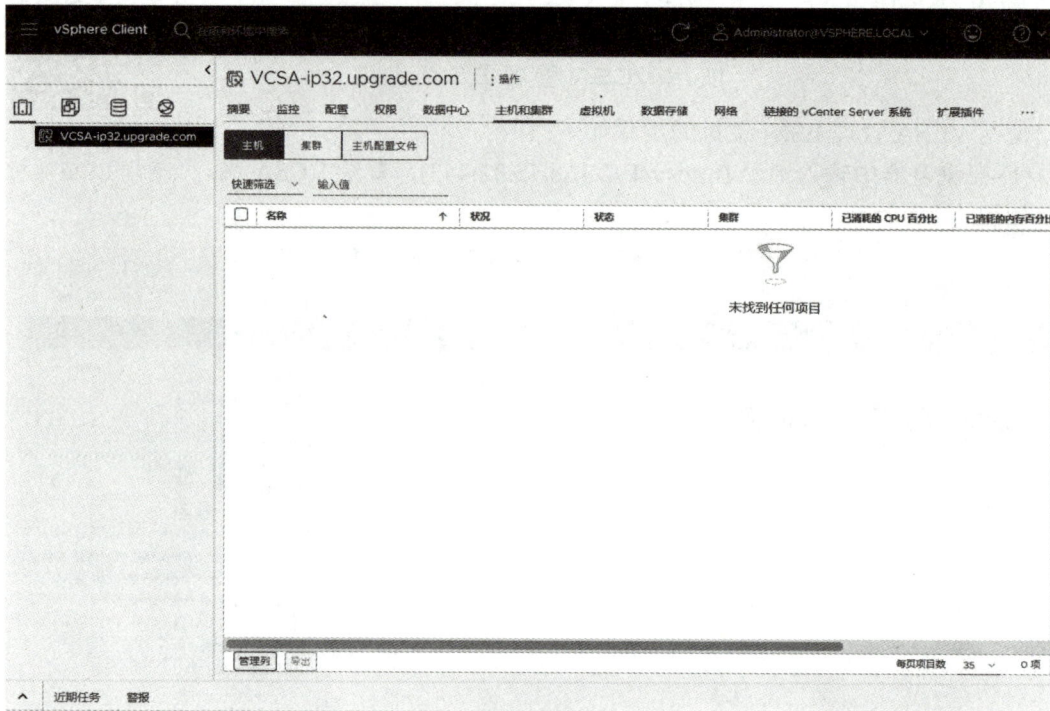

图 5-2-5　VCSA 登录后默认界面

(4) 右键单击 VCSA 域名,选择"新建数据中心",如图 5-2-6 所示。

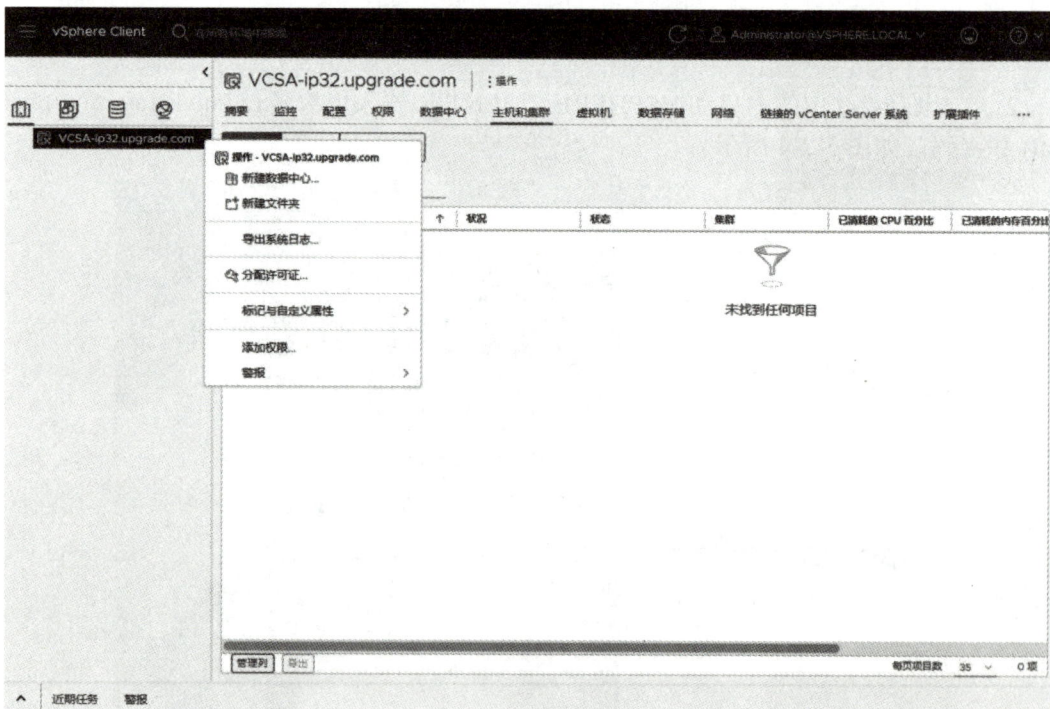

图 5-2-6　新建数据中心

(5) 右键单击新建的数据中心 DC01，选择"添加主机"，如图 5-2-7 所示。

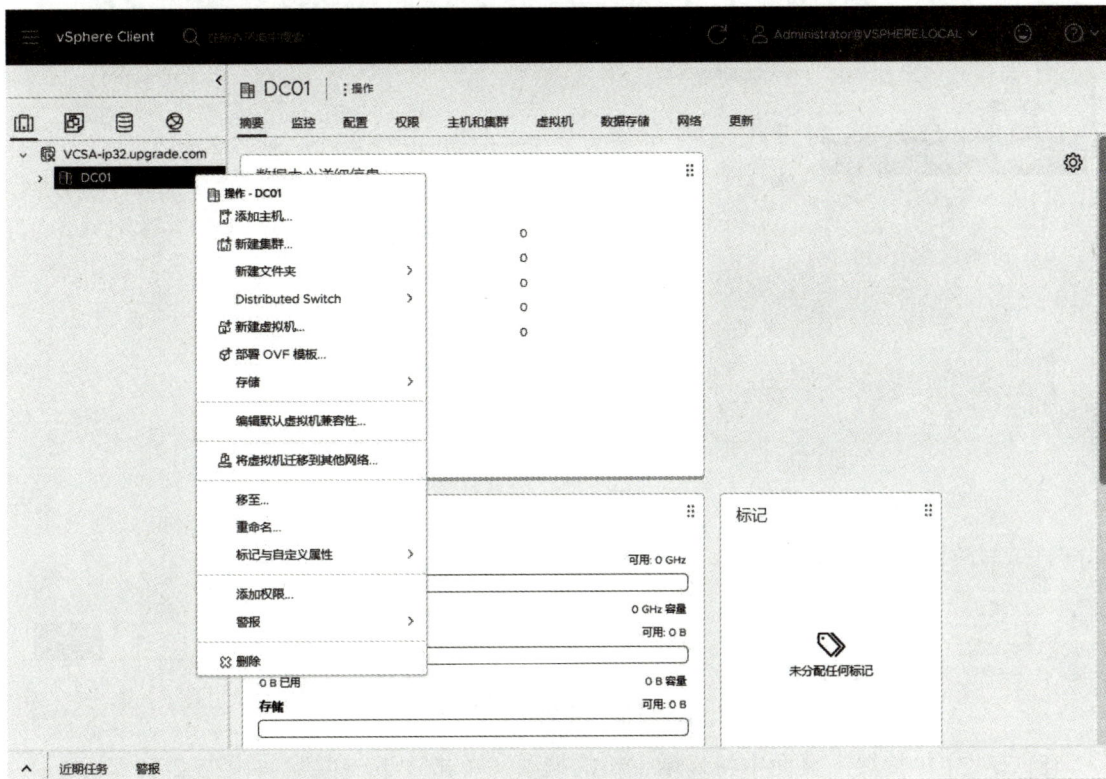

图 5-2-7　新建的数据中心

(6) 在"名称和位置"页面中输入主机名或 IP 地址，单击"下一页"，如图 5-2-8 所示。

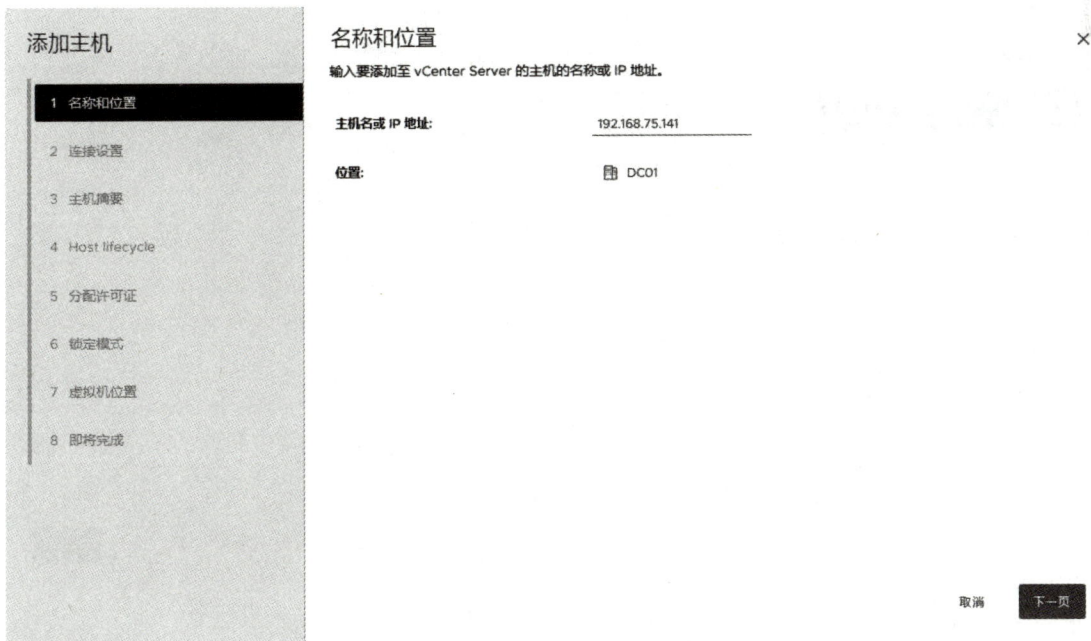

图 5-2-8　设置名称和位置

(7) 在"连接设置"页面中，输入用户名和密码，单击"下一页"，如图 5-2-9 所示。

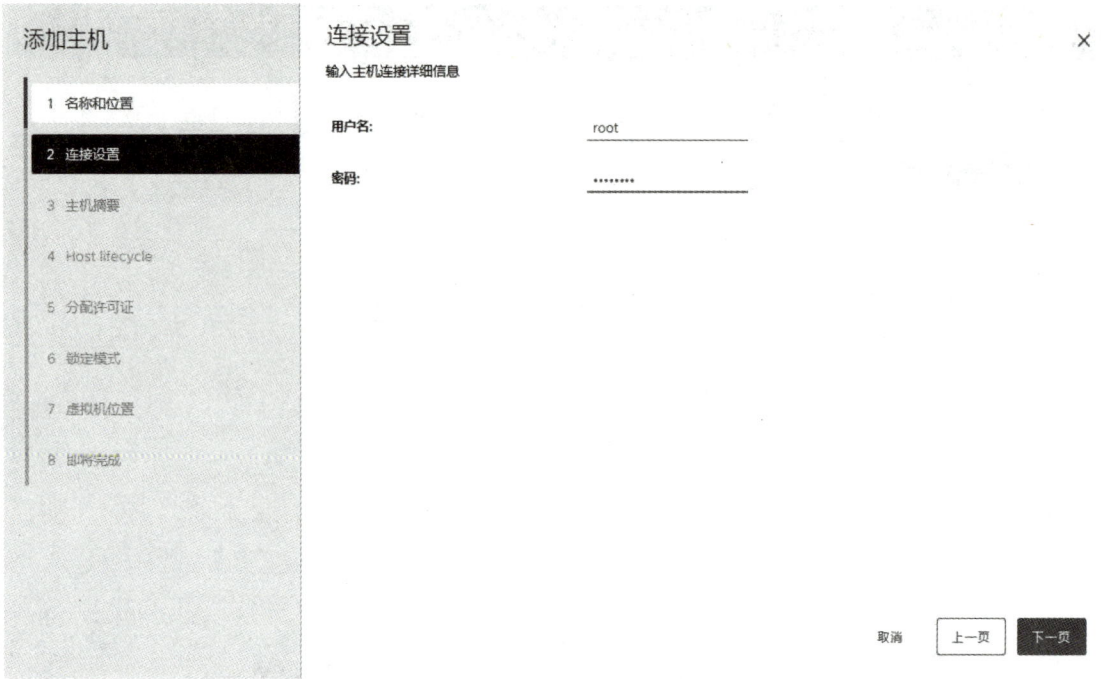

图 5-2-9　输入主机用户名和密码

(8) 在"主机摘要"页面中将显示主机的摘要，单击"下一页"，如图 5-2-10 所示。

图 5-2-10　主机摘要

(9) 进入"Host lifecycle"页面，保持默认，单击"下一页"，如图 5-2-11 所示。

添加主机

1 名称和位置

2 连接设置

3 主机摘要

**4 Host lifecycle**

5 分配许可证

6 锁定模式

7 虚拟机位置

8 即将完成

Host lifecycle　　　　　　　　　　　　　　　　　　　　　　×

Choose how to manage host lifecycle

☐ Manage host with an image

⚠ vSphere Lifecycle Manager baselines (previously called vSphere Update Manager VUM) is　See KB article #89519
being deprecated. You can instead manage the lifecycle of the hosts in your environment by
using vSphere Lifecycle Manager images (vLCM). Enable 'Manage host with an image' to
switch to vLCM.

取消　上一页　下一页

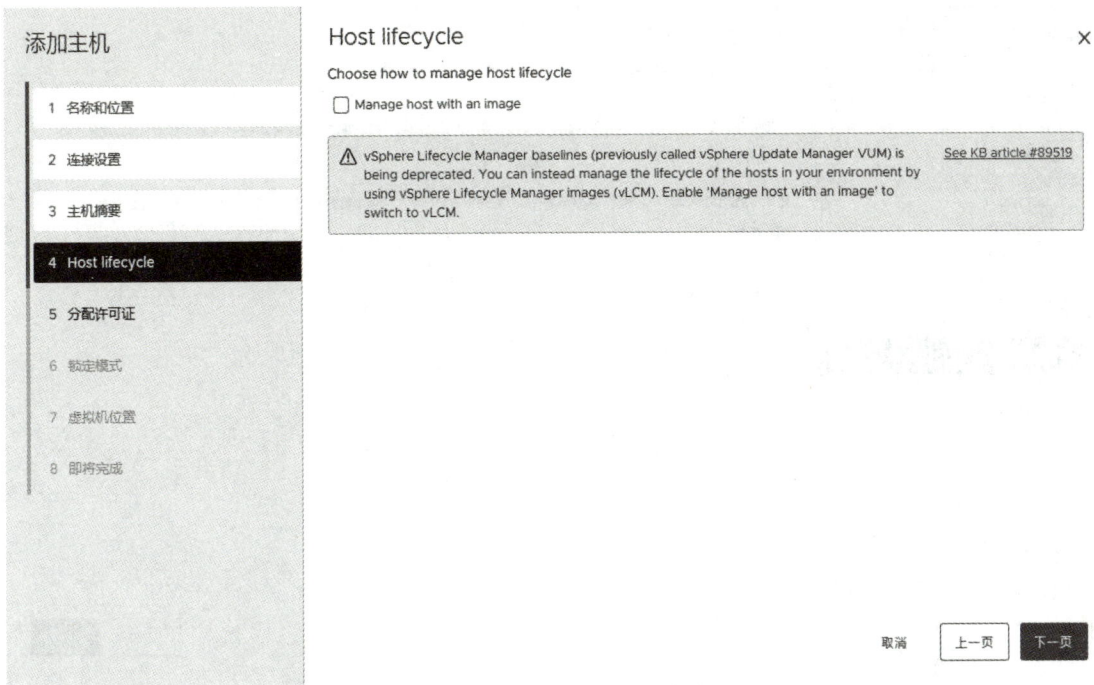

图 5-2-11　主机生命周期

(10) 在"分配许可证"页面中根据实际需要配置许可证，单击"下一页"，如图 5-2-12 所示。

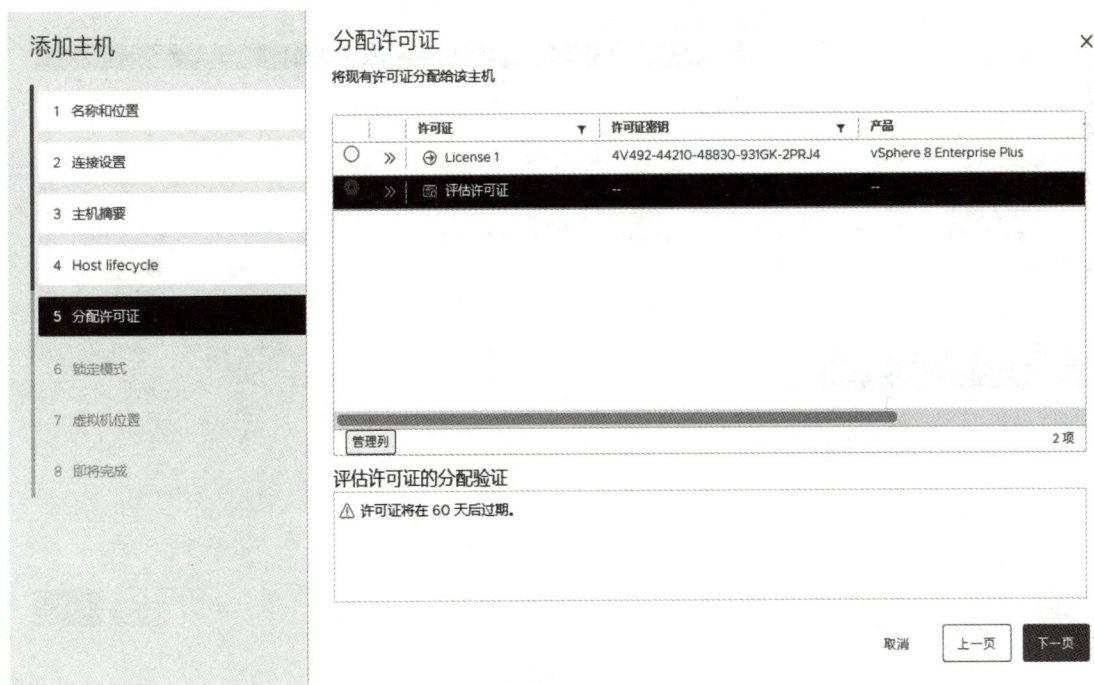

添加主机

1 名称和位置

2 连接设置

3 主机摘要

4 Host lifecycle

**5 分配许可证**

6 锁定模式

7 虚拟机位置

8 即将完成

分配许可证　　　　　　　　　　　　　　　　　　　　　　×

将现有许可证分配给该主机

| | 许可证 ▼ | 许可证密钥 ▼ | 产品 |
|---|---|---|---|
| ○ ≫ ⊕ | License 1 | 4V492-44210-48830-931GK-2PRJ4 | vSphere 8 Enterprise Plus |
| ◉ ≫ ▨ | 评估许可证 | -- | -- |

管理列　　　　　　　　　　　　　　　　　　　　　　　　2 项

评估许可证的分配验证

⚠ 许可证将在 60 天后过期。

取消　上一页　下一页

图 5-2-12　分配许可证

(11) 在"锁定模式"页面中，保持默认设置，单击"下一页"，如图 5-2-13 所示。

添加主机

1　名称和位置
2　连接设置
3　主机摘要
4　Host lifecycle
5　分配许可证
**6　锁定模式**
7　虚拟机位置
8　即将完成

### 锁定模式

指定是否在主机上启用锁定模式

　启用后，锁定模式可防止远程用户直接登录到此主机。 该主机将仅可以通过本地控制台或授权的集中管理应用程序进行访问。

如果不确定该如何操作，请保持禁用锁定模式。 您可以在以后通过编辑主机设置中的"安全配置文件"来配置锁定模式。

⦿ **禁用**

○ **正常**
　主机将仅可通过本地控制台或 vCenter Server 进行访问。

○ **严格**
　主机将仅可通过 vCenter Server 进行访问。直接控制台 UI 服务已停止。

取消　上一页　下一页

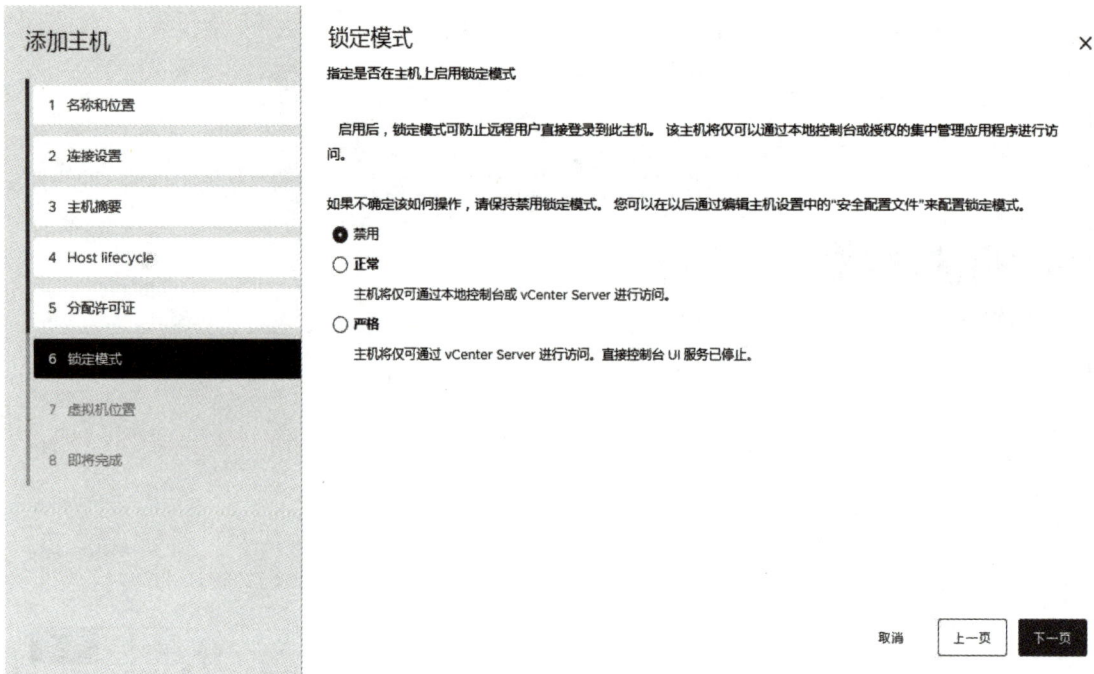

图 5-2-13　锁定模式

(12) 在"虚拟机位置"页面中，选择虚拟机位置，单击"下一页"，如图 5-2-14 所示。

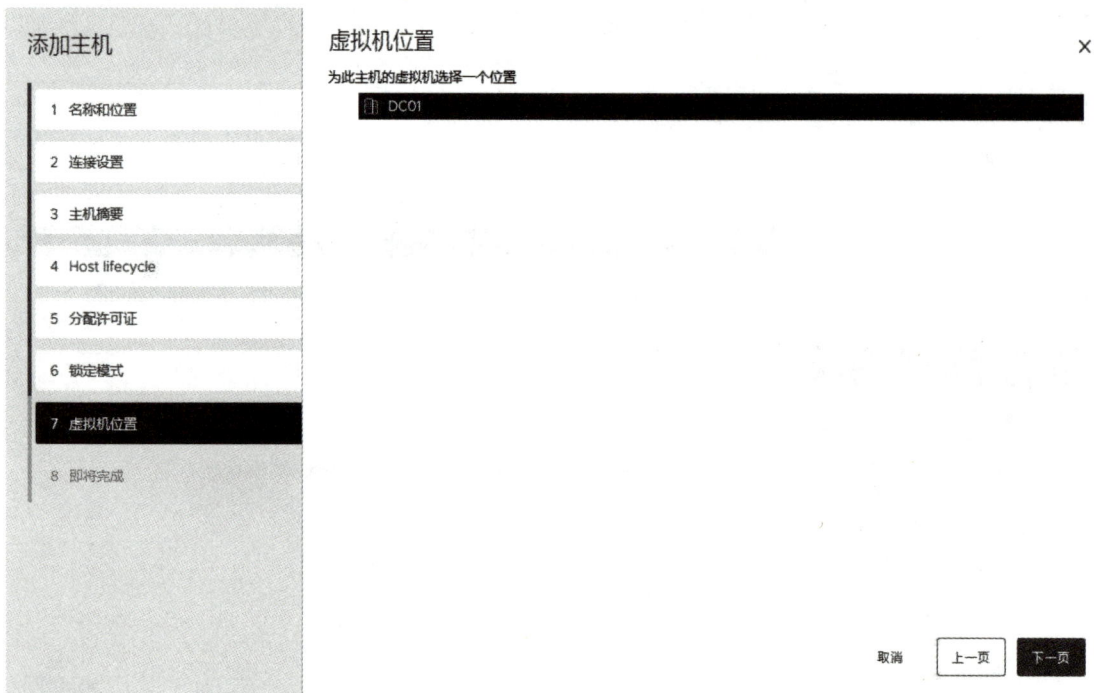

添加主机

1　名称和位置
2　连接设置
3　主机摘要
4　Host lifecycle
5　分配许可证
6　锁定模式
**7　虚拟机位置**
8　即将完成

### 虚拟机位置

为此主机的虚拟机选择一个位置

　📁 DC01

取消　上一页　下一页

图 5-2-14　虚拟机位置

(13) 在"即将完成"页面中，检查添加的主机配置，然后单击"完成"，如图 5-2-15 所示。新建数据中心完成后的页面如图 5-2-16 所示。

添加主机

即将完成　　　　　　　　　　　　　　　　　　　　　　　　　　　✕

单击"完成"以添加主机

1　名称和位置

2　连接设置

3　主机摘要

4　Host lifecycle

5　分配许可证

6　锁定模式

7　虚拟机位置

8　即将完成

| | |
|---|---|
| 名称 | 192.168.75.141 |
| 位置 | DC01 |
| 版本 | VMware ESXi 8.0.0 build-20842819 |
| 许可证 | 评估许可证 |
| 网络 | VM Network1,VM Network |
| 数据存储 | datastore1 |
| 锁定模式 | 禁用 |
| 虚拟机位置 | DC01 |
| Image for host | Disabled |

取消　　上一页　　完成

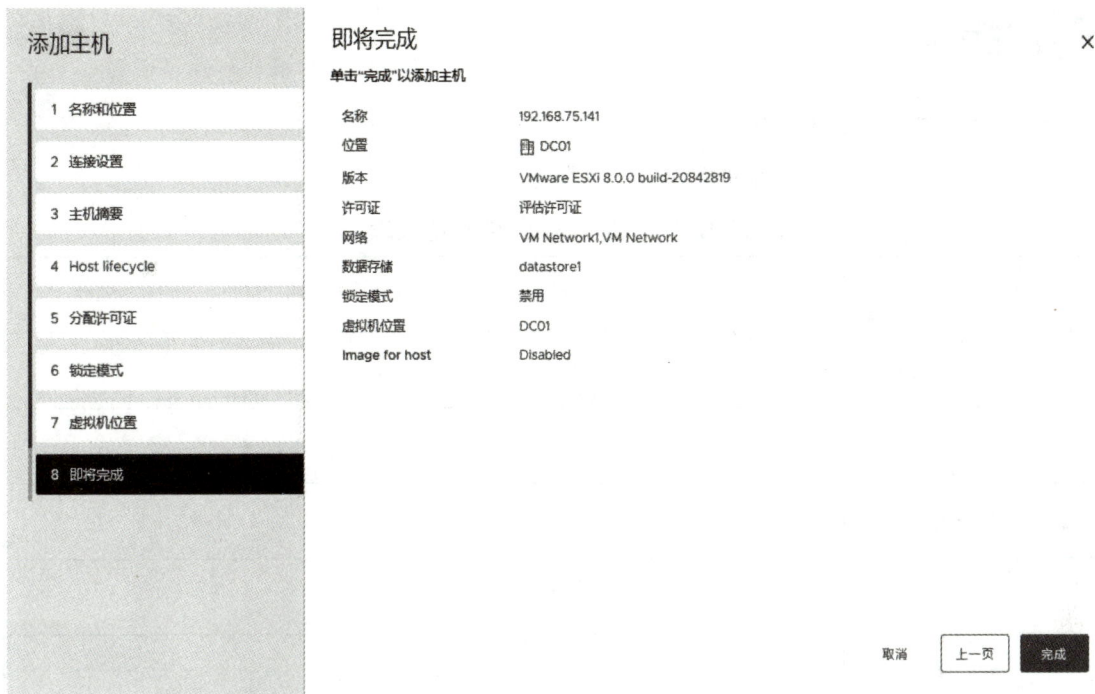

图 5-2-15　检查添加的主机配置

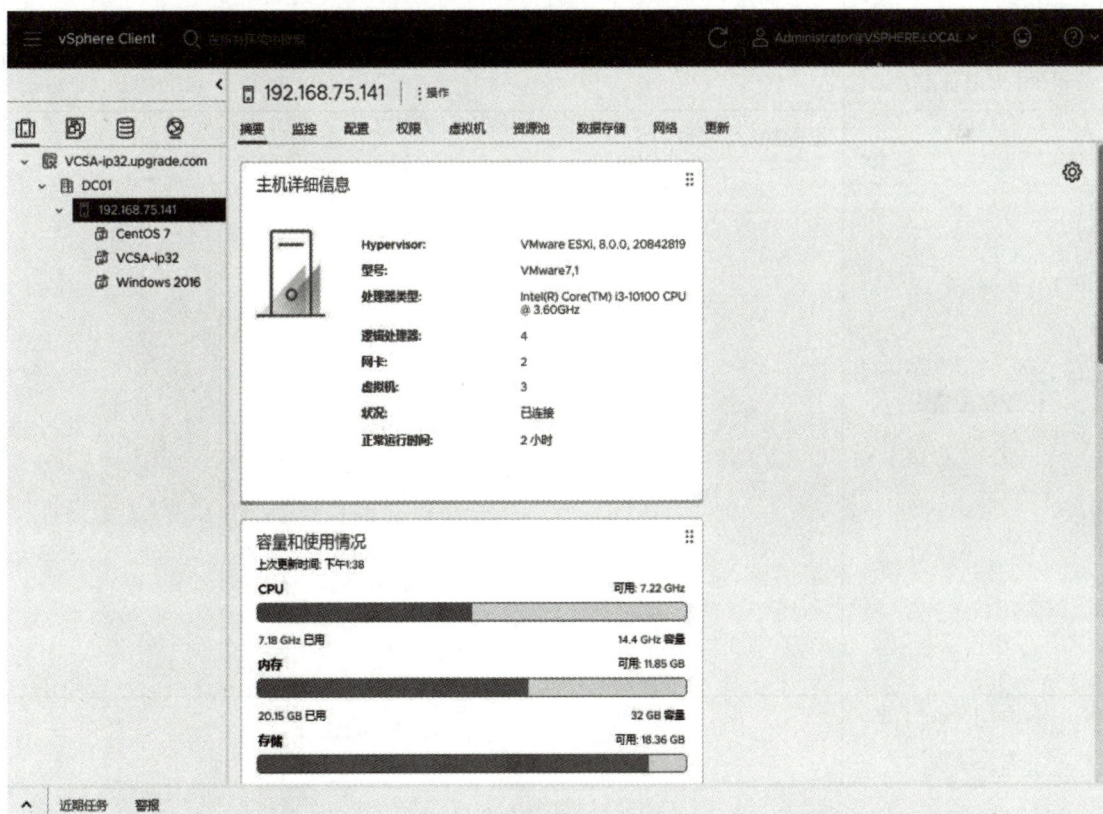

图 5-2-16　新建数据中心完成后的页面

## 总结评价

### 1. 小组汇报任务实施结果

任务实施结果的具体内容如表 5-2-1 所示。

**表 5-2-1  任务实施结果记录表**

| 任务名称 | 使用 VCSA 管理 ESXi 主机 | |
|---|---|---|
| 自检基本情况 | | |
| 自检组别 | 第　　组 | |
| 本组成员 | 组长：　　　　　　　　　　组员： | |
| 检查情况 | | |
| 是否完成 | | |
| 完成时间 | | |
| 工位管理是否符合 8S 管理标准 | | |
| 任务实施情况 | 正确执行部分：<br><br><br><br>问题与不足： | |
| 超时或未完成的主要原因 | | |
| 检查人签字： | 日期： | |

### 2. 小组互评

任务实施过程评价具体内容如表 5-2-2 所示。

**表 5-2-2　任务实施过程评价表**

组别 _____　　组员 _____　　任务名称　使用 VCSA 管理 ESXi 主机

| 教学环节 | 评分细则及分值 | 得　分 |
|---|---|---|
| 课前预习 | 是否已了解任务内容，材料是否准备妥当。(20 分 ) | |
| 实施作业 | (1) 了解 VCSA 服务的启动和停止方法。(10 分 )<br>(2) 了解 VCSA 日志文件的转发配置。(10 分 )<br>(3) 掌握使用 VCSA 管理 ESXi 主机的方法。(30 分 ) | 单项得分：<br>(1) _____<br>(2) _____<br>(3) _____ |
| 质量检验 | (1) 操作的规范性、步骤的完整性、过程的连贯性。(10 分 )<br>(2) 工作效率较高。(10 分 )<br>(3) 8S 理念及工匠精神的体现。(10 分 ) | 单项得分：<br>(1) _____<br>(2) _____<br>(3) _____ |
| 总分<br>( 满分 100 分 ) | 评分人签字： | |

## 学习拓展

1. 将任务实施结果记录表补充完整。

2. 预习下一个任务内容"使用 VCSA 配置共享存储"。

# 任务 3　使用 VCSA 配置共享存储

## 任务目标

1. 了解 VMFS 存储格式的分类和应用场景。

2. 掌握使用 VCSA 通过 iSCSI 协议与存储系统对接的方法。

3. 掌握使用 VCSA 通过 NFS 协议与存储系统对接的方法。

## 任务描述

在虚拟化环境中，共享存储是实现高效资源管理和高可用性的关键组件。通过 VCSA，管理员可以集中管理存储资源，并将其配置为虚拟机的存储后端。本任务的目标是通过 VCSA 的客户端界面，将 ESXi 主机连接到 iSCSI 目标服务器，完成共享存储的配置。此操作与之前的"配置 iSCSI 存储服务"任务类似，但重点在于通过 VCSA 进行集中管理。

## 知识准备

VMFS(Virtual Machine File System) 是一种专为存储虚拟机文件设计的系统格式，主要用于虚拟化环境中存储虚拟机的文件和快照。VMFS 及类似存储格式的描述、适用环境和特点如表 5-3-1 所示。

表 5-3-1  常见存储格式对比

| 存储格式 | 描述 | 适用环境 | 特点 |
|---|---|---|---|
| VMFS | VMware 专用集群文件系统，用于存储虚拟机文件 | VMware vSphere | 块级存储，专为虚拟化设计 |
| NFS | 网络文件共享协议，用于跨网络共享文件存储 | 通用网络环境 | 文件级存储，易于设置 |
| CIFS | 网络文件共享协议，主要用于 Windows 环境 | 主要 Windows 环境 | 文件级存储，用户熟悉度高 |
| GPFS | 高性能文件系统，用于集群计算 | 集群计算 | 高性能，高可靠性 |
| Lustre | 并行分布式文件系统，用于超级计算 | 超级计算 | 高性能，针对大数据处理 |
| Ceph | 分布式存储系统，适用于云计算和大数据 | 云计算、大数据 | 开源，高扩展性 |
| GlusterFS | 分布式文件系统，适用于大数据处理和云存储 | 大数据处理、云存储 | 开源，横向扩展 |
| 超融合基础设施 | 计算和存储资源统一管理，提供简化的数据中心解决方案 | 企业数据中心 | 简化管理，高性能 |
| 云存储服务 | 如 Amazon S3、Google Cloud Storage 等，通常用于对象存储 | 云计算环境 | 云存储服务 |

## 任务实施

### 一、使用 VCSA 配置 iSCSI 存储

使用 VCSA 配置 iSCSI 存储的具体步骤如下：

使用 VCSA
配置 iSCSI 存储

(1) 在 Web 浏览器中输入网管 VCSA 主机的 IP 地址，登录 VCSA 系统，如图 5-3-1 所示。

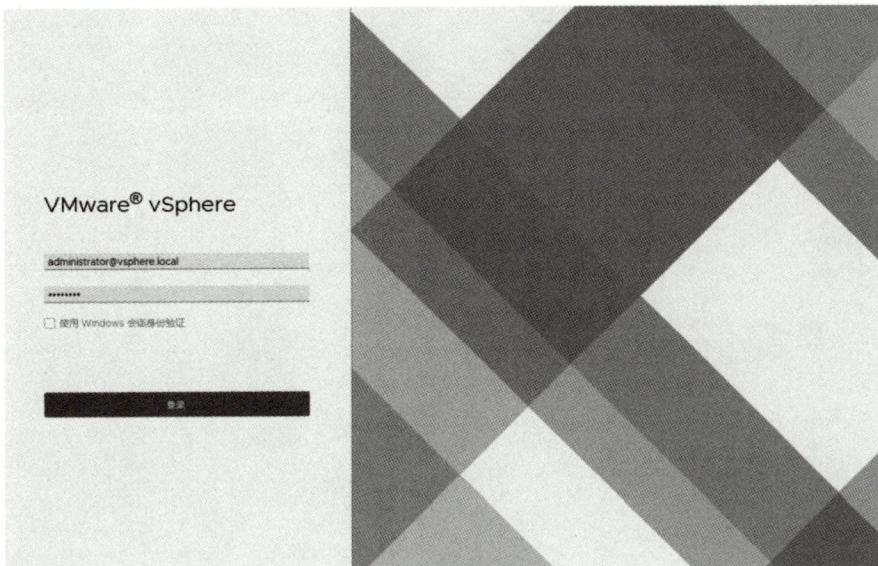

图 5-3-1　输入用户名和密码登录 VCSA

(2) 输入用户名和密码登录，进入系统界面，如图 5-3-2 所示。

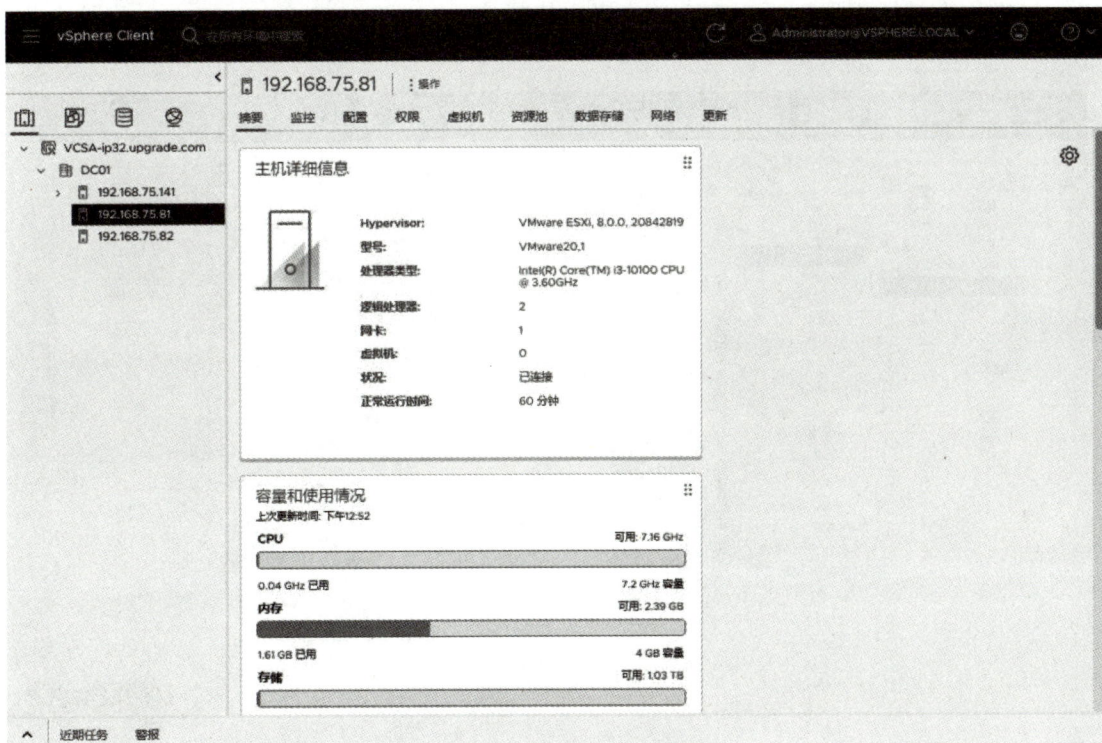

图 5-3-2　登录后的 vCSA 界面

(3) 依次单击菜单"配置"→"存储"→"存储适配器"，如图 5-3-3 所示。

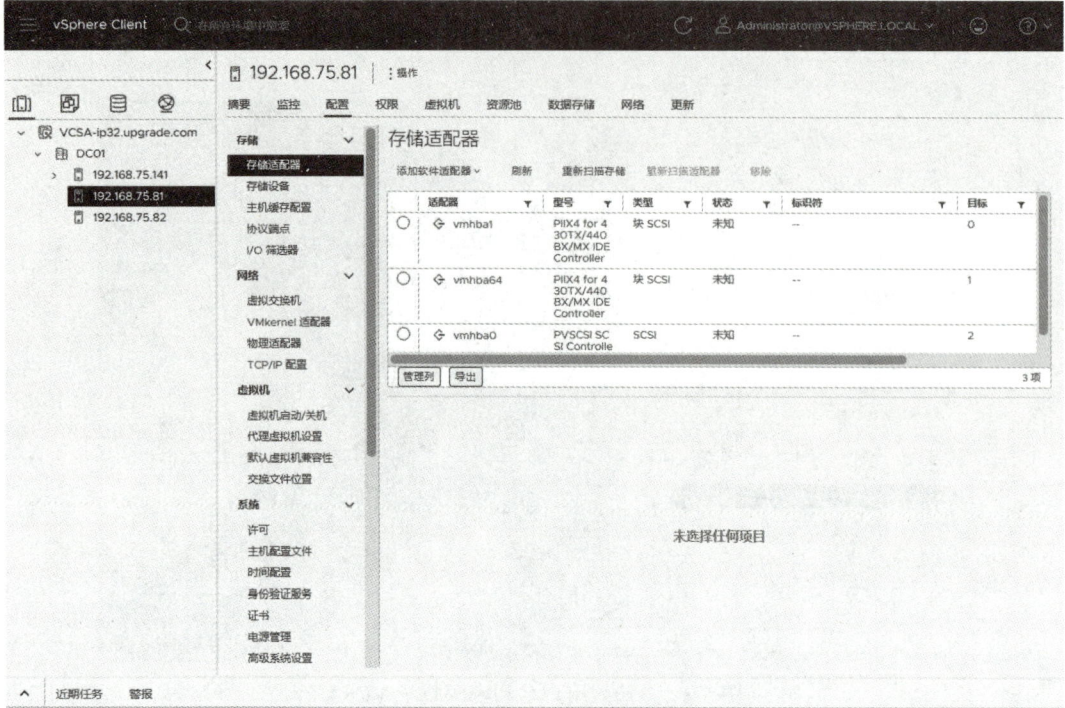

图 5-3-3　配置存储适配器

(4) 在"存储适配器"页面中，单击"添加软件适配器"→"添加 iSCSI 适配器"，如图 5-3-4 所示。

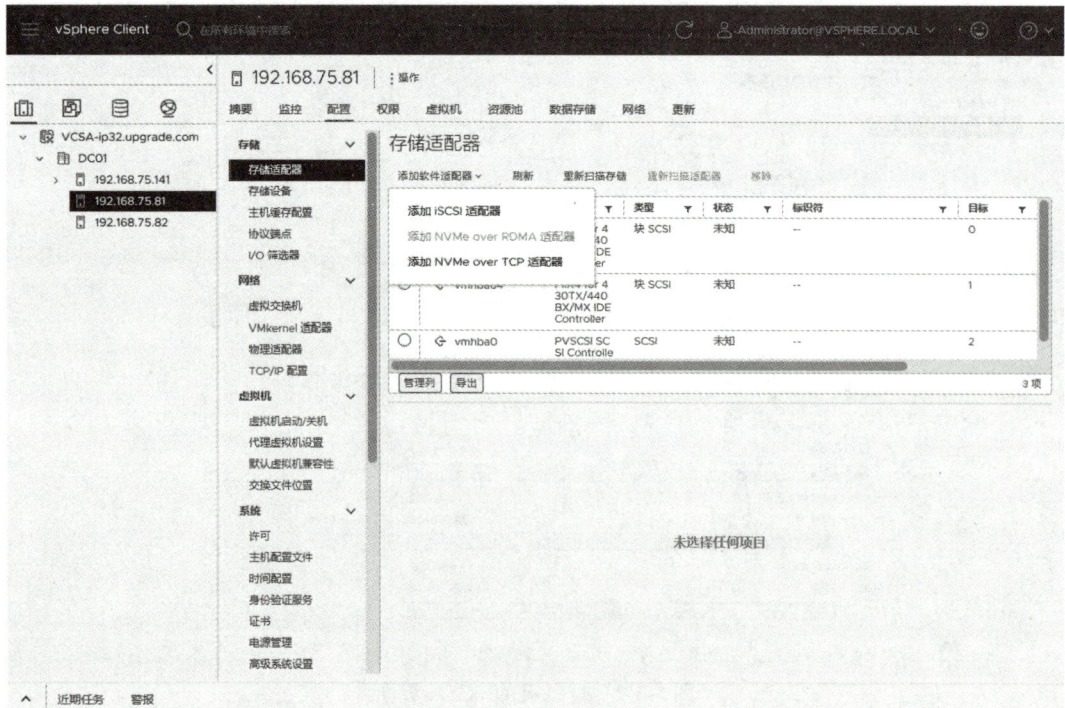

图 5-3-4　添加 iSCSI 适配器

(5) 在弹出的窗口中单击"确定",如图 5-3-5 所示。

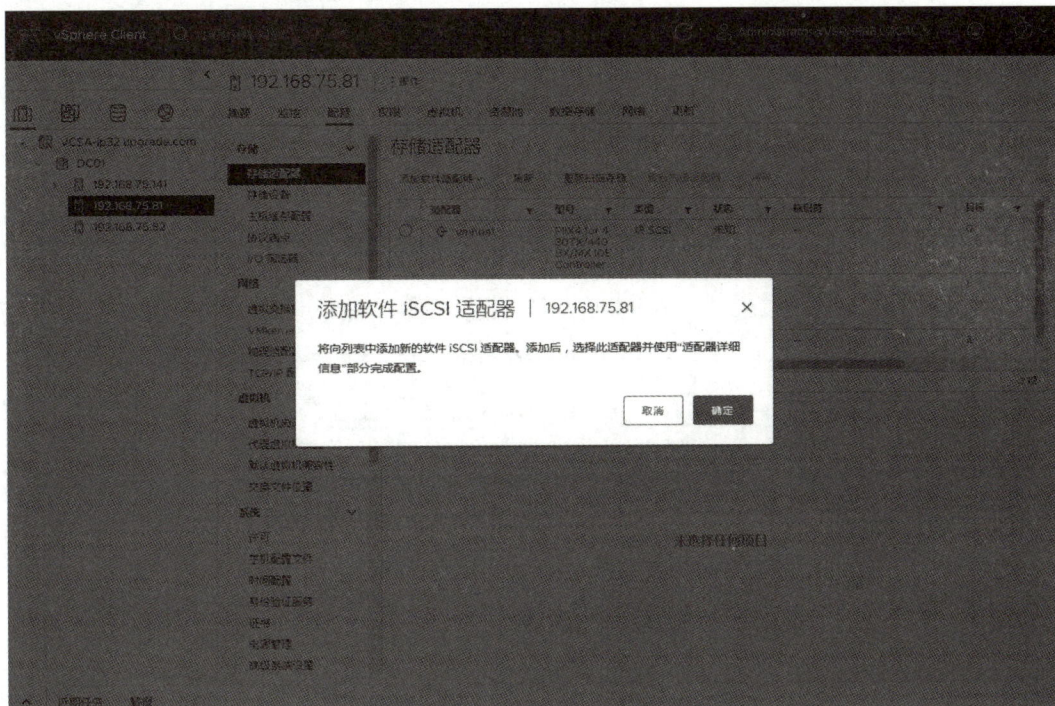

图 5-3-5　添加 iSCSI 适配器确定界面

(6) 稍等片刻,iSCSI 适配器将显示在列表中,如图 5-3-6 所示。

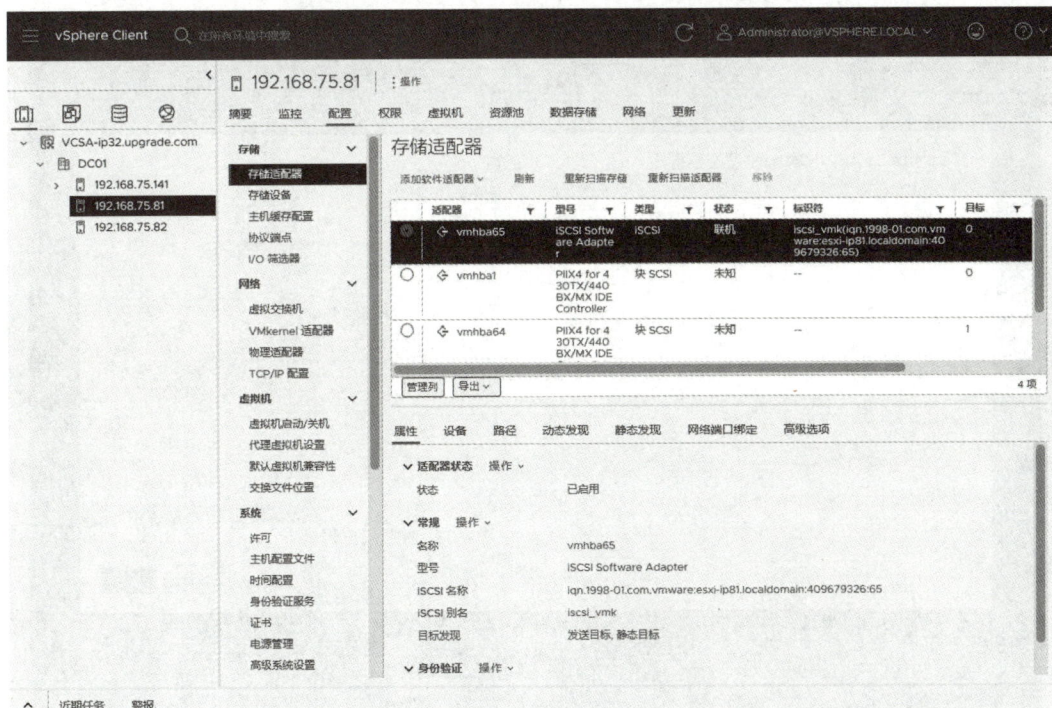

图 5-3-6　添加完成后的存储适配器页

(7) 单击"网络端口绑定",如图 5-3-7 所示。

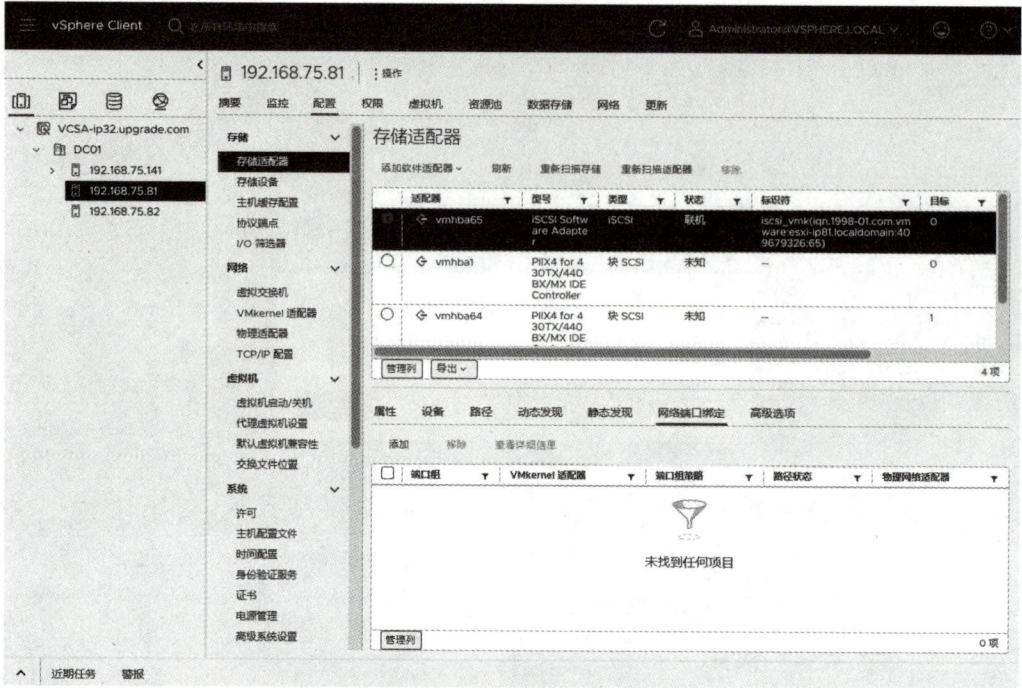

图 5-3-7　网络端口绑定

(8) 单击"添加",将存储适配器和 VMkernel 适配器绑定,然后单击"确定"返回"存储适配器"页面,如图 5-3-8 所示。

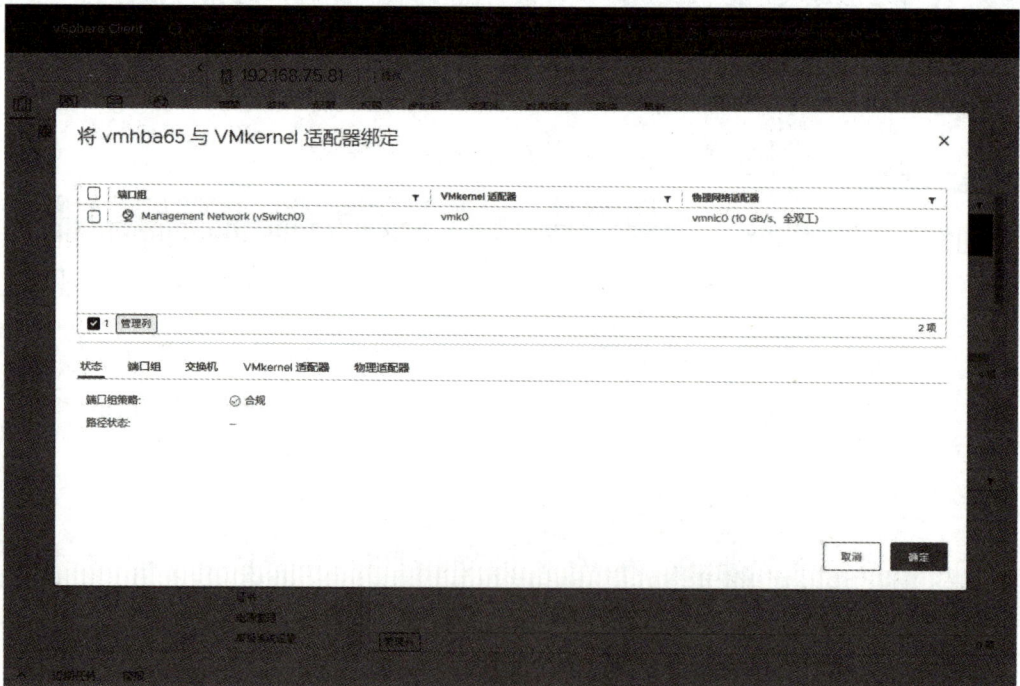

图 5-3-8　将两个适配器绑定

(9) 点击下方的"动态发现",单击"添加",如图 5-3-9 所示。

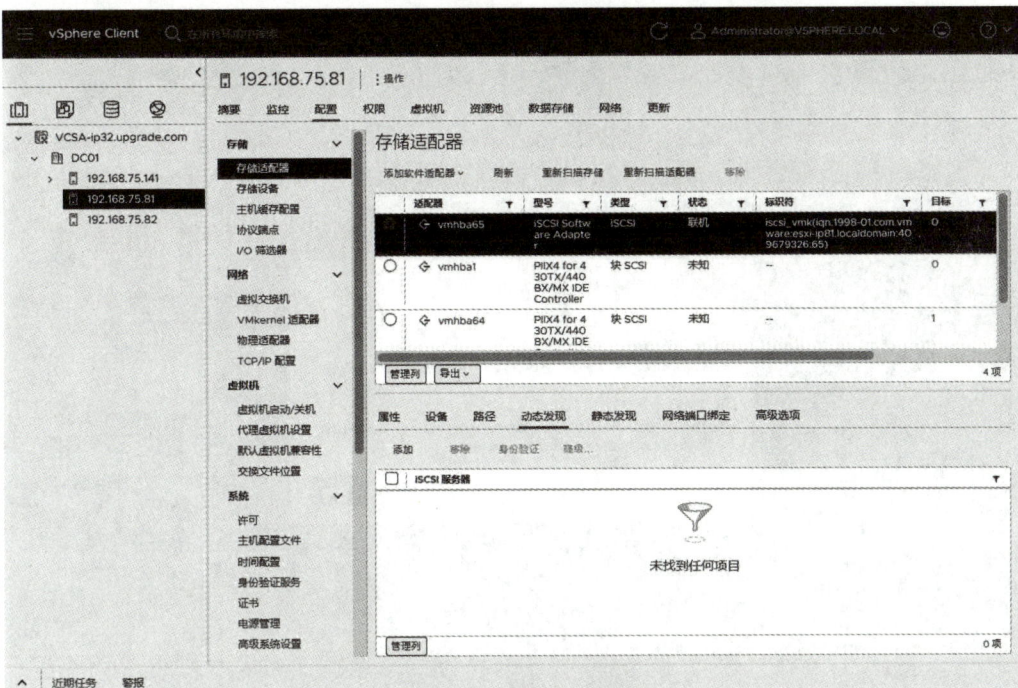

图 5-3-9  动态发现

(10) 弹出"添加发送目标服务器 | vmhba65"窗口,给出了 iSCSI 服务器(也就是 Openfiler) IP 地址,单击"确定",如图 5-3-10 所示。

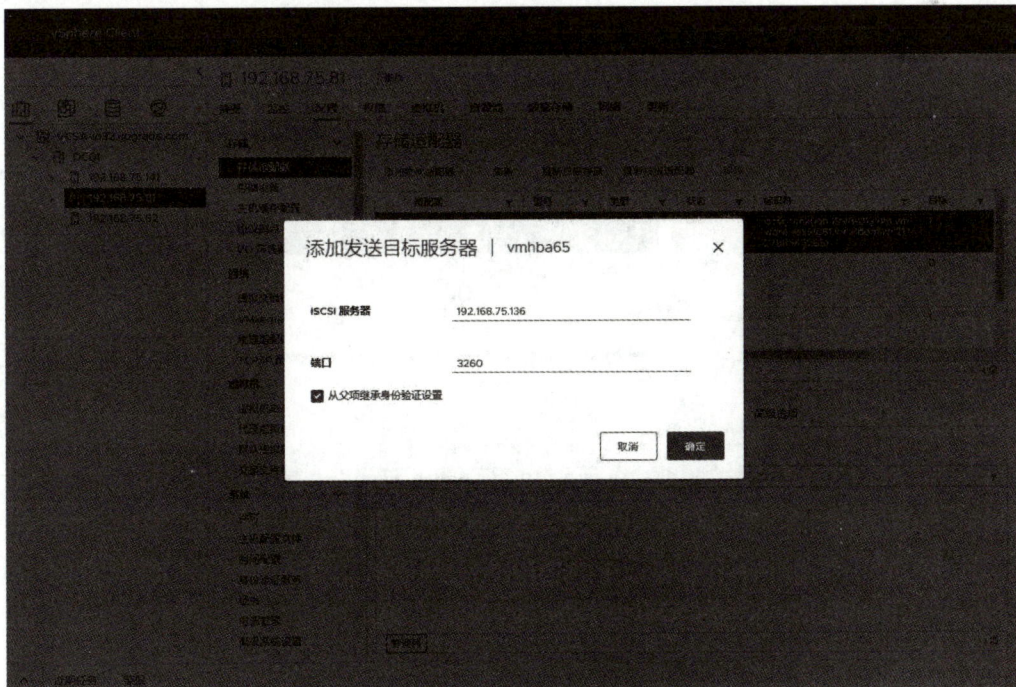

图 5-3-10  添加 iSCSI 服务器

(11) 弹出"重新扫描存储"窗口，单击"确定"返回"存储适配器"页面，如图 5-3-11 所示。

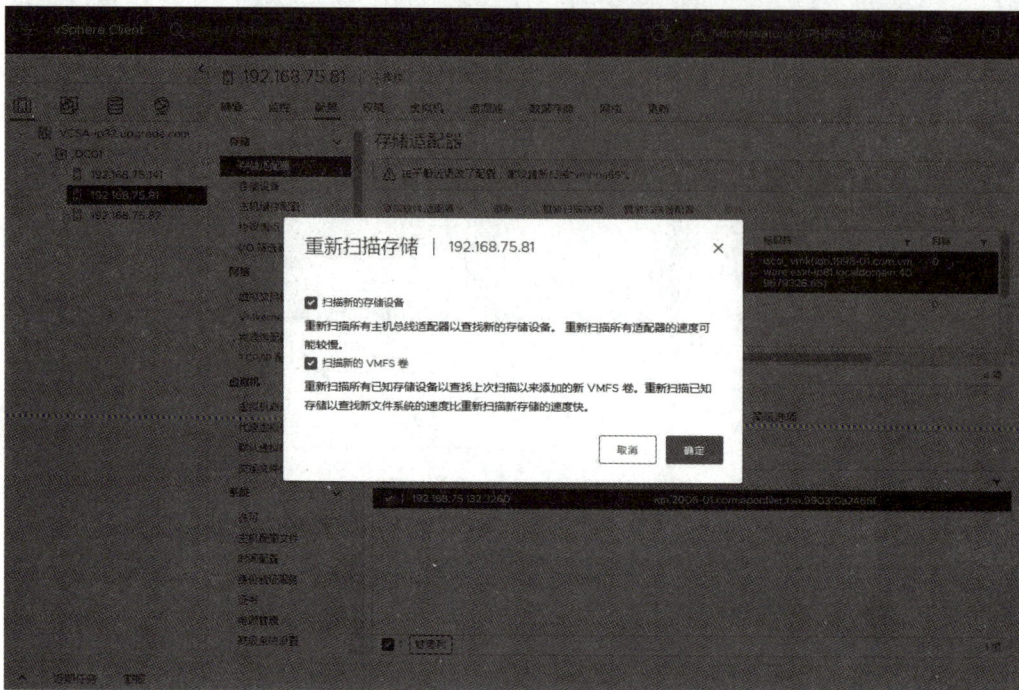

图 5-3-11　重新扫描存储

(12) 在"静态发现"栏会出现相应的 iSCSI 服务器，如图 5-3-12 所示。

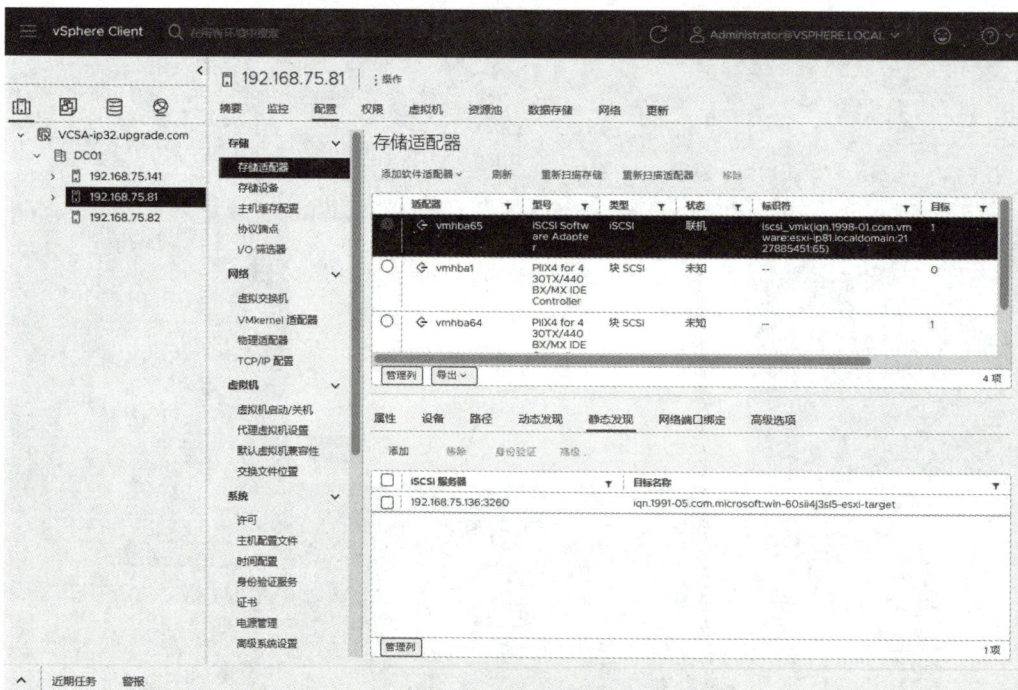

图 5-3-12　静态发现

(13) 右键单击数据中心"DC01",选择"存储"→"新建数据存储",如图 5-3-13 所示。

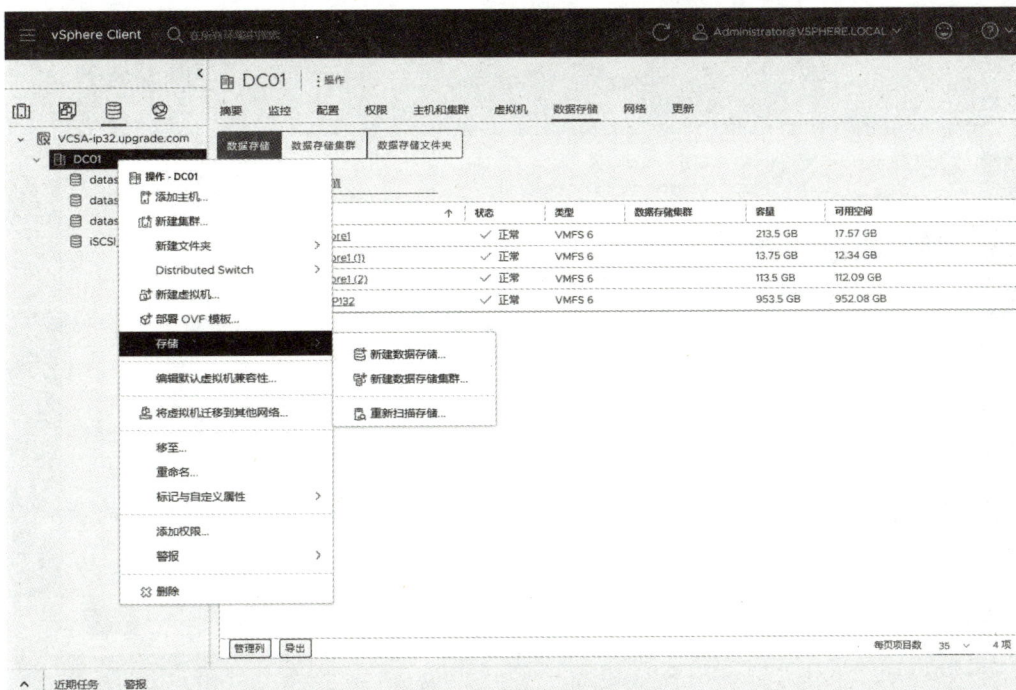

图 5-3-13　新建数据存储

(14) 在"类型"页面将数据存储类型设置为"VMFS",单击"下一页",如图 5-3-14 所示。

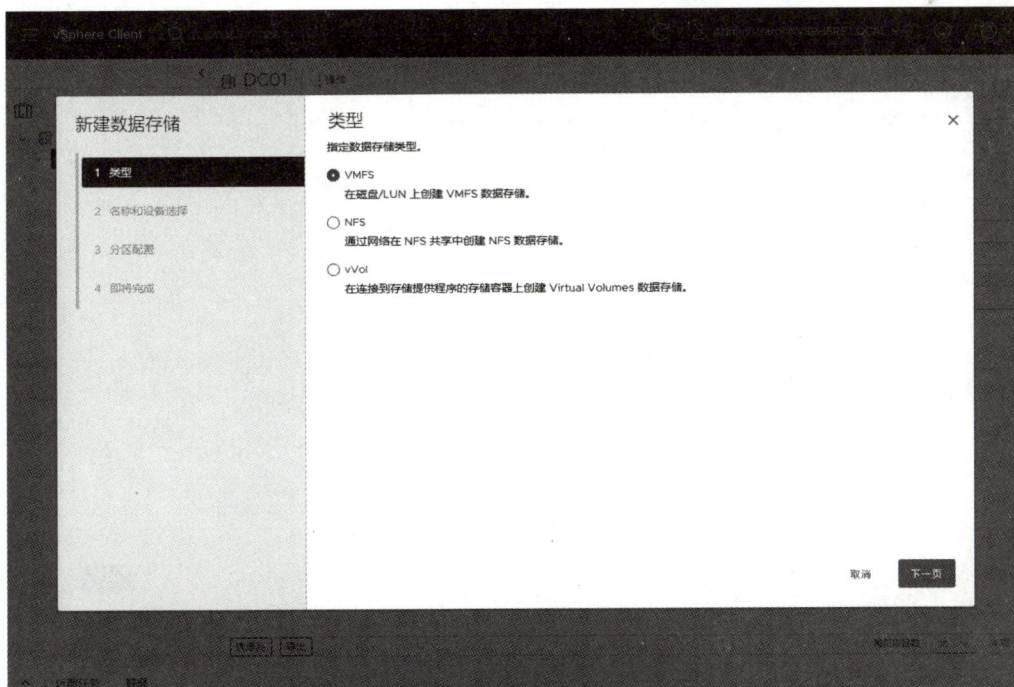

图 5-3-14　指定数据存储类型

(15) 在"名称和设备选择"页面中，选择一个主机和之前存储关联，单击"下一页"，如图 5-3-15 所示。

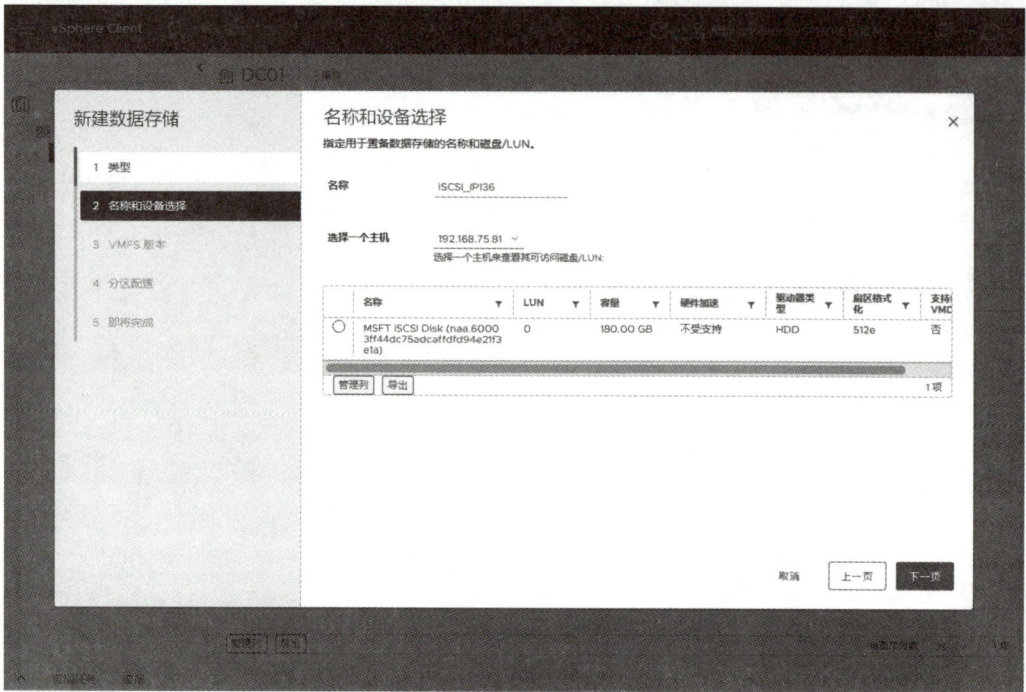

图 5-3-15　设置名称和选择设备

(16) 在"VMFS 版本"页面中，保持默认设置，单击"下一页"，如图 5-3-16 所示。

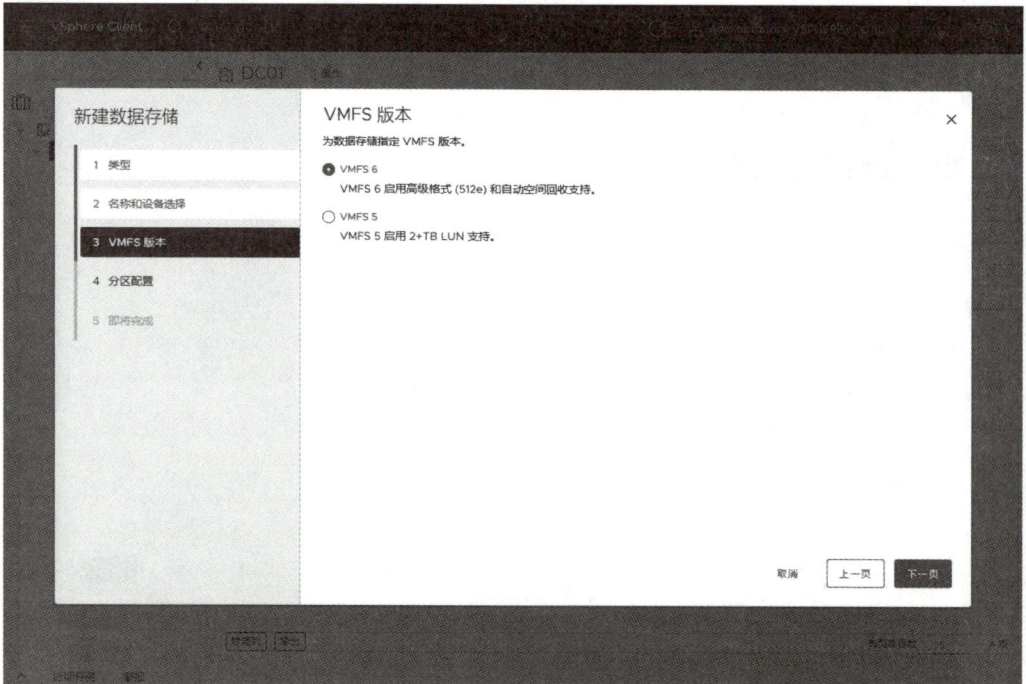

图 5-3-16　指定 VMFS 版本

(17) 在"分区设置"页面中，设置数据存储大小，单击"下一页"，如图 5-3-17 所示。

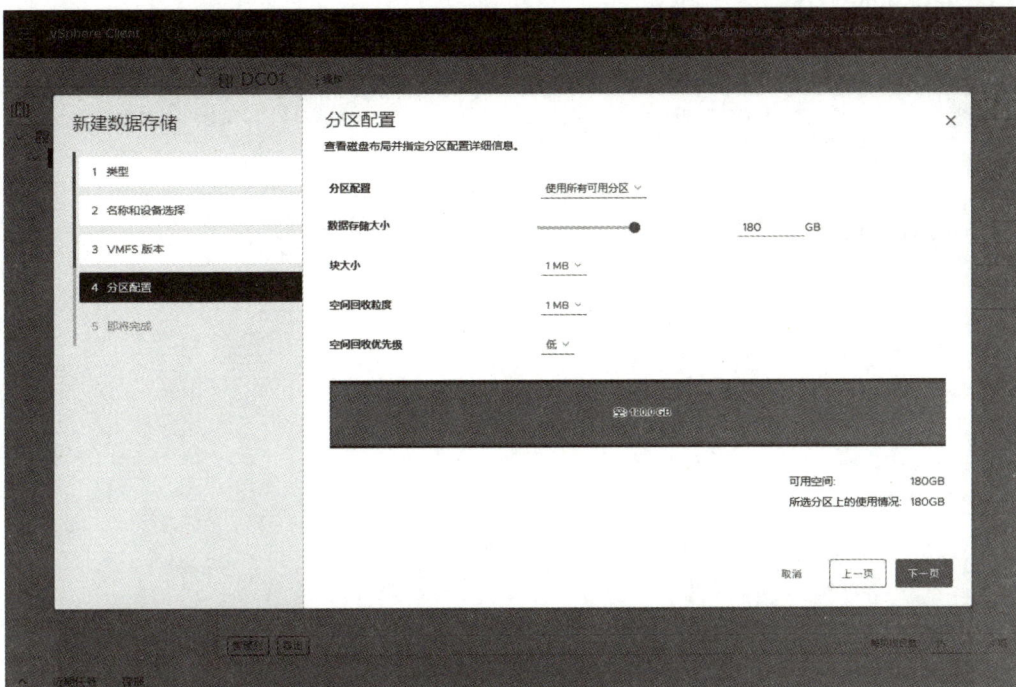

图 5-3-17　分区配置

(18) 在"即将完成"页面中检查数据存储设置情况，然后单击"完成"，如图 5-3-18 所示。

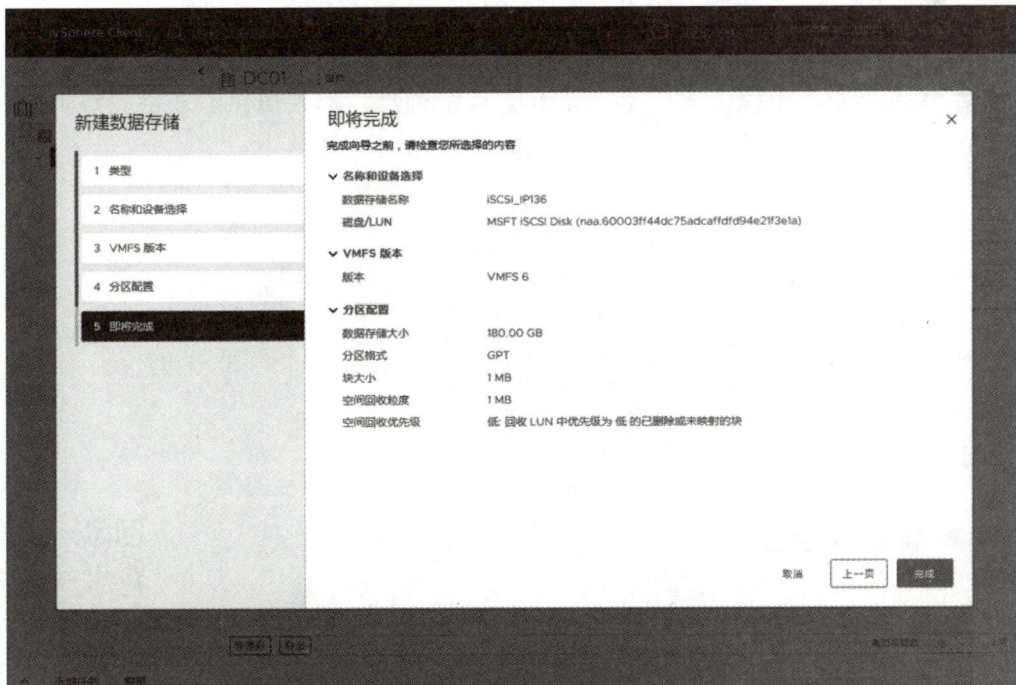

图 5-3-18　检查数据存储设置

至此，已通过 VCSA 完成 IP 地址为 192.168.75.81 的主机与 Openfiler 的 iSCSI 存储对接，对接后的数据存储如图 5-3-19 所示。

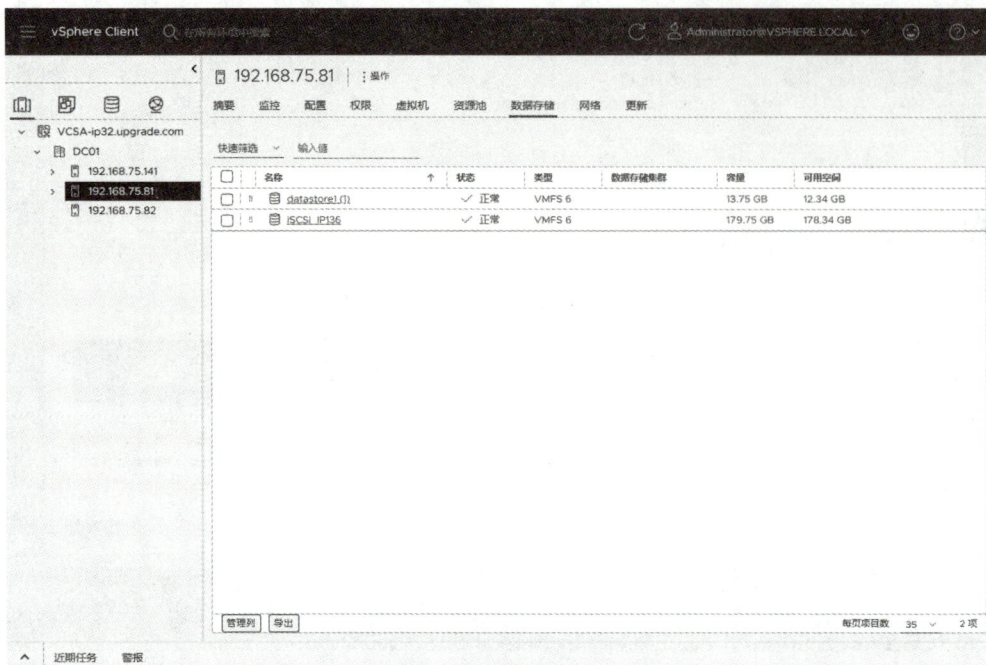

图 5-3-19　对接后的数据存储

同理，IP 地址为 192.168.75.82 的主机的对接也需要按照上述步骤进行配置。

## 二、使用 VCSA 配置 NFS 存储

使用 VCSA 配置 NFS 存储的具体步骤如下：

(1) 在 Web 浏览器中输入网管 VCSA 主机的 IP 地址，输入用户名和密码登录 VCSA 系统，如图 5-3-20 所示。登录后的系统界面如图 5-3-21 所示。

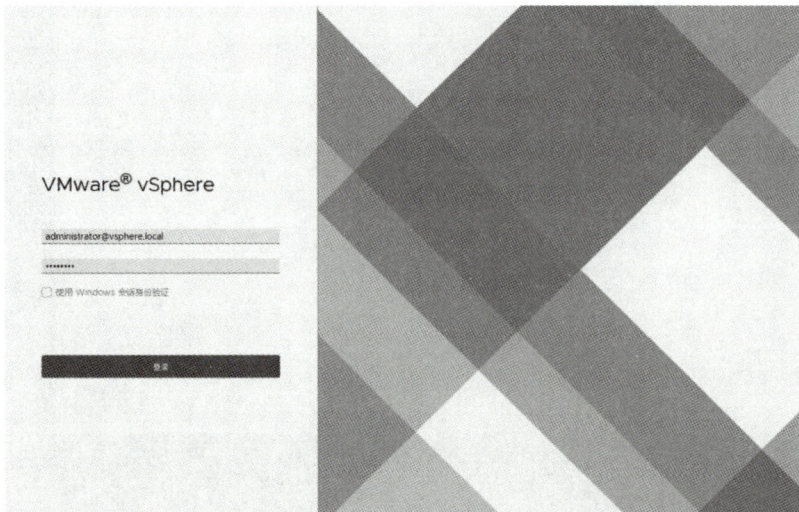

图 5-3-20　输入用户名和密码登录 VCSA

使用 VCSA
配置 NFS 存储

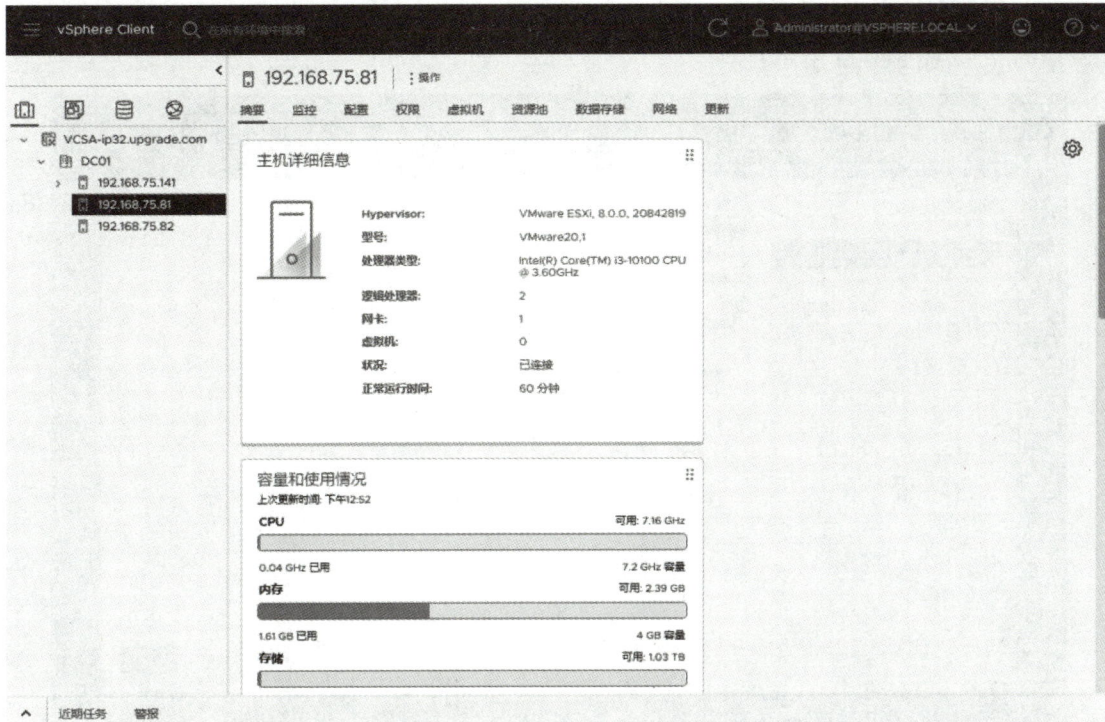

图 5-3-21　登录后的 VCSA 界面

(2) 右键单击数据中心"DC01"，选择"存储"→"新建数据存储"，如图 5-3-22 所示。

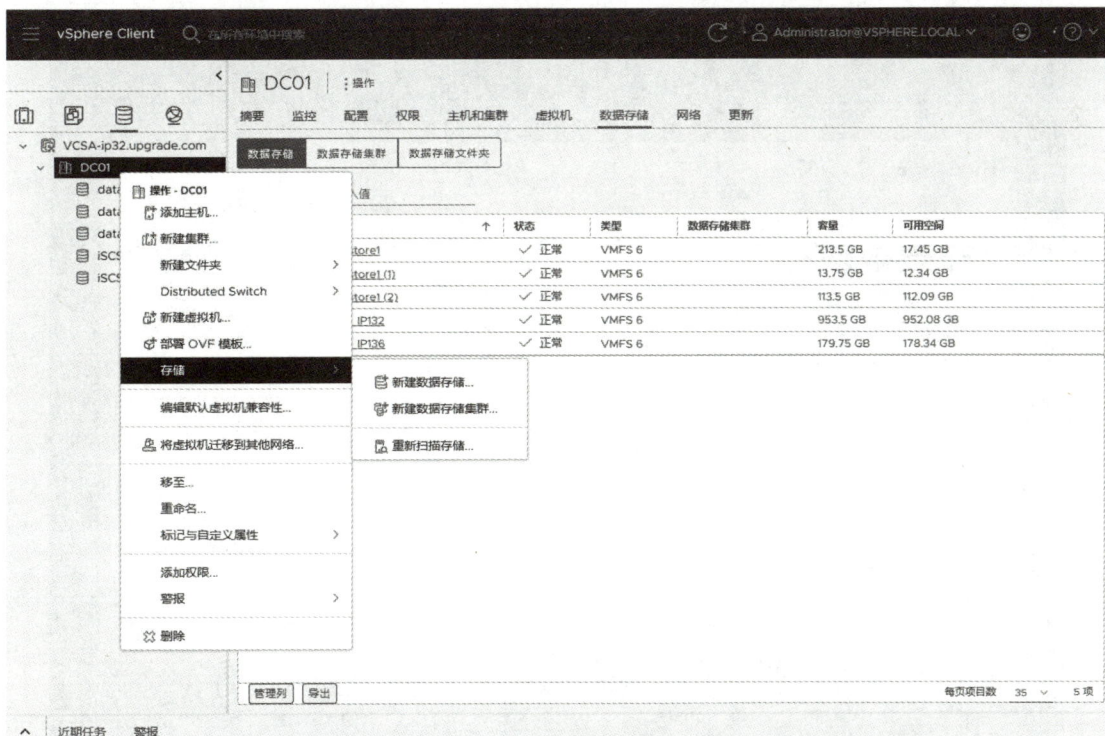

图 5-3-22　新建数据存储

(3) 在"新建数据存储"对话框的"类型"页面中将数据存储类型设置为"NFS"，单击"下一页"，如图 5-3-23 所示。

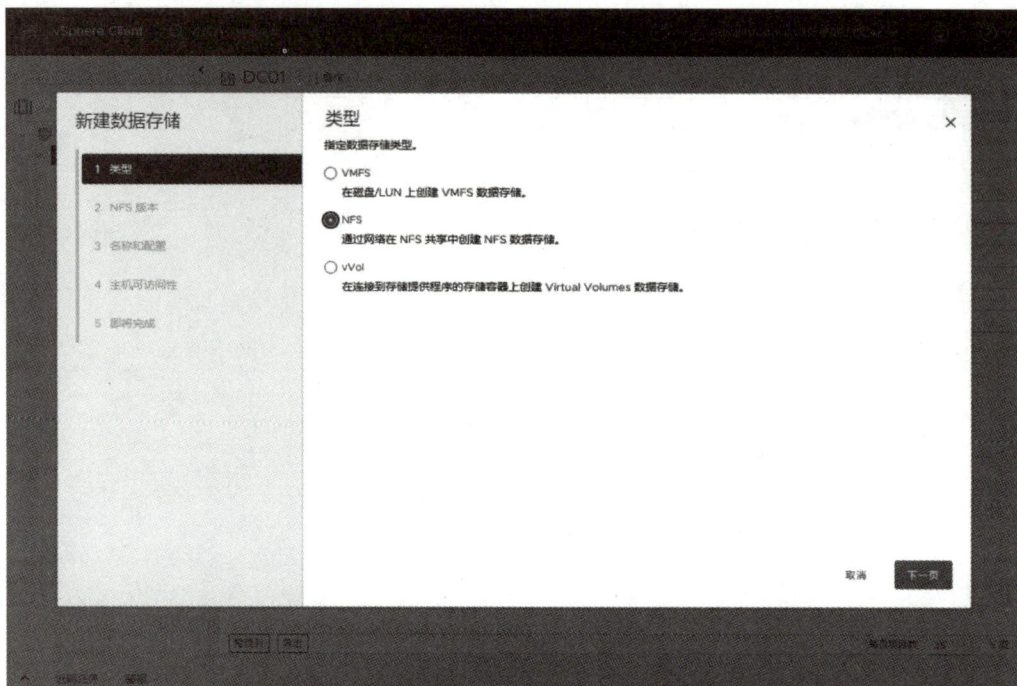

图 5-3-23　指定数据存储类型

(4) 在"NFS 版本"页面中，保持默认设置，单击"下一页"，如图 5-3-24 所示。

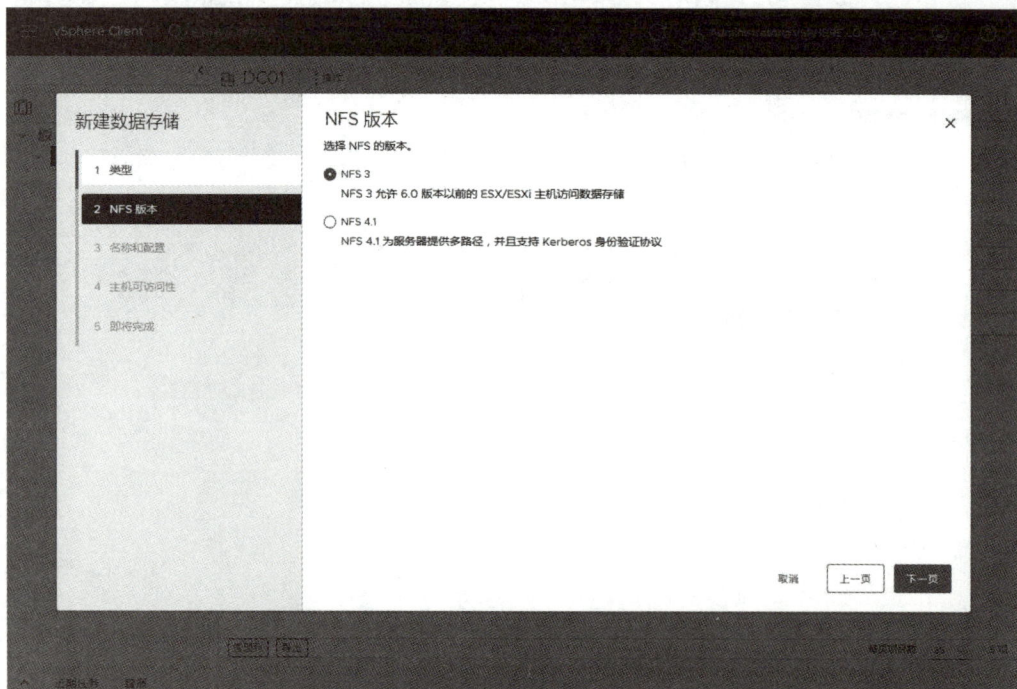

图 5-3-24　选择 NFS 的版本

(5) 在"名称和配置"页面中，配置名称、文件夹和服务器，单击"下一页"，如图 5-3-25 所示。

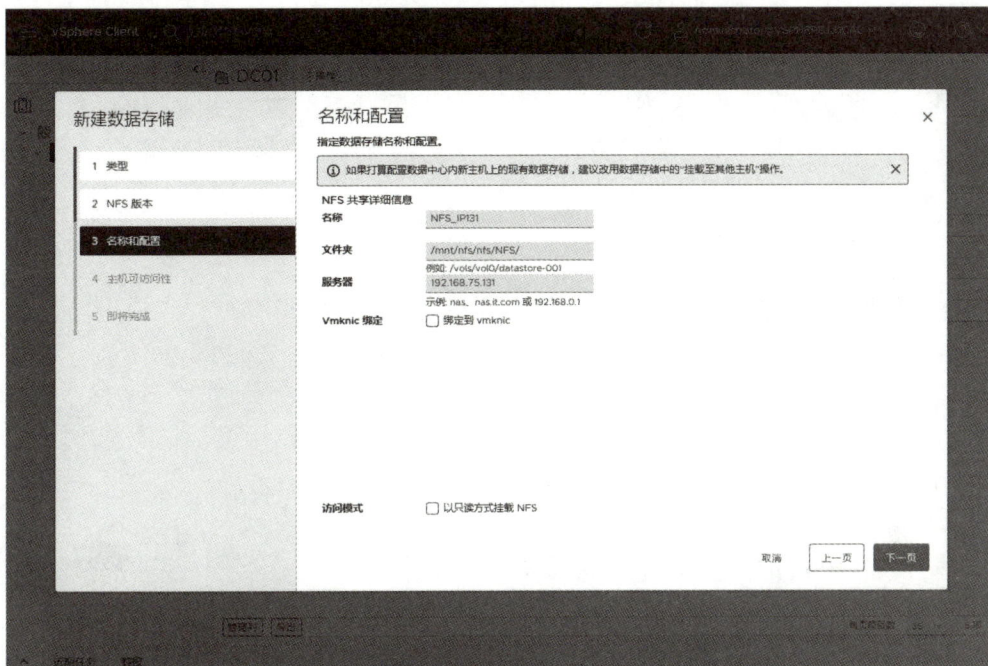

图 5-3-25    指定数据存储名称和配置

(6) 在"主机可访问性"页面中，根据实际需要选择主机，单击"下一页"，如图 5-3-26 所示。

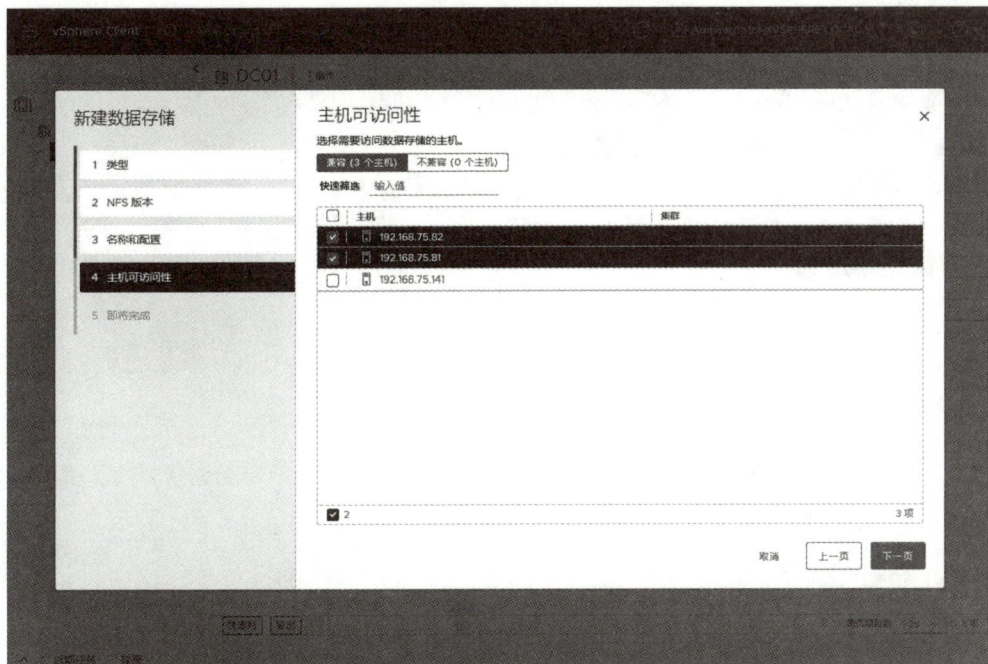

图 5-3-26    选择需要访问的主机

（7）在"即将完成"页面中，检查数据存储设置情况，然后单击"完成"，如图 5-3-27 所示。

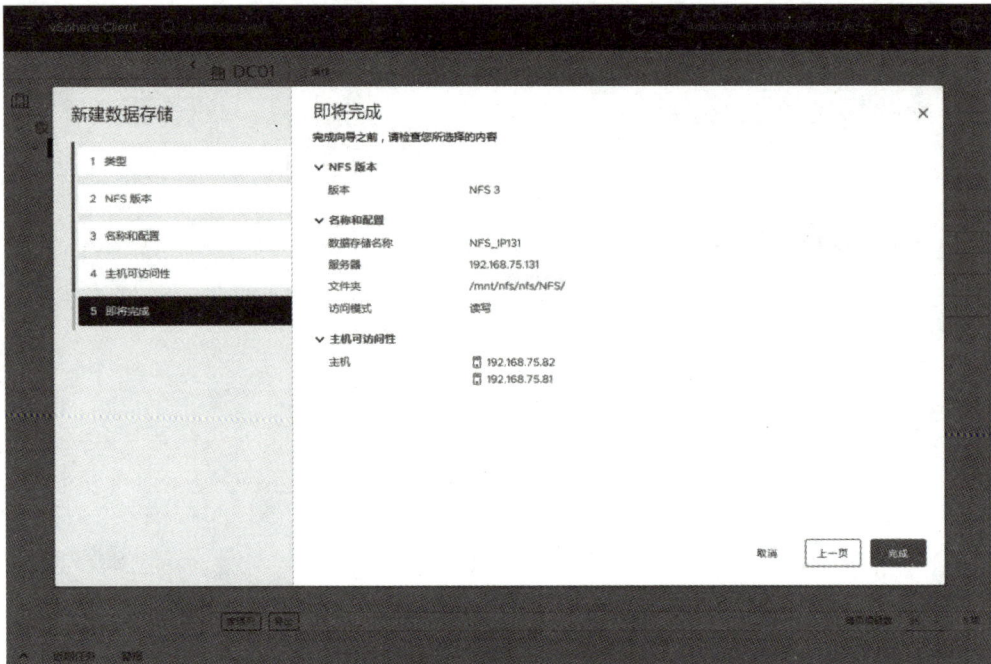

图 5-3-27　检查数据存储设置

至此，已通过 VCSA 完成与 Openfiler 的 NFS 存储对接，已配置 NFC 存储访问的主机如图 5-3-28 所示。

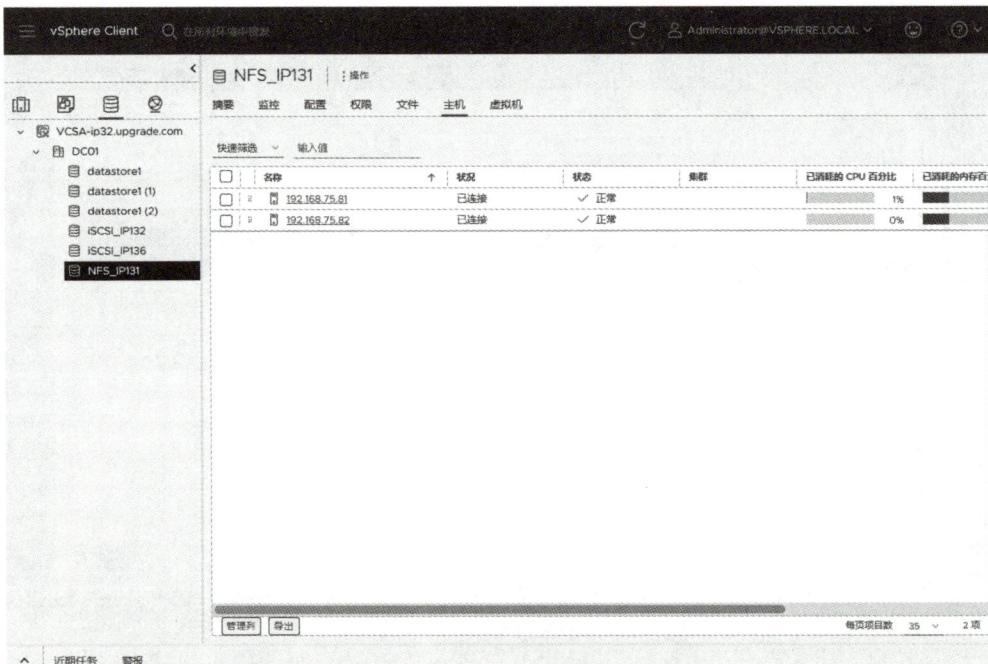

图 5-3-28　已配置 NFS 存储访问的主机

**总结评价**

### 1. 小组汇报任务实施结果

任务实施结果的具体内容如表 5-3-2 所示。

表 5-3-2　任务实施结果记录表

| 任务名称 | 使用 VCSA 配置共享存储 | |
|---|---|---|
| 自检基本情况 | | |
| 自检组别 | 第　　组 | |
| 本组成员 | 组长：　　　　　　　　　组员： | |
| 检查情况 | | |
| 是否完成 | | |
| 完成时间 | | |
| 工位管理是否符合<br>8S 管理标准 | | |
| 任务实施情况 | 正确执行部分：<br><br><br><br><br><br><br>问题与不足： | |
| 超时或未完成的<br>主要原因 | | |
| 检查人签字： | 日期： | |

## 2. 小组互评

任务实施过程评价具体内容如表 5-3-3 所示。

### 表 5-3-3　任务实施过程评价表

组别 _____　　组员 _____　　任务名称　<u>使用 VCSA 配置共享存储</u>

| 教学环节 | 评分细则及分值 | 得　分 |
|---|---|---|
| 课前预习 | 是否已了解任务内容，材料是否准备妥当。(20 分) | |
| 实施作业 | (1) 了解 VMFS 存储格式的分类和应用场景。(10 分)<br>(2) 掌握使用 VCSA 通过 iSCSI 协议与存储系统对接的方法。(20 分)<br>(3) 掌握使用 VCSA 通过 NFS 协议与存储系统对接的方法。(20 分) | 单项得分：<br>(1) _____<br>(2) _____<br>(3) _____ |
| 质量检验 | (1) 操作的规范性、步骤的完整性、过程的连贯性。(10 分)<br>(2) 工作效率较高。(10 分)<br>(3) 8S 理念及工匠精神的体现。(10 分) | 单项得分：<br>(1) _____<br>(2) _____<br>(3) _____ |
| 总分<br>(满分 100 分) | 评分人签字： | |

## 学习拓展

1. 将任务实施结果记录表补充完整。
2. 预习下一个任务内容"批量部署虚拟机"。

项目 6

# VCSA 的高级应用

## 任务 1　批量部署虚拟机

### 任务目标

1. 了解什么是模板。
2. 掌握克隆和快照的概念和功能。
3. 掌握如何克隆模板以及如何从模板创建虚拟机。

### 任务描述

在虚拟化环境中，快速部署大量虚拟机是提高工作效率的关键。通过使用 vCenter Server Appliance(VCSA) 提供的模板功能，管理员可以高效地批量创建虚拟机，确保每个虚拟机的配置一致且符合标准。本任务的目标是在 VCSA 的管理界面中，利用模板功能快速部署 CentOS 7 虚拟机，以满足企业对资源快速扩展的需求。

### 知识准备

#### 1. 模板

模板是指预先设计好的格式或者框架，用于创建具有相同结构和样式的文档、网页、邮件、报告等。模板通常包含一些预设的元素，例如标题、段落、列表、表格和图形等，用户可以在这些预设的元素中填充自己的内容，从而节省时间并保持一致性。在不同的领域，模板有不同的应用。

对虚拟机模板 (Virtual Machine Template) 来说，它是一种预先配置好的虚拟机镜像，包含了操作系统、应用程序、工具和其他预设的配置。使用虚拟机模板可以快速部署具有相同配置的多个虚拟机实例，这在数据中心管理和云计算服务中非常有用。

### 2. 克隆和快照

克隆 (Cloning) 在不同领域有不同的含义，通常是指复制或创建一个与原对象相同或类似的副本。在虚拟化技术中，克隆是指在虚拟化环境中创建一个虚拟机 (VM) 的副本。这个副本可以是完全独立的，拥有自己的操作系统和应用程序，也可以是链接克隆，共享原始虚拟机的某些部分以节省存储空间。

快照 (Snapshot) 在计算机科学和信息技术中是一个广泛使用的概念，它指的是在某一特定时刻对数据或系统状态的完整记录。在虚拟化技术中，快照是虚拟机在特定时间点的状态的记录。它包括虚拟机的配置、操作系统状态、安装的应用程序和数据。快照可以用于快速恢复到某一状态，或在不同的环境和测试中使用相同的虚拟机配置。

### 任务实施

**批量部署虚拟机**

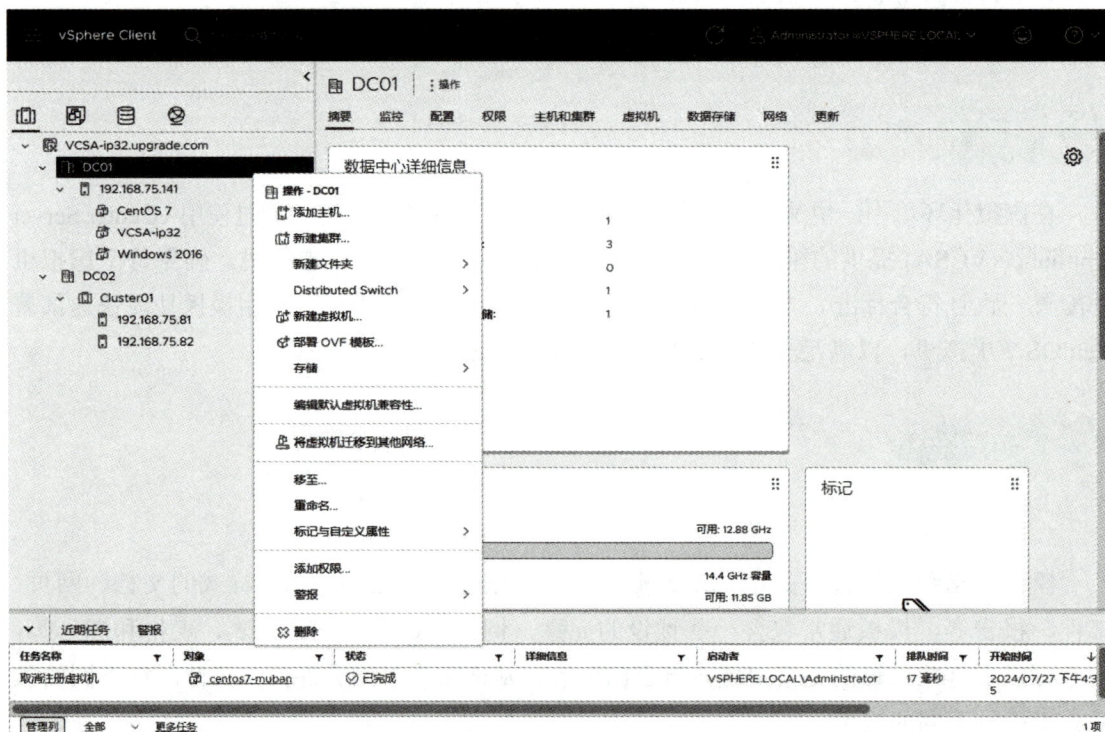

批量部署虚拟机的操作步骤如下：

#### 1. 将虚拟机克隆为模板

(1) 选择数据中心 DC01 并右击，在弹出的菜单中选择"新建虚拟机"，如图 6-1-1 所示。

图 6-1-1　新建虚拟机

(2) 在"将虚拟机克隆为模板"对话框的"选择创建类型"页面中，选择"将虚拟机克隆为模板"然后单击"下一页"，如图 6-1-2 所示。

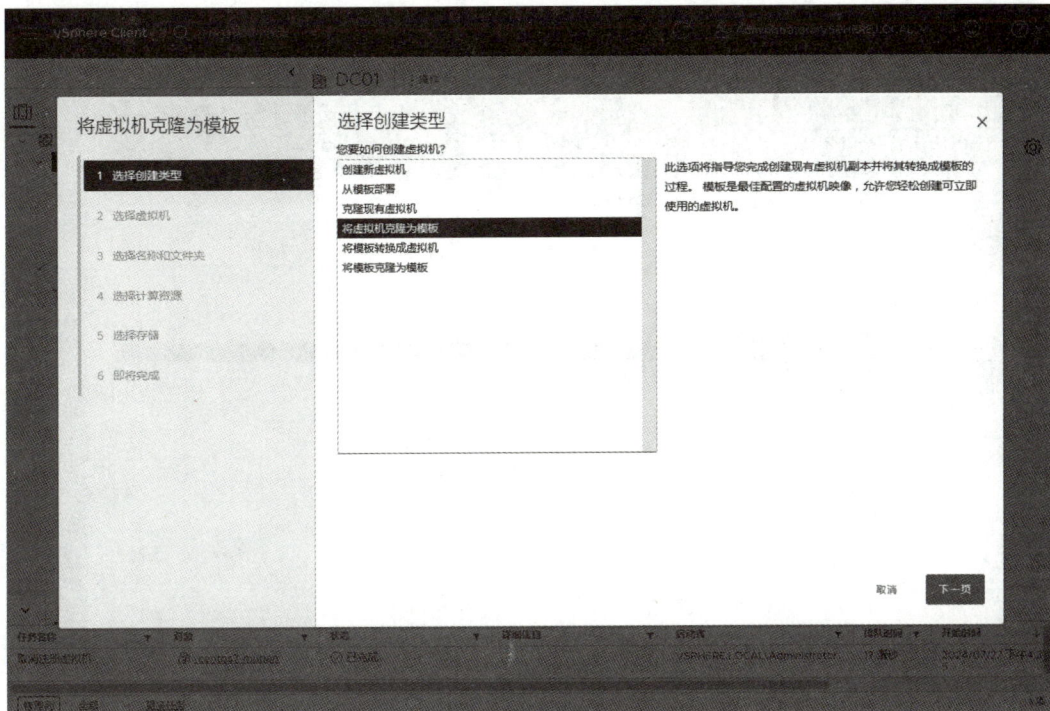

图 6-1-2　将虚拟机克隆为模板

（3）在弹出的"选择虚拟机"页面中，选择 CentOS 7 虚拟机，然后单击"下一页"，如图 6-1-3 所示。

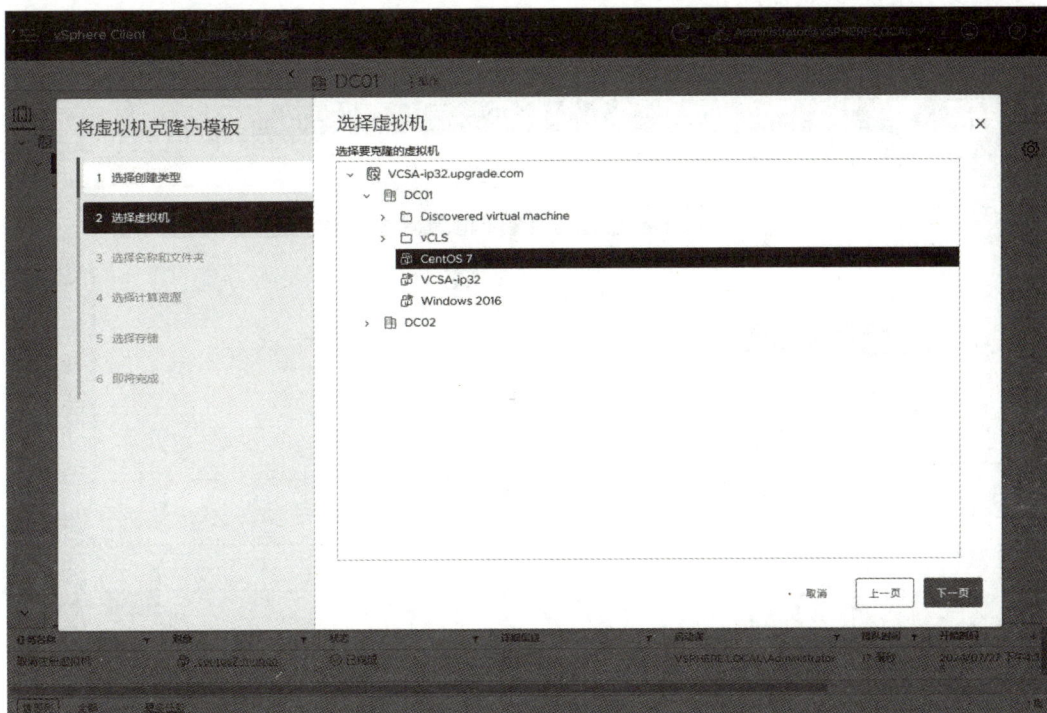

图 6-1-3　选择虚拟机

(4) 在弹出的"选择名称和文件夹"页面中，添加虚拟机模板名称，并为该模板选择位置，然后单击"下一页"，如图 6-1-4 所示。

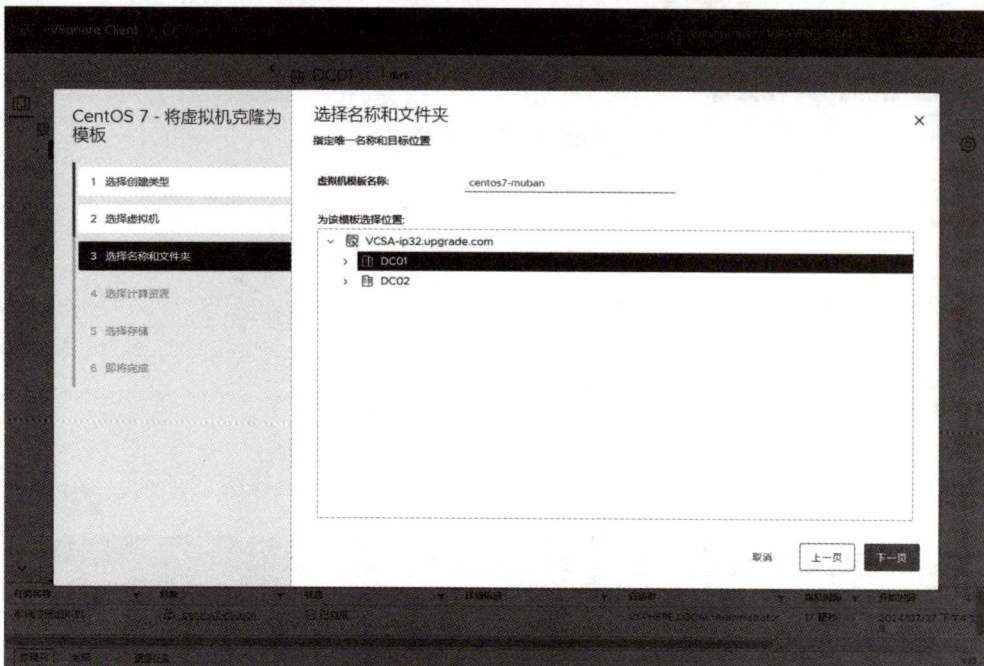

图 6-1-4　设置模板名称和位置

(5) 在弹出的"选择计算资源"页面中，选择目标计算资源，若"兼容性"显示"兼容性检查成功"，则单击"下一页"，如图 6-1-5 所示。

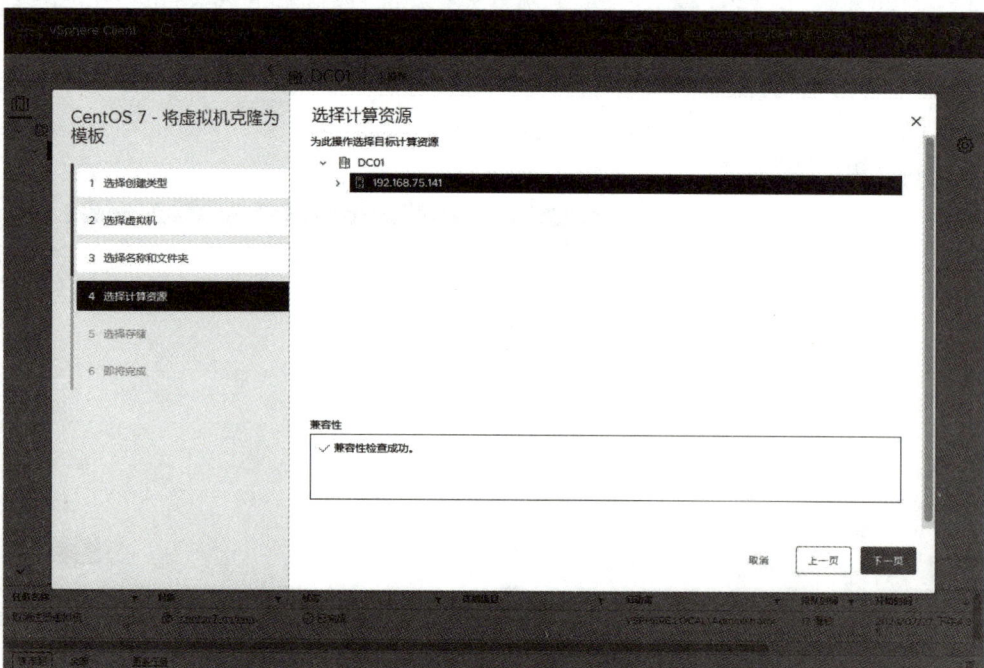

图 6-1-5　选择计算资源

(6) 在弹出的"选择存储"页面中，保持默认设置，然后单击"下一页"，如图 6-1-6 所示。

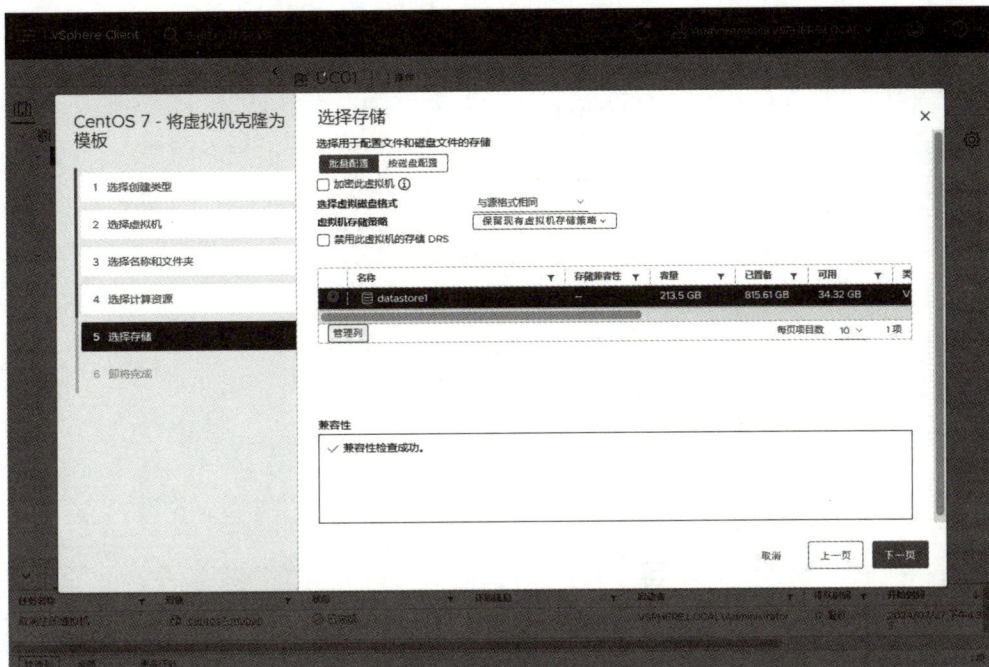

图 6-1-6    选择存储

(7) 在弹出的"即将完成"页面中，检查模板配置情况，若配置确认无误，则单击"完成"，如图 6-1-7 所示，会弹出创建完成的模板 centos7-muban 的详细信息，如图 6-1-8 所示。

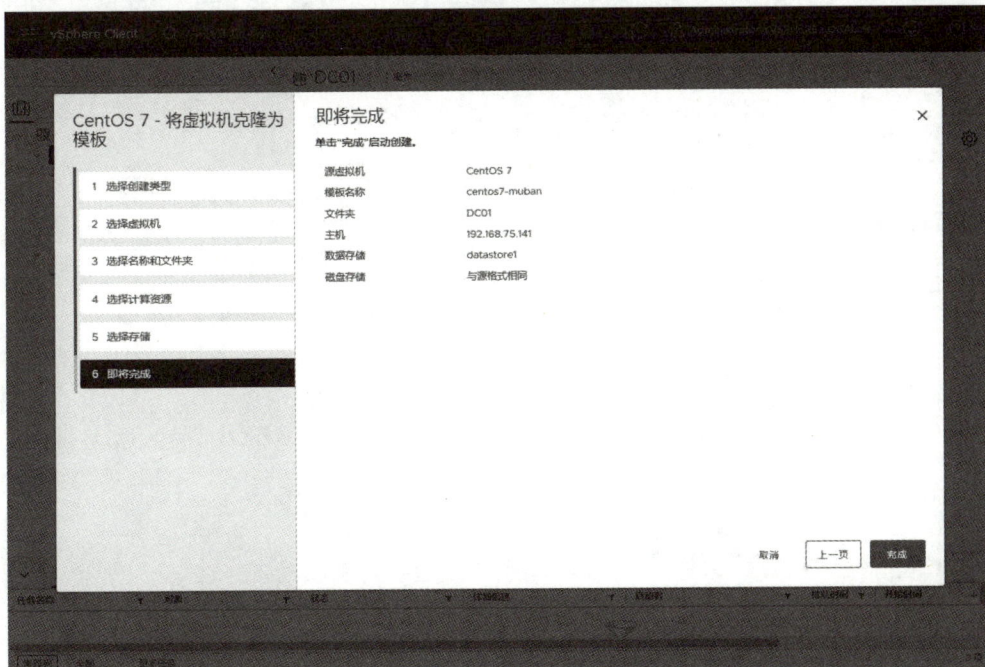

图 6-1-7    检查模板配置

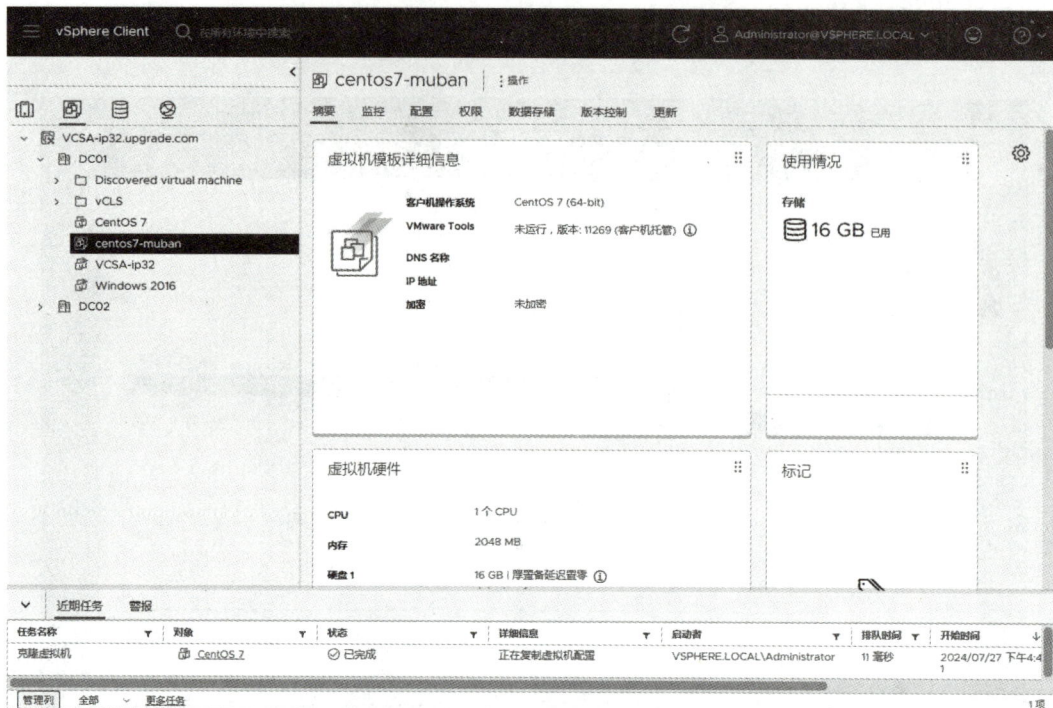

图 6-1-8　创建后的模板

## 2. 从模板创建和部署虚拟机

(1) 选择数据中心 DC01 并右击，在弹出的菜单中选择"新建虚拟机"，如图 6-1-9 所示。

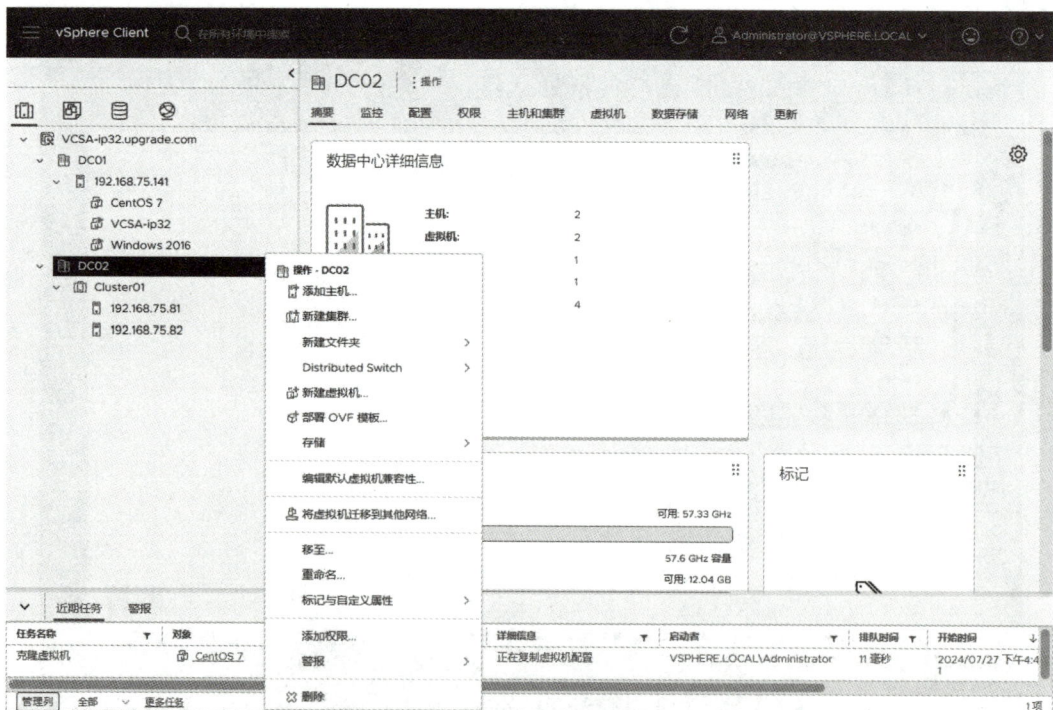

图 6-1-9　新建虚拟机

(2) 在弹出的"从模板部署"对话框的"选择创建类型"页面中，选择"从模板部署"，然后单击"下一页"，如图 6-1-10 所示。

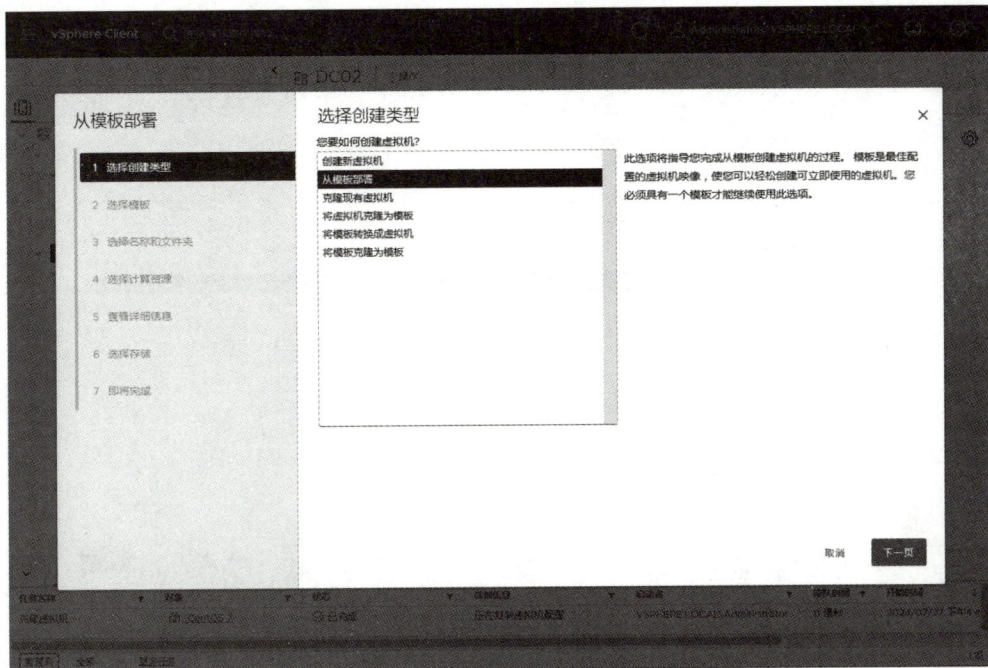

图 6-1-10　从模板部署虚拟机

(3) 在弹出的"选择模板"页面中，选择已创建的"centos7-muban"模板，然后单击"下一页"，如图 6-1-11 所示。

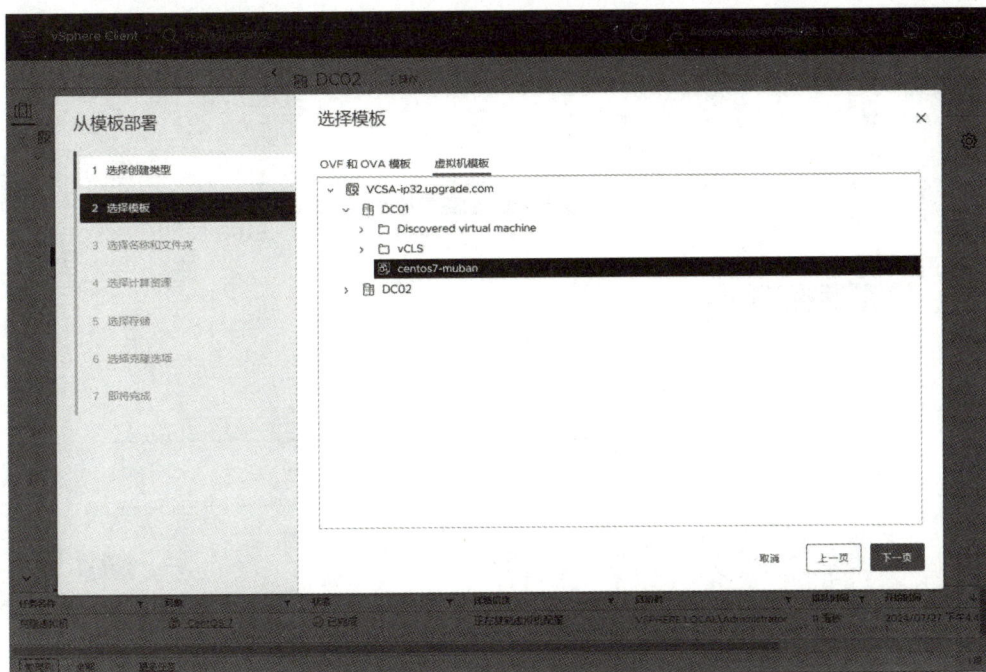

图 6-1-11　选择模板

（4）在弹出的"选择名称和文件夹"页面中，虚拟机名称选择"centos7-1"，位置选择"DC02"，然后单击"下一页"，如图 6-1-12 所示。

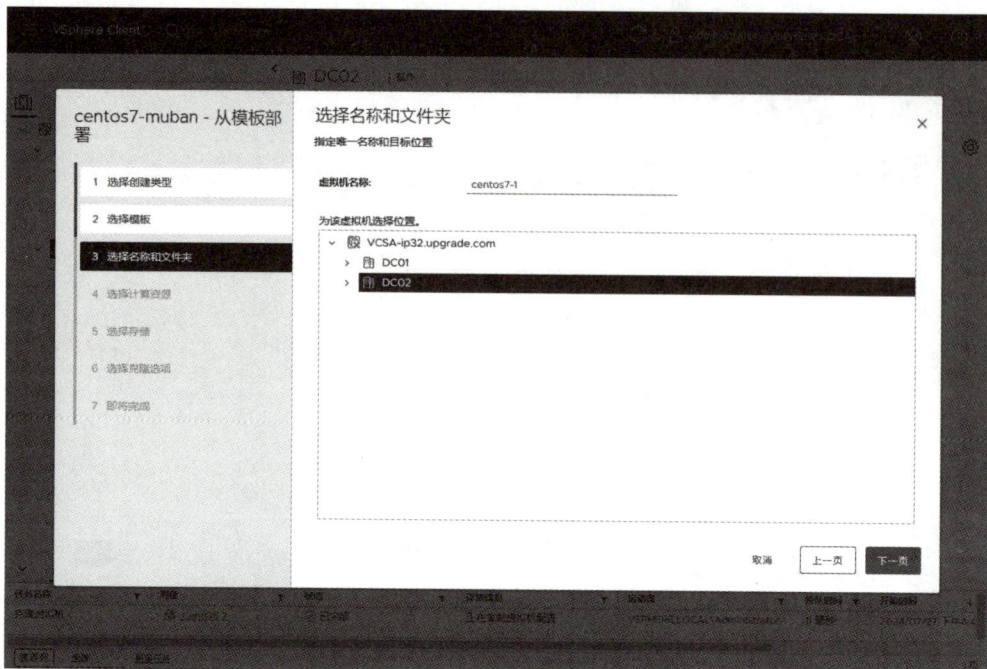

图 6-1-12　指定虚拟机名称和目标位置

（5）在弹出的"选择计算资源"页面中，计算资源选择 DC02 下的"192.168.75.81"主机，然后单击"下一页"，如图 6-1-13 所示。

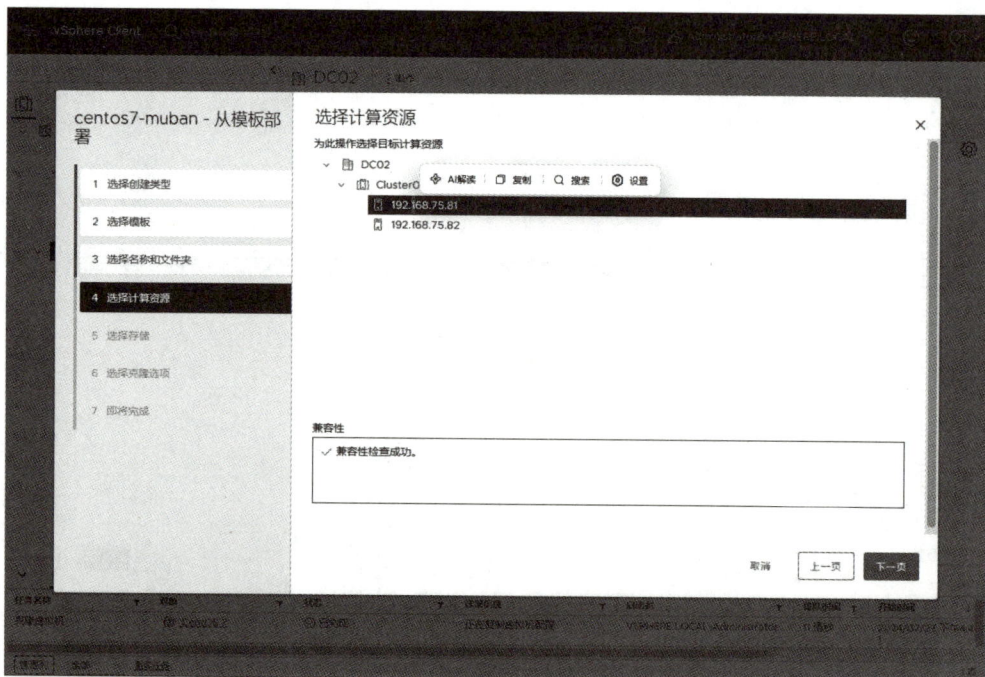

图 6-1-13　选择计算资源

(6) 在弹出的"选择存储"页面中选择"datastore2"，然后单击"下一页"，如图 6-1-14 所示。

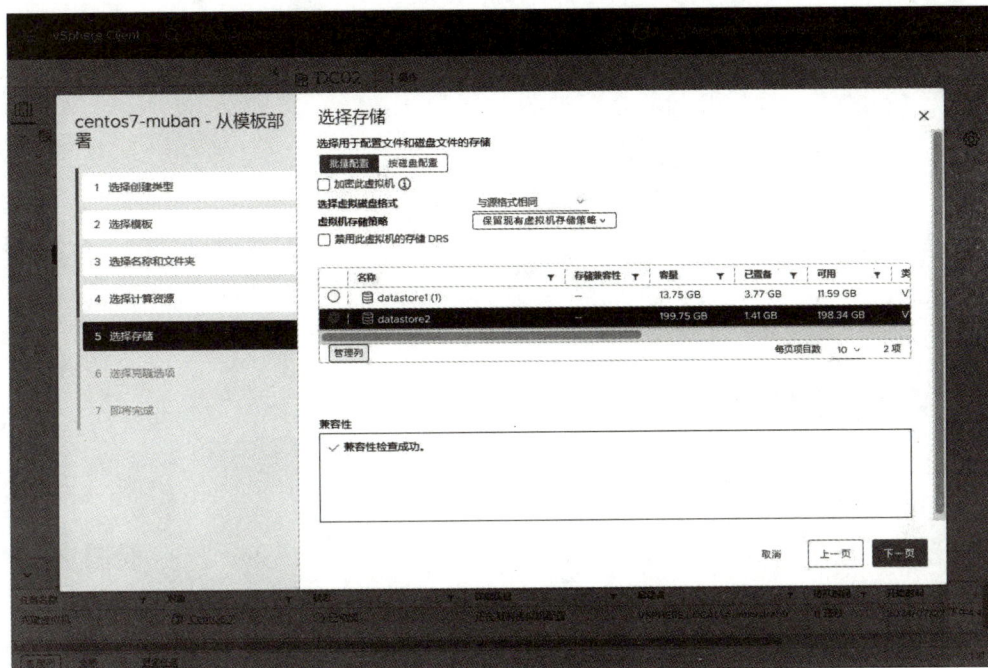

图 6-1-14　选择存储

(7) 在弹出的"选择克隆选项"页面中，根据实际需要选择其他克隆选项，然后单击"下一页"，如图 6-1-15 所示。

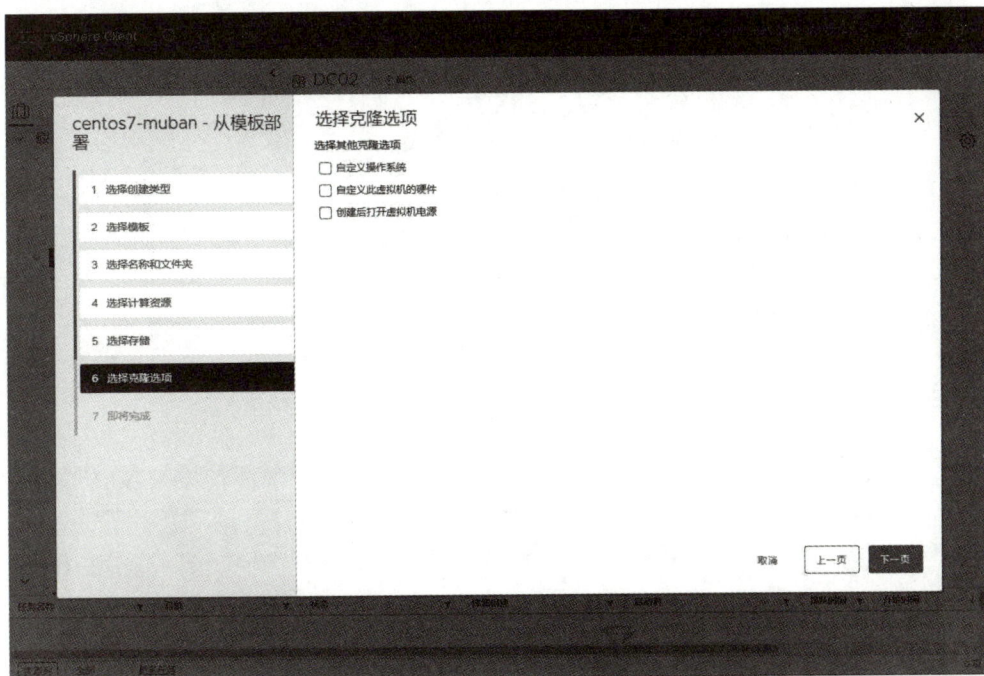

图 6-1-15　选择克隆选项

(8) 在弹出的"即将完成"页面中，检查模板部署配置情况，然后单击"完成"，如图 6-1-16 所示。创建完成的 centos7-1 界面如图 6-1-17 所示。

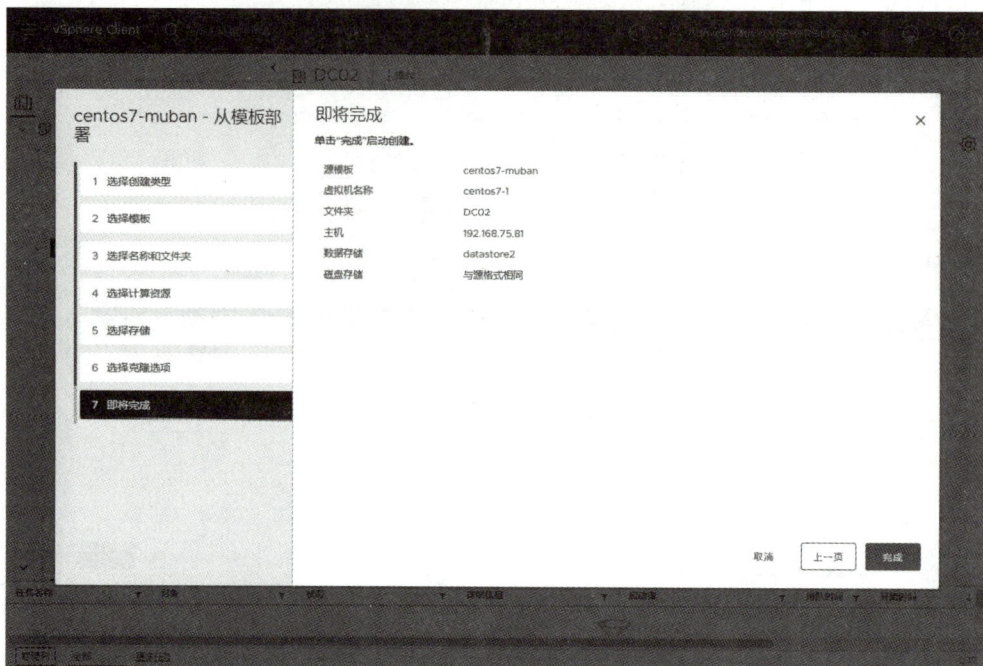

图 6-1-16    检查模板部署配置

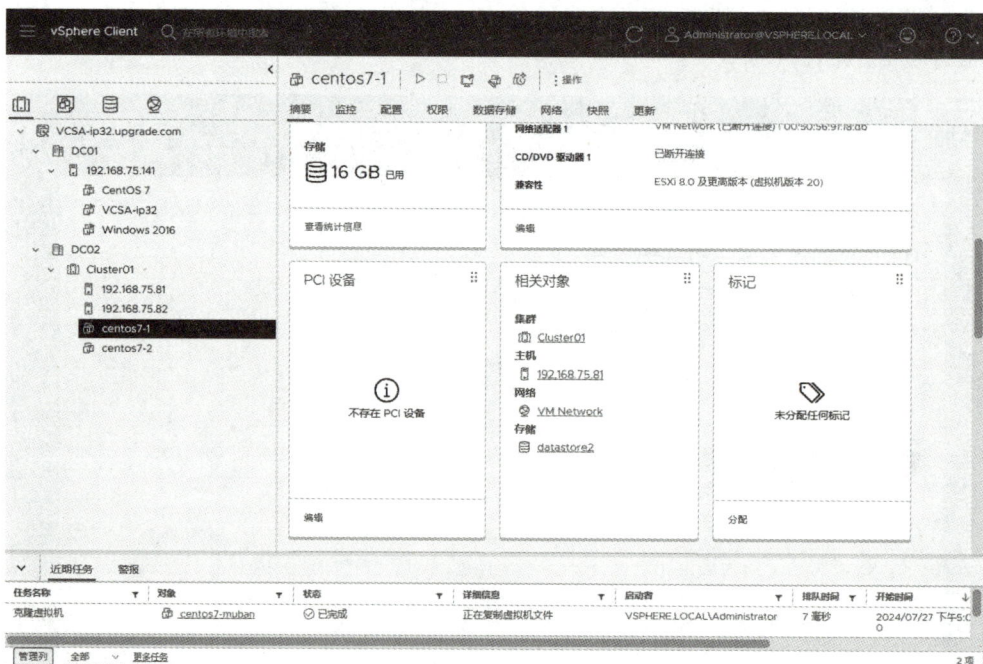

图 6-1-17    创建完成的 centos7-1

(9) 同理，可在计算资源 DC02 下选择"192.168.75.82"主机，创建名称为"centos7-2"的虚拟机，创建完成的 centos7-2 界面如图 6-1-18 所示。

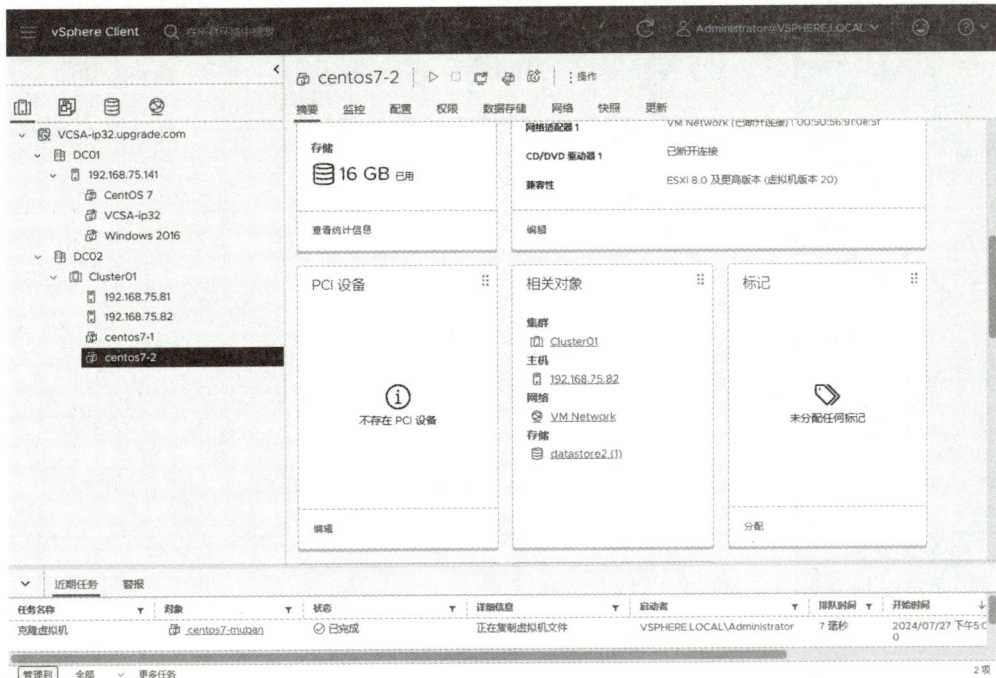

图 6-1-18 创建完成的 centos7-2

创建的两台 CentOS 虚拟机可以执行双向 PING 测试，测试结果正常。

**注：**

(1) 本任务中 Centos7 虚拟机模板可设置为自动获取 IP 地址，这样从该模板部署后，两台虚拟机会自动生成新的 IP 地址，完成系统间双向 PING 测试。

(2) 此版本不需要额外注释 70-persistent-net.rules 和 ifcfg-eth0 这两个文件。

## 总结评价

### 1. 小组汇报任务实施结果

任务实施结果的具体内容如表 6-1-1 所示。

表 6-1-1 任务实施结果记录表

| 任务名称 | 批量部署虚拟机 | |
|---|---|---|
| 自检基本情况 | | |
| 自检组别 | 第　　　组 | |
| 本组成员 | 组长： | 组员： |
| 检查情况 | | |
| 是否完成 | | |

续表

| | |
|---|---|
| 完成时间 | |
| 工位管理是否符合<br>8S 管理标准 | |
| 任务实施情况 | 正确执行部分：<br><br>问题与不足： |
| 超时或未完成的<br>主要原因 | |
| 检查人签字： | 日期： |

### 2. 小组互评

任务实施过程评价具体内容如表 6-1-2 所示。

**表 6-1-2　实训过程评价表**

组别 _____　组员 _____　任务名称　批量部署虚拟机

| 教学环节 | 评分细则及分值 | 得　分 |
|---|---|---|
| 课前预习 | 是否已了解任务内容，材料是否准备妥当。(20 分) | |
| 实施作业 | (1) 了解什么是模板。(10 分)<br>(2) 了解克隆和快照的概念和功能。(10 分)<br>(3) 掌握如何克隆模板以及如何从模板创建虚拟机。(30 分) | 单项得分：<br>(1) _____<br>(2) _____<br>(3) _____ |
| 质量检验 | (1) 操作的规范性、步骤的完整性、过程的连贯性。(10 分)<br>(2) 工作效率较高。(10 分)<br>(3) 8S 理念及工匠精神的体现。(10 分) | 单项得分：<br>(1) _____<br>(2) _____<br>(3) _____ |
| 总分<br>(满分 100 分) | 评分人签字： | |

## 学习拓展

1. 将任务实施结果记录表补充完整。

2. 预习下一个任务内容"使用 vMotion 迁移虚拟机"。

# 任务 2　使用 vMotion 迁移虚拟机

## 任务目标

1. 了解虚拟机迁移的概念。
2. 了解 vMotion 迁移的工作原理。
3. 掌握使用 vMotion 迁移虚拟机的方法。

## 任务描述

在虚拟化环境中，灵活地迁移虚拟机是实现高效资源管理和高可用性的关键功能。vMotion 技术允许管理员在不影响虚拟机运行的情况下，将其从一台 ESXi 主机迁移到另一台，从而优化资源分配并减少停机时间。本任务的目标是在 VCSA 上使用 vMotion 功能，首先将处于关机状态的虚拟机从一台 ESXi 主机迁移到另一台，随后迁移正在运行的虚拟机，以验证 vMotion 的无缝迁移能力。

## 知识准备

### 1. 什么是迁移

迁移 (Migration) 通常是指将对象、资源或系统从一个位置、环境或状态转移到另一个位置、环境或状态的过程。其具体含义因领域而异。

在虚拟化技术中，虚拟机迁移 ( 如 VMware 的 VMotion 的实时迁移 ) 指将运行中的虚拟机从一个物理服务器无缝转移到另一个服务器。云迁移 (Cloud Migration) 指将计算资源 ( 如数据库、应用程序或服务 ) 从传统的本地环境 ( 如物理服务器、私有数据中心 ) 转移到云服务提供商的过程。

### 2. 迁移的工作原理 ( 以 vMotion 为例 )

vMotion 是 VMware 虚拟化平台的核心功能之一，通过热迁移技术实现虚拟机在运行状态下跨物理主机的无损转移。这项技术对于维护和升级服务器硬件、进行负载均衡以及提高数据中心的资源利用率都非常有用。其工作原理如表 6-2-1 所示。

表 6-2-1　vMotion 工作原理

| 步　骤 | 说　　明 |
| --- | --- |
| 内存复制 | vMotion 首先复制虚拟机的内存状态到目标主机 |
| 暂停虚拟机 | 在源主机上短暂地暂停虚拟机的执行，以确保内存状态的一致性 |
| 迁移虚拟机 | 将虚拟机的执行状态迁移到目标主机 |
| 恢复执行 | 在目标主机上激活虚拟机，无须重启 |

**任务实施**

使用 vMotion
迁移虚拟机

## 使用 vMotion 迁移虚拟机

要使用 vMotion 迁移虚拟机，需要满足以下条件：

(1) 源主机和目标主机的版本兼容，且都必须支持 vMotion 功能。

(2) 源主机和目标主机必须连接到同一个 vCenter Server(VCSA)。

(3) 硬件需兼容，特别是 CPU。

(4) 共享存储：虚拟机使用的存储必须是共享存储，且所有参与 vMotion 的主机都能够访问该存储。

(5) 网络要求如下：

① 虚拟机网络：虚拟机需要连接到同一个网络或具有路由可达的网络，以确保迁移过程中虚拟机的网络连接不中断。

② vMotion 网络：vMotion 操作需要一个专用网络，该网络需连接所有参与 vMotion 的主机。

③ 管理网络：用于处理 ESXi 主机和 vCenter Server 之间的通信。

使用 vMotion 迁移虚拟机的操作步骤如下。

### 1. 关机状态下的虚拟机迁移

(1) 在 VCSA 管理界面中，主机和虚拟机的配置如图 6-2-1 所示。

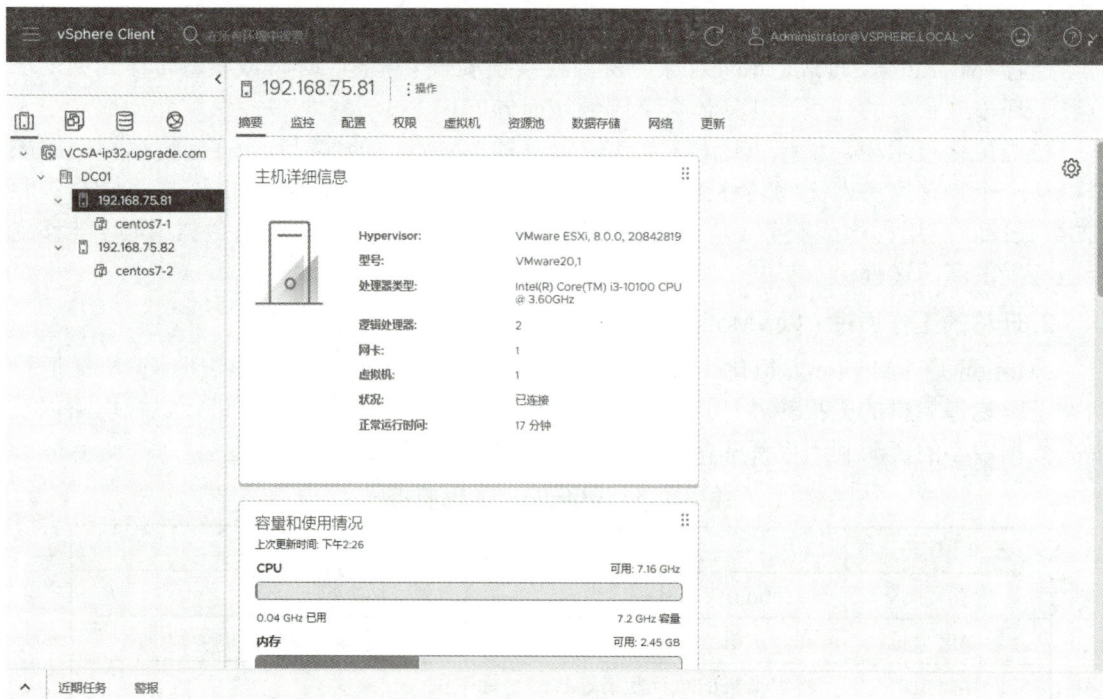

图 6-2-1　DC01 下的主机和虚拟机

(2) 将处于关机状态的 centos7-1 虚拟机从 IP 地址为 192.168.75.81 的主机切换至 IP 地址为 192.168.75.82 的主机，如图 6-2-2 所示。

图 6-2-2　关机状态的 centos7-1

(3) 选择 192.168.75.81 并右击，在弹出的菜单中选择"迁移"，如图 6-2-3 所示。

图 6-2-3　选择"迁移"命令

(4) 在弹出的"迁移 | centos7-1"对话框的"选择迁移类型"页面中，选择"仅更改计

算资源"，然后单击"下一页"，如图 6-2-4 所示。

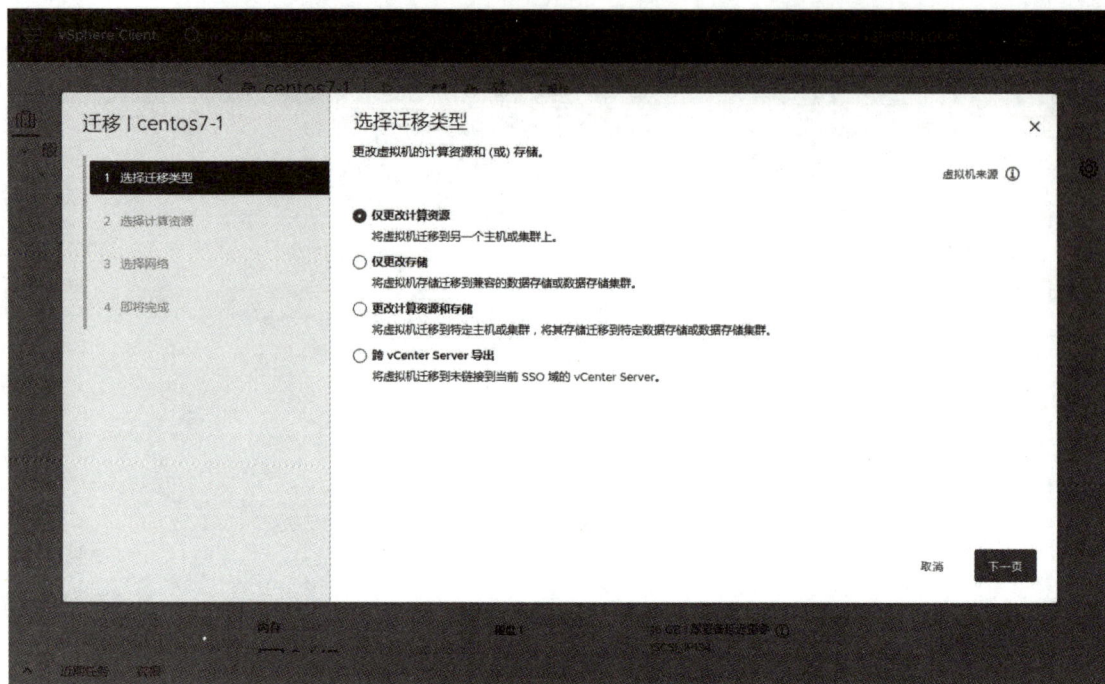

图 6-2-4　选择迁移类型

(5) 在弹出的"选择计算资源"页面中，选择"192.168.75.82"主机，然后单击"下一页"，如图 6-2-5 所示。

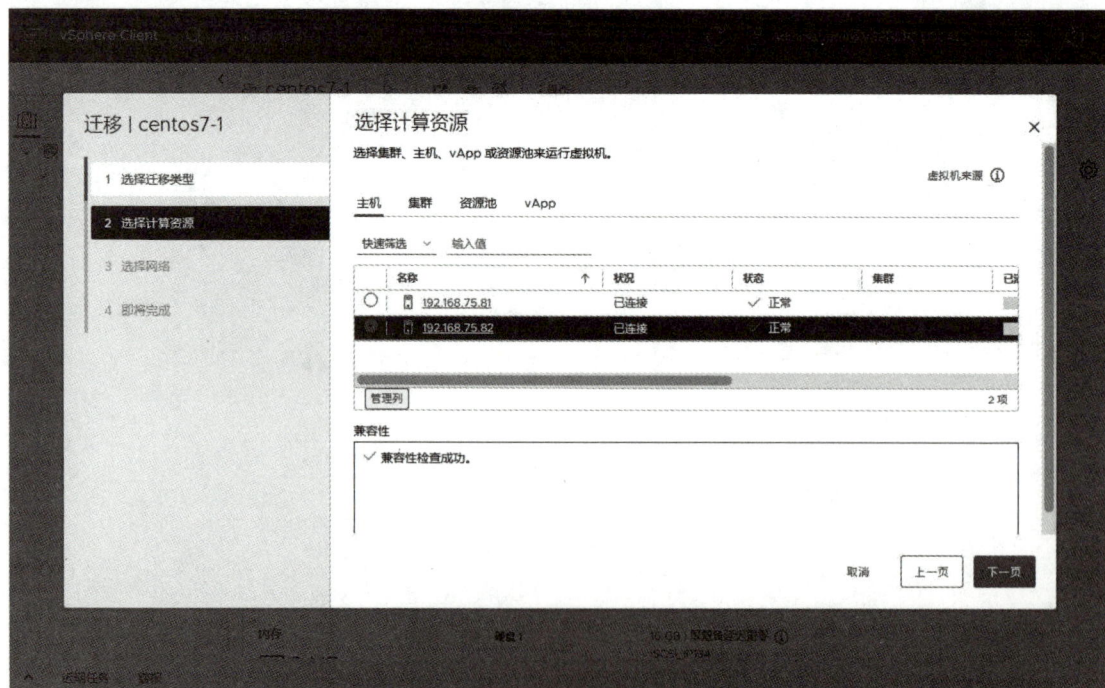

图 6-2-5　选择计算资源

（6）在弹出的"选择网络"页面中，保持默认设置，然后单击"下一页"，如图 6-2-6 所示。

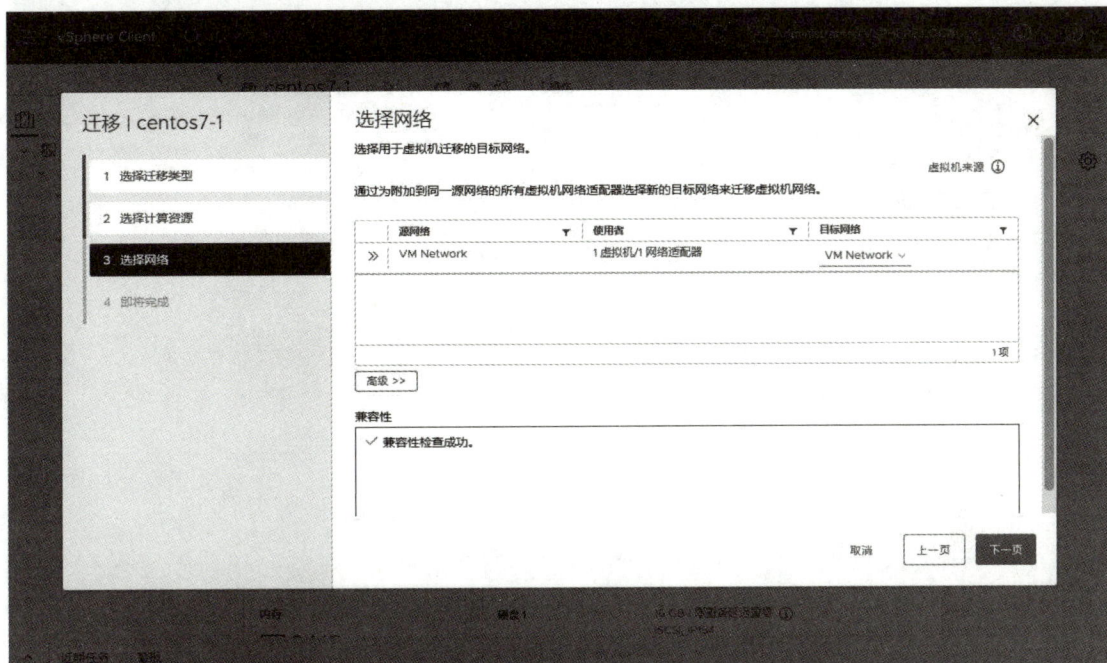

图 6-2-6　选择网络

（7）在弹出的"即将完成"页面中，检查迁移设置情况，确认无误后单击"完成"，如图 6-2-7 所示。

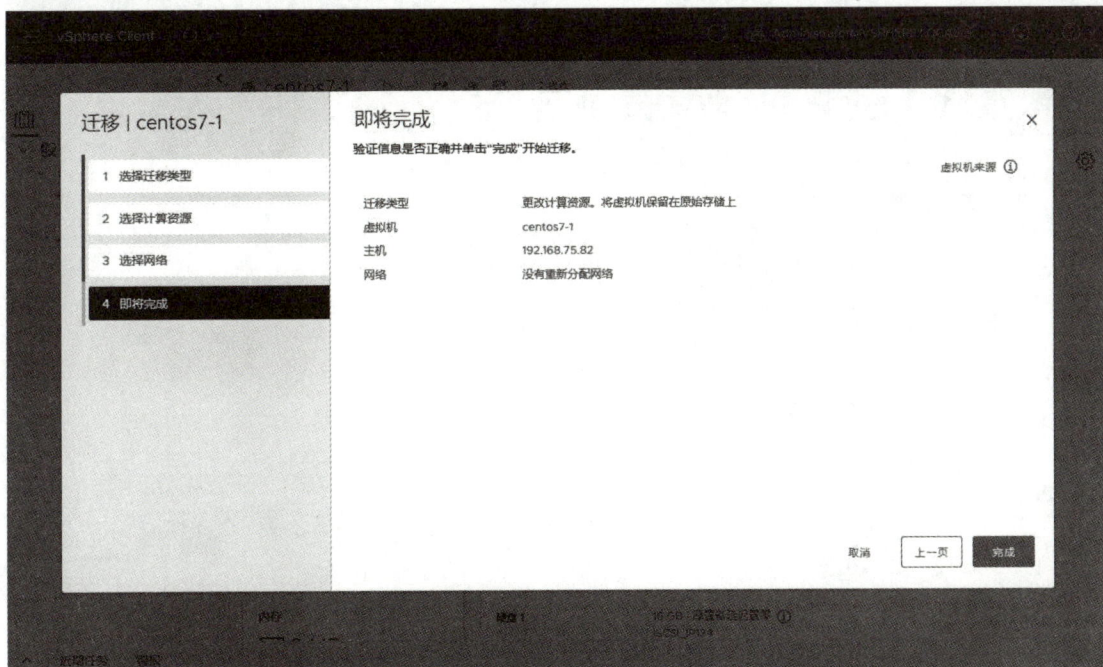

图 6-2-7　检查迁移配置

(8) 关机状态下的 centos7-1 已完成迁移，如图 6-2-8 所示。

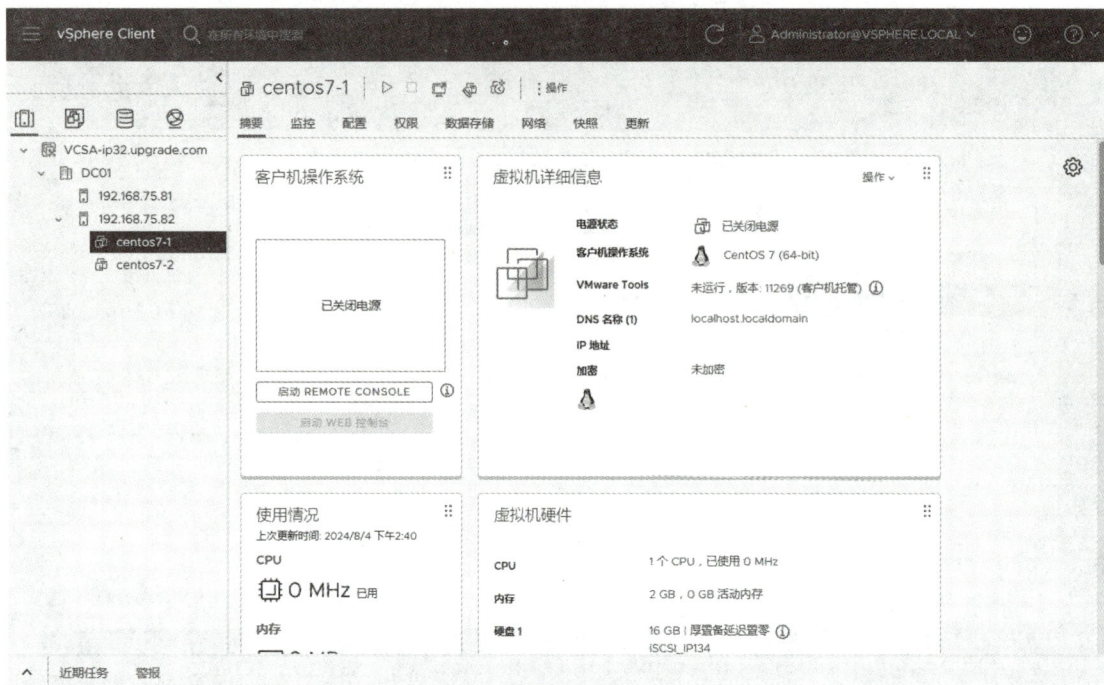

图 6-2-8　完成迁移后的虚拟机

## 2. 开机状态下的虚拟机迁移

(1) 打开虚拟机 centos7-1 电源，界面如图 6-2-9 所示。

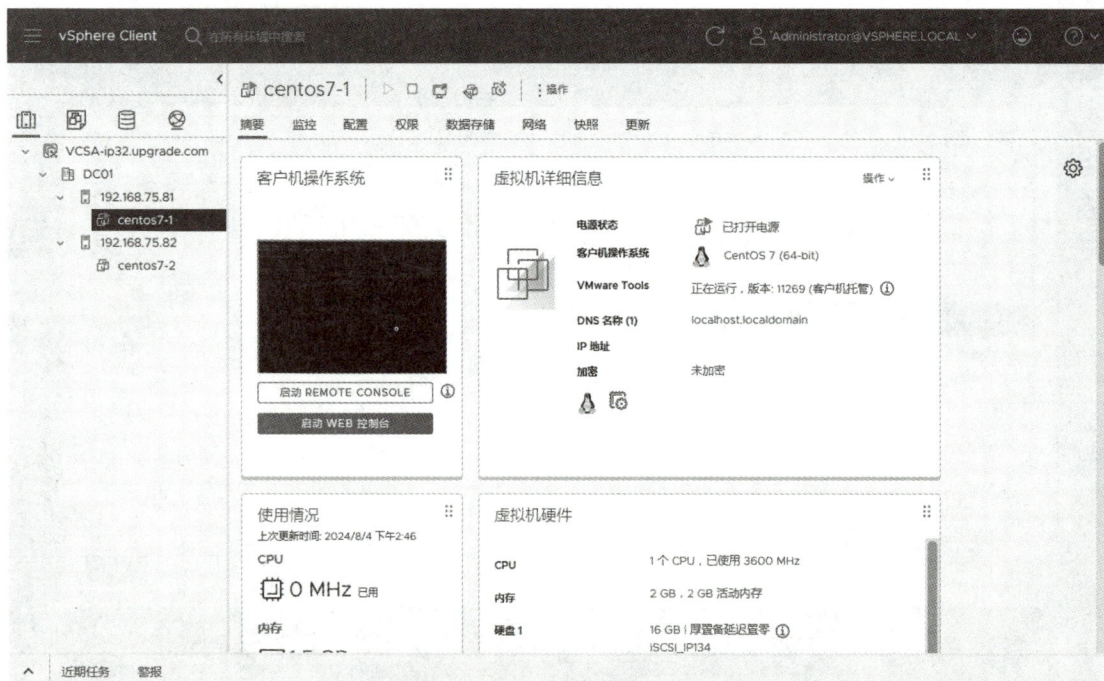

图 6-2-9　打开电源状态下的虚拟机

（2）选择 192.168.75.81 并右击，在弹出的菜单中选择"迁移"，如图 6-2-10 所示。

图 6-2-10　启动虚拟机迁移操作

（3）在"迁移 | centos7-1"对话框的"选择迁移类型"页面中，选择"仅更改计算资源"，然后单击"下一页"，如图 6-2-11 所示。

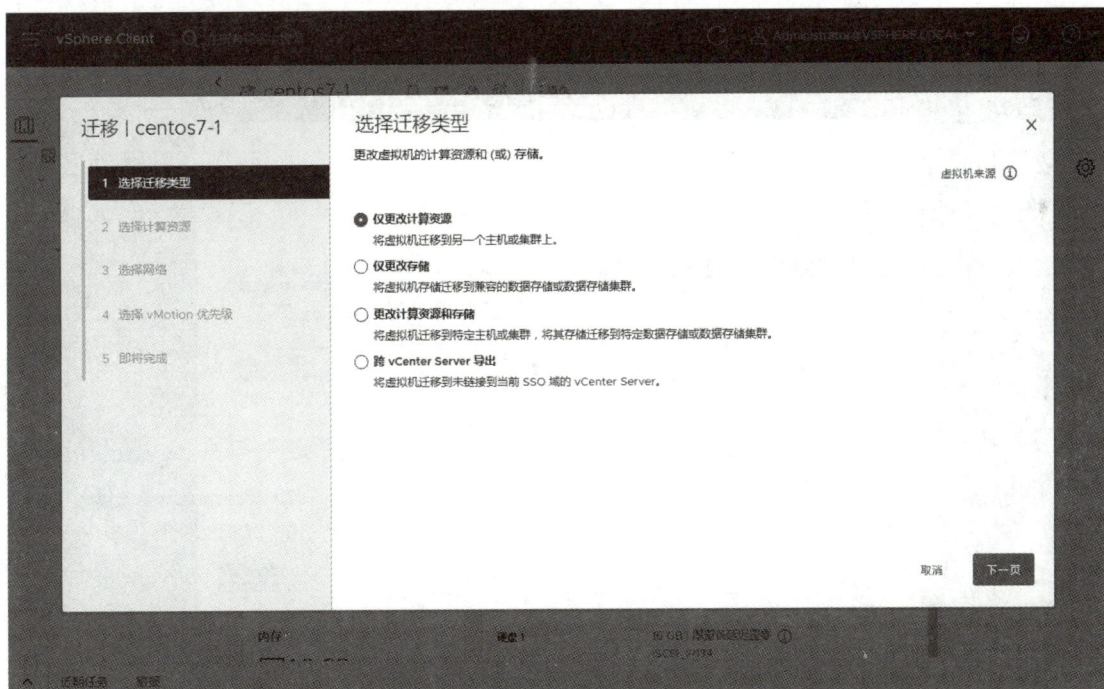

图 6-2-11　选择迁移类型

(4) 在弹出的"选择计算资源"页面中，选择 192.168.75.82 主机，此时"兼容性"信息框中提示出现兼容性问题，如图 6-2-12 所示。

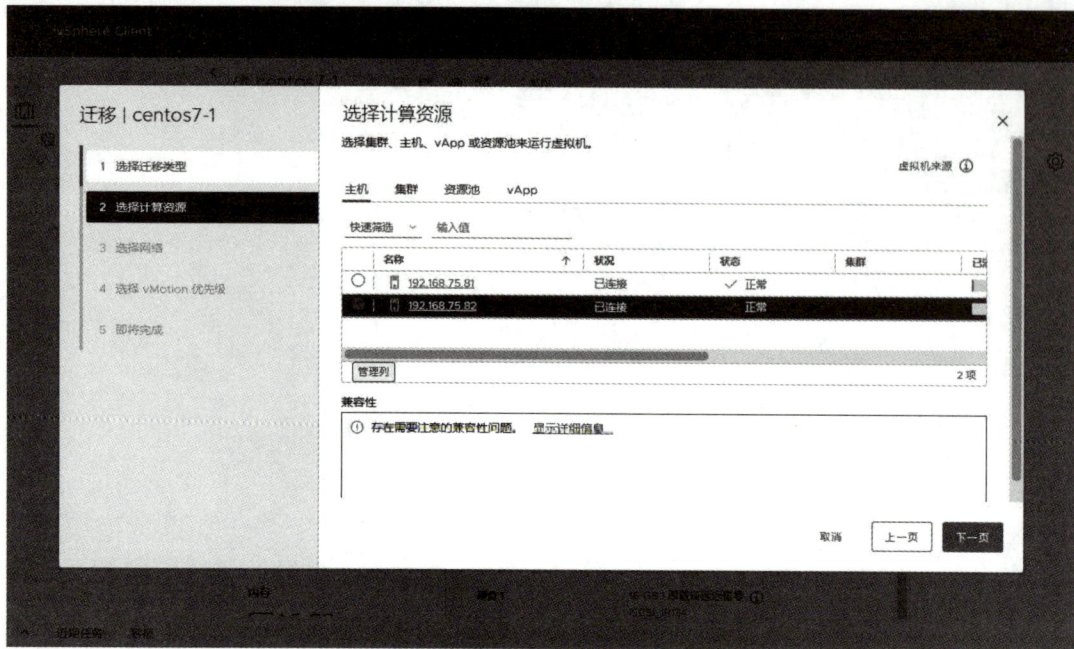

图 6-2-12　选择计算资源

(5) 单击"兼容性"信息框中的"显示详细信息"，会弹出兼容性问题详细信息，如图 6-2-13 所示。浏览完后单击"关闭"返回"选择计算资源"页面，单击右上角的"×"关闭该页面。

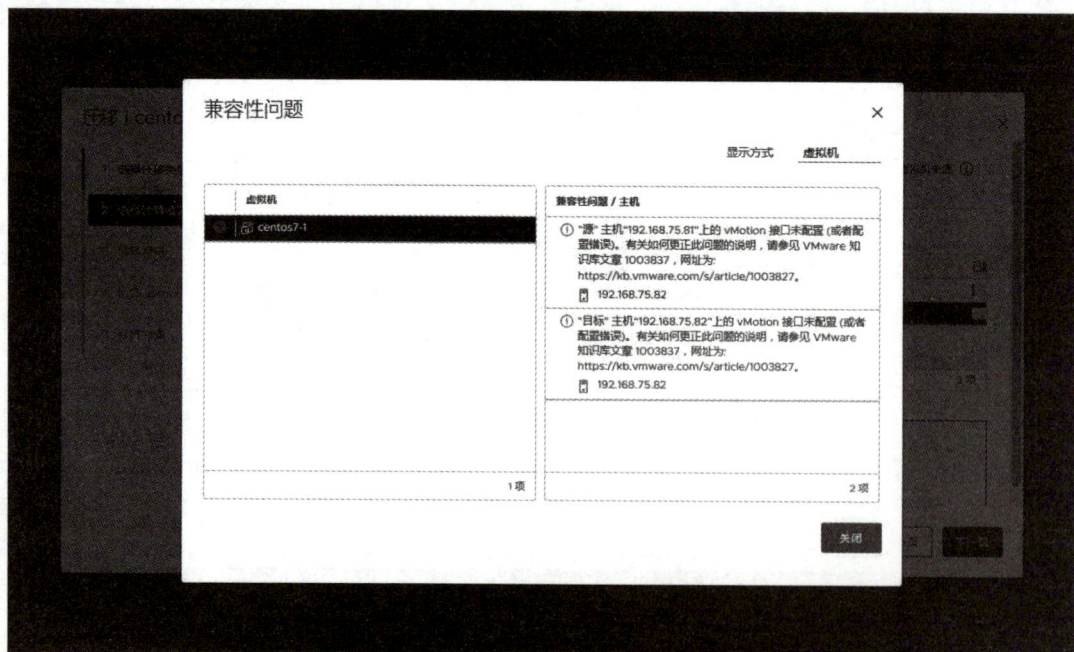

图 6-2-13　兼容性问题详细信息

(6) 选择 192.168.75.81 并右击，在弹出的菜单中选择"VMkernel 适配器"，再单击右侧的"编辑"，弹出"vmk0- 编辑设置"对话框，勾选两台主机的 vMotion、置备等接口功能，然后单击"确定"，如图 6-2-14 所示。

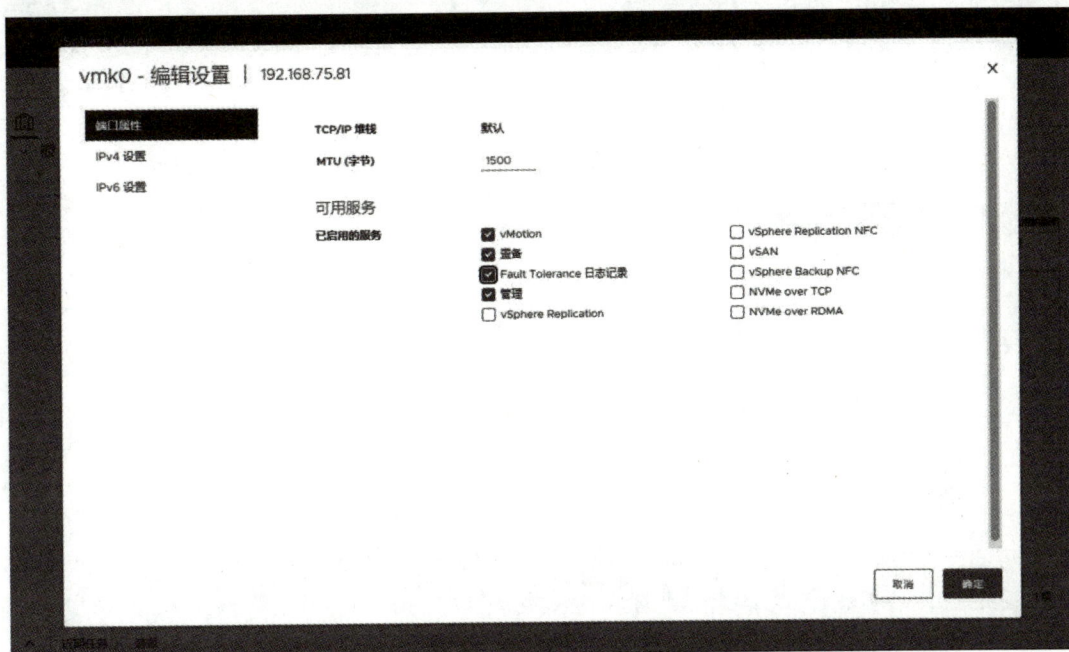

图 6-2-14　vmk0- 编辑设置

(7) 再返回"选择计算资源"页面，选择 192.168.75.82 主机，此时显示兼容性检查成功，然后单击"下一页"，如图 6-2-15 所示。

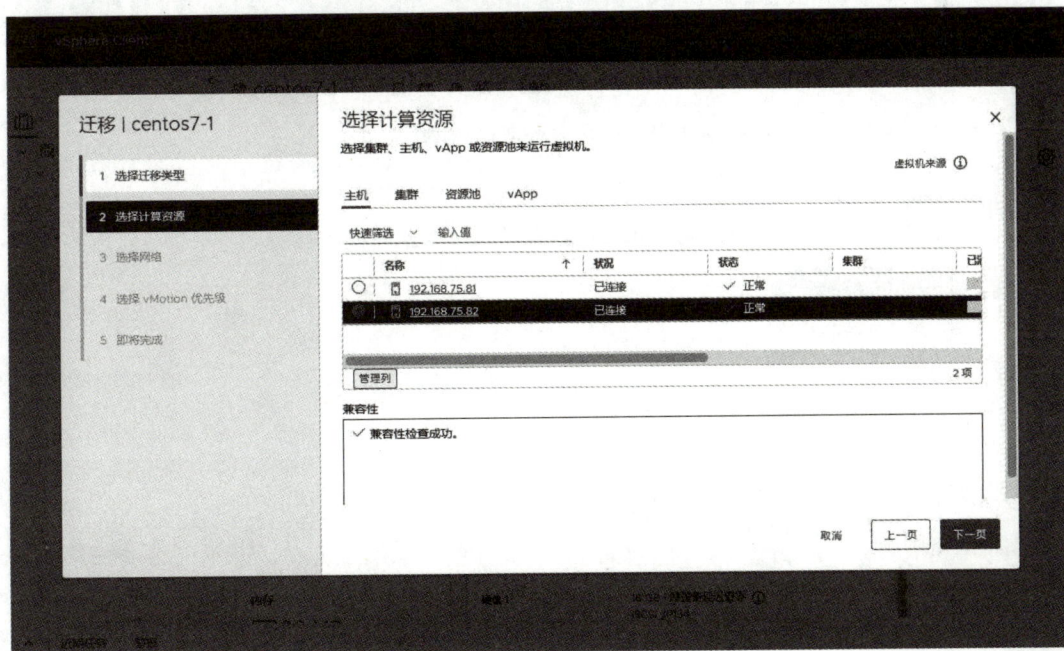

图 6-2-15　选择计算资源

(8) 在弹出的"选择网络"页面中，保持默认设置，然后单击"下一页"，如图 6-2-16 所示。

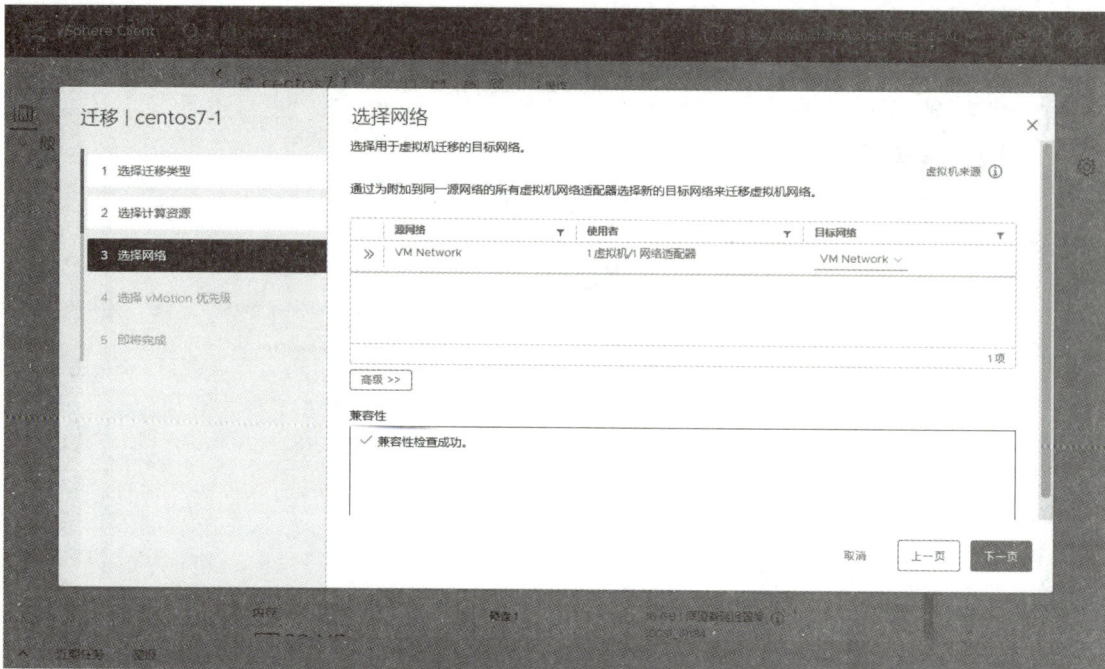

图 6-2-16　选择网络

(9) 在弹出的"选择 vMotion 优先级"页面中，选择"安排优先级高的 vMotion( 建议 )"，然后单击"下一页"，如图 6-2-17 所示。

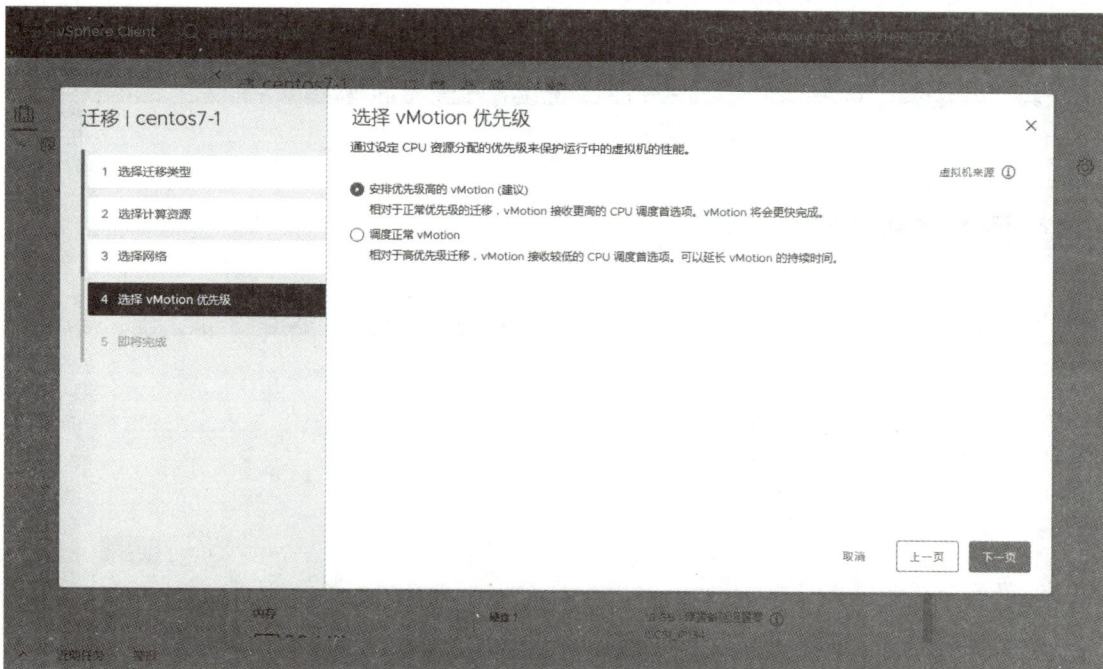

图 6-2-17　选择 vMotion 优先级

（10）在弹出的"即将完成"页面中，检查迁移配置情况，确认无误后单击"完成"，如图 6-2-18 所示。开机状态下的 centos7-1 已完成迁移，如图 6-2-19 所示。

图 6-2-18　检查迁移配置

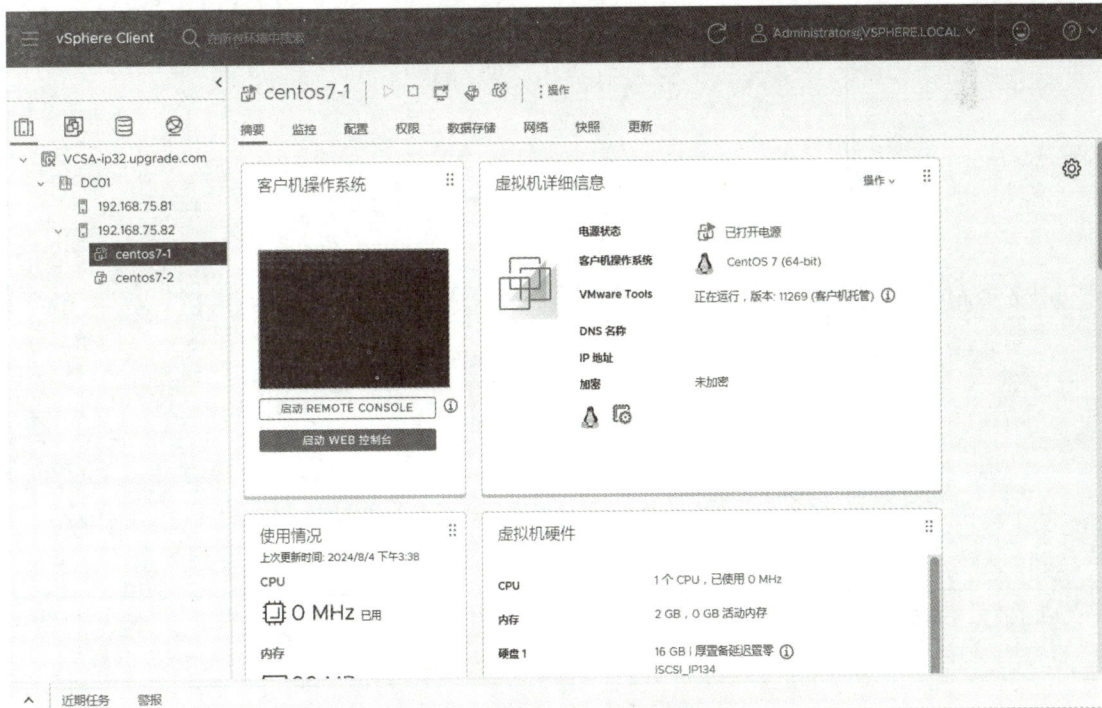

图 6-2-19　完成迁移后的 centos7-1

## 总结评价

### 1. 小组汇报任务实施结果

任务实施结果的具体内容如表 6-2-2 所示。

表 6-2-2　任务实施结果记录表

| 任务名称 | 使用 vMotion 迁移虚拟机 | |
|---|---|---|
| 自检基本情况 | | |
| 自检组别 | 第　　　组 | |
| 本组成员 | 组长：　　　　　　　　　　组员： | |
| 检查情况 | | |
| 是否完成 | | |
| 完成时间 | | |
| 工位管理是否符合8S 管理标准 | | |
| 任务实施情况 | 正确执行部分：<br><br><br><br><br><br>问题与不足： | |
| 超时或未完成的主要原因 | | |
| 检查人签字： | 日期： | |

### 2. 小组互评

任务实施过程评价具体内容如表 6-2-3 所示。

**表 6-2-3　任务实施过程评价表**

组别 ＿＿＿＿＿＿　组员 ＿＿＿＿＿＿　任务名称　使用 vMotion 迁移虚拟机

| 教学环节 | 评分细则及分值 | 得　分 |
|---|---|---|
| 课前预习 | 是否已了解任务内容，材料是否准备妥当。(20 分) | |
| 实施作业 | (1) 了解虚拟机迁移的概念。(10 分)<br>(2) 了解 vMotion 迁移的工作原理。(10 分)<br>(3) 掌握如何使用 vMotion 来迁移虚拟机。(30 分) | 单项得分：<br>(1) ＿＿＿＿＿<br>(2) ＿＿＿＿＿<br>(3) ＿＿＿＿＿ |
| 质量检验 | (1) 操作的规范性、步骤的完整性、过程的连贯性。(10 分)<br>(2) 工作效率较高。(10 分)<br>(3) 8S 理念及工匠精神的体现。(10 分) | 单项得分：<br>(1) ＿＿＿＿＿<br>(2) ＿＿＿＿＿<br>(3) ＿＿＿＿＿ |
| 总分<br>（满分 100 分） | 评分人签字： | |

### 学习拓展

1. 将任务实施结果记录表补充完整。
2. 复习所有项目中的任务内容。

# 参 考 文 献

[1]  Broadcom, Inc. (VMware, Inc.). VMware vSphere[EB/OL]. [2024-09-20]. https://docs.vmware.com/cn/VMware-vSphere/index.html.

[2]  杨海艳. 虚拟化与云计算系统运维管理 [M]. 2 版. 北京：清华大学出版社，2021.

[3]  何坤源. VMware vSphere 6.7 虚拟化架构实战指南 [M]. 北京：人民邮电出版社，2020.

[4]  王春海. VMware vSAN 超融合企业应用实战 [M]. 北京：人民邮电出版社，2020.

[5]  何坤源. VMware vSphere 企业级网络和存储实战 [M]. 北京：人民邮电出版社，2019.

[6]  时瑞鹏. 云计算基础与应用 [M]. 北京：北京邮电大学出版社，2019.